普通高等教育智能制造工程类课程规划教材

湖北省省级课程思政示范课程配套教材

JIQIREN JISHU JI YINGYONG

微课版

机器人技术及应用

主　编　秦　涛

副主编　李梦飞

大连理工大学出版社

图书在版编目(CIP)数据

机器人技术及应用 / 秦涛主编. -- 大连 : 大连理工大学出版社，2022.8

普通高等教育智能制造工程类课程规划教材

ISBN 978-7-5685-3904-3

Ⅰ. ①机… Ⅱ. ①秦… Ⅲ. ①机器人技术－高等学校－教材 Ⅳ. ①TP24

中国版本图书馆 CIP 数据核字(2022)第 146509 号

大连理工大学出版社出版

地址:大连市软件园路 80 号 邮政编码:116023

发行:0411-84708842 邮购:0411-84708943 传真:0411-84701466

E-mail:dutp@dutp.cn URL:https://www.dutp.cn

大连图腾彩色印刷有限公司印刷 大连理工大学出版社发行

幅面尺寸:185mm×260mm 印张:15.5 字数:377 千字

2022 年 8 月第 1 版 2022 年 8 月第 1 次印刷

责任编辑:王晓历 责任校对:常 皓

封面设计:对岸书影

ISBN 978-7-5685-3904-3 定 价:49.80 元

前言 Preface

机器人是“制造业皇冠顶端的明珠”，其研发、制造和应用是衡量一个国家科技创新和高端制造业水平的重要标志。21 世纪是智能机器人时代，是人机共融、和谐发展的时代。随着机器人技术在各个垂直领域的普及，未来机器人将成为人类生活中的重要组成部分，将会改变人类的生活方式、生产方式和思维方式。

本教材共九章，各章节内容循序渐进、逻辑清晰、理实结合，涉及机器人的发展概述、机械结构、运动学、动力学、轨迹规划和生成、控制技术、示教与编程、感知技术以及典型应用。第 1 章概述了机器人的概念与分类、发展史、发展现状与发展趋势；第 2 章主要介绍了机器人各组成部分的机械结构、驱动和传动、设计分析；第 3 章至第 8 章分别介绍了机器人运动学、机器人动力学、轨迹规划和生成、机器人控制技术、机器人示教与编程、机器人感知技术；第 9 章介绍了工业机器人、服务机器人、特种机器人、仿生机器人和仿人机器人的典型应用。

本教材随文提供视频微课供学生即时扫描二维码进行观看，实现了教材的数字化、信息化、立体化，增强了学生学习的自主性与自由性，将课堂教学与课下学习紧密结合，力图为广大读者提供更为全面且多样化的教材配套服务。

为响应教育部全面推进高等学校课程思政建设工作的要求，本教材融入思政目标元素，逐步培养学生正确的思政意识，树立肩负建设制造强国重任的社会责任感和认同感，实现知识导向和价值引领相结合的全员、全过程、全方位育人。

本教材由秦涛任主编，李梦飞任副主编。具体编写分工如下：第 1 章至第 6 章、第 8 章由秦涛编写，第 7 章、第 9 章由李梦飞编写。全书由秦涛统稿并定稿。魏超、邱金星、温景阳、刘鹏、任鹏、马渊明等研究生协助整理了部分案例和制图，在此谨致谢忱。

本教材得到机械工程湖北省重点特色学科建设专项、湖北文理学院研究生教育质量工程项目和特色教材建设项目资助。

本教材适合高等院校智能制造工程、机器人工程、机械工程、自动化等相关专业使用，也可供从事机器人研发和应用的技术人员参考使用。

在编写本教材的过程中，编者参考、引用和改编了国内外出版物中的相关资料以及网络资源，在此表示深深的谢意！相关著作权人看到本教材后，请与出版社联系，出版社将按照相关法律的规定支付稿酬。

机器人技术涉及的专业范围很广，由于编者水平所限，书中难免存在错误和不妥之处，敬请广大读者和专家给予批评指正。

编　者

2022 年 8 月

所有意见和建议请发往：dutpbk@163.com
欢迎访问高教数字化服务平台：https://www.dutp.cn/hep/
联系电话：0411-84708445　84708462

目录 Contents

第 1 章 概 述

微课1

1.1 机器人的概念

“机器人(Robot)”作为专有名词进入人们的视野已经将近 100 年。1920 年捷克作家卡雷尔·恰佩克(Karel Kapek)编写了一部科幻剧 *Rossum's Universal Robots*。该剧描述了一家公司发明并制造了一大批能听命于人,能劳动且外形像人的机器。剧中的人造机器名为 Robota(捷克语,意为农奴、苦力),Robot 一词是由其衍生而来的。

随着科技的发展,20 世纪 60 年代出现了可实用的机器人,机器人逐渐从科幻世界走进现实世界,进入人们的生产与生活中。但是,现实生活中的机器人并不像科幻世界中的机器人那样具有完全自主性、智能性和自我繁殖能力。目前,国际上还没有对机器人做出明确、统一的定义,以下为一些具有代表性的机器人的定义:

(1)国际标准化组织(ISO)的定义:一种能自动控制,可重复编程,多功能、多自由度的操作机,能搬运材料、工件或操持工具来完成各种作业。

(2)美国机器人协会(RIA)的定义:一种用于移动各种材料、零件、工具或专用装置的,通过程序动作执行各种任务,并具有编程能力的多功能操作机。

(3)日本工业机器人协会(JIRA)的定义:一种装备有记忆装置和末端执行装置的,能够完成各种移动来代替人类劳动的通用机器。

(4)中国对工业机器人的定义:一种自动化的机器,所不同的是这种机器具备一些与人或者生物相似的智能,如感知能力、规划能力、动作能力和协同能力,是一种具有高度灵活性的自动化机器。

由于机器人一直在随科技的进步而发展出新的功能,因此工业机器人的定义还是一个未确定的问题。目前国际大都遵循 ISO 的定义。

由以上定义不难发现,机器人具有四个显著特点:

(1)具有特定的机械结构,其动作具有类似于人或其他生物的某些器官(肢体、感受等)的功能。

(2)具有通用性,可完成多种工作、任务,可灵活改变动作程序。

(3)具有不同程度的智能,如记忆、感知等。

(4)具有独立性,完整的机器人系统在工作中可以不依赖人的干预。

1942 年,科幻作家艾萨克·阿西莫夫(Isaac Asimov)在其科幻小说 *Runaround* 中提出了著名的“机器人学三原则”:

思政小课堂1

(1)机器人不得伤害人,或看到人受到伤害而袖手旁观。

(2)机器人必须服从人的指令,除非这些指令与第一原则相矛盾。

(3)机器人必须能保护自己,除非这种保护与第一或第二原则相矛盾。

这三条原则给机器人社会赋予了新的伦理性,并使机器人概念通俗化,更易于为人类社会所接受。至今,它仍为机器人研究人员、设计制造厂商和用户,提供了十分有意义的指导方针。

机器人的大量应用是从工业生产的搬运、喷涂、焊接等方面开始的,目的是希望能够将人类从繁重的、重复单调的、危险的生产作业中解放出来。随着机器人技术的不断发展,机器人应用领域也在不断扩展。如今机器人已经逐渐进入人们生产与生活的方方面面。除了工业机器人得到了广泛应用,医疗机器人、家政服务机器人、救援机器人、娱乐机器人等也得到了长足发展。另外,除了在民用领域,军事领域也在广泛使用机器人,各发达国家研发了许多海、陆、空军用机器人,以显示军事现代化的实力。进入 21 世纪以来,机器人的应用已随处可见,它正在影响和改变着人们的生产与生活。

1.2 机器人的分类

按不同的分类方式,机器人可以分为不同的类型,下面给出几种常用的分类方法:

(1)按技术特征来划分

按技术特征来划分,机器人可以分为第一代机器人、第二代机器人和第三代机器人。第一代机器人是以顺序控制和示教再现为基本控制方式的机器人,即机器人按照预先设定的信息,或根据操作人员示范的动作,完成规定的作业。第二代机器人是有感觉的机器人。第三代机器人是智能机器人。

(2)按控制类型来划分

按控制类型来划分,机器人可以分为以下几种:

①伺服控制机器人,即采用伺服手段,包括位置、力等伺服方法进行控制的机器人。

②非伺服控制机器人,即采用伺服以外的手段,如顺序控制、定位开关控制等进行控制的机器人。

③点位(Point to Point,PTP)控制机器人。点位控制是指只对手部末端的起始点和终止点位置有要求,而对起始点和终止点的中间过程无要求的控制方式,如点焊机器人就是典型的 PTP 控制机器人。

④连续轨迹(Continuous Path, CP)控制机器人,除了对起始点和终止点有要求以外,还对运动轨迹的中间各点有要求的控制方式,如弧焊机器人就是典型的 CP 控制机器人。

(3)按机械结构来划分

按机械结构来划分,机器人可以分为直角坐标型机器人、圆柱坐标型机器人、球坐标型机器人、关节型机器人、SCARA 型机器人、并联机器人以及移动机器人。

(4)按用途来划分

按用途来划分，机器人可以分为工业机器人、服务机器人、娱乐机器人、农业机器人、医疗机器人、海洋机器人、军用机器人等。

在结构类型方面，根据机器人工作时机座的可动性，又可以将机器人分为机座固定式机器人和机座移动式机器人两大类，分别简称为固定式机器人和移动式机器人。

1.2.1 固定式机器人

固定式机器人从机械结构来看，主要有直角坐标型机器人、圆柱坐标型机器人、球坐标型机器人、关节型机器人、SCARA 型机器人和并联型机器人等类型。

(1)直角坐标型机器人

直角坐标型机器人由对应直角坐标系中 X 轴、Y 轴和 Z 轴的三个线性驱动单元组成，具有三个彼此垂直的线性自由度，可以完成在驱动范围内 X,Y,Z 三维坐标系中任意一点的到达和遵循可控的运动轨迹，如图 1-1 所示。大型的直角坐标型机器人也称桁架机器人或龙门式机器人。

直角坐标型机器人以伺服电动机、步进电动机为驱动的线性运动单轴机械臂作为基本工作单元，以滚珠丝杠、同步皮带、齿轮齿条为常用的传动方式。这种结构类型的机器人具有较大的刚性，通常可以提供良好的精度和可重复性，容易编程和控制。它作为一种成本低廉、系统结构简单的自动化机器人系统解决方案，在码垛、分拣、包装、金属加工、焊接、搬运、装配、印刷等常见的工业生产领域得到了大量应用。但其占地面积较大，动作范围较小，工件的装卸、夹具的安装等受到立柱、横梁等构件的限制，直线驱动部分难以密封、防尘，移动部件的惯量比较大，操作灵活性较差。

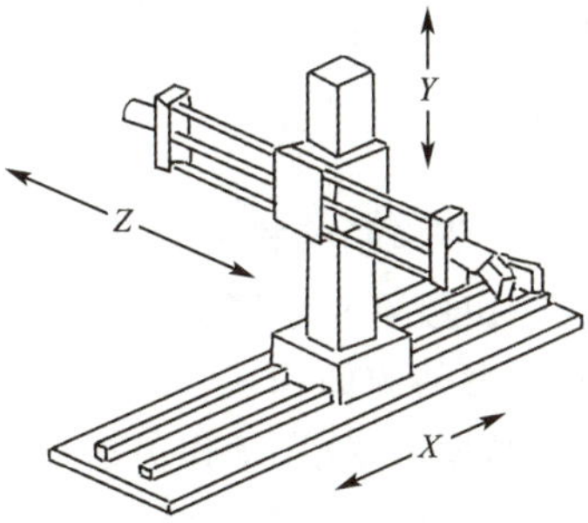

图 1-1 直角坐标型机器人

(2)圆柱坐标型机器人

圆柱坐标型机器人由三个运动轴构成，其中两个是线性的，一个是旋转的，即可以沿着 Z 轴和 Y 轴移动并绕 Z 轴旋转，基本上构成了一个圆柱形工作空间，如图 1-2 所示。圆柱坐标型机器人的空间定位比较直观，最常见的应用是需要圆柱形包络与水平工具定向结合的应用类型，例如特定的组装任务或点焊工序。这类机器人的位置精度仅次于直角坐标型机器人，具有控制简单、编程容易的优点，但水平线性运动轴后端易与工作空间内的其他物体相碰，较难与其他机器人协调工作。

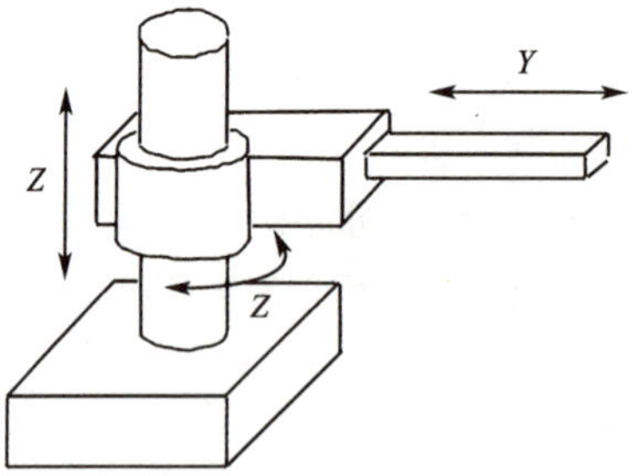

图 1-2 圆柱坐标型机器人

(3)球坐标型机器人

球坐标型机器人由两个转动轴和一个线性运动轴组成,它可以实现绕 Z 轴的回转,绕 Y 轴的俯仰和沿手臂 X 方向的伸缩,腕部参考点运动所形成的工作范围是球体的一部分,可以方便地以极坐标系描述,也常常被称为极坐标机器人,如图 1-3 所示。这类机器人占地面积小,工作空间大,结构紧凑,位置精度尚可,方便与其他机器人协同工作,但避障性较差。

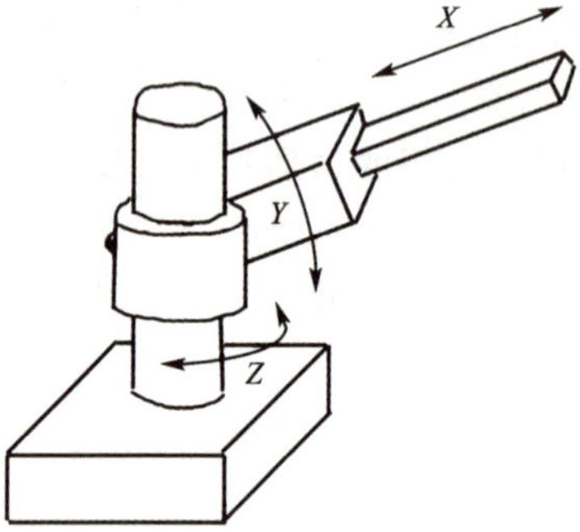

图 1-3 球坐标型机器人

(4)关节型机器人

关节型机器人是由多个转动关节串联起相应数量的连杆组成的开链式结构,主要由机身、大臂、小臂等组成,接近人类由腰部到手臂的结构,如图 1-4 所示。关节型机器人的运动由机身立柱的回转、大臂和小臂的俯仰构成。腕部参考点运动所形成的工作范围也是球体的一部分。关节型机器人结构最紧凑,动作灵活,占地面积小,工作范围广,避障性好,易于与其他机器人协同工作,是目前使用最广泛的工业机器人。这类机器人的运动学较复杂,控制存在耦合问题,进行控制时计算量比较大。

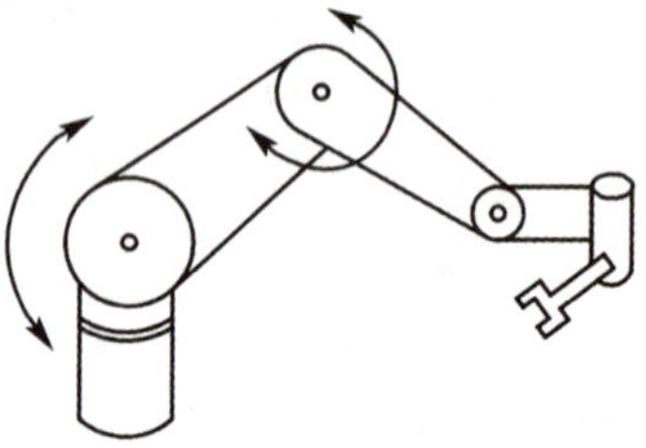

图 1-4 关节型机器人

(5)SCARA 型机器人

SCARA(Selective Compliance Assembly Robot Arm)型机器人是一种圆柱坐标型的特殊类型的工业机器人。这类机器人一般有 4 个关节,其中 3 个为旋转关节,其轴线相互平行,在平面内进行定位和定向;另一个关节是移动关节,用于完成末端件在垂直于平面的运动,因此也叫水平关节机器人。手腕参考点的位置是由两旋转关节的角位移、移动关节的直线位移决定的,如图 1-5 所示。SCARA 型机器人的结构轻便、响应快,手腕部运动速度在 10 m/s 以上,比一般关节型机器人快数倍。它最适用于在平面定位、垂直方向进行装配的作业。

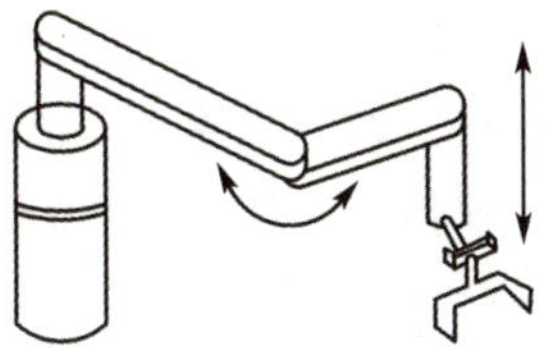

图 1-5 SCARA 型机器人

(6)并联型机器人

并联型机器人的运动机构是由动平台和定平台通过至少两个独立的运动链相连接组成,具有两个或两个以上的自由度,且以并联方式驱动的一种闭环机构。并联机器人的机构按照自由度划分,有二自由度、三自由度、四自由度、五自由度和六自由度并联机构。其中 2～5 个自由度机构被称为少自由度并联机构。代表性的有 Stewart 并联型机器人、Delta 并联型机器人和 Tricept 并联型机器人,图 1-6 所示为 Delta 并联型机器人。并联型机器人和传统工业用串联型机器人呈对立统一的关系。与串联型机器人相比较,并联型机器人具有以下特点:

①无累积误差,精度较高。

②驱动装置可置于定平台上,运动部分质量轻、速度高、动态响应好。

③结构紧凑、刚度高、承载能力大、自重负荷比小。

④完全对称的并联机构具有较好的各向同性。

⑤占地空间较小,维护成本低。

⑥工作范围有限。

⑦串联机构求正解容易,求逆解困难,而并联机构求正解困难,求逆解却非常容易。

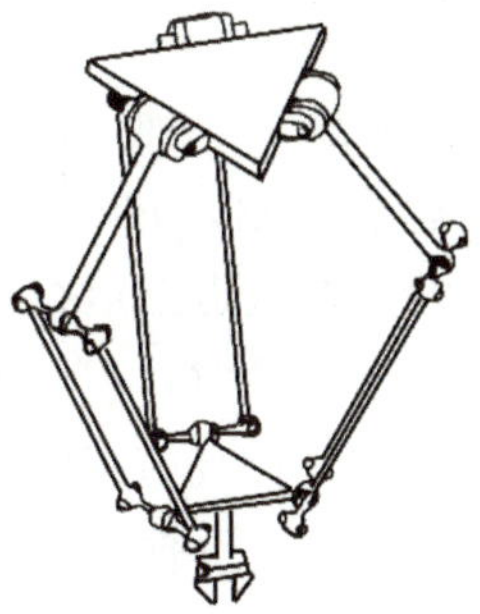

图 1-6 Delta 并联型机器人

1.2.2 移动式机器人

移动式机器人根据机座移动实现的方式不同，主要有足式移动机器人、轮式移动机器人和履带式移动机器人。此外，还有步进式、蠕动式、混合式和蛇行式等多种移动形式的机器人，以适用于各种特殊场合。

(1)足式移动机器人

现有的足式移动机器人的足数分别有单足、双足、三足、四足、六足、八足甚至更多足，如图 1-7 所示。足的数目较多时，适合于重载和慢速运动。双足和四足具有最好的适应性和灵活性，也最接近人类和动物。双足行走和单足行走有效地利用了惯性力和重力，即利用重力使身体向前倾倒来向前运动。四足机器人在静止状态是稳定的，在步行时，当一只脚抬起，另三只脚支承自重时，必须移动身体，让重心落在三只脚接地点所组成的三角形内以保证稳定性。六足、八足步行机器人行走时可保证至少有三足同时支承机体，在行走时更容易得到稳定的重心位置。

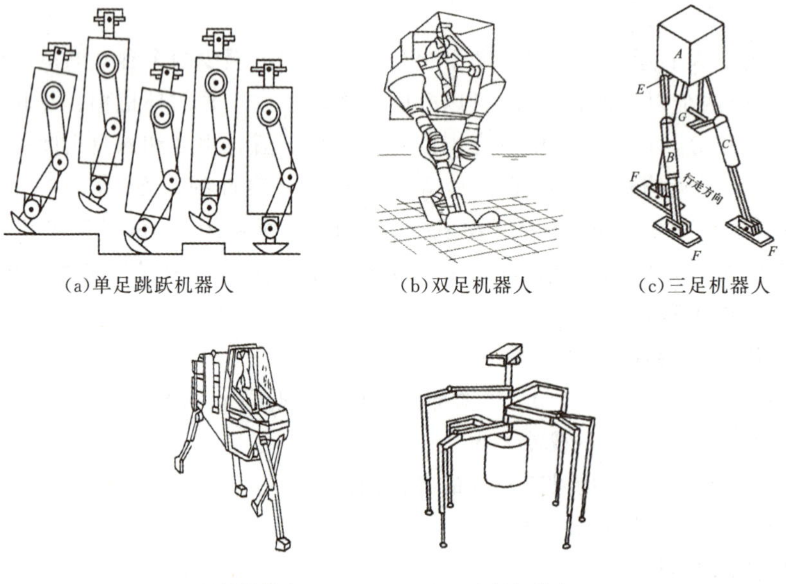

(a)单足跳跃机器人　(b)双足机器人　(c)三足机器人

(d)四足机器人　(e)六足机器人

图 1-7　足式移动机器人

(2)轮式移动机器人

轮式移动机器人是机器人中应用最多的一种，可以有 1 轮、2 轮、3 轮、4 轮和多轮等，实际应用的轮式移动机器人多为 3 轮和 4 轮，如图 1-8 所示。车轮的形状或结构形式取决于地面的性质和机器人的承载能力。在轨道上运行时，多采用实心钢轮；在室外路面行驶时，采用充气轮胎；在室内平坦地面上行驶时，可采用实心轮胎。轮式移动机器人的设计比使用足式或履带式更简单，消耗更少的能量并且移动得更快，也比其他类型的机器人更好控制，具有低成本和简单性的优点，因此占据了移动机器人的主导地位。在相对平坦的地面上，用车轮移动方式行走是相当优越的，但是，在岩石等崎岖地形、松软地面或低摩擦区域上行驶时适应性差。

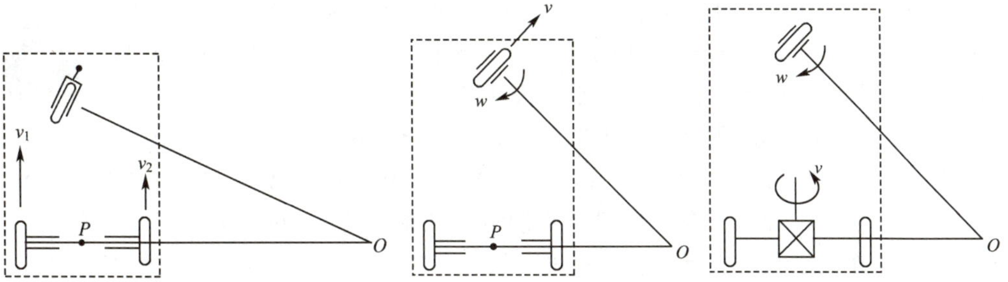

(a)两后轮独立驱动　　(b)前轮驱动和转向　　(c)两后轮差动、前轮转向

图 1-8　轮式移动机器人

(3)履带式移动机器人

履带式移动机器人是使用履带式机构在地面移动的机器人,其履带形状如图 1-9 所示。履带式移动机器人与轮式移动机器人相比具有如下特点:

①支撑面积大,接地比压小,能够在松软或泥泞等复杂路面下工作。

②越野机动性能好,爬坡、越沟能力强,转弯半径小。

③牵引力大,重心低,稳定性好,不易打滑,牵引附着性能好。

④结构复杂,质量大,能耗高,减振性能差。

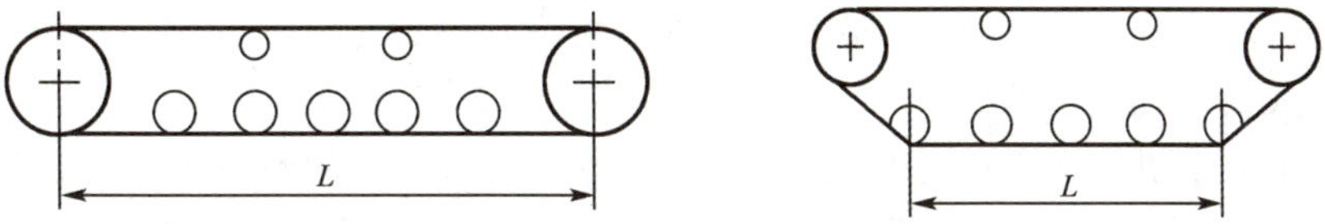

(a)形状一　　(b)形状二

图 1-9　履带式移动机器人的常见履带形状

因此,履带式移动机器人经常被使用在一些未知的或人类不宜接近的场所,如战场、火灾、地震现场等危险且路面情况复杂多变的环境,替代人类进入现场进行军事、勘察、调研或抢险活动。近年来出现的带有摆臂的履带式移动机器人(图 1-10),进一步提高了这类机器人的越障能力,拓展了其应用范围。

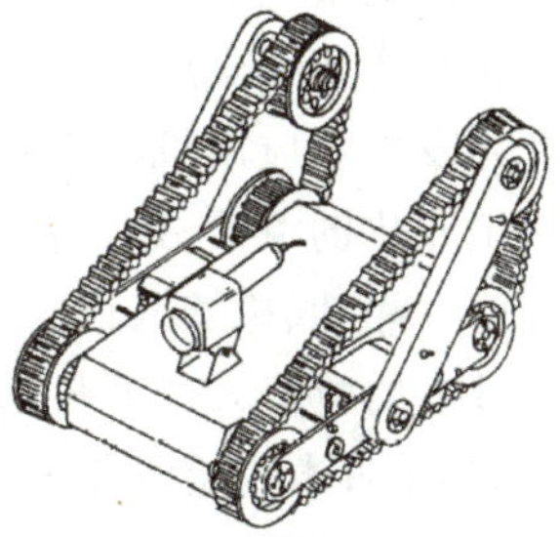

图 1-10　带摆臂的履带式移动机器人

1.3　机器人的发展史

关于机器人这一思想的渊源,可以追溯到遥远的古代。在古希腊、中国和日本的历史文献中都有自动玩偶和自动作业机的记载,记录了古人设计自动机械替代人工劳动或从事娱乐的实践活动。据《列子·汤问篇》中的一则寓言记载,西周时期中国的偃师用动物皮、木头、树脂制出了能歌善舞的伶人,不仅外貌完全像一个真人,而且还有思想感情。这虽然是寓言中的幻想,但其利用了当时的科技成果,是中国最早记载的木头机器人雏形。它们在不同程度上体现了人类拓展自身能力,甚至是自我复制的原始思想。

20 世纪 50 年代，美国人乔治·德沃尔制造出世界上第一台可编程的机器人，虽然它是一台试验的样机，但是它体现了现代工业广泛应用的机器人的主要特征。因此，它的诞生标志着机器人从科幻世界进入现实生活。

思政小课堂2

20 世纪 60 年代初，乔治·德沃尔与约瑟夫·恩格尔伯格联手制造出世界上第一台工业机器人产品 Unimate，开创了机器人发展的新纪元，恩格尔伯格也被称为“工业机器人之父”。然而，在工业机器人问世后的最初十年，机器人技术的发展较为缓慢，主要停留在大学和研究所的实验室里。虽然在这一阶段也取得了一些研究成果，但是没有形成生产力，且应用较少。代表性的机器人有美国 Unimation 公司的 Unimate 机器人和美国 AMF 公司的 Versatran 机器人等。

20 世纪 70 年代，随着人工智能、自动控制理论、电子计算机等技术的发展，机器人技术进入了一个新的发展阶段，机器人进入工业生产的实用化时代。最具代表性的机器人是美国 Unimation 公司的 PUMA 系列工业机器人和日本山梨大学牧野洋研制的 SCARA 机器人。

20 世纪 80 年代，机器人开始大量在汽车、电子等行业中使用，从而推动了机器人产业的发展。机器人的研究开发，无论水平和规模都得到了迅速发展，工业机器人进入普及时代。

20 世纪 80 年代后期，由于工业机器人的应用没有得到充分的挖掘，不少机器人厂家倒闭，机器人的研究跌入低谷。

目前，世界上机器人无论是从技术水平上，还是从已装备的数量上来看，优势都集中在以欧美日为代表的国家和地区。但是，随着中国等新兴国家的发展，世界机器人的发展和需求格局正在发生变化。

美国是最早研发机器人的国家，也是机器人应用最广泛的国家之一。近年来，美国为了强化其产业在全球的市场份额以及保护美国国内制造业持续增长的趋势，一方面鼓励工业界发展和应用机器人；另一方面制订计划，增加机器人科研经费，把机器人看成美国再次工业化的象征，迅速发展机器人产业。美国的机器人发展道路虽然有些曲折，但是其在性能可靠性、机器人语言、智能技术等方面一直处于领先水平。

日本的机器人产业虽然发展晚于美国，但是日本善于引进与消化国外的先进技术。自 1967 年日本川崎重工业公司率先从美国引进工业机器人技术后，日本政府在技术、政策和经济上都采取措施加以扶持。日本的工业机器人迅速走出了试验应用阶段，并进入成熟产品大量应用的阶段，20 世纪 80 年代就在汽车与电子等行业大量使用工业机器人，实现了工业机器人的普及。

德国引进机器人的时间比较晚，但是战争导致劳动力短缺以及国民的技术水平比较高等因素，促进了其工业机器人的快速发展。20 世纪 70 年代德国就开始了“机器换人”的过程。同时，德国政府通过长期资助和产学研结合扶植了一批机器人产业和人才梯队，如德系机器人厂商 KUKA 机器人公司。随着德国工业迈向以智能生产为代表的“工业 4.0”时代，德国企业对工业机器人的需求将继续增加。

我国工业机器人起步于 20 世纪 70 年代初期，经过 40 多年发展，大致经历了 4 个阶段，包括 20 世纪 70 年代的萌芽期、20 世纪 80 年代的开发期、20 世纪 90 年代的应用期和

21世纪的发展期。随着20世纪70年代世界科技的快速发展，工业机器人的应用在世界上掀起了一个高潮。在这种背景下，我国开始研制自己的工业机器人，当时主要是局限于理论探讨。进入20世纪80年代，随着改革开放的不断深入，在高技术浪潮的冲击下，我国机器人技术的开发与研究得到了政府的重视与支持。“七五”期间，国家投入资金对工业机器人及零部件进行攻关，完成了示教再现式工业机器人成套技术的开发，研制出了喷漆、点焊、弧焊和搬运机器人。尤其是1986年我国的国家高技术研究发展计划(863计划)开始实施，确定了特种机器人和工业机器人并重的发展方针，并且投入了大量的资金进行机器人研发，取得了一大批科研成果，成功地研制出了一批工业机器人和特种机器人。

从20世纪90年代初期起，我国的国民经济进入了实现两个根本转变期，掀起了新一轮的经济体制改革和技术进步热潮。我国的机器人产业在实践中又迈进了一大步，先后研制了点焊、弧焊、装配、喷漆、切割、搬运和码垛等各种用途的工业机器人，并实施了机器人应用工程，形成了一批工业机器人产业化基地，为我国机器人产业的腾飞奠定了基础。从工业应用领域扩展到更多的非工业应用领域，各种类型的服务机器人层出不穷。但是，与发达国家相比，我国机器人的发展还有一定的差距。

1.4 机器人的发展现状

机器人技术是21世纪具有创新活力、可持续发展的、对国民经济和国家安全具有战略性意义的高新技术。机器人的应用越来越广泛，特别是工业机器人的应用呈现出一种普及化趋势，其他机器人如服务机器人、医疗机器人、特种机器人等，也已逐步走向实用化。

(1)工业机器人成为制造业核心

目前全球面临着制造模式变革，我国尤其紧迫和关键。美国提出的“再工业化”、欧盟提出的“新工业革命”等制造业发展战略，都是通过快速发展人工智能、机器人和数字制造技术，重构制造业竞争格局，实现制造模式变革。对于我国而言，制造业正面临着巨大的困难和挑战：人口红利消失、劳动力短缺、劳动力成本急剧上升、对资源和环境的掠夺性使用等，导致我国制造模式和发展模式已不可持续，亟须转型和升级；同时，高端制造向欧美回流和低端制造向劳动力成本更低的国家转移，也倒逼我国制造模式快速变革。机器人制造模式，不仅能解决低端劳动力短缺的问题，缩小与高端制造业的差距，同时还可以降低企业的运行成本，提升企业运营效率。以工业机器人为核心的自动化成套装备及生产线已成为自动化装备的主流及未来的发展方向。

(2)军用机器人成为未来战争利器

军用机器人是一种用于军事目的、具有某些拟人功能的机械电子装置。军用机器人可以极大地改善士兵的作战条件，提高作战效率，受到各国的高度重视。一方面，军用机器人具有出色的侦查探测性能，被广泛应用于未知空间探索、深海打捞与排雷防爆等；另一方面，军用机器人在实地作战中具有突出的智能优势和全天候的作战能力，其在作战中也具有相当大的战略意义。军用机器人按照其军事用途可以划分为地面军用机器人、水下机器人及空间机器人。目前，空间机器人主要应用于航天宇宙探测，而水下机器人则主要应用于深海生物探测和文物打捞等方面。近些年来，军用机器人的发展空间不断拓宽，机器人的功能也趋向于人性化、细致化。例如波士顿公司研发的 Big Dog 机器人，在实际作战中可以起到迅速便捷地携带或运输武器的作用，而且具有相当高的稳定性，在远距离作战与复杂地形作战中能够极大地减轻士兵的负担。

2009 年，美国国防部公布了《2009—2034 年无人系统路线图》，将开发满足未来无人化战争的战术机器人系统。宣布在 2015 年实现 1/3 的陆军部队机器人化，并在 2020 年让“机器人士兵”的数量多于真实士兵的数量。俄罗斯正在研发机器人士兵，并将其列为未来三年改变国家竞争力的三大核心技术领域之一；韩国已研发出能够进行边境巡哨的无人地面机器人系统，即将代替士兵实现韩国国境线的站岗巡哨功能。同时，以色列、加拿大、英国、法国、德国都研制出了各种军用机器人，以应对未来的无人化战争。

(3)服务机器人走进千家万户

服务机器人是智能无人化工作的机器人，包括特种服务机器人和家用服务机器人，其中特种服务机器人是指在特殊环境下作业的机器人，如农业机器人、建筑机器人、物流机器人和巡检机器人等，而家用服务机器人是服务于家庭环境的机器人，如康复机器人、助老助残机器人、扫地机器人、陪护机器人及教育娱乐机器人等。在日本，由于人口老龄化趋势严重，需要机器人来承担劳动力的工作，因此将服务机器人作为一个战略产业进行培养。韩国将服务机器人技术列为未来国家发展的十大“发动机”产业，把服务型机器人作为国家的一个新的经济增长点进行重点发展。2007 年，比尔·盖茨在《科学美国人》杂志上撰文“Robot in Every Home”，预计机器人将像电脑一样，走入千家万户。目前，全球各种服务机器人的年销量已达数百万台(套)，远远超出全球工业机器人的保有量。

人工智能(Artificial Intelligence，AI)技术的不断进步极大地促进了机器人行业的飞速发展。由于服务机器人需要在复杂多变、不确定或不受控制的环境下自主运行，必须具备对周遭环境和事物高效的识别、感知、理解、判断及行动能力；而且，随着服务机器人应用领域的日益扩展，与人类的互动将更为频繁，服务机器人的发展依赖于控制系统、计算机视觉、语音识别以及语义理解等技术的发展。当前控制系统、计算机视觉以及语音识别技术逐渐成熟，语义理解在专业领域的准确率也有较大保证，使得单一领域的服务机器人具备了商用条件。随着深度学习算法以及计算机视觉、机器学习、智能语音等多种智能算法的应用，服务机器人的机器视觉、人机交互能力以及基于大数据的机器学习能力等方面的人工智能水平也将呈现质的飞跃，甚至具有“人格化”的特征。

1.5 机器人的发展趋势

1.5.1 机器人技术的发展方向

(1)工业机器人

智能技术快速发展，助力人机共融走向深入。工业机器人技术和工艺日趋成熟，成本将快速下降，具备更高的经济效率，可在个性化程度高、工艺和流程烦琐的产品制造中替代传统专用设备。由于无法感知周围情况的变化，传统的工业机器人通常被安装在与外界隔离的区域当中，以确保人的安全。随着标准化结构、集成一体化关节、灵活人机交互等技术的完善，工业机器人的易用性与稳定性不断提升，与人协同工作越发受到重视，将成为重点研发和突破的领域，人机共融会成为工业机器人研发过程中的核心理念。

(2)服务机器人

认知智能取得一定进展，产业化进程持续加速。人工智能技术是服务机器人在下一阶段获得实质性发展的重要引擎，认知智能将支撑服务机器人实现创新突破，目前正在从感知智能向认知智能加速迈进，并已经在深度学习、抗干扰感知识别、听觉视觉语义理解与认知推理、自然语言理解、情感识别与聊天等方面取得了明显的进步。随着机器人技术的不断进步，服务机器人的种类和功能会不断完善，智能化会进一步提升，服务领域会进一步向各应用场景渗透，延伸到各个领域，如从家庭延伸到商业应用、特种应用，服务人群从老人延伸到小孩以及普通人群。

(3)特种机器人

结合感知技术与仿生材料，智能性和适应性不断增强。当前特种机器人的应用领域不断拓展，所处的环境变得更为复杂与极端，传统的编程式、遥控式机器人由于程序固定、响应时间长等问题，难以在环境迅速改变时做出有效应对。随着传感技术、仿生技术、生机电信息处理与识别技术的不断进步，特种机器人已逐步实现“感知—决策—行为—反馈”的闭环工作流程，具备了初步的自主智能。与此同时，仿生新材料与刚柔耦合结构也进一步打破了传统的机械模式，提升了特种机器人的环境适应性。随着特种机器人的智能性和对环境的适应性不断增强，其在安防监测、防暴、军事、消防、采掘、交通运输、建筑、空间探索、防爆、管道建设等领域都具有十分广阔的应用前景。

1.5.2 机器人产业发展趋势

(1)智能制造与机器换人势在必行

思政小课堂3

随着国内劳动力人口占总人口数量的比例逐渐下滑，我国人口红利将会消失，未来将面临劳动力短缺的状况。目前最有效的方法就是进行“机器换人”，帮助制造业升级改造，利用机器人代替人工完成搬运、上下料、出入库、装配、打磨、喷涂等工作，同时实现无人化自动仓储、自动化生产线、数字化车间及智能工厂。由于我国是制造业大国，整体制造业的转型升级将持续提高机器人的热度和市场参与度。

(2)机器人研发投入持续增加

国内工业机器人起步较晚，虽然国产机器人公司目前已经初具规模，也有一些标杆性的企业，但是总体技术水平和创新能力仍然与世界先进水平有一定差距。要想突破技术壁垒，占领更多的市场，需要在机器人研发方面投入更多的人力和物力，加强人才队伍建设，突破重点产品和重点行业，占领高端市场。

(3)服务机器人市场不可限量

服务机器人作为一个智能终端和操作载体，本身具备感知、决策、移动与操作功能，完成有益于人类的服务工作；而“互联网+”的支撑平台则借助物联网、云计算、大数据等技术，为服务机器人提供了一个巨大的信息采集、处理和智能决策平台，延伸了服务机器人自身的感知、计算和操作能力。服务机器人与“互联网+”的融合，将会深刻改变人类社会的生活方式。可以展望服务机器人的普及成为必然，服务机器人产业具有更大的机遇与空间，或将成为未来机器人制造业的主力军，市场份额不可估量。

思考题

(1)简述“机器人三原则”。

(2)机器人分类方法有哪些？

(3)简述工业机器人的定义及其特点。

(4)论述国内外机器人发展的现状和发展动态。

(5)未来机器人技术将向哪些方向发展，会给我们的生活带来怎样的变化？

(6)查阅有关文献，就我国机器人技术的发展历程和现状进行综述。

第 2 章 机器人机械结构

微课2

2.1 机器人的组成

2.1.1 机器人系统的基本组成

如图 2-1 所示，机器人一般由机械部分、传感部分、控制部分组成，这三大部分又可分为机械结构系统、驱动系统、感知系统、机器人-环境交互系统、人机交互系统和控制系统六个子系统。

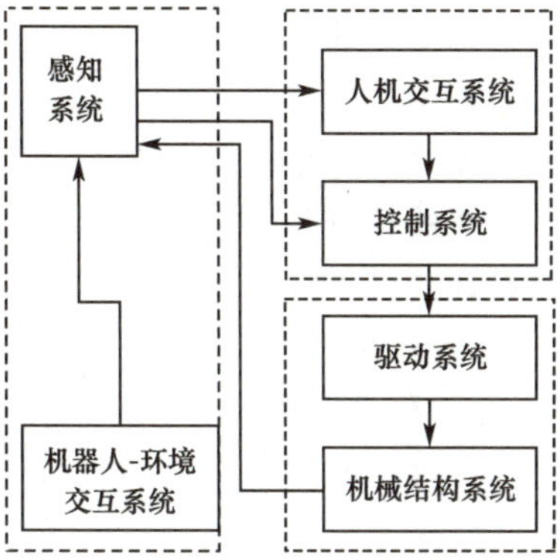

图 2-1 机器人系统的基本组成

1.机械结构系统

机械结构系统由机身、手臂、手腕、手部（末端执行器）等部分构成。每一部分具有若干自由度，构成一个多自由度的机械系统。

2.驱动系统

驱动系统是驱动机器人各个关节运转的传动装置，主要的驱动方式包括液压驱动、气动驱动和电动机驱动，多以电动机驱动为主。

3.感知系统

感知系统由内部传感器模块和外部传感器模块组成，以获取机器人内部环境和外部环境状态中有意义的信息。智能传感器的使用提高了机器人的机动性、适应性和智能化的水平。

4.机器人-环境交互系统

机器人-环境交互系统是实现机器人与外部环境中的设备相互联系和协调的系统。机器人与外部设备集成为一个功能单元，如加工制造单元、焊接单元、装配单元等。当然，也可以是多台机器人、多台机床或设备、多个零件存储装置等集成为一个执行复杂任务的功能单元。

5.人机交互系统

人机交互系统是人与机器人进行联系和参与机器人控制的装置，主要可分为指令给定装置和信息显示装置两类，如计算机的标准终端、指令控制台、信息显示板和危险信号报警器等。

6.控制系统

控制系统的任务是根据机器人的作业指令程序以及从传感器反馈回来的信号，支配机器人的执行机构完成规定的运动和功能。根据是否具备信息反馈系统，可将控制系统分为开环控制系统和闭环控制系统。根据控制运动的形式不同，可分为点位控制和连续轨迹控制。

2.1.2 机器人的技术参数

技术参数是机器人制造商在产品供货时所提供的技术数据，各厂商所提供的技术参数项目和用户的要求并不完全一样。但是，工业机器人的主要技术参数一般都应有自由度、工作空间、承载能力、精度、最大工作速度等。

1.自由度

自由度是指机器人所具有的独立坐标轴运动的数目，不包括手部(末端执行器)的自由度。在三维空间中描述一个物体的位置和姿态(简称位姿)需要 6 个自由度。但是，机器人的自由度是根据其用途而设计的，可能少于 6 个自由度，也可能多于 6 个自由度。如图 2-2 所示的 PUMA 560 机器人具有 6 个自由度，可以进行复杂空间曲面的弧焊作业。从运动学的观点看，在完成某一特定作业时需要具有多余自由度的机器人，以增加机器人的灵活性，躲避障碍物和改善动力性能，此种机器人也简称冗余度机器人。

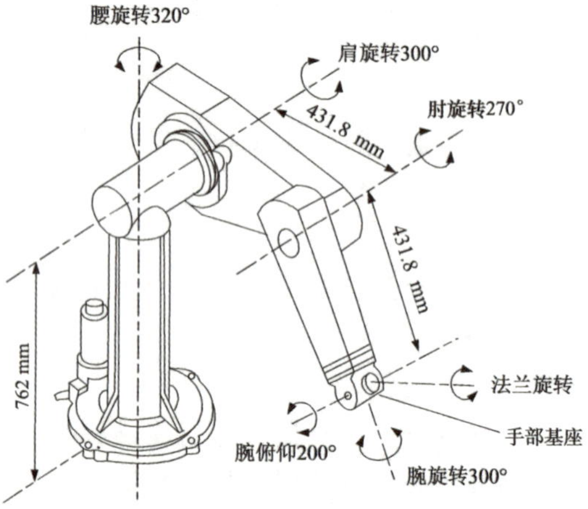

图 2-2　PUMA 560 6 自由度机器人

如图2-3所示的Stewart并联机器人机构末端执行器的位置和姿态由6个直线油缸的行程长度所决定，每个油缸的一端与基座通过2个自由度的铰链相连，另一端由3个自由度的球关节与末端执行器相连。这种机器人将手臂的3个自由度和手腕的3个自由度集成在一起构成并联机构，具有闭环机构刚度高的共性特点，但连杆的运动范围十分有限，限制了关节的活动范围，使得机器人的工作空间小。

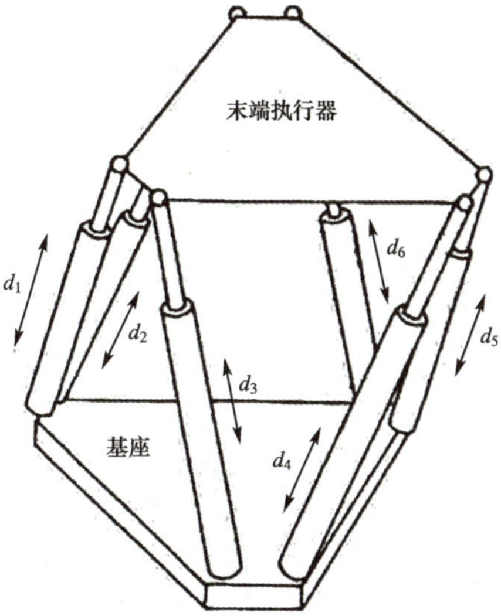

图2-3 Stewart并联机器人

闭环机构的自由度不如开链机构的明显，机构的自由度 F 可按照Grubler-Kutzbach公式计算，即

$$F=6(l-n-1)+\sum_{i=1}^{n}f_i \tag{2-1}$$

式中：l 为连杆数，包括基座；n 为关节总数；f_i 为第 i 个关节的自由度数。

对于平面机构（自由物体是3个自由度），Grubler-Kutzbach公式中等号右边第一项的6要改为3。Stewart机构有18个关节（6个铰链，6个球关节，6个移动关节），14个连杆（每个油缸为2个连杆，一个末端执行器，一个基座），18个关节共有36个自由度。根据式(2-1)可知，Stewart机构共有6个自由度。

2.工作空间

工作空间是指机器人手臂末端或手腕中心所能到达的所有点的集合，也叫工作范围。工作范围的形状和大小是十分重要的，机器人在执行某一作业时，可能会因为存在手部不能到达的作业死区而不能完成任务。如图2-4、图2-5和图2-6所示分别为PUMA机器人、A4020型SCARA机器人和Fanuc P-100机器人的工作空间。

3.承载能力

承载能力是指机器人在工作范围内的任何位姿上所能承受的最大质量。机器人的载荷不仅取决于负载和末端执行器的质量，而且与机器人运行的速度和加速度的大小、方向有关。为了安全起见，承载能力是指高速运行时机器人的承载能力。

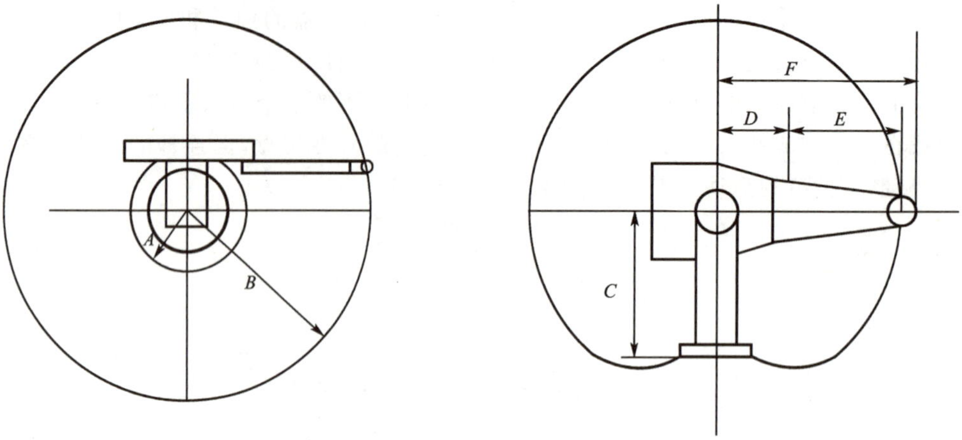

图 2-4 PUMA 机器人的工作空间

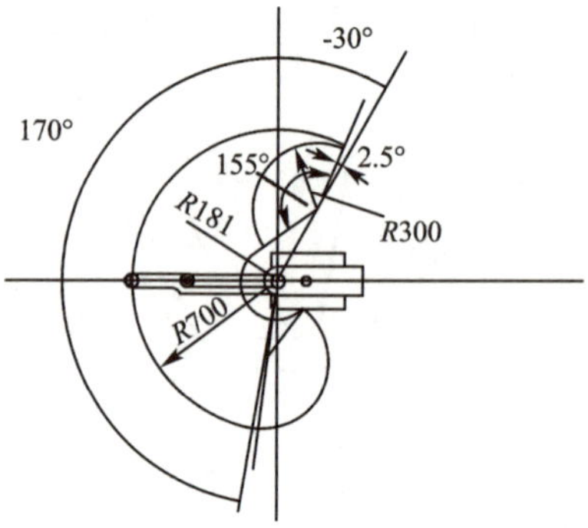

图 2-5 A4020 型 SCARA 机器人的工作空间

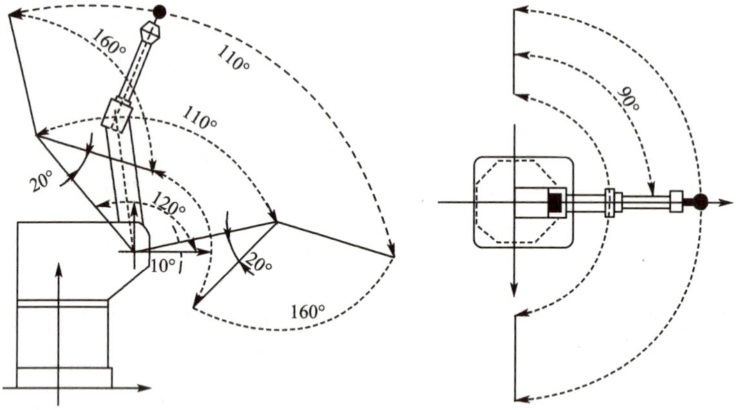

图 2-6 Fanuc P-100 机器人的工作空间

4.精度

通常所说的机器人精度，指的是机器人的定位精度和重复定位精度，定位精度是机器人的末端执行器实际到达位置与目标位置之间的差值。重复定位精度是指机器人重复定位其末端执行器于同一目标位置的能力，可以用标准偏差来表示，它是用来衡量一列误差值的重复度和密集度，如图 2-7 所示。

思政小课堂4

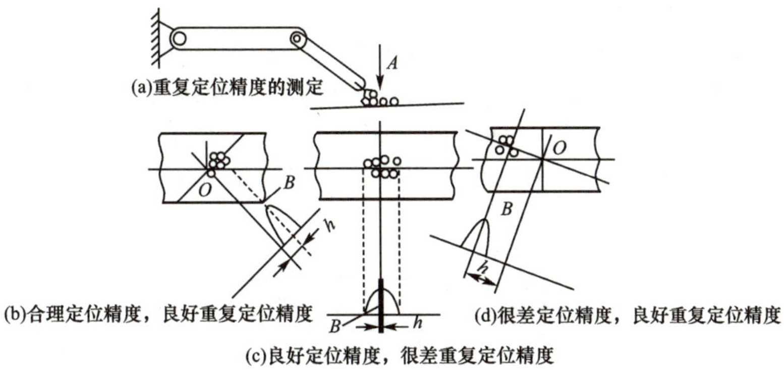

图 2-7 机器人精度的测定与评价

5.最大工作速度

最大工作速度通常指机器人手臂末端的最大速度。提高运动速度可提高工作效率，因此提高机器人的加、减速能力，保证机器人加、减速过程的平稳性是非常重要的。

2.2 机器人的机身结构

机器人的机身是直接连接、支承和传动手臂及行走机构的部件。对固定式机器人来说，直接连接在固定基座上；对移动式机器人来说，则安装在移动机构上。它是由臂部运动(升降、平移、回转和俯仰)机构及有关的导向装置、支承件等组成。由于机器人的运动形式、使用条件、负载能力各不相同，所采用的驱动装置、传动机构、导向装置也不同，致使机身结构有很大差异。下面介绍几种典型的机身结构。

1.回转与升降型机身

回转与升降型机身主要由实现手臂的回转和升降运动的机构组成。机身的回转运动可采用回转轴液压(气)缸驱动、直线液压(气)缸驱动的传动链和蜗轮蜗杆机械传动等。机身的升降运动可采用直线缸驱动、滚珠丝杠机构驱动和直线缸驱动的连杆式升降台。如图 2-8(a)所示为气动机器人采用活塞气缸和链条链轮传动机构，以实现机身的回转运动(K 向)。图 2-8(b)所示为采用双杆活塞气缸驱动链轮回转的方式。

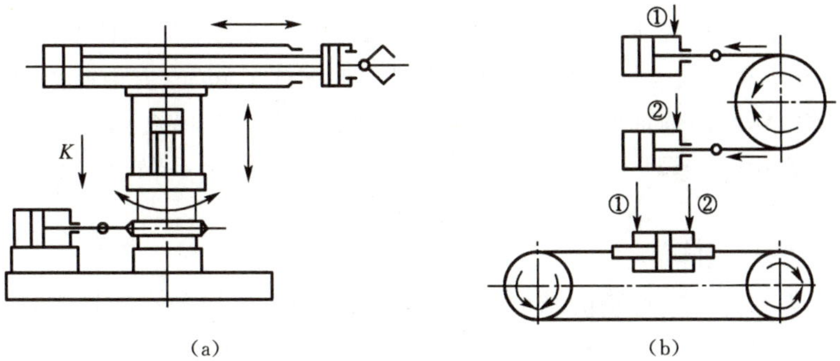

图 2-8 回转与升降型机身

2.回转与俯仰型机身

回转与俯仰型机器人的机身主要由实现手臂左、右回转和上、下俯仰运动的部件组成，它用手臂的俯仰运动部件代替手臂的升降运动部件。俯仰运动大多采用摆式直线缸驱动连杆机构或齿轮齿条实现。手臂俯仰运动用的活塞缸位于手臂的下方，其活塞杆和手臂采用铰链形式连接，缸体采用尾部耳环或中部销轴等方式与立柱连接，如图 2-9 所示。

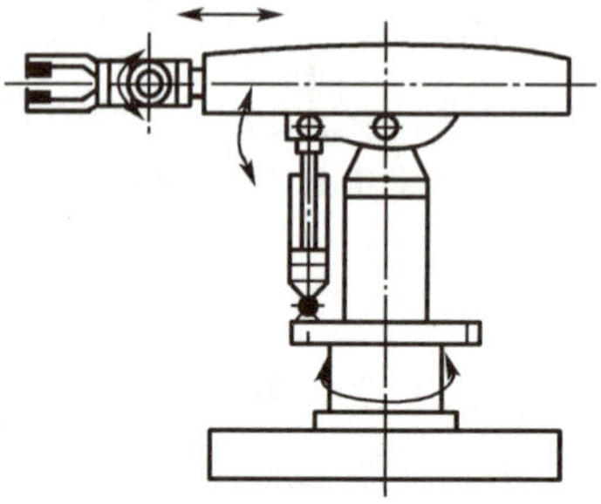

图 2-9　回转与俯仰型机身

2.3　机器人的臂部结构

机器人的臂部是机器人的主要执行部件，作用是支撑手腕和手部，并带动它们在空间运动，机器人腕部的空间位置及其工作空间都与臂部的参数和臂部的运动范围有关。机器人的臂部由大臂、小臂或多臂组成，主要包括臂杆以及与其伸缩、屈伸或自转等运动有关的构件，如传动机构、驱动装置、导向定位装置、支撑联接和位置检测元件等。

1.手臂直线运动机构

机器人臂部的伸缩运动属于直线运动。当行程小时，采用液压(气)缸直接驱动；当行程大时，可采用液压(气)缸或步进电动机及伺服电动机驱动齿条传动的倍增机构，也可用丝杠螺母或滚珠丝杠传动。为了增加手臂的刚性，防止手臂在伸缩运动时绕轴线转动或产生变形，臂部结构需要设置导向装置，或设计方形、花键等形式的臂杆。常用的导向装置有单导向杆和双导向杆等，可根据手臂的结构、负载要求等因素选取。

双导向杆臂部的伸缩结构如图 2-10 所示，臂部和腕部通过连接板安装在升降液压缸的上端。当双作用液压缸 1 的两腔分别通入液压油时，则推动活塞杆 2(臂部)做往复直线移动；导向杆 3 在导向套 4 内移动，以防止臂部伸缩式的转动(并兼作腕部回转缸 6 及手部 7 的夹紧液压缸的输油管道)。由于臂部的伸缩液压缸安装在两根导向杆之间，由导向杆承受弯曲作用，活塞杆只受拉压作用，故受力简单、传动平稳、外形整齐美观、结构紧凑。

2.手臂回转运动机构

实现机器人臂部回转运动的结构形式是多种多样的，常用的有叶片式回转缸、齿轮传动机构、链轮传动机构、连杆机构。以齿轮传动机构中活塞缸和齿轮、齿条机构为例来说明臂部的回转。齿轮、齿条机构通过齿条的往复移动，带动与臂部连接的齿轮做往复回转运动，即实现臂部的回转运动。

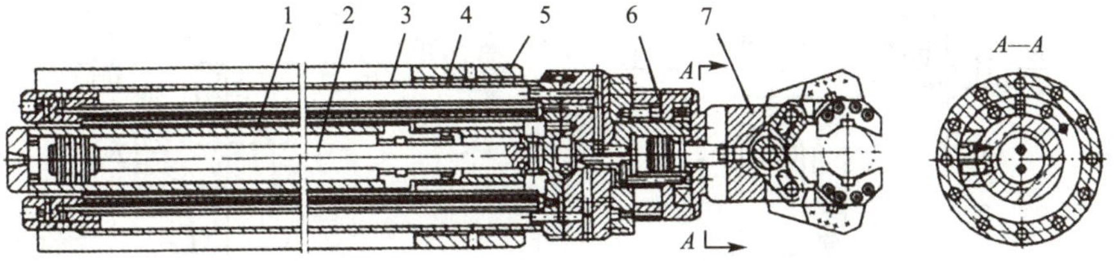

1-双作用液压缸；2-活塞杆；3-导向杆；4-导向套；5-支承座；6-腕部回转缸；7-手部

图 2-10 双导向杆臂部的伸缩结构

臂部升降和回转运动的结构如图 2-11 所示。活塞液压缸两腔分别进液压油，推动齿条活塞做往复移动（A—A 剖面），与齿条 7 啮合的齿轮 4 做往复回转运动。由于齿轮 4、臂部升降缸体 2、连接板 8 均用螺钉连接成一体，连接板又与臂部固连，因此实现了臂部的回转运动。升降液压缸的活塞杆通过连接盖 5 与机座 6 连接而固定不动，升降缸体 2 沿导向套 3 做上、下移动，因为升降液压缸外部装有导向套，所以刚性好、传动平稳。

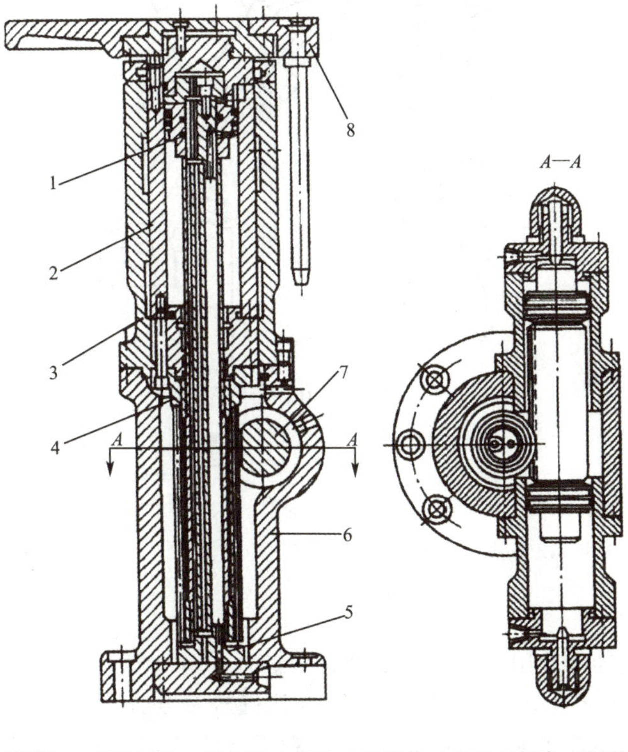

1-活塞缸；2-升降缸体；3-导向套；4-齿轮；5-连接盖；6-机座；7-齿条；8-连接板

图 2-11 臂部升降和回转运动的结构

3.手臂俯仰运动机构

机器人的手臂俯仰运动一般采用活塞液压缸与连杆机构来实现。手臂的俯仰运动所用的活塞缸位于臂部的下方，其活塞杆和手臂用铰链连接，缸体采用尾部耳环或中部销轴等方式与立柱连接，如图 2-12 所示。

图 2-13 为铰接活塞缸实现臂部俯仰的机构示意。采用铰接活塞缸 5、7 和连杆机构，使小臂 4 相对大臂 6 和大臂 6 相对立柱 8 实现俯仰运动。

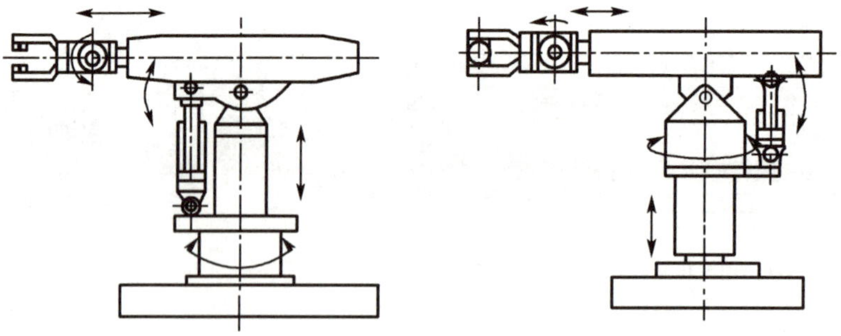

图 2-12 臂部俯仰驱动缸安装示意

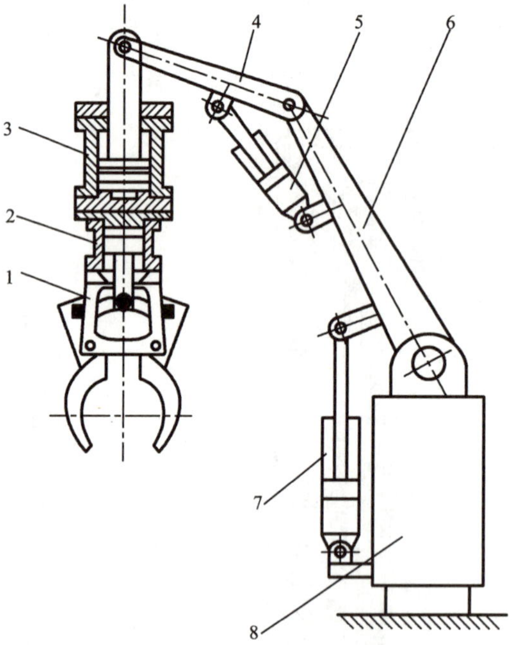

1-手部；2-夹紧缸；3-升降缸；4-小臂；5、7-铰接活塞缸；6-大臂；8-立柱

图 2-13 铰接活塞缸实现臂部俯仰的机构示意

4.手臂复合运动机构

手臂的复合运动多数用于动作程序固定不变的专用机器人，它不仅使机器人的传动结构简单，而且可简化驱动系统和控制系统，并使机器人传动准确、工作可靠，因此在生产中应用比较多。除手臂实现复合运动外，手腕和手臂的运动亦能组成复合运动。手臂（或手腕）和手臂的复合运动，可以由动力部件（如活塞缸、回转缸等）与常用机构（如凹槽机构、连杆机构、齿轮机构等）按照手臂的运动轨迹或手臂和手腕的动作要求进行组合。

2.4 机器人的腕部结构

腕部是连接臂部和手部的部件，其主要作用是改变和调整手部在空间的方位，从而使手部中所握持的工具或工件取得某一指定的姿态。因此，腕部结构的设计要满足传动灵活、结构紧凑轻巧、避免干涉，具有合理的自由度，以满足机器人手部完成复杂的姿态。

2.4.1 腕部的转动方式

为了使手部能处于空间任意方向，要求腕部能实现对空间三个坐标轴 X、Y、Z 的转动，即具有翻转、俯仰和偏转三个自由度。这三个回转方向分别称为臂转（使手部绕小臂轴线方向的旋转）、手转（使手部绕自身的轴线方向旋转）、腕摆（使手部相对于臂进行摆动），如图 2-14 所示。腕部实际所需要的自由度数目应根据机器人的工作性能要求来确定。在有些情况下，腕部具有两个自由度：翻转和俯仰或翻转和偏转。

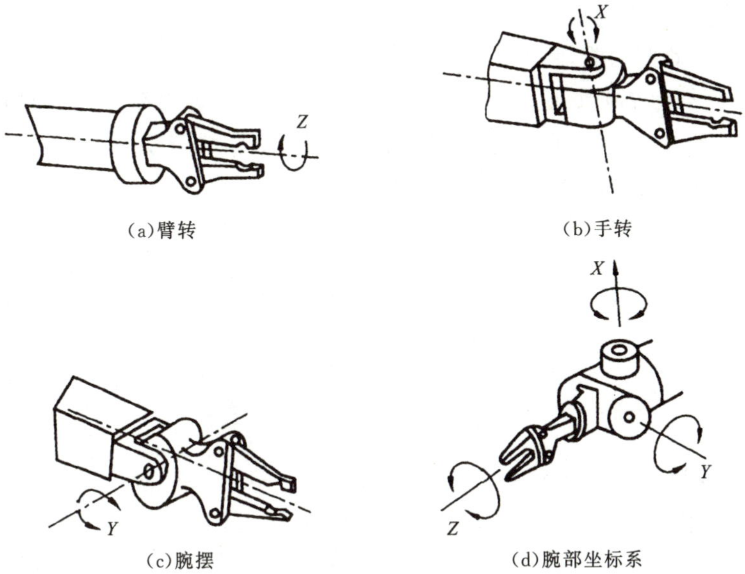

图 2-14 腕部的自由度

按腕部转动特点的不同，用于腕部关节的转动可细分为滚转和弯转两种。滚转是指组成关节的两个零件自身的几何回转中心和相对运动的回转轴线重合，因而能实现 360° 无障碍旋转的关节运动，通常用 R 来标记，如图 2-15(a)所示。弯转是指两个零件的几何回转中心和其相对运动的回转轴线垂直的关节运动。由于受到结构的限制，其相对转动角度一般小于 360°，通常用 B 来标记，如图 2-15(b)所示。

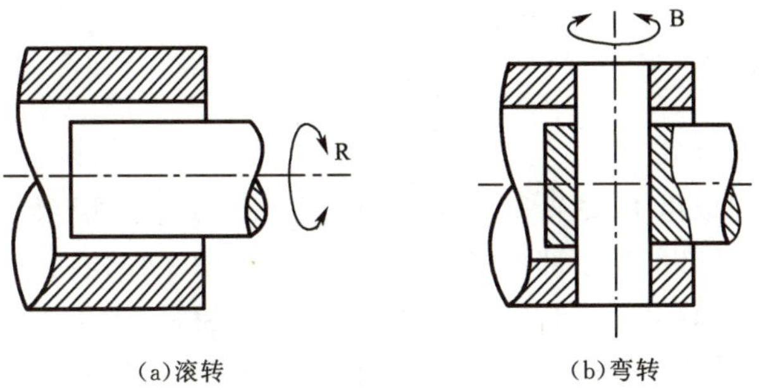

图 2-15 腕部关节的滚转和弯转

2.4.2 腕部的分类

1.按自由度数目来分

腕部根据实际使用的工作要求和机器人的工作性能来确定自由度，腕部按自由度数目，可分为单自由度腕部、二自由度腕部和三自由度腕部。

(1)单自由度腕部

如图 2-16(a)所示，具有单一的臂转功能，腕部关节轴线与手臂的纵轴线共线，常回转角度不受结构限制，可以回转 360°以上。该运动用滚转关节(R 关节)实现。如图 2-16(b)所示，具有单一的手转功能，腕部关节轴线与手臂和手的轴线相互垂直。如图 2-16(c)所示，具有单一的侧摆功能，腕部关节轴线与手臂和手的轴线在另一个方向上相互垂直，两者常回转角度都受结构限制，通常回转小于 360°，该两者运动都用弯转关节(B 关节)实现。如图 2-16(d)所示，具有单一的平移功能，腕部关节轴线与手臂和手的轴线在一个方向上成一平面，不能转动只能平移，该运动用平移关节(T 关节)实现。

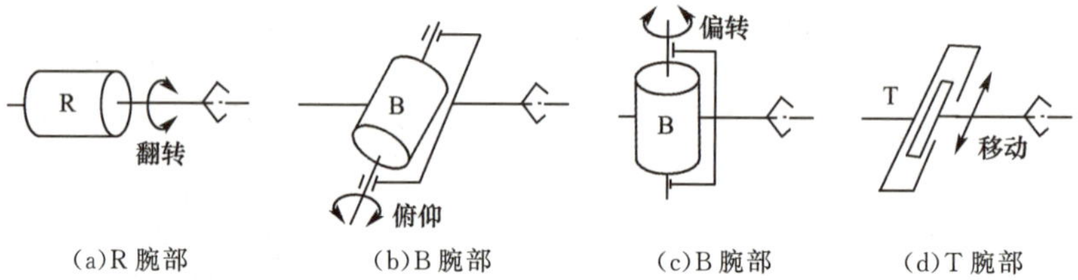

图 2-16 单自由度腕部

(2)二自由度腕部

可以由一个滚转关节和一个弯转关节联合构成 BR 关节，实现二自由度腕部，如图 2-17(a)所示；或由两个弯转关节组成 BB 关节实现二自由度腕部，如图 2-17(b)所示；但不能由两个滚转关节 RR 构成二自由度腕部，因为两个滚转关节的功能是重复的，实际上只能起到单自由度的作用，如图 2-17(c)所示。

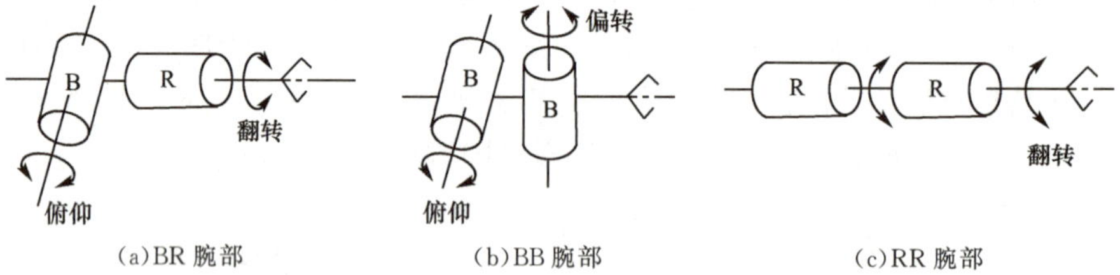

图 2-17 二自由度腕部

3)三自由度腕部

三自由度腕部可以由 B 关节和 R 关节组成多种形式，实现臂转、手转和腕摆功能。事实证明，三自由度腕部能使手部取得空间任意姿态。图 2-18(a)所示为 BBR 腕部，使手部具有俯仰、偏转和翻转运动；图 2-18(b)所示为 BRR 腕部，为了不使自由度退化，第一个 R 关节必须偏置；图 2-18(c)所示为 RRR 腕部，三个 R 关节不能共轴线；图 2-18(d)所示为 BBB 腕部，它已经退化为二自由度腕部，在实际中是不被采用的。此外，B 关节和 R 关节排列的次序不同，也会产生不同的效果，因而也产生了其他形式的三自由度腕部。

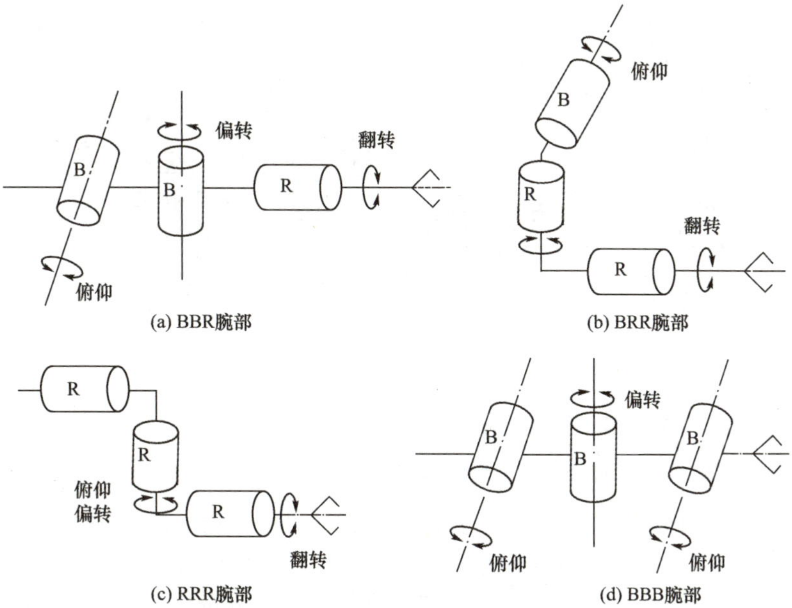

图 2-18 三自由度腕部

2.按驱动方式来分

(1)液压(气)缸驱动的腕部结构

直接用回转液压(气)缸驱动实现腕部的回转运动,具有结构紧凑、灵活等优点。如图 2-19所示的腕部结构,采用回转液压缸实现腕部的旋转运动。由于手部 5 和回转轴 3 连成一个整体,故回转角度极限值由动片 4 和定片 2 之间允许回转的角度来确定。

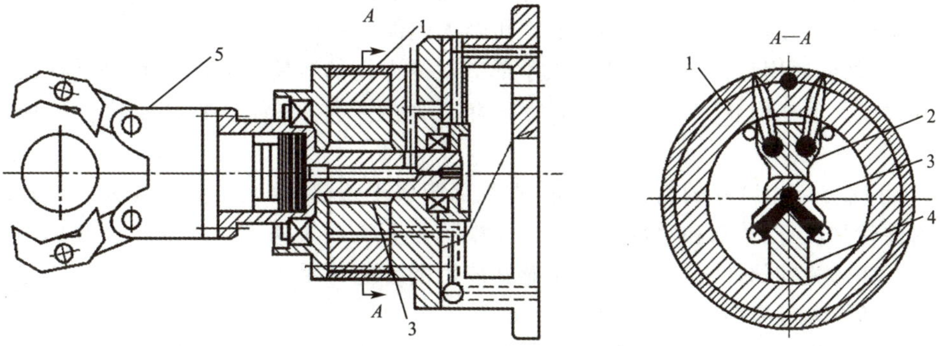

1-回转油缸;2-定片;3-回转轴;4-动片;5-手部

图 2-19 回转油缸直接驱动的单自由度腕部结构

(2)机械传动的腕部结构

图 2-20 所示为三自由度的机械传动腕部结构,是一个具有三根输入轴的差动轮系。从运动分析的角度看,这是一种比较理想的紧凑型三自由度腕部,可使手部的运动灵活、适应性广。目前,它已被成功用于焊接、喷涂等通用机器人。

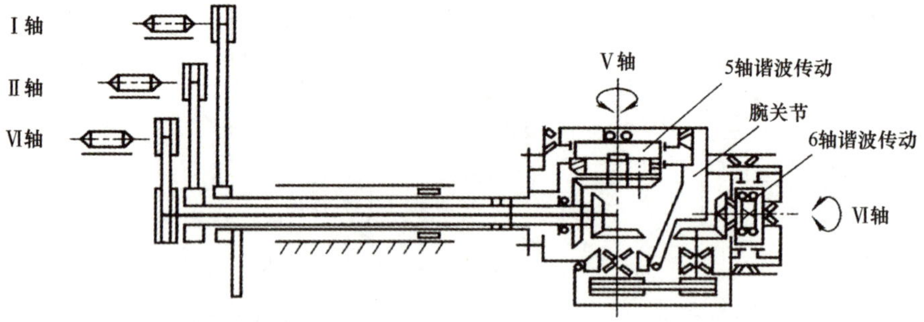

图 2-20　三自由度的机械传动腕部结构

2.5　机器人的手部结构

机器人的手部也称为末端执行器，是最重要的执行机构，它直接装在机器人的手腕上用于夹取工件或让工具按照规定的程序完成指定的工作。由于被夹取工件的形状、尺寸、质量、材质及表面状态的不同，机器人的手部结构是多种多样的，大部分的手部结构都是根据特定的工件要求而专门设计的。

机器人手部的特点如下：

(1)手部和腕部相连处可拆卸。手部和腕部有机械接口，也可能有电、气、液接头。根据夹取对象的不同，手部结构会有差异，通常一个机器人可配有多个手部装置或工具，因此要求手部方便拆卸和更换。

(2)手部是机器人末端执行器。手部可以具有手指，也可以不具有手指；可以有手爪，也可以是进行专业作业的工具，例如装在机器人腕部上的喷漆枪、焊接工具等。

(3)手部的通用性比较差。机器人手部通常是专用的装置，例如，一种手爪往往只能抓握一种或几种在形状、尺寸、质量等方面相近似的工件，一种工具只能执行一种作业任务。

(4)手部是一个独立的部件。例如，把腕部归属于臂部，那么工业机器人机械系统的三大部件就是机身、臂部和手部。手部对于整个工业机器人来说是完成作业好坏以及作业柔性好坏的关键部件之一，具有复杂感知能力的智能化手爪的出现增加了工业机器人作业的灵活性和可靠性。

手部的工作原理不同，故其结构形态各异。常用的手部按其夹钳原理可以分为夹钳式手部和吸附式手部两大类。

2.5.1　夹钳式手部

夹钳式是机器人最常用的一种手部形式。夹钳式手部一般由手指(手爪)、传动机构、驱动装置、支架等组成，如图 2-21 所示。

1.手指

手指是直接与工件接触的构件，通过手指地张开和闭合来实现工件的松开和夹紧。机器人的手部一般有两个手指，少数有三个或多个手指，其结构形式常取决于被夹钳工件的形状和特性。指端是手指上直接与工件接触的部位，其形状分为 V 形指、平面指、尖指和特形指。

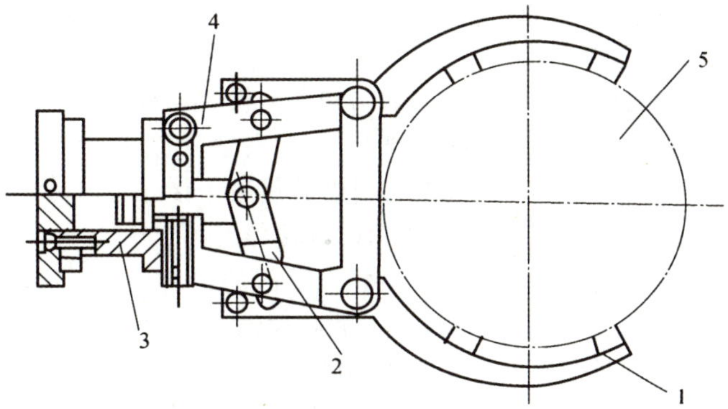

1-手指；2-传动机构；3-驱动装置；4-支架；5-工件

图 2-21 夹钳式手部的组成

(1)V 形指如图 2-22 所示，图 2-22(a)适用于夹钳圆柱形工件，图 2-22(b)适用于夹钳旋转中的圆柱体，图 2-22(c)有自定位能力，但浮动件的设计应具有自锁性。

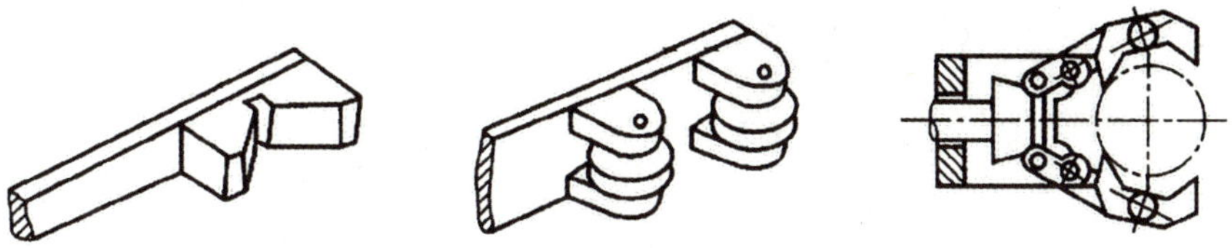

(a)固定 V 形　(b)滚珠 V 形　(c)自定位式 V 形

图 2-22 V 形指端形状

(2)平面指如图 2-23(a)所示，一般用于夹钳方形工件(具有两个平行表面)、板形或细小棒料。

(3)尖指如图 2-23(b)所示，一般用于夹钳小型或柔性工件。

(4)特形指如图 2-23(c)所示，一般用于夹钳形状不规则的工件。

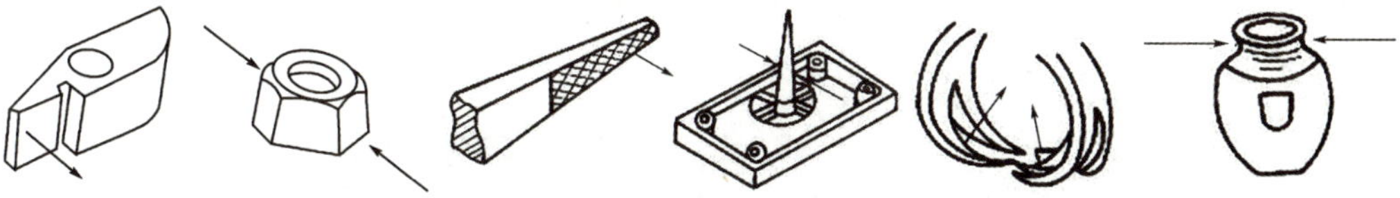

(a)平面指　(b)尖指　(c)特形指

图 2-23 夹钳式手指端形状

手指的指面主要有光滑指面、齿形指面和柔性指面三种形式。光滑指面平整光滑，用于夹钳已加工表面，避免已加工表面受损；齿形指面可增加夹钳工件的摩擦力，多用来夹钳表面粗糙的毛坯或半成品；柔性指面内镶橡胶、泡沫、石棉等物，一般用于夹钳已加工表面、炽热件，也适于夹钳薄壁件和脆性工件。

手指的材料可选用一般碳素钢和合金结构钢。为使手指经久耐用，指面可镶嵌硬质合金；对于高温作业的手指，可选用耐热钢；在腐蚀性气体环境下工作的手指，可镀铬或进行搪瓷处理，也可选用耐腐蚀的玻璃钢或聚四氟乙烯。

2.传动机构

驱动源的驱动力通过传动机构驱动手指(手爪)开合并产生夹紧力。传动机构是向手指传递运动和动力，以实现夹紧和松开动作的机构。按其手指夹钳工件时的运动方式不同，可分为回转型和平移型传动机构，夹钳式手部使用较多的是回转型，其手指就是一对(或几对)杠杆，再同斜楔、滑槽、连杆、齿轮、蜗轮蜗杆或螺杆等机构组成复合式杠杆传动机构。夹钳式手爪还常以传动机构来命名，如图 2-24 所示。

图 2-24(a)所示为斜楔式回转型手部的结构。斜楔驱动杆 2 向下运动，克服弹簧 5 的拉力，使杠杆手指装有滚子 3 的一端向外撑开，从而夹紧工件 8。反之，斜楔向上移动，则在弹簧拉力作用下，使手指 7 松开。手指与斜楔通过滚子接触可以减少摩擦力，提高机械效率。有时，为了简化结构，也可让手指与斜楔直接接触。

图 2-24(b)所示为滑槽式杠杆双支点回转型手部的结构。杠杆形手指 4 的一端装有 V 形指 5，另一端则开有长滑槽。驱动杆 1 上的圆柱销 2 套在滑槽内，当驱动连杆同圆柱销一起做往复运动时，即可拨动两个手指各绕其支点(铰销 3)做相对回转运动，从而实现手指对工件 6 的夹紧与松开动作。滑槽式传动结构的定心精度与滑槽的制造精度有关。

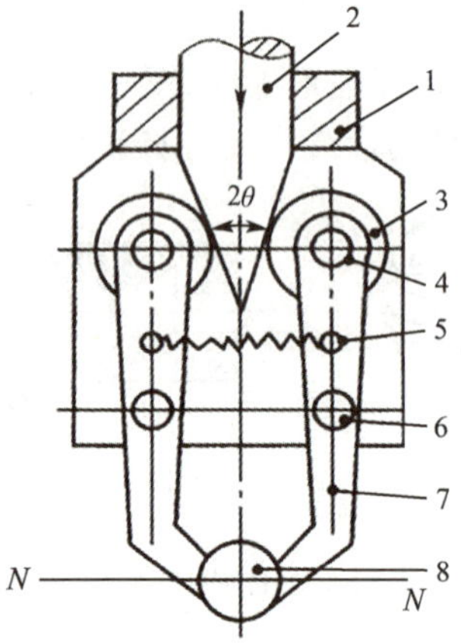

(a)斜楔式

1-壳体；2-斜楔驱动杆；3-滚子；

4-圆柱销；5-弹簧；6-铰销；7-手指；8-工件

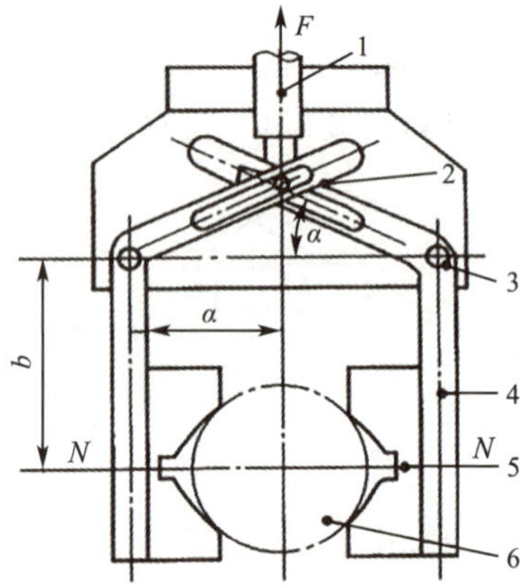

(b)滑槽式

1-驱动杆；2-圆柱销；3-铰销；

4-手指；5-V 形指；6-工件

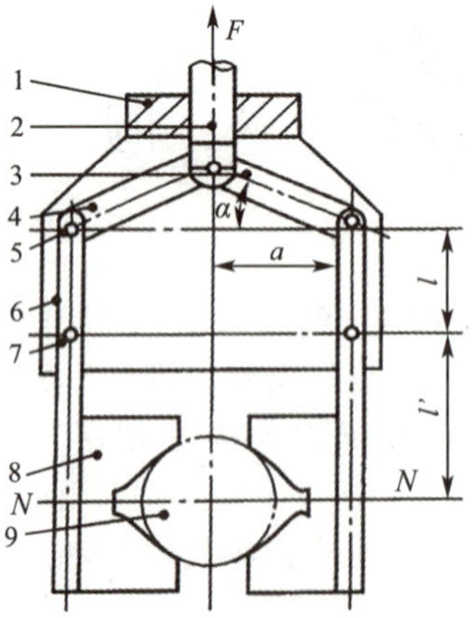

(c)双支点回转型连杆杠杆式

1-壳体；2-驱动杆；3-铰销；

4-连杆；5、7-圆柱销；6-手指；8-V 形指；9-工件

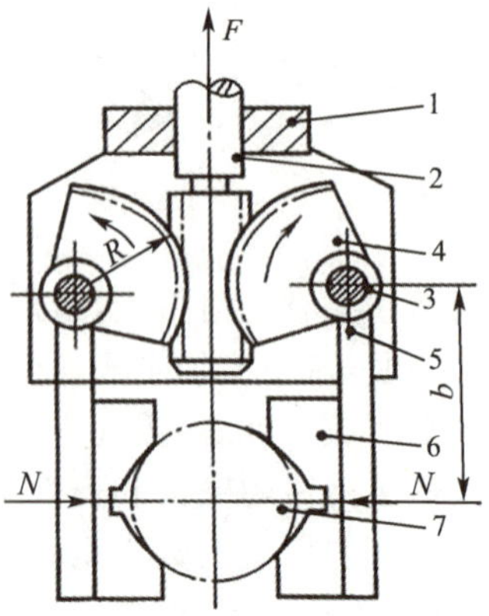

(d)齿条齿轮杠杆式

1-壳体；2-驱动杆；3-小销；

4-扇形齿轮；5-手指；6-V 形指；7-工件

图 2-24　回转型传动机构

图 2-24(c)所示为双支点回转型连杆杠杆式手部的结构。驱动杆 2 末端与连杆 4 由铰销 3 铰接,当驱动杆 2 做直线往复运动时,通过连杆对推动两杆手指各绕支点做回转运动,从而使手指松开或闭合。该机构的活动环节较多,故定心精度一般比斜楔传动差。

图 2-24(d)所示为齿条齿轮杠杆式手部的结构。驱动杆 2 末端制成双面齿条,与扇形齿轮 4 啮合,而扇形齿轮 4 与手指 5 固连在一起,可绕支点回转。驱动力推动齿条做直线往复运动,即可带动扇形齿轮回转,从而使手指闭合或松开。

平移型传动机构是通过手指的指面做直线往复运动或平面移动来实现张开或闭合动作,常用于夹持具有平行平面的工件(如箱体等)。根据其结构,可分平面平行移动机构和直线往复移动机构两种类型(图 2-25)。

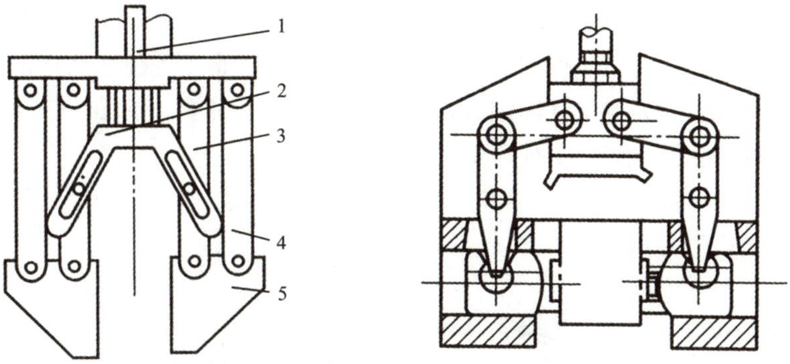

(a)平面平行移动机构　　(b)直线往复移动机构

1-驱动器;2-驱动元件;3-主动摇杆;4-从动摇杆;5-手指

图 2-25　平移型传动机构

除了用夹紧力夹持工件的夹钳式手部外,钩托式手部也是用得较多的一种,如图 2-26 所示。它的主要特征是不靠夹紧力来夹持工件,而是利用手指对工件钩、托、捧等动作来托持工件。应用钩托方式可降低驱动力的要求,简化手部结构,甚至可以省略手部驱动装置。它适用于在水平面内和垂直面内做低速移动的搬运工作,尤其对大型笨重的工件或结构粗大而质量较轻且易变形的工件更为有利。

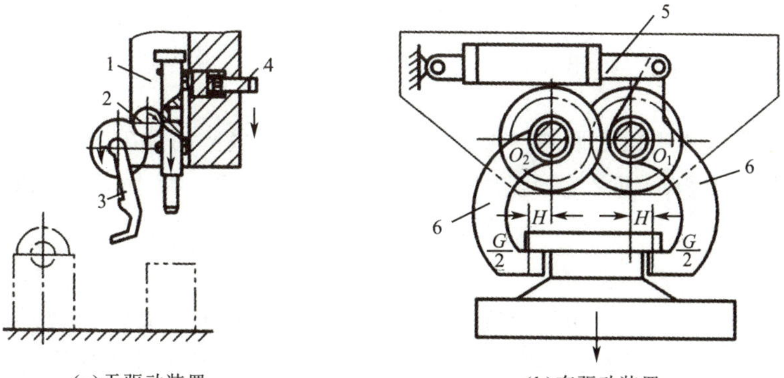

(a)无驱动装置　　(b)有驱动装置

1-齿条;2-齿轮;3-手指;4-销子;5-液压缸;6、7-杠杆手指

图 2-26　钩托式手部的组成

钩托式手部可分为无驱动装置型和有驱动装置型。无驱动装置的钩托式手部,手指动作通过传动机构,借助臂部的运动来实现,手部无单独的驱动装置。图 2-26(a)为一种

无驱动装置的钩托式手部。手部在臂的带动下向下移动，当手部下降到一定位置时，齿条1下端碰到撞块，臂部继续下移，齿条便带动齿轮2旋转，手指3即进入工件钩托部位。手指托持工件时，销子4在弹簧力作用下插入齿条缺口，保持手指的钩托状态并可使手臂携带工件离开原始位置。在完成钩托任务后，由电磁铁将销子向外拨出，手指又呈自由状态，可继续下一个工作循环程序。图2-26(b)为一种有驱动装置的钩托式手部。其工作原理是依靠机构内力来平衡工件重力而保持托持状态。驱动液压缸5以较小的力驱动杠杆手指6和7回转，使手指闭合至托持工件的位置。手指与工件的接触点均在其回转支点O_1、O_2的外侧，因此在手指托持工件后，工件本身的质量不会使手指自行松脱。

图2-27所示为一种结构简单的弹簧式手部，其不需要专用的驱动装置，而是靠弹簧力的作用将工件夹紧。手臂带动夹钳向坯料推进时，弹簧片3由于受到压力而自动张开，于是工件进入夹钳内，受弹簧作用而自动夹紧。当机器人将工件传送到指定位置后，手指不会将工件松开，必须先将工件固定后，手部后退，强迫手指撑开后留下工件。这种手部只适用于定心精度要求不高、工件质量较小的场合。

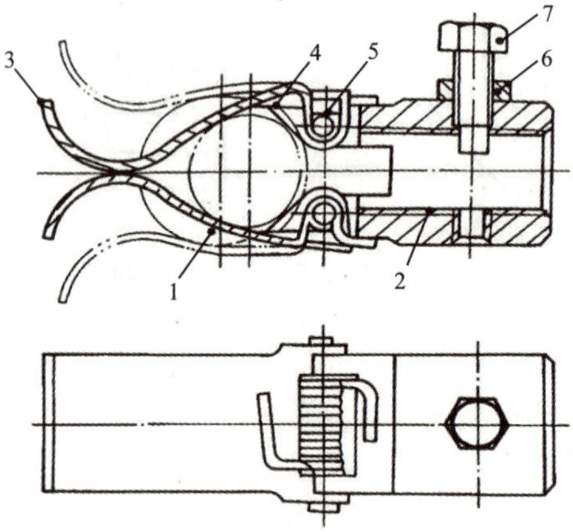

1-工件；2-套筒；3-弹簧片；4-扭簧；5-销钉；6-螺母；7-螺钉

图2-27　弹簧式手部的组成

2.5.2 吸附式手部

吸附式手部依靠吸附力取料。根据吸附力的不同有气吸附和磁吸附两种。吸附式手部适用于吸附大面积（单面接触无法抓取）、易碎（玻璃、磁盘）、微小（不易抓取）的物体，因此应用面较广。

1.气吸式手部

气吸式手部是机器人常用的一种吸持工件的装置。它由吸盘（一个或几个）、吸盘架及进/排气系统组成。气吸式手部具有结构简单、质量轻、使用方便等优点，主要用于搬运体积大、质量轻的零件，如冰箱壳体、汽车壳体等；需要小心搬运的物件，如显像管、平板玻璃等；非金属材料，如板材、纸张等。气吸式手部的另一个特点是对工件表面没有损伤，且对被吸持工件预定的位置精度要求不高；但要求工件上与吸盘接触部位光滑平整、清洁，无孔无凹槽，被吸工件材质致密，没有透气空隙。

气吸式手部是利用吸盘内的压力与大气压之间的压力差工作的。按形成压力差的方法不同，可分为真空气吸附、气流负压吸附、挤压排气吸附三种(图 2-28)。

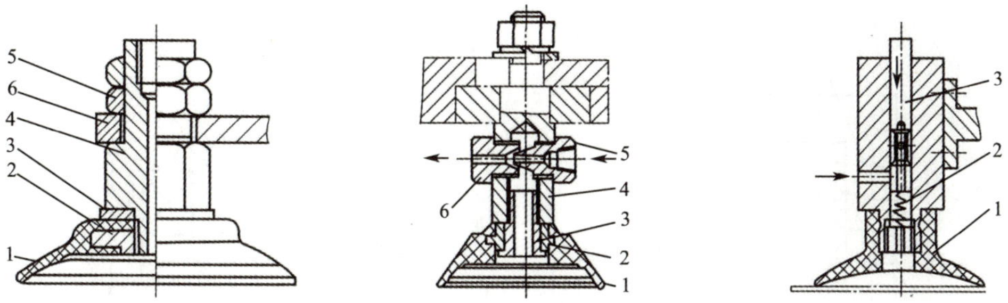

(a)真空气吸附手部
1-橡胶吸盘；2-固定环；3-垫片；
4-支承杆；5-基板；6-螺母

(b)气流负压吸附手部
1-橡胶吸盘；2-心套；3-通气螺钉；
4-支承杆；5-喷嘴；6-喷嘴套

(c)挤压排气吸附手部
1-橡胶吸盘；2-弹簧；3-拉杆

图 2-28 气吸式手部

图 2-28(a)为真空气吸附手部结构。真空是利用真空泵产生的，真空度较高。其主要零件为蝶形橡胶吸盘 1，通过固定环 2 安装在支承杆 4 上，支承杆由螺母 6 固定在基板 5 上。取料时，橡胶吸盘与物体表面接触，橡胶吸盘的边缘起密封作用，又起到缓冲作用，然后真空抽气，吸盘内腔形成真空，实施吸附取料。放料时，管路接通大气，失去真空，将物体放下。为了避免在取、放料时产生撞击，有的还在支承杆上配有弹簧缓冲；为了更好地适应物体吸附面的倾斜状况，有的会在橡胶吸盘背面设计有球铰链。真空气吸附手部工作可靠、吸附力大，但需要有真空系统，成本较高。

图 2-28(b)为气流负压吸附手部结构。利用流体力学的原理，当需要取物时，压缩空气高速流经喷嘴 5 时，其出口处的气压要低于吸盘腔内的气压，于是腔内的气体被高速气流带走而形成负压，完成取物动作，当需要释放物件时，切断压缩空气即可。气流负压吸附手部需要的压缩空气，在一般工厂内容易取得，使用方便，成本较低。

图 2-28(c)为挤压排气吸附手部结构。取料时手部先向下，吸盘压向工件，橡胶吸盘形变，将吸盘内的空气挤出。之后，手部向上提升，压力去除，橡胶吸盘恢复弹性形变使吸盘内腔形成负压，将工件牢牢吸住，机器人即可进行工件搬运。到达目标位置后要释放工件时，用碰撞力或电磁力使压盖动作，使吸盘腔与大气连通而失去负压，释放工件。挤压排气吸附手部结构简单，经济方便，但吸附力小，吸附状态不易长期保持，可靠性比真空吸盘和气流负压吸盘差。

2.磁吸式手部

磁吸式手部是利用永久磁铁或电磁铁通电后产生的磁力来吸附工件的，其应用较广。磁吸式手部与气吸式手部相同，不会破坏被吸件的表面质量。磁吸式手部的优点：有较大的单位面积吸力，对工件表面粗糙度及通孔、沟槽等无特殊要求；磁吸式手部的缺点：被吸工件存在剩磁，吸附头上常吸附磁性屑(如铁屑)，影响正常工作。因此，对那些不允许有剩磁的零件要禁止使用。

磁吸式手部按磁力来源可分为永久磁铁手部和电磁铁手部，电磁铁手部由于供电不同又可分为交流电磁铁和直流电磁铁手部。图 2-29 所示为电磁铁手部的结构。在线圈通电的瞬间，由于空气间隙的存在，磁阻很大，线圈的电感和启动电流很大，这时产生磁性吸力将工件吸住，一旦断电，磁吸力消失，工件就松开。若采用永久磁铁作为吸盘，则必须强迫性地取下工件。

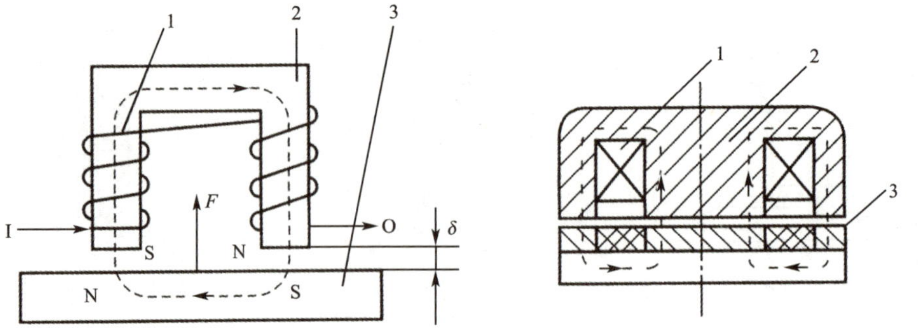

1-线圈；2-铁芯；3-衔铁

图 2-29　电磁铁手部的结构

2.5.3 仿生多指灵巧手

目前，大部分工业机器人的手部只有两个手指，而且手指上一般没有关节，取料不能适应物体外形的变化，不能使物体表面承受比较均匀的夹钳力，因此无法满足对复杂形状、不同材质的物体实施夹取和操作。为了提高机器人手部和腕部的操作能力、灵活性和快速反应能力，使机器人能像人手一样进行各种复杂的作业，如装配作业、维修作业、设备操作等，就必须有一个运动灵活、动作多样的灵巧手，即仿生多指灵巧手。

1.多关节柔性手

柔性手可对不同外形物体实施抓取，并使物体表面受力均匀。图 2-30 所示为多关节柔性手，每个手指由多个关节串接而成，手指传动部分由牵引钢丝绳及摩擦滚轮组成。每个手指由两根钢丝绳牵引，一侧为握紧状态，另一侧为放松状态，这样的结构可抓取凹凸外形的物体并使其受力均匀。

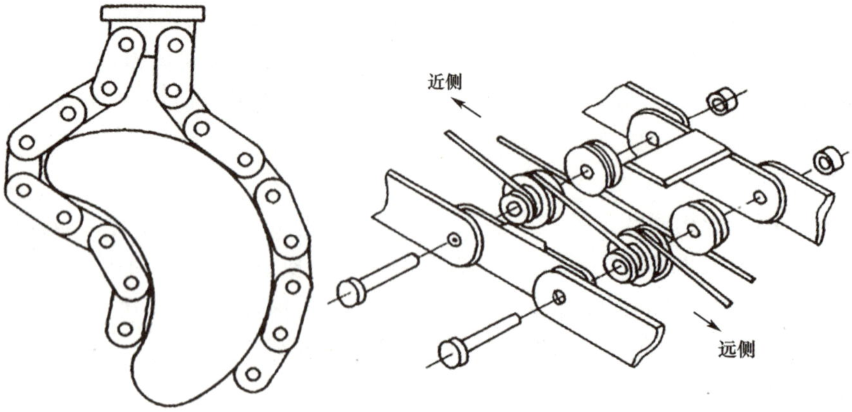

图 2-30　多关节柔性手

2.多指灵巧手

机器人手部和腕部最完美的形式是模仿人手的多指灵巧手，每一根手指有三个回转关节,每一个关节的自由度都是独立控制的,因此,各种复杂动作都能模仿,图2-31(a)和图2-31(b)分别是三指灵巧手和四指灵巧手。

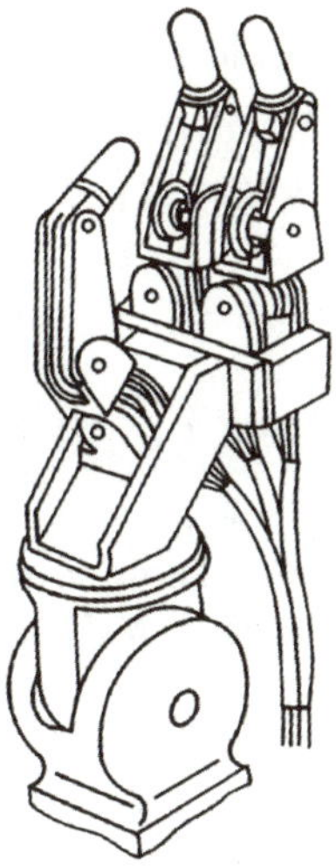

(a)三指灵巧手

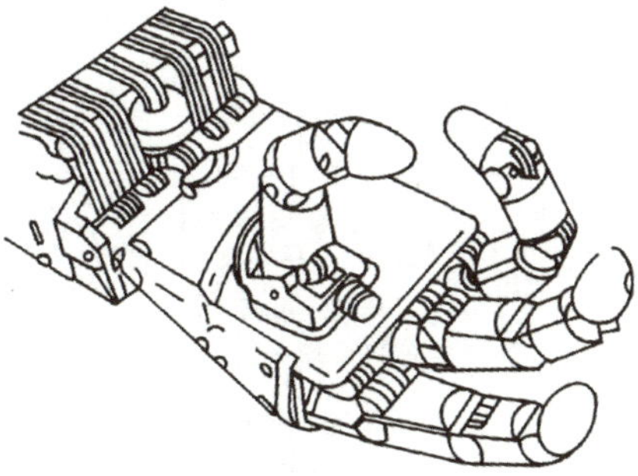

(b)四指灵巧手

图2-31 仿生多指灵巧手

2.5.4 专用末端执行器

机器人是一种通用性很强的自动化设备,配上各种专用的末端执行器,就能根据作业要求完成各种动作。如在通用机器人上安装焊枪就成为一台焊接机器人,安装锁螺母机则成为一台装配机器人,也可采用定制设计的末端执行器。常见专用末端执行器如图2-32所示。

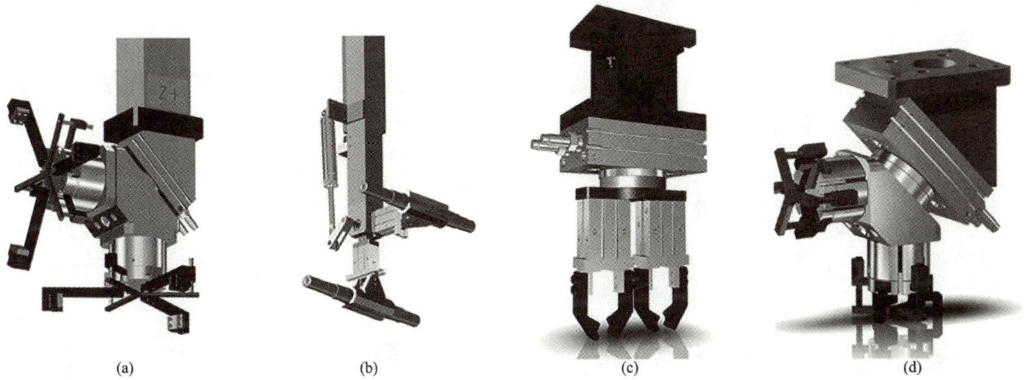

(a) (b) (c) (d)

图2-32 常见专用末端执行器

2.6 机器人的驱动和传动

机器人的机械本体运动需要依靠驱动装置来实现,而驱动装置的受控运动必须通过传动单元带动机械臂产生,以精确的保证末端执行器所要求的位置、姿态。因此,驱动装置和传动单元是机器人除机械本体外的重要部件。

2.6.1 驱动装置

驱动装置是驱动机器人机械臂(包含机身、臂部、腕部、手部)运动的机构。按照控制系统发出的指令信号,借助于动力元件使机器人工作。机器人常用的驱动方式主要有液压驱动、气压驱动和电动机驱动三种基本类型,三种驱动方式的特点比较见表 2-1。

表 2-1　　三种驱动方式的特点比较

驱动方式		特点					
		输出力	控制性能	维修使用	结构体积	使用范围	制造成本
液压驱动		压力高,可获得大的输出力	油液不可压缩,压力、流量均容易控制,可无级调速,反应灵敏,可实现连续轨迹控制	维修方便,液体对温度变化敏感,油液泄漏易着火	在输出力相同的情况下,体积比气压驱动方式小	中、小型及重型机器人	液压元件成本较高,油路比较复杂
气压驱动		气压压力低,输出力较小,如需要输出力大时,其结构尺寸过大	可高速,冲击较严重,精确定位困难。气体压缩性大,阻尼效果差,低速不易控制,不易与CPU 连接	维修简单,能在高温、粉尘等恶劣环境中使用,泄漏无影响	体积较大	中、小型机器人	结构简单,能源方便,成本低
电动机驱动	异步电动机 直流电动机	输出力较大	控制性能较差,惯性大,不易精确定位	维修使用方便	需要减速装置,体积较大	速度低,特重大的机器人	成本低
	步进电动机 伺服电动机	输出力较小或较大	容易与 CPU 连接,控制性能好,响应快,可精确定位,但控制系统复杂	维修使用较复杂	体积效小	程序复杂、运动轨迹要求严格的机器人	成本较高

目前,除个别运动精度不高、重负载或有防爆要求的机器人采用液压、气压驱动外,机器人大多采用电动机驱动,其中交流伺服电动机应用最广,且驱动器布置大都采用一个关节一个驱动器。在某些特殊应用和科学研究中,还出现了包括形状记忆合金、化学、压电、磁致伸缩、电活性聚合物和微机电系统等其他类型的驱动。

2.6.2 传动单元

机器人广泛采用的机械传动单元是减速器,减速器使机器人伺服电动机输出合适的转速并提供足够的输出转矩。与通用减速器相比,机器人关节减速器要求具有传动链短、体积小、功率大、质量轻和易于控制等特点。大量应用在关节型机器人上的减速器主要有两类:RV 减速器和谐波减速器。RV 减速器放置在机身、大臂等重负载位置;谐波减速器放置在小臂、腕部和手部等轻负载位置。此外,机器人还采用齿轮传动、链条(带)传动、同步带传动、直线运动单元、连杆机构传动等。机器人关节传动单元如图 2-33 所示。

思政小课堂5

(a) RV减速器　　(b) 谐波减速器

图 2-33　机器人关节传动单元

2.7　机器人的设计分析

2.7.1　系统分析

机器人是实现生产过程自动化、提高生产效率的有力工具。为了实现生产过程的自动化，需要对机械化、自动化装置进行综合的技术和经济分析，确定是否适合使用机器人。当确定使用机器人之后，设计人员一般要先做如下工作：

（1）根据机器人的使用场合，明确机器人的目的和任务。

（2）分析机器人所在系统的工作环境，包括机器人与已有设备的兼容性。

（3）分析系统的工作要求，确定机器人的基本功能和方案，如机器人的自由度数、信息的存储容量、计算机功能、动作速度、定位精度、抓取质量、容许的空间结构尺寸以及温度、振动等环境条件的适用性等。进一步对被抓取、搬运物体的质量、形状、尺寸及生产批量等情况进行分析，确定手部结构形式及抓取工件的部位和握力。

（4）进行必要的调查研究，搜集国内外的有关技术资料，进行综合分析，找出借鉴、选用之处和需要注意的问题。

2.7.2　技术设计

1.机器人基本参数的确定

机器人技术设计包括确定基本参数、选择运动方式、手臂配置形式、传感检测、驱动和控制方式等。在结构设计的同时，对其各部件的强度、刚度做必要的验算。在系统分析的基础上，确定自由度、定位精度、负载、工作范围、工作速度等基本参数。

（1）自由度的确定

在能完成预期动作的情况下，应尽量减少机器人的自由度数目。目前工业机器人大多是开链机构，每一个自由度都必须由一个驱动器单独驱动，同时必须有一套相应的减速机构及控制线路，这就增加了机器人的整体质量，加大了结构尺寸。所以，只有在特殊需要的场合，才考虑更多的自由度。如果机器人被设计用于生产批量大、操作可靠性要求高、运行速度快、周围设备构成复杂、所抓取的工件质量较小等场合，自由度可少一些；如果要便于产品更换、增加柔性，则机器人的自由度要多一些。

(2)定位精度的确定

机器人的定位精度是根据使用要求确定的,而机器人本身所能达到的定位精度,则取决于机器人的定位方式、驱动方式、控制方式、缓冲方式、运动速度、臂部刚度等因素。工艺过程的不同,对机器人重复定位精度的要求也不同,不同工艺过程所要求的定位精度见表 2-2。

表 2-2　　不同工艺过程所要求的定位精度

工艺过程	重复定位精度要求/mm	工艺过程	重复定位精度要求/mm
冲床上、下料	±1	喷涂	±3
模锻	±0.1～2.0	装配、测量	±0.01～0.50
点焊	1	金属切削机床上下料	±0.05～1.00

当机器人达到所要求的定位精度有困难时,可采用辅助夹具协助定位的方法。即机器人把被抓取物体送到工装夹具进行粗定位,然后利用夹具的夹紧动作实现工件的最后定位。这种方法既能保证工艺要求,又可降低机器人的定位要求。

(3)负载的确定

目前使用的机器人的负载范围较大。对专用机器人来说,负载主要根据被抓取物体的质量来定,其安全系数 K 一般可在 1.5～3.0 选取。对于工业机器人来说,要根据被抓取、搬运物体的质量变化范围来确定负载。

(4)工作范围的确定

根据工艺要求和操作运动的轨迹确定机器人的工作范围。一个操作运动的轨迹由若干动作合成,在确定工作范围时,可将运动轨迹分解成单个动作,由单个动作的行程确定机器人的最大行程。为便于调整,可适当加大行程的数值。各个动作的最大行程确定之后,机器人的工作范围也就确定了。

(5)工作速度的确定

机器人各动作的最大行程确定之后,可根据生产需要的工作节拍分配每个动作的时间,进而确定各动作的运动速度。各动作的时间分配取决于很多因素,不能通过简单的计算确定,要根据各种因素反复考虑,对比各动作的分配方案,综合考虑后进行确定。如果两个动作同时进行,要按时间较长的确定工作节拍。机器人的总动作时间应小于或等于工作节拍,当确定了最大行程和动作时间后,运动速度也就随之确定了。分配各动作时间时应考虑以下要求:

①给定的运动时间应大于电气、液(气)压元件的执行时间。

②伸缩运动的速度要大于回转运动的速度,因为回转运动的惯性一般大于伸缩运动的惯性。机器人的运动速度与负载、行程、驱动方式、缓冲方式、定位方式都有很大关系,应根据具体情况加以确定,在满足工作节拍要求的条件下应尽量选取较低的运动速度。

③在工作节拍短、动作多的情况下,常使几个动作同时进行。因此,要对驱动系统采取相应的措施,以保证动作的同步。

2.机器人运动形式的选择

根据主要的运动参数选择运动形式是结构设计的基础。常见的机器人运动形式有五种:直角坐标型、圆柱坐标型、极坐标型、SCARA 型和关节型。同一种运动形式为适应不同生产工艺的需要可采用不同的结构，必须根据工艺要求、工作现场、位置以及搬运前后工件中心线方向的变化等情况，在分析、比较的基础上，择优选取具体的运动形式。为了满足特定工艺的要求，专用机器人一般只要求有2～3个自由度，而通用机器人必须具有4～6个自由度才能满足不同产品的工艺要求。在满足需求的情况下，运动形式的选择应以自由度最少、结构最简单为准。

2.7.3 仿真分析

(1)运动学计算。分析是否能达到要求的位置、速度、加速度。

(2)动力学计算。计算关节驱动力的大小，分析驱动装置是否满足要求。

(3)运动动态仿真。将每一位姿用三维图形连续显示出来，实现机器人的动态仿真。

(4)性能分析。建立机器人数学模型，对机器人动态性能进行仿真分析。

(5)方案和参数修改。运用仿真分析的结果对所设计的方案、结构、尺寸和参数进行修改、完善。

思考题

(1)简述下面几个术语的含义：机器人自由度、定位精度和重复定位精度、工作范围、最大工作速度、承载能力。

(2)简述冗余自由度机器人的定义？

(3)画出图2-34所示平面二自由度平面机器人的工作范围，已知$0\leqslant\theta_1\leqslant180°$，$-90°\leqslant\theta_2\leqslant180°$。

(4)在Stewart机构中，若用2个自由度的万向铰链代替3个自由度的球套关节，试求其自由度的个数。

(5)至少具有多少个自由度的激光切割机器人，才能使激光束焦点定位，并可切割任意曲面？

(6)图2-35所示的具有三个手指的手，抓住物体时，手指与物体为点接触，即位置固定，方向可变，相当于3个自由度的球套关节。每个手指有3个单自由度关节，试计算整个系统的自由度数。

(7)将Stewart机构改成3个直线油缸驱动，如图2-36所示，试求其自由度数。

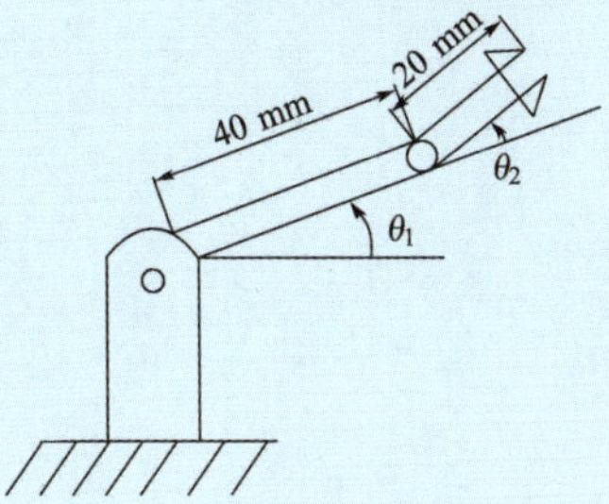

图2-34 平面二自由度机器人

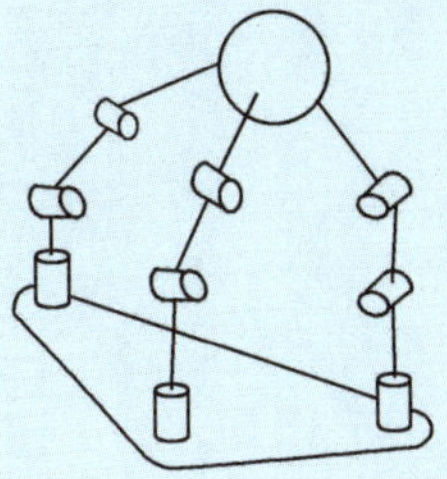

图2-35 三指手的点接触抓取

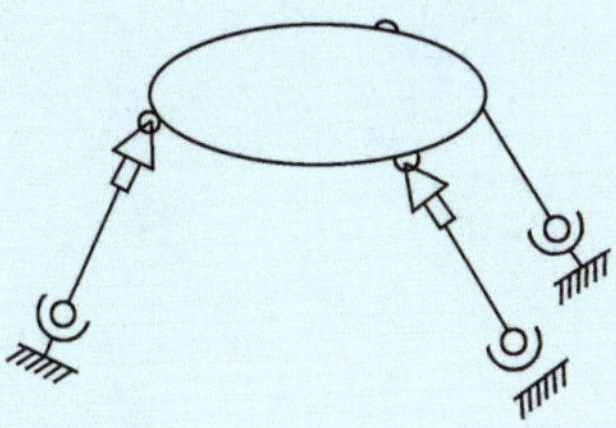

图2-36 三杆闭环机构

(8)试述机器人的基本组成。

(9)机器人的运动形式有哪些,各有什么特点?

(10)机器人手部有哪些种类,各有什么特点?

(11)试述磁力吸盘和真空吸盘的工作原理。

(12)试述设计一个可以完成空间曲线焊缝焊接的机器人需要考虑哪些因素。

(13)机器人的总体设计包括哪些内容?

第 3 章 机器人运动学

微课3

3.1 刚体位姿描述

为了描述机器人本身各连杆之间、机器人和环境之间的运动关系，通常将它们当成刚体，研究各刚体之间的运动关系。刚体参考点的位置和刚体的姿态统称为刚体的位姿。描述刚体位姿的方法有齐次变换法、矢量法、旋量法和四元素法等。由于齐次变换将运动、变换和映射与矩阵运算联系起来，利用它研究空间机构的运动学和动力学、机器人控制算法具有很大优势，因此本书将详细介绍齐次变换法。

3.1.1 位置的描述

在坐标系$\{A\}$中，空间任一点 P 的位置可用列矢量${}^{A}\boldsymbol{p}$ 来表示，即

$$
{}^{A}\boldsymbol{p}=\begin{bmatrix} p_x \\ p_y \\ p_z \end{bmatrix} \tag{3-1}
$$

式中，${}^{A}\boldsymbol{p}$ 为位置矢量；p_x，p_y，p_z 为点 P 在坐标系$\{A\}$中的三个坐标分量(图 3-1)。${}^{A}\boldsymbol{p}$ 的上标 A 代表参考系$\{A\}$。

3.1.2 方位的描述

将直角坐标系$\{B\}$与刚体固接，用$\{B\}$的三个单位主矢量 $\boldsymbol{x}_B$，$\boldsymbol{y}_B$，$\boldsymbol{z}_B$ 相对于$\{A\}$的方向余弦组成的 3×3 矩阵，即

$$
{}_{B}^{A}\boldsymbol{R}=\begin{bmatrix} {}^{A}\boldsymbol{x}_B & {}^{A}\boldsymbol{y}_B & {}^{A}\boldsymbol{z}_B \end{bmatrix} \tag{3-2}
$$

式(3-2)表示刚体 B 相对于坐标系$\{A\}$的方位(图 3-2)。${}_{B}^{A}\boldsymbol{R}$ 称为旋转矩阵，上标 A 代表参考系$\{A\}$，下标 B 代表被描述的坐标系$\{B\}$。因为${}_{B}^{A}\boldsymbol{R}$ 的三个列矢量${}^{A}\boldsymbol{x}_B$，${}^{A}\boldsymbol{y}_B$，${}^{A}\boldsymbol{z}_B$ 都是单位主矢量，且两两垂直，所以${}_{B}^{A}\boldsymbol{R}$ 是正交矩阵，即

$$
{}_{B}^{A}\boldsymbol{R}^{-1}={}_{A}^{B}\boldsymbol{R}={}_{B}^{A}\boldsymbol{R}^{\mathrm{T}},\ \left|{}_{B}^{A}\boldsymbol{R}\right|=1 \tag{3-3}
$$

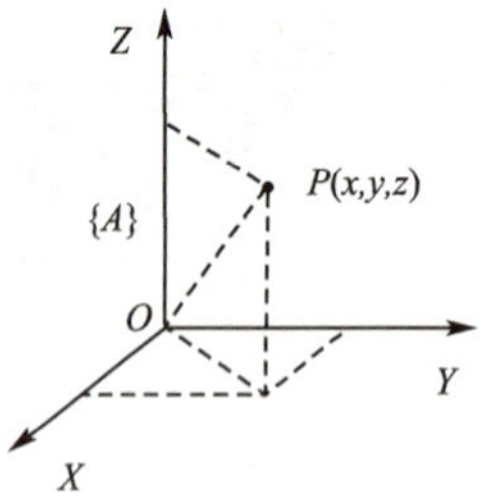

图 3-1　空间点的位置

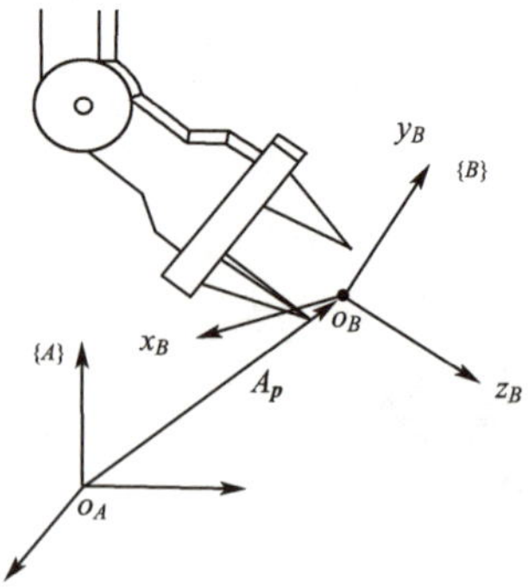

图 3-2　刚体的方位

3.1.3　位姿的描述

刚体的位姿即位置和姿态。取一坐标系$\{B\}$与物体相固接，坐标原点一般取物体的特征点(质心或对称中心)。物体 B 相对参考系$\{A\}$的位姿用坐标系$\{B\}$的原点在坐标系$\{A\}$中的位置矢量$^A\boldsymbol{p}_{Bo}$和旋转矩阵$^A_B\boldsymbol{R}$ 组成的矩阵 $\boldsymbol{P}$ 描述，即

$$\boldsymbol{P}=\{^A_B\boldsymbol{R}\quad ^A\boldsymbol{p}_{Bo}\} \tag{3-4}$$

表示位置时，$^A_B\boldsymbol{R}=\boldsymbol{I}$；表示方位时，$^A\boldsymbol{p}_{Bo}=0$(图 3-3)。

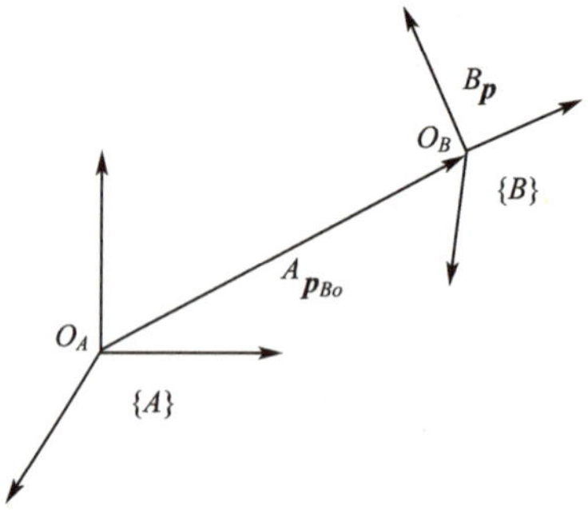

图 3-3　刚体的位姿

3.1.4　手部的位姿描述

以手部(末端执行器)中心点为原点建立的坐标系叫作工具坐标系，如图 3-4 所示。其 Z 轴为手指接近物体的方向，称接近矢量 $\boldsymbol{a}$(approach)；Y 轴为两手指的连线方向，称方位矢量 $\boldsymbol{o}$(orientation)，X 轴称法向矢量 $\boldsymbol{n}$(normal)，由右手法则确定，$\boldsymbol{n}=\boldsymbol{o}\times\boldsymbol{a}$。手部的位姿可用 4×4 矩阵表示，即

$$\boldsymbol{T}=[\boldsymbol{n}\quad\boldsymbol{o}\quad\boldsymbol{a}\quad\boldsymbol{p}]=\begin{bmatrix} n_x & o_x & a_x & X_0 \\ n_y & o_y & a_y & Y_0 \\ n_z & o_z & a_z & Z_0 \\ 0 & 0 & 0 & 1 \end{bmatrix} \tag{3-5}$$

式中，$\boldsymbol{p}$ 为工具坐标系坐标原点在$\{O\}$坐标系中的位置矢量。

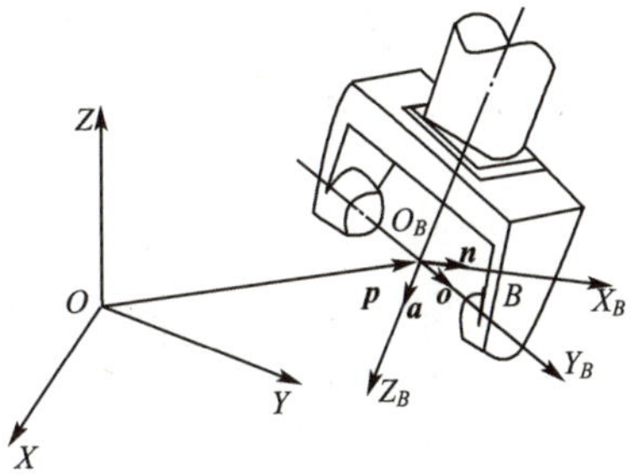

图 3-4 机器人工具坐标系

3.2 坐标变换

3.2.1 平移变换

坐标系{B}是坐标系{A}经过平移得到的，如图 3-5 所示。其特点是方位相同，原点不同。空间某一点 P 在两个坐标系中的坐标具有下列关系

$$^{A}\boldsymbol{p}={}^{B}\boldsymbol{p}+{}^{A}\boldsymbol{p}_{Bo} \tag{3-6}$$

式中，$^{A}\boldsymbol{p}_{Bo}$ 为坐标系{B}相对坐标系{A}的平移矢量。

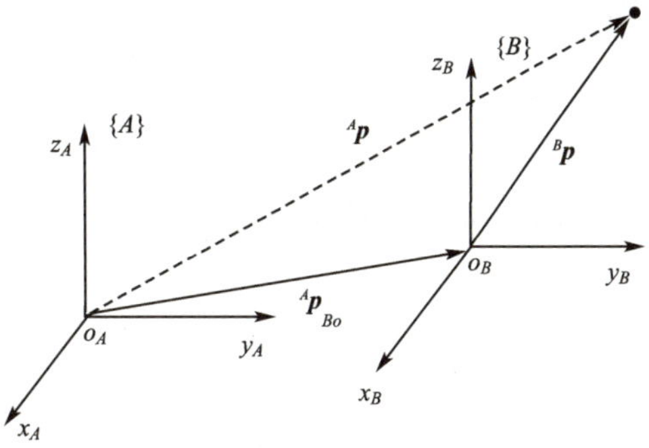

图 3-5 坐标平移

3.2.2 旋转变换

坐标系{B}是坐标系{A}绕原点旋转得到的，如图 3-6 所示。其特点是方位不同，原点相同。空间某一点 P 在两个坐标系中的坐标具有下列关系

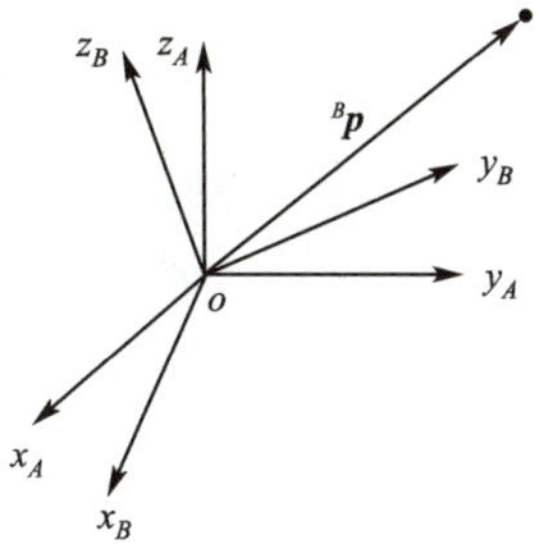

图 3-6 坐标旋转

$$^{A}\boldsymbol{p}={}^{A}_{B}\boldsymbol{R}\,^{B}\boldsymbol{p} \tag{3-7}$$

式(3-7)称为坐标旋转方程，${}^{A}_{B}\boldsymbol{R}$ 称为旋转矩阵，表示坐标系$\{B\}$相对坐标系$\{A\}$的方位。

在坐标系的旋转变换中，有一些特殊情况，即绕单个轴的旋转，相应的旋转矩阵称为基本旋转矩阵。当 $ox_Ay_Az_A$ 仅绕 x 轴旋转 θ 角时，基本旋转矩阵记为 $\boldsymbol{R}(x,\theta)$。当 $ox_Ay_Az_A$ 仅绕 y 轴旋转 θ 角时，基本旋转矩阵记为 $\boldsymbol{R}(y,\theta)$。当 $ox_Ay_Az_A$ 仅绕 z 轴旋转 θ 角时，基本旋转矩阵记为 $\boldsymbol{R}(z,\theta)$。基本旋转矩阵可由下面公式求得

$$\boldsymbol{R}(x,\theta)=\begin{bmatrix}1 & 0 & 0\\ 0 & \cos\theta & -\sin\theta\\ 0 & \sin\theta & \cos\theta\end{bmatrix} \tag{3-8}$$

$$\boldsymbol{R}(y,\theta)=\begin{bmatrix}\cos\theta & 0 & \sin\theta\\ 0 & 1 & 0\\ -\sin\theta & 0 & \cos\theta\end{bmatrix} \tag{3-9}$$

$$\boldsymbol{R}(z,\theta)=\begin{bmatrix}\cos\theta & -\sin\theta & 0\\ \sin\theta & \cos\theta & 0\\ 0 & 0 & 1\end{bmatrix} \tag{3-10}$$

3.2.3 复合变换

坐标系$\{B\}$是坐标系$\{A\}$经过旋转和平移得到的，即坐标的旋转和平移复合变换，如图 3-7 所示。其特点是方位不同，原点不同。两者之间的关系可由下式表示

$$^{A}\boldsymbol{p}={}^{A}_{B}\boldsymbol{R}\,^{B}\boldsymbol{p}+{}^{A}\boldsymbol{p}_{Bo} \tag{3-11}$$

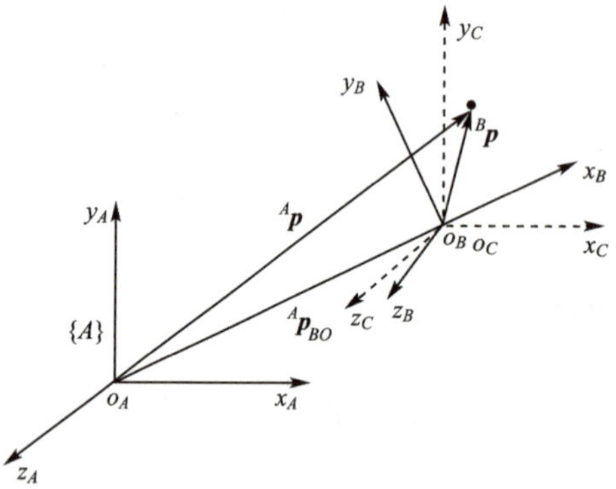

图 3-7 复合变换

3.3 齐次坐标和齐次变换

3.3.1 齐次坐标

齐次坐标是将一个原本是 n 维的向量用一个 $n+1$ 维向量来表示。其第 $n+1$ 个分

量(元素)称为比例因子。引入齐次坐标不仅会给坐标变换的数学表达带来方便,而且具有坐标值缩放功能。对三维空间中点 P 的位置矢量有

$$\boldsymbol{P}=[p_x \quad p_y \quad p_z]^{\mathrm{T}} \tag{3-12}$$

用四维向量表示其齐次坐标为

$$\boldsymbol{P}=[wp_x \quad wp_y \quad wp_z \quad w]^{\mathrm{T}} \tag{3-13}$$

为使齐次坐标与实际坐标一致,在机器人学中取比例因子 $w=1$,则有

$$\boldsymbol{P}=[p_x \quad p_y \quad p_z \quad 1]^{\mathrm{T}} \tag{3-14}$$

可见,引进齐次坐标提供了用矩阵运算把二维、三维甚至高维空间中的一个点集从一个坐标系变换到另一个坐标系的有效方法。

3.3.2　变换的表示

变换定义为在空间产生运动。当空间的坐标系(向量、物体或运动坐标系)相对于固定的参考坐标系运动时,可以用类似于表示坐标系的方式来表示。这是因为变换本身就是坐标系状态的变化(表示坐标系位姿的变化)。变换可为如下几种形式中的一种:

(1)纯平移。

(2)纯旋转。

(3)平移与旋转结合的复合变换。

3.3.3　纯平移变换的表示

如果坐标系(也可能表示一个物体)在空间以不变的姿态运动,那么该变换就是纯平移,其方向单位向量保持同一方向不变,新的坐标系的位置可以用原来坐标系的原点位置向量加上表示位移的向量来表示。相对于固定参考坐标系,新坐标系的表示可以通过坐标系左乘变换矩阵得到。相对于动坐标系,新坐标系的表示可以通过坐标系右乘变换矩阵得到。

如图 3-8 所示为空间某一点在直角坐标系中的平移,由 $A(x,y,z)$ 平移至 $A'(x',y',z')$,即

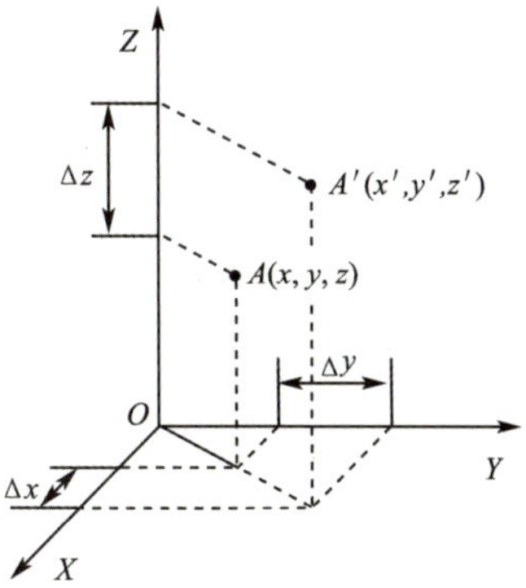

图 3-8　空间纯平移变换的表示

$$\begin{bmatrix} x' \\ y' \\ z' \\ 1 \end{bmatrix} = \begin{bmatrix} 1 & 0 & 0 & 0 \\ 0 & 1 & 0 & 0 \\ 0 & 0 & 1 & 0 \\ 0 & 0 & 0 & 1 \end{bmatrix} \begin{bmatrix} x \\ y \\ z \\ 1 \end{bmatrix} \tag{3-15}$$

简写为

$$\boldsymbol{A}' = \text{Trans}(\Delta x, \Delta y, \Delta z)\boldsymbol{A} \tag{3-16}$$

式中，$\text{Trans}(\Delta x, \Delta y, \Delta z)$为变换矩阵，表示齐次坐标变换的平移算子，即

$$\text{Trans}(\Delta x, \Delta y, \Delta z) = \begin{bmatrix} 1 & 0 & 0 & \Delta x \\ 0 & 1 & 0 & \Delta y \\ 0 & 0 & 1 & \Delta z \\ 0 & 0 & 0 & 1 \end{bmatrix} \tag{3-17}$$

可以看到，矩阵的前3列表示旋转运动(等同于单位阵)，而最后1列表示平移运动。

【例3-1】 图3-9中有下面三种情况：(1)动坐标系$\{A\}$相对于固定参考坐标系做$(-1,2,2)$平移后到$\{A'\}$；(2)动坐标系$\{A\}$相对于自身坐标系(动坐标系)做$(-1,2,2)$平移后到$\{A''\}$；(3)物体Q相对于固定坐标系做$(2,6,0)$平移后到Q'。试计算出坐标系$\{A'\}$、$\{A''\}$以及物体Q'的矩阵表达式。已知：

$$\boldsymbol{A} = \begin{bmatrix} 0 & -1 & 0 & 1 \\ -1 & 0 & 0 & 1 \\ 0 & 0 & -1 & 1 \\ 0 & 0 & 0 & 1 \end{bmatrix}, \quad \boldsymbol{Q} = \begin{bmatrix} 1 & -1 & -1 & 1 & 1 & -1 \\ 0 & 0 & 0 & 0 & 3 & 3 \\ 0 & 0 & 1 & 1 & 0 & 0 \\ 1 & 1 & 1 & 1 & 1 & 1 \end{bmatrix}$$

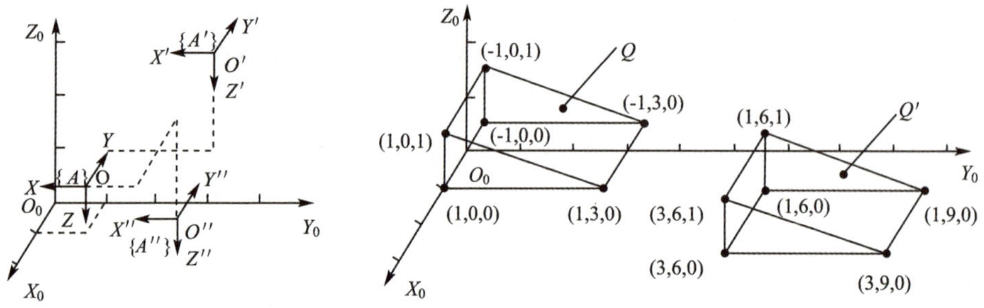

图3-9 空间纯平移变换

解：由题意可知，动坐标系$\{A\}$的两个平移坐标变换算子为

$$\text{Trans}(\Delta x, \Delta y, \Delta z) = \begin{bmatrix} 1 & 0 & 0 & -1 \\ 0 & 1 & 0 & 2 \\ 0 & 0 & 1 & 2 \\ 0 & 0 & 0 & 1 \end{bmatrix}$$

物体Q的平移坐标变换算子为

$$\text{Trans}(\Delta x, \Delta y, \Delta z) = \begin{bmatrix} 1 & 0 & 0 & 2 \\ 0 & 1 & 0 & 6 \\ 0 & 0 & 1 & 0 \\ 0 & 0 & 0 & 1 \end{bmatrix}$$

(1)$\{A'\}$坐标系是动坐标系$\{A\}$相对于固定参考坐标系做平移变换得来的，变换算子应该左乘，因此，$\{A'\}$的矩阵表达式为

$$\boldsymbol{A}'=\mathrm{Trans}(-1,2,2)\cdot\boldsymbol{A}=\begin{bmatrix}1&0&0&-1\\0&1&0&2\\0&0&1&2\\0&0&0&1\end{bmatrix}\begin{bmatrix}0&-1&0&1\\-1&0&0&1\\0&0&-1&1\\0&0&0&1\end{bmatrix}=\begin{bmatrix}0&-1&0&0\\-1&0&0&3\\0&0&-1&3\\0&0&0&1\end{bmatrix}$$

从这个(4×4)的矩阵可以看出，O'在$O_0X_0Y_0Z_0$坐标系中的坐标为(0,3,3)。

(2)$\{A''\}$坐标系是动坐标系$\{A\}$相对于自身坐标系(动坐标系)做平移变换得来的，变换算子应该右乘，因此，$\{A''\}$的矩阵表达式为

$$\boldsymbol{A}''=\boldsymbol{A}\cdot\mathrm{Trans}(-1,2,2)=\begin{bmatrix}0&-1&0&1\\-1&0&0&1\\0&0&-1&1\\0&0&0&1\end{bmatrix}\begin{bmatrix}1&0&0&-1\\0&1&0&2\\0&0&1&2\\0&0&0&1\end{bmatrix}=\begin{bmatrix}0&-1&0&-1\\-1&0&0&2\\0&0&-1&-1\\0&0&0&1\end{bmatrix}$$

从这个(4×4)的矩阵可以看出，O''在$O_0X_0Y_0Z_0$坐标系中的坐标为(−1,2,−1)。

(3)物体Q'是物体Q相对于固定参考坐标系做(2,6,0)平移变换得来的，变换因子应该左乘。因此，物体Q'的矩阵表达式为

$$\boldsymbol{Q}'=\mathrm{Trans}(2,6,0)\cdot\boldsymbol{Q}=\begin{bmatrix}1&0&0&2\\0&1&0&6\\0&0&1&0\\0&0&0&1\end{bmatrix}\begin{bmatrix}1&-1&-1&1&1&-1\\0&0&0&0&3&3\\0&0&1&1&0&0\\1&1&1&1&1&1\end{bmatrix}=\begin{bmatrix}3&1&1&3&3&1\\6&6&6&6&9&9\\0&0&1&1&0&0\\1&1&1&1&1&1\end{bmatrix}$$

3.3.4 纯旋转变换的表示

为简化绕轴旋转的推导，首先假设该坐标系位于参考坐标系的原点并且与之平行，之后可将结果推广到其他的旋转和旋转的组合。

如图 3-10 所示，空间某一点A，坐标为(x,y,z)，当它绕轴旋转θ角后至A'点，坐标为(x',y',z')。A'点和A点的坐标关系为

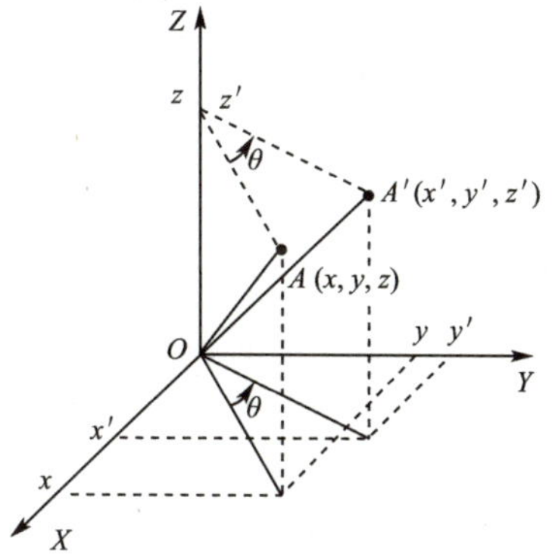

图 3-10　空间纯旋转变换的表示

$$\begin{bmatrix}x'\\y'\\z'\end{bmatrix}=\begin{bmatrix}\cos\theta&-\sin\theta&0\\\sin\theta&\cos\theta&0\\0&0&1\end{bmatrix}\begin{bmatrix}x\\y\\z\end{bmatrix}\tag{3-18}$$

A'点和 A 点的齐次坐标分别为$[x' \ y' \ z' \ 1]^T$ 和$[x \ y \ z \ 1]^T$，因此 A 点的旋转齐次变换过程为

$$\begin{bmatrix} x' \\ y' \\ z' \\ 1 \end{bmatrix} = \begin{bmatrix} \cos\theta & -\sin\theta & 0 & 0 \\ \sin\theta & \cos\theta & 0 & 0 \\ 0 & 0 & 1 & 0 \\ 0 & 0 & 0 & 1 \end{bmatrix} \begin{bmatrix} x \\ y \\ z \\ 1 \end{bmatrix} \tag{3-19}$$

也可简写为

$$\boldsymbol{A}' = \mathrm{Rot}(z,\theta) \cdot \boldsymbol{A}$$

式中，$\mathrm{Rot}(z,\theta)$表示齐次坐标变换时绕 Z 轴的旋转算子，即

$$\mathrm{Rot}(z,\theta) = \begin{bmatrix} \cos\theta & -\sin\theta & 0 & 0 \\ \sin\theta & \cos\theta & 0 & 0 \\ 0 & 0 & 1 & 0 \\ 0 & 0 & 0 & 1 \end{bmatrix}$$

同理，可写出绕 x 轴的旋转算子和绕 y 轴的旋转算子为

$$\mathrm{Rot}(x,\theta) = \begin{bmatrix} 1 & 0 & 0 & 0 \\ 0 & \cos\theta & -\sin\theta & 0 \\ 0 & \sin\theta & \cos\theta & 0 \\ 0 & 0 & 0 & 1 \end{bmatrix}, \quad \mathrm{Rot}(y,\theta) = \begin{bmatrix} \cos\theta & 0 & \sin\theta & 0 \\ 0 & 1 & 0 & 0 \\ -\sin\theta & 0 & \cos\theta & 0 \\ 0 & 0 & 0 & 1 \end{bmatrix}$$

【例 3-2】 已知坐标系中点 U 的位置矢量 $\boldsymbol{U}=[7 \ 3 \ 2 \ 1]^T$，将此点绕 Z 轴旋转 90°，再绕 Y 轴旋转 90°，如图 3-11 所示，求旋转变换后所得的点 W 的位置矢量 $\boldsymbol{W}$。

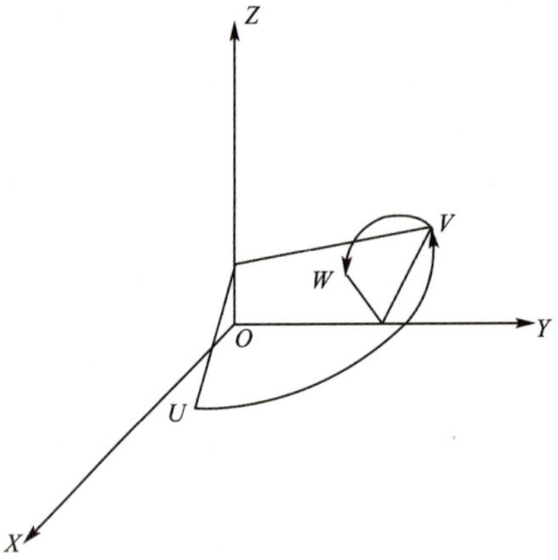

图 3-11 空间纯旋转变换

解：

$$\boldsymbol{W} = \mathrm{Rot}(y,90°) \cdot \mathrm{Rot}(z,90°) \cdot \boldsymbol{U}$$

$$= \begin{bmatrix} 0 & 0 & 1 & 0 \\ 0 & 1 & 0 & 0 \\ -1 & 0 & 0 & 0 \\ 0 & 0 & 0 & 1 \end{bmatrix} \begin{bmatrix} 0 & -1 & 0 & 0 \\ 1 & 0 & 0 & 0 \\ 0 & 0 & 1 & 0 \\ 0 & 0 & 0 & 1 \end{bmatrix} \begin{bmatrix} 7 \\ 3 \\ 2 \\ 1 \end{bmatrix} = \begin{bmatrix} 0 & 0 & 1 & 0 \\ 1 & 0 & 0 & 0 \\ 0 & 1 & 0 & 0 \\ 0 & 0 & 0 & 1 \end{bmatrix} \begin{bmatrix} 7 \\ 3 \\ 2 \\ 1 \end{bmatrix} = \begin{bmatrix} 2 \\ 7 \\ 3 \\ 1 \end{bmatrix}$$

3.3.5 复合变换的表示

复合变换是由固定参考坐标系或当前运动坐标系的一系列沿轴平移变换和绕轴旋转变换所组成的。任何变换都可以分解为按一定顺序的一组平移变换和旋转变换。例如，为了完成所要求的变换，可以先绕 x 轴旋转，再沿 x、y 和 z 轴平移，最后再绕 y 轴旋转。在后面将会看到，这个变换顺序很重要，如果颠倒两个依次变换的顺序，结果将会完全不同。

对于给定的坐标系{A}、{B}和{C}，已知{B}相对{A}的描述为${}_B^A\boldsymbol{T}$，{C}相对{B}的描述为${}_C^B\boldsymbol{T}$，设有一点 P 在{A}中表示为${}^A\boldsymbol{p}$，在{B}中表示为${}^B\boldsymbol{p}$，在{C}中表示为${}^C\boldsymbol{p}$，则

$$ {}^B\boldsymbol{p}={}_C^B\boldsymbol{T}\,{}^C\boldsymbol{p} $$

$$ {}^A\boldsymbol{p}={}_B^A\boldsymbol{T}\,{}^B\boldsymbol{p}={}_B^A\boldsymbol{T}\,{}_C^B\boldsymbol{T}\,{}^C\boldsymbol{p} $$

从而定义复合齐次变换为

$$ {}_C^A\boldsymbol{T}={}_B^A\boldsymbol{T}\,{}_C^B\boldsymbol{T} \tag{3-20} $$

式中，${}_B^A\boldsymbol{T}$ 表示坐标系{C}从${}_C^B\boldsymbol{T}$ 映射为${}_C^A\boldsymbol{T}$ 的变换，即变换矩阵。

除特殊情况外，变换矩阵相乘不满足交换律，变换矩阵左乘表示坐标变换是相对固定坐标系，右乘表示坐标变换相对动坐标系。即变换顺序“从右向左”表明运动是相对固定坐标系；变换顺序“从左向右”表明运动是相对运动坐标系。

复合变换的齐次变换矩阵既包含平移矩阵，也包含旋转矩阵，可表示为

$$ {}_B^A\boldsymbol{T}=\mathrm{Trans}({}^A\boldsymbol{p}_{Bo})\cdot\mathrm{Rot}(k,\theta) \tag{3-21} $$

其中，

$$ \mathrm{Trans}({}^A\boldsymbol{p}_{Bo})=\begin{bmatrix}\boldsymbol{I}_{3\times3} & {}^A\boldsymbol{p}_{Bo}\\ 0\quad 0\quad 0 & 1\end{bmatrix},\mathrm{Rot}(k,\theta)=\begin{bmatrix}{}_B^A\boldsymbol{R}(k,\theta) & 0\\ 0\quad 0\quad 0 & 1\end{bmatrix} $$

【例 3-3】 已知坐标系{B}的初始位姿与{A}重合，首先{B}相对坐标系{A}的 z_A 轴旋转 30°，再沿{A}的 x_A 轴移动 12 个单位，并沿{A}的 y_A 轴移动 6 个单位。求：

(1)位置矢量${}^A\boldsymbol{p}_{Bo}$和旋转矩阵${}_B^A\boldsymbol{R}$。

(2)假设点 P 在坐标系{B}的描述为$[3\ 7\ 0\ 1]^{\mathrm{T}}$，求它在坐标系{$A$}中的描述${}^A\boldsymbol{p}$。

由求得的旋转矩阵${}_B^A\boldsymbol{R}$ 和位置矢量${}^A\boldsymbol{p}_{Bo}$，可以得到齐次变换矩阵为

$$ {}_B^A\boldsymbol{T}=\begin{bmatrix}{}_B^A\boldsymbol{R} & {}^A\boldsymbol{p}_{Bo}\\ 0\quad 0\quad 0 & 1\end{bmatrix}=\begin{bmatrix}0.866 & -0.5 & 0 & 12\\ 0.5 & 0.866 & 0 & 6\\ 0 & 0 & 1 & 0\\ 0 & 0 & 0 & 1\end{bmatrix} $$

代入齐次变换公式${}^A\boldsymbol{p}={}_B^A\boldsymbol{T}\,{}^B\boldsymbol{p}$，则得

$$ {}^A\boldsymbol{p}=\begin{bmatrix}0.866 & -0.5 & 0 & 12\\ 0.5 & 0.866 & 0 & 6\\ 0 & 0 & 1 & 0\\ 0 & 0 & 0 & 1\end{bmatrix}\begin{bmatrix}3\\ 7\\ 0\\ 1\end{bmatrix}=\begin{bmatrix}11.098\\ 13.562\\ 0\\ 1\end{bmatrix} $$

3.4 机器人正运动学

常见的机器人运动学问题可归纳如下：

正运动学(Forward Kinematics)：对一给定的机器人，已知杆件几何参数和关节角，求机器人末端执行器相对于参考坐标系的位置和姿态。

逆运动学(Inverse Kinematics)：已知机器人末端执行器相对于参考坐标系的期望位置和姿态，求机器人杆件的几何参数和关节角。

机器人运动学方程建立方法主要包括 D-H 法、几何法、旋量法、四元数法等。D-H 法具有较强的通用性，对于串联机器人、并联机器人都适用。几何法适用于机构简单的机器人，尤其是平面机器人。旋量法和四元数法各有侧重。本章主要介绍 D-H 法。

1955 年，Denavit 和 Hartenberg 在 *ASME Journal of Applied Mechanics* 发表了关于机器人表示和机器人运动学建模方法的论文，并推导出了机器人的运动学方程，被称为 Denavit-Hartenberg(D-H)模型。该模型描述了对机器人连杆和关节进行建模的一种非常简单的方法，可用于任何机器人构型，而与机器人的结构顺序和复杂程度无关。因此被广泛用于机器人的运动学建模，在机器人的发展历程中起到非常重要的作用。

3.4.1 连杆参数

机器人实际上是一系列由关节(转动关节或移动关节)连接着的连杆所组成，连杆的功能是保持其两端的关节轴线具有固定的几何关系。如图 3-12 所示，连杆 i($i=1,2,\cdots,n$；n 为机器人含有的关节数目，即机器人的自由度数)两端有关节 $i-1$ 和 $i+1$。在驱动装置带动下，连杆将绕或沿关节轴线，相对于前一临近连杆转动或移动。下面将讨论描述连杆的参数和建立连杆坐标系的方法。

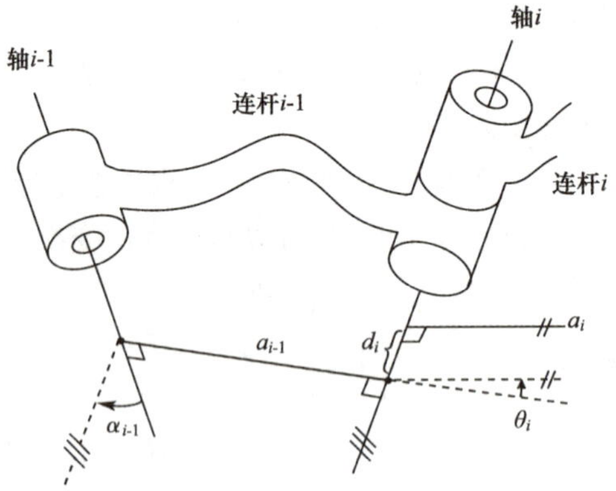

图 3-12　机器人连杆

(1)连杆的尺寸参数

连杆的尺寸参数有连杆的长度和扭角，如图 3-12 所示。

连杆长度 a_{i-1}：关节轴 $i-1$ 和关节轴 i 之间的公垂线长度。a_i 总为正。

连杆扭角 α_{i-1}：两个轴 $i-1$ 和关节轴 i 之间的夹角。符号根据右手定则确定。

(2)相邻连杆的关系参数

相邻连杆的关系参数有偏置距离和关节角，如图 3-12 所示。

偏置距离 d_i：沿关节 i 轴线方向，两个公垂线之间的距离，即公垂线 a_{i-1} 与关节轴 i 的交点到公垂线 a_i 与关节轴 i 的交点的有向距离。

关节角 θ_i：垂直于关节 i 轴线的平面内，两个公垂线的夹角。符号根据右手定则确定。

由以上可知，机器人中每个连杆由四个参数 a_{i-1}，α_{i-1}，d_i，θ_i 来描述。对于旋转关节，关节角 θ_i 是关节变量，连杆长度 a_{i-1}、连杆扭角 α_{i-1} 和偏置距离 d_i 是固定不变的。对于移动关节，偏置距离 d_i 是关节变量，连杆长度 a_{i-1}、连杆扭角 α_{i-1} 和关节角 θ_i 是固定不变的。

3.4.2 连杆坐标系

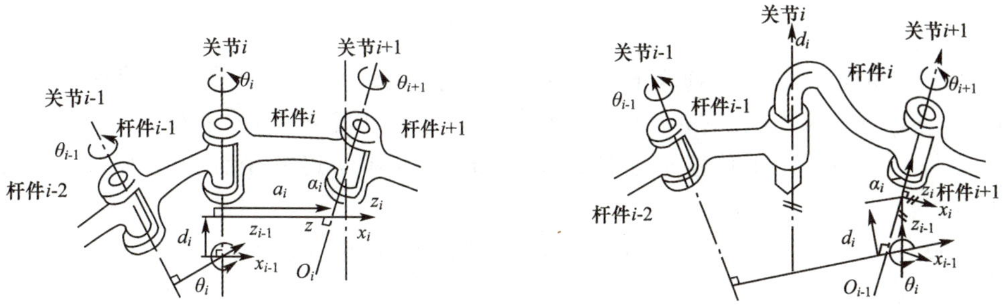

图 3-13 连杆坐标系和连杆参数

(1)转动连杆坐标系的建立

①中间连杆。如图 3-13(a)所示，连杆 i 坐标系 $O_ix_iy_iz_i$ 建立见表 3-1。

表 3-1　转动连杆坐标系

原点 O_i	z_i 轴	x_i 轴	y_i 轴
a.当 z_{i-1} 轴与 z_i 轴相交时，取交点。 b.当 z_{i-1} 轴与 z_i 轴异面时，取两轴线的公垂线与 z_i 轴的交点。 c.当 z_{i-1} 轴与 z_i 轴平行时，取 z_i 和 z_{i+1} 两轴线的公垂线与 z_i 轴的交点	与关节 i 的轴线重合	沿连杆 i 两关节轴线之公垂线，并指向 $i+1$ 关节	按右手定则确定

②首末连杆。机器人基座称为首连杆，以连杆 0 表示。基坐标系即连杆 0 坐标系 $O_0x_0y_0z_0$ 是固定不动的，常作为参考系。z_0 轴取关节 1 的轴线，O_0 设置有任意性，通常 O_0 与 O_1 重合，若 O_0 与 O_1 不重合，则用一个固定的齐次变换矩阵将坐标系{1}和{0}联系起来。

在 n 自由度机器人的终端，固接连杆 n 的坐标系为 $O_nx_ny_nz_n$，原点 O_n 通常取末端执行器所夹持的工具的终止点，或手部顶端的正中点(或物体中心)。由于连杆 n 的终端不再有关节，故终端坐标系{n}的位移 d_n 和转角 θ_n 都是相对 z_{n-1} 轴出现的。通常 $d_n \neq$

0，坐标系$\{n\}$与$\{n-1\}$是两个平行的坐标系；$d_n=0$时，两坐标系重合。需要指出的是，此处的终端坐标系与3.1节中的工具坐标系不一定重合，若不重合，则用一个固定的齐次变换矩阵将终端坐标系和工具坐标系联系起来。

(2)移动连杆坐标系的建立

如图3-13(b)所示，为了建立连杆i的坐标系，首先建立连杆$i-1$的坐标系$O_{i-1}x_{i-1}y_{i-1}z_{i-1}$，然后根据$\{i-1\}$坐标系来建立$\{i\}$坐标系。$i-1$的坐标系各坐标轴的设置见表3-2。

表3-2　$i-1$的坐标系各坐标轴的设置

原点O_{i-1}	z_{i-1}轴	x_{i-1}轴	y_{i-1}轴
1.当关节i轴线与$i+1$轴线相交时，取交点。 2.当关节i轴线与$i+1$轴线异面时，取两轴线的公垂线与关节$i+1$轴线的交点。 3.当关节i轴线与$i+1$轴线平行时，取关节$i+1$轴线与关节$i+2$轴线的公垂线与关节$i+1$轴线的交点	过原点O_{i-1}且平行于移动关节i轴线	沿连杆$i-1$轴线与z_{i-1}轴线之公垂线，并指向z_{i-1}轴线	按右手定则确定

由于移动连杆的O_iz_i轴线平行于移动关节轴线移动，O_iz_i在空间的位置是变化的，因而a_i参数无意义，连杆i的长度已在坐标系$\{i-1\}$中考虑了，故参数$a_i=0$。原点O_i的零位与O_{i-1}重合，此时移动连杆的变量$d_i=0$，移动连杆坐标系坐标轴的取法见表3-3。

表3-3　移动连杆坐标系坐标轴的取法

原点O_i	z_i轴	x_i轴	y_i轴
点O_i的零位与O_{i-1}重合，此时移动连杆的变量$d_i=0$	与关节$i+1$的轴线重合	沿连杆i两关节轴线之公垂线，并指向$i+1$关节	按右手定则确定

3.4.3 D-H建模方法

转动连杆的D-H参数为a_i、α_i、d_i、θ_i，其中关节变量为θ_i。这四个参数确定了连杆i相对于连杆$i-1$的位姿，即D-H坐标变换矩阵${}^{i-1}_{i}\boldsymbol{T}$。由图3-13可知，坐标系$\{i-1\}$经下面四次有顺序的相对变换可得到坐标$\{i\}$：

(1)绕z_{i-1}轴转θ_i。

(2)沿z_{i-1}轴移动d_i。

(3)沿x_i轴移动a_i。

(3)绕x_i轴转α_i。

因为以上变换都是相对于动坐标系的，按照“从左向右”的原则可求出变换矩阵，即

$$
{}^{i-1}_{i}\boldsymbol{T}=\mathrm{Rot}(z_{i-1},\theta_i)\mathrm{Trans}(z_{i-1},d_i)\mathrm{Trans}(x_i,a_i)\mathrm{Rot}(x_i,\alpha_i)
$$

$$
=\begin{bmatrix}\cos\theta_i & -\sin\theta_i\cos\alpha_i & \sin\theta_i\sin\alpha_i & a_i\cos\theta_i\\ \sin\theta_i & \cos\theta_i\cos\alpha_i & -\cos\theta_i\sin\alpha_i & a_i\sin\theta_i\\ 0 & \sin\alpha_i & \cos\alpha_i & d_i\\ 0 & 0 & 0 & 1\end{bmatrix}\tag{3-22}
$$

移动连杆的 D-H 参数只有 α_i、d_i、θ_i 三个，其中 d_i 为关节变量。用求转动关节变换矩阵相同的方法可求出移动关节的 D-H 坐标变换矩阵，即

$$
\begin{aligned}
{}_{i}^{i-1}\boldsymbol{T} &= \mathrm{Rot}(z_{i-1},\theta_i)\mathrm{Trans}(z_{i-1},d_i)\mathrm{Rot}(x_i,\alpha_i) \\
&= \begin{bmatrix} \cos\theta_i & -\sin\theta_i\cos\alpha_i & \sin\theta_i\sin\alpha_i & 0 \\ \sin\theta_i & \cos\theta_i\cos\alpha_i & -\cos\theta_i\sin\alpha_i & 0 \\ 0 & \sin\alpha_i & \cos\alpha_i & d_i \\ 0 & 0 & 0 & 1 \end{bmatrix}
\end{aligned}
\tag{3-23}
$$

上一节建立了各连杆的坐标系，根据所建立的坐标系，列出表 3-4 中表示关节和连杆参数的 D-H 参数。于是可求出一个连杆相对于上一个连杆的位姿，即变换矩阵 ${}_{i}^{i-1}\boldsymbol{T}$ $(i=1,2,\cdots,n)$。根据前面的分析可知，所有的变换都是相对于动坐标系的，根据“从左到右”的原则，可求出机器人最后一个连杆（工具坐标系）相对于参考坐标系的位姿——变换矩阵 ${}_{n}^{0}\boldsymbol{T}$，即

$$
{}_{n}^{0}\boldsymbol{T} = {}_{1}^{0}\boldsymbol{T}\,{}_{2}^{1}\boldsymbol{T}\cdots{}_{n-1}^{n-2}\boldsymbol{T}\,{}_{n}^{n-1}\boldsymbol{T} \tag{3-24}
$$

表 3-4　　连杆 D-H 参数

连杆 i	参数			
	θ_i	d_i	a_i	α_i
1				
⋮				
n				

在下面的例子中，从简单的 2 轴机器人开始，再到 6 轴机器人，通过应用 D-H 法来导出每个机器人的正运动学方程。

【例 3-4】 对于如图 3-14 所示的简单 2 轴平面机器人，根据 D-H 法，建立必要的坐标系，填写 D-H 参数表，导出该机器人的正运动学方程。

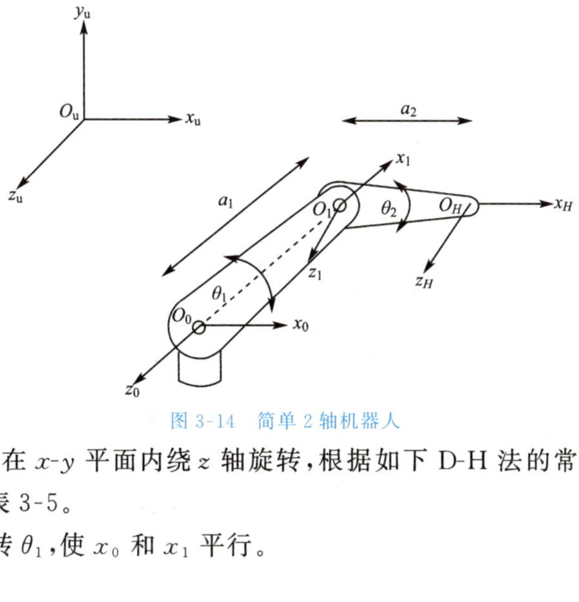

图 3-14　简单 2 轴机器人

解：两个关节都在 x-y 平面内绕 z 轴旋转，根据如下 D-H 法的常规步骤可确定机器人的 D-H 参数，见表 3-5。

(1)绕 z_0 轴旋转 θ_1，使 x_0 和 x_1 平行。

(2)由于 x_0 和 x_1 在同一个平面,因此沿着 z_0 轴的平移量 d_1 是 0。

(3)沿着已经旋转过的 x_0 轴移动距离 a_1。

(4)因为 z_0 和 z_1是平行的,因此绕 x_1 轴的旋转角 α_1 是 0。

坐标系{1}到坐标系{H}之间的变换可以重复与上面相同的过程。

表 3-5　　例 3-4 的 D-H 参数表

连杆 i	参数			
	θ_i	d_i	a_i	α_i
1	θ_1	0	a_1	0
H	θ_2	0	a_2	0

由于有两个旋转关节,存在两个未知的变量,即关节角 θ_1 和 θ_2,可分别求得变换矩阵为

$$
{}_1^0\boldsymbol{T}=\begin{bmatrix}\cos\theta_1 & -\sin\theta_1 & 0 & a_1\cos\theta_1\\ \sin\theta_1 & \cos\theta_1 & 0 & a_1\sin\theta_1\\ 0&0&1&0\\ 0&0&0&1\end{bmatrix},\ {}_H^1\boldsymbol{T}=\begin{bmatrix}\cos\theta_2 & -\sin\theta_2 & 0 & a_2\cos\theta_2\\ \sin\theta_2 & \cos\theta_2 & 0 & a_2\sin\theta_2\\ 0&0&1&0\\ 0&0&0&1\end{bmatrix}
$$

可以得到平面 2 轴机器人正运动学方程为

$$
{}_H^0\boldsymbol{T}={}_1^0\boldsymbol{T}{}_H^1\boldsymbol{T}=\begin{bmatrix}\cos(\theta_1+\theta_2) & -\sin(\theta_1+\theta_2) & 0 & a_2\cos(\theta_1+\theta_2)+a_1\cos\theta_1\\ \sin(\theta_1+\theta_2) & \cos(\theta_1+\theta_2) & 0 & a_2\sin(\theta_1+\theta_2)+a_1\sin\theta_1\\ 0&0&1&0\\ 0&0&0&1\end{bmatrix} \tag{3-25}
$$

如果给定 θ_1,θ_2,a_1 和 a_2 的值,根据正运动学方程就可以求出机器人末端的位置和姿态。

【例 3-5】 为图 3-15 中的 3 自由度机器人指定坐标系,并导出该机器人的正运动学方程。

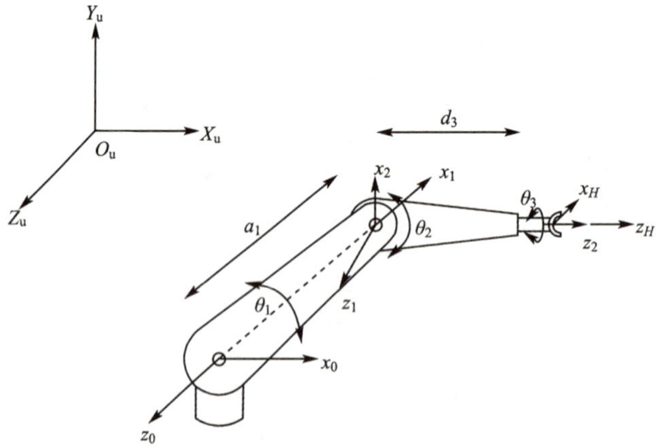

图 3-15　3 自由度机器人

解:可以看到,相比例 3-4 的机器人,仅多加了 1 个关节。坐标系{0}和坐标系{1}可以用与例 3-4 同样的方法来指定,增加 1 个如图 3-15 所示的垂直于这个关节的 z_2 轴。

由于 z_1 和 z_2 在关节 2 处相交，可取 x_2 轴垂直于 z_1 和 z_2 指向。

表 3-6 为该机器人的参数。在每两个坐标系之间进行 4 个所必需的变换，并确实注意到下面几点：

(1)改变 H 坐标系的方向来表示手爪的运动

(2)连杆 2 的实际长度是“d”而不是“a”

(3)关节 3 是旋转关节，这种情况下，d_3 是固定的。若该关节是滑动关节，d_3 就是变量，θ_3 是固定的；若该关节既是旋转关节，又是滑动关节，θ_3 和 d_3 都是变量。

(4)旋转是按右手定则确定的，即按旋转方向卷曲右手手指，大拇指的方向便为旋转坐标轴的方向。

(5)注意绕 z 的旋转角是 $90°+\theta_2$，而不是 θ_2，因为当 $\theta_2=0$ 时，在 x_1 和 x_2 之间有个 90°的角(图 3-16)。这点在实际确定机器人的零位时至关重要。

表 3-6　　例 3-5 的 D-H 参数表

连杆 i	参数			
	θ_i	d_i	a_i	α_i
1	θ_1	0	a_1	0
2	$90°+\theta_2$	0	0	90°
H	θ_3	d_3	0	0

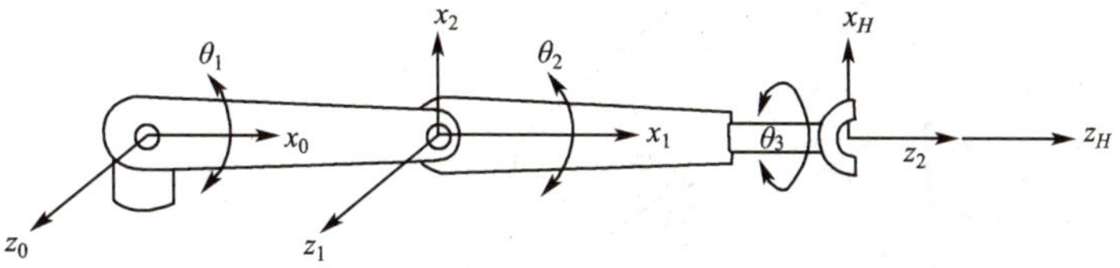

图 3-16　在归零位置的例 3-5 的 3 自由度机器人

由正弦和余弦的关系 $\sin(90°+0)=\cos\theta$ 和 $\cos(90°+0)=-\sin\theta$，可得机器人的每个关节变换及总变换的矩阵表示为

$$
{}^0_1\boldsymbol{T}=\begin{bmatrix}\cos\theta_1 & -\sin\theta_1 & 0 & a_1\cos\theta_1\\ \sin\theta_1 & \cos\theta_1 & 0 & a_1\sin\theta_1\\ 0 & 0 & 1 & 0\\ 0 & 0 & 0 & 1\end{bmatrix},\ {}^1_2\boldsymbol{T}=\begin{bmatrix}-\sin\theta_2 & 0 & \cos\theta_2 & 0\\ \cos\theta_2 & 0 & \sin\theta_2 & 0\\ 0 & 0 & 1 & 0\\ 0 & 0 & 0 & 1\end{bmatrix},
$$

$$
{}^2_H\boldsymbol{T}=\begin{bmatrix}\cos\theta_3 & -\sin\theta_3 & 0 & 0\\ \sin\theta_3 & \cos\theta_3 & 0 & 0\\ 0 & 0 & 1 & d_3\\ 0 & 0 & 0 & 1\end{bmatrix}
$$

$$
{}^0_H\boldsymbol{T}={}^0_1\boldsymbol{T}{}^1_2\boldsymbol{T}{}^2_H\boldsymbol{T}=\begin{bmatrix}-\sin(\theta_1+\theta_2)\cos\theta_3 & \sin(\theta_1+\theta_2)\sin\theta_3 & \cos(\theta_1+\theta_2) & d_3\cos(\theta_1+\theta_2)+a_1\cos\theta_1\\ \cos(\theta_1+\theta_2)\cos\theta_3 & -\cos(\theta_1+\theta_2)\sin\theta_3 & \sin(\theta_1+\theta_2) & d_3\sin(\theta_1+\theta_2)+a_1\sin\theta_1\\ 0 & 0 & 1 & 0\\ 0 & 0 & 0 & 1\end{bmatrix} \tag{3-26}
$$

【例 3-6】 对于如图 3-17 所示的 PUMA560 六自由度机器人，根据 D-H 法，建立该机器人所需要的坐标系，填写相应的参数表，并导出它的正运动学方程。

解：可以注意到，当关节数增多时，正运动学分析就变得更复杂，然而原理都是与前面相同的。可建立如图 3-17 所示的坐标系，根据已建立的坐标系来填写表 3-7 的 D-H 参数。

表 3-7　　例 3-6 的 D-H 参数表

连杆 i	参数			
	θ_i	d_i	a_i	α_i
1	θ_1	0	0	$-90°$
2	θ_2	d_2	a_2	0
3	θ_3	0	0	$-90°$
4	θ_4	d_4	0	$90°$
5	θ_5	0	0	$-90°$
6	θ_6	d_6	0	0

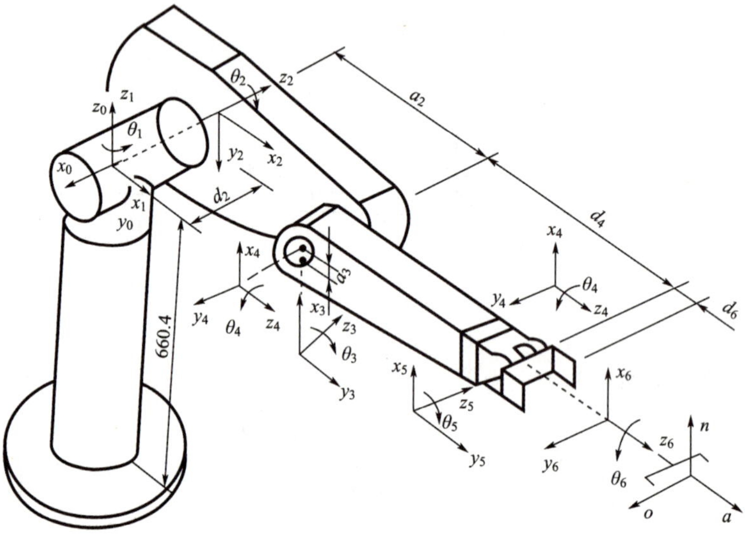

图 3-17　PUMA560 六自由度机器人

机器人连杆的 D-H 坐标变换矩阵为（$c_i=\cos\theta_i$，$s_i=\sin\theta_i$）

$$
{}_1^0\boldsymbol{T}=\begin{bmatrix} c_1 & 0 & -s_1 & 0 \\ s_1 & 0 & c_1 & 0 \\ 0 & -1 & 0 & 0 \\ 0 & 0 & 0 & 1 \end{bmatrix},\ {}_2^1\boldsymbol{T}=\begin{bmatrix} c_2 & -s_2 & 0 & a_2c_2 \\ s_2 & c_2 & 0 & a_2s_2 \\ 0 & 0 & 1 & d_2 \\ 0 & 0 & 0 & 1 \end{bmatrix},\ {}_3^2\boldsymbol{T}=\begin{bmatrix} c_3 & 0 & -s_3 & a_3c_3 \\ s_3 & 0 & c_3 & a_3s_3 \\ 0 & -1 & 0 & 0 \\ 0 & 0 & 0 & 1 \end{bmatrix},
$$

$$
{}_4^3\boldsymbol{T}=\begin{bmatrix} c_4 & 0 & s_4 & 0 \\ s_4 & 0 & -c_4 & 0 \\ 0 & 1 & 0 & d_4 \\ 0 & 0 & 0 & 1 \end{bmatrix},\ {}_5^4\boldsymbol{T}=\begin{bmatrix} c_5 & 0 & -s_5 & 0 \\ s_5 & 0 & c_5 & 0 \\ 0 & -1 & 0 & 0 \\ 0 & 0 & 0 & 1 \end{bmatrix},\ {}_6^5\boldsymbol{T}=\begin{bmatrix} c_6 & s_6 & 0 & 0 \\ s_6 & c_6 & 0 & 0 \\ 0 & 0 & 1 & d_6 \\ 0 & 0 & 0 & 1 \end{bmatrix},
$$

根据矩阵变换，可得

$$ {}_6^4\boldsymbol{T}={}_5^4\boldsymbol{T}{}_6^5\boldsymbol{T}=\begin{bmatrix} c_5c_6 & c_5s_6 & -s_5 & -d_6s_5 \\ s_5c_6 & -s_5s_6 & c_5 & d_6s_5 \\ -s_6 & -c_6 & 0 & 0 \\ 0 & 0 & 0 & 1 \end{bmatrix} $$

$$ {}_6^3\boldsymbol{T}={}_4^3\boldsymbol{T}{}_5^4\boldsymbol{T}{}_6^5\boldsymbol{T}=\begin{bmatrix} c_4c_5c_6-s_4s_6 & c_4c_5s_6-s_4c_6 & -c_4s_5 & -d_6c_4s_5 \\ s_4c_5c_6+c_4s_6 & s_4c_5s_6+c_4c_6 & -s_4s_5 & -d_6s_4s_5 \\ s_5c_6 & s_5s_6 & c_5 & d_6c_5+d_4 \\ 0 & 0 & 0 & 1 \end{bmatrix} $$

$$ {}_6^2\boldsymbol{T}={}_3^2\boldsymbol{T}{}_6^3\boldsymbol{T}=\begin{bmatrix} n_{x1} & o_{x1} & a_{x1} & p_{x1} \\ n_{y1} & o_{y1} & a_{y1} & p_{y1} \\ n_{z1} & o_{z1} & a_{z1} & p_{z1} \\ 0 & 0 & 0 & 1 \end{bmatrix} $$

$n_{x1}=c_3(c_4c_5c_6-s_4s_6)-s_3s_5c_6$

$n_{y1}=s_3(c_4c_5c_6-s_4s_6)+c_3s_5c_6$

$n_{z1}=-s_4c_5c_6-c_4s_6$

$o_{x1}=c_3(c_4c_5s_6-s_4c_6)-s_3s_5s_6$

$o_{y1}=s_3(c_4c_5s_6-s_4c_6)+c_3s_5s_6$

$o_{z1}=-s_4c_5s_6-c_4c_6$

$a_{x1}=-c_3c_4s_5-s_3c_5$

$a_{y1}=-s_3c_4s_5+c_3c_5$

$a_{z1}=s_4s_5$

$p_{x1}=-c_3c_4s_5d_6-s_3(c_5d_6+d_4)+a_3c_3$

$p_{y1}=-s_3c_4s_5d_6+c_3(c_5d_6+d_4)+a_3s_3$

$p_{z1}=d_6s_4c_5$

$$ {}_6^1\boldsymbol{T}={}_2^1\boldsymbol{T}{}_6^2\boldsymbol{T}=\begin{bmatrix} n_{x2} & o_{x2} & a_{x2} & p_{x2} \\ n_{y2} & o_{y2} & a_{y2} & p_{y2} \\ n_{z2} & o_{z2} & a_{z2} & p_{z2} \\ 0 & 0 & 0 & 1 \end{bmatrix} $$

$n_{x2}=c_{23}(c_4c_5c_6-s_4s_6)-s_{23}s_5c_6$

$n_{y2}=s_{23}(c_4c_5s_6-s_4c_6)+c_{23}s_5s_6$

$n_{z2}=-s_4c_5c_6-c_4s_6$

$o_{x2}=c_{23}(c_4c_5s_6-s_4c_6)-s_{23}s_5s_6$

$o_{y2}=s_{23}(c_4c_5s_6-s_4c_6)+c_{23}s_5s_6$

$o_{z2}=-s_4c_5s_6-c_4c_6$

$a_{x2}=-s_{23}c_4s_5+c_{23}c_5$

$a_{y2}=s_{23}c_4s_5-c_3c_5$

$a_{z2}=s_4s_5$

$p_{x2}=c_{23}(a_3-c_4s_5d_6)-s_{23}(c_5d_6+d_4)+a_2c_2$

$p_{y2}=s_{23}(a_3-c_4s_5d_6)+c_{23}(c_5d_6+d_4)+a_2s_2$

$p_{z2}=s_4s_5d_6+d_2$

运动学方程为

$$ {}_6^0\boldsymbol{T}={}_1^0\boldsymbol{T}{}_6^1\boldsymbol{T}=\begin{bmatrix} n_x & o_x & a_x & p_x \\ n_y & o_y & a_y & p_y \\ n_z & o_z & a_z & p_z \\ 0 & 0 & 0 & 1 \end{bmatrix} \tag{3-27}$$

$n_x=c_1[c_{23}(c_4c_5c_6-s_4s_6)-s_{23}s_5c_6]+s_1(s_4c_5c_6+c_4s_6)$

$n_y=s_1[c_{23}(c_4c_5c_6-s_4s_6)-s_{23}s_5s_6]-c_1(s_4c_5c_6+c_4s_6)$

$n_z=-s_{23}(c_4c_5s_6-s_4c_6)-c_{23}s_5s_6$

$o_x=c_1[c_{23}(c_4c_5s_6-s_4c_6)-s_{23}s_5s_6]+s_1(s_4c_5s_6+c_4c_6)$

$o_y=s_1[c_{23}(c_4c_5s_6-s_4c_6)-s_{23}s_5s_6]-c_1(s_4c_5s_6+c_4c_6)$

$o_z=-s_{23}(c_4c_5s_6-s_4c_6)-c_{23}s_5s_6$

$a_x=c_1(-s_{23}c_4s_5+c_{23}c_5)-s_1s_4s_5$

$a_y=s_1(-s_{23}c_4s_5+c_{23}c_5)+c_1s_4s_5$

$a_z=-s_{23}c_4s_5+c_3c_5$

$p_x=c_1[c_{23}(a_3-c_4s_5d_6)-s_{23}(c_5d_6+d_4)+a_2c_2]-s_1(s_4s_5d_6+d_2)$

$p_y=s_1[c_{23}(a_3-c_4s_5d_6)-s_{23}(c_5d_6+d_4)+a_2c_2]+c_1(s_4s_5d_6+d_2)$

$p_z=-s_{23}(a_3-c_4s_5d_6)-c_{23}(c_5d_6+d_4)-a_2s_2$

3.5 机器人逆运动学求解

逆运动学求解是机器人轨迹规划与运动控制的基础，是机器人学中的重要研究内容。给定机器人末端位姿，求解确定机器人每个关节变量的值，称为机器人逆运动学求解。对于串联机器人，正运动学的解是唯一的，而逆运动学的解则不唯一，对于并联机器人来说正相反。

如式(3-28)所示，其中等号右边齐次矩阵已知，求解等号左边关节变量，即机器人逆运动学求解。

$$ {}_n^0\boldsymbol{T}(q_1,q_2,\cdots,q_n)={}_1^0\boldsymbol{T}(q_1)\cdots{}_n^{n-1}\boldsymbol{T}(q_n)=\begin{bmatrix} n_x & o_x & a_x & p_x \\ n_y & o_y & a_y & p_y \\ n_z & o_z & a_z & p_z \\ 0 & 0 & 0 & 1 \end{bmatrix} \tag{3-28}$$

上式写成标量形式如下：

$n_{3\times1}=n(q)=n(q_1,q_2,\cdots,q_n)$

$o_{3\times1}=o(q)=o(q_1,q_2,\cdots,q_n)$

$a_{3\times1}=a(q)=a(q_1,q_2,\cdots,q_n)$

$p_{3\times1}=p(q)=p(q_1,q_2,\cdots,q_n)$

假设 $n=6$。则上述逆运动学方程有 6 个未知数，12 个方程，而且 n,o,a 所关联的 9 个方程中只有 3 个是独立的，位置 p_x,p_y,p_z 关联的 3 个方程均是独立的，因此只有 6 个对立方程和 6 个未知数，这种方程组被称为非线性的超越方程组，求解非常复杂。这就是机器人逆运动学求解困难的原因。

常用的逆运动学求解方法主要有数值解和解析解。

所谓的数值解，就是采用某种计算方法得到式(3-28)的一组近似解，能在满足给定精度的情况下使式(3-28)成立。数值解法主要有数值逼近法、差值法、有限元法等，只能求出方程的特解，不能求出所有的解。其优点是计算简单，不需要做矩阵换算。其缺点是迭代次数多，实时性差，不适合用于实时性要求高和有空间障碍的场合。

解析解通常被称为封闭解，可以将求解的关节变量表示成解析表达式的形式，是式(3-28)的精确解，能在任意精度下使式(3-28)成立，具有计算速度快，便于实时控制等优点。解析解法主要有几何法和代数法。

采用代数法求解机器人逆解的方法比较多，比如 Pieper 方法、Paul 方法等。Paul 方法也被称为 Paul 反变换法，需要建立如式(3-29)所示的机器人运动学矩阵方程，等式右侧矩阵已知，等式左侧矩阵中的关节变量未知。首先用矩阵${}^0_1\boldsymbol{T}^{-1}$左乘式(3-29)矩阵方程，然后从等式两侧矩阵元素中寻找并建立含有单关节变量的等式，解出该变量，再寻找并建立其他的单变量等式，如果没能解出所有的关节变量，则在等式两侧左乘矩阵${}^1_2\boldsymbol{T}^{-1}$，然后再寻找并建立可求解的单变量等式，如此直到所有的变量都被解出。

$${}^0_1\boldsymbol{T}(q_1)\,{}^1_2\boldsymbol{T}(q_2)\cdots{}^{n-1}_{n}\boldsymbol{T}(q_n)={}^0_n\boldsymbol{T} \tag{3-29}$$

左乘${}^0_1\boldsymbol{T}^{-1}$：${}^1_2\boldsymbol{T}(q_2)\cdots{}^{n-1}_{n}\boldsymbol{T}(q_n)={}^0_1\boldsymbol{T}^{-1}(q_1)\,{}^0_n\boldsymbol{T}$

左乘${}^1_2\boldsymbol{T}^{-1}$：${}^2_3\boldsymbol{T}(q_3)\cdots{}^{n-1}_{n}\boldsymbol{T}(q_n)={}^1_2\boldsymbol{T}^{-1}(q_2)\,{}^0_1\boldsymbol{T}^{-1}(q_1)\,{}^0_n\boldsymbol{T}$

……

【例 3-7】 PUMA560 机器人结构及 D-H 坐标变换矩阵见图 3-17 和表 3-7，求解 PUMA560 机器人的逆运动学方程解。

(1)求解臂关节角 $\theta_1,\theta_2,\theta_3$ 的解。通过机器人终端位姿，求出$[p_{ax}\quad p_{ay}\quad p_{az}]^{\mathrm{T}}$，并令其与${}^0_a\boldsymbol{T}$ 的位置向量对应相等。

(2)求解腕关节角 θ_4、θ_5、θ_6 的解。

解：(1)求解臂关节角 $\theta_1,\theta_2,\theta_3$ 的解

从题意分析可知

$${}^0_a\boldsymbol{T}={}^0_4\boldsymbol{T}$$

故

$$c_1s_{23}d_4+c_1c_2a_2-s_1d_2=p_{ax} \tag{3-30}$$

$$s_1s_{23}d_4+s_1c_2a_2+c_1d_2=p_{ay} \tag{3-31}$$

$$c_{23}d_4-s_1a_2=p_{az} \tag{3-32}$$

式(3-30)×$(-s_1)$+式(3-31)×c_1，得

$$d_2=-p_{ax}s_1+p_{ay}c_1 \tag{3-33}$$

解得

$$\theta_1=A\tan2(p_{ay},p_{ax})-A\tan2(\pm d_2,\sqrt{p_{ax}^2+p_{ay}^2-d_2^2}) \tag{3-34}$$

由于 d_2(作为正偏移)为正,故 θ_1 的限制条件为

$$A\tan2(p_{ay},p_{ax})-\pi<A\tan2(p_{ay},p_{ax})$$

式(3-30)$\times c_1$+式(3-31)$\times s_1$,得

$$d_4s_{23}+a_2c_2=p_{ax}c_1+p_{ay}s_1 \tag{3-35}$$

令 $\alpha=p_{ax}c_1+p_{ay}s_1$,代入式(3-35),得

$$s_{23}=\frac{\alpha-a_2s_2}{d_4} \tag{3-36}$$

由式(3-32),得

$$c_{23}=\frac{p_{ax}+a_2s_2}{d_4} \tag{3-37}$$

求式(3-36)和式(3-37)平方和,得

$$\left(\frac{\alpha-a_2s_2}{d_4}\right)^2+\left(\frac{p_{ax}+a_2s_2}{d_4}\right)^2=1 \tag{3-38}$$

化简式(3-38)得

$$\theta_2=A\tan2(\alpha,p_{ax})-A\tan2(\pm\beta,\sqrt{\alpha^2+p_{az}^2-\beta^2}) \tag{3-39}$$

$$A\tan2(\alpha,p_{ax})-\pi<\theta_2<A\tan2(\alpha,p_{ax})$$

由式(3-36)和式(3-37)得

$$\theta_3=A\tan2(\alpha-a_2c_2,p_{az}+a_2s_2)-\theta_2 \tag{3-40}$$

(2)求解腕关节角 θ_4、θ_5、θ_6 的解

PUMA560 的转动矩阵满足

$${}_6^0\boldsymbol{R}={}_3^0\boldsymbol{R}\,{}_6^3\boldsymbol{R} \tag{3-41}$$

腕的转动矩阵为

$${}_6^3\boldsymbol{R}={}_3^0\boldsymbol{R}^{-1}\,{}_6^0\boldsymbol{R}={}_3^0\boldsymbol{R}^{\mathrm{T}}\,{}_6^0\boldsymbol{R} \tag{3-42}$$

式中,${}_6^0\boldsymbol{R}$ 是已知的,${}_3^0\boldsymbol{R}^{\mathrm{T}}$ 可以利用前面求得的臂关节角 θ_1,θ_2,θ_3 来求得,具体如下

$${}_6^0\boldsymbol{R}=\begin{bmatrix} n_x & o_x & a_x \\ n_y & o_y & a_y \\ n_z & o_z & a_z \end{bmatrix} \tag{3-43}$$

$${}_3^0\boldsymbol{R}^{\mathrm{T}}=\begin{bmatrix} c_1c_{23} & s_1c_{23} & -s_{23} \\ -s_1 & c_1 & 0 \\ c_1s_{23} & s_1s_{33} & c_{23} \end{bmatrix} \tag{3-44}$$

$${}_6^3\boldsymbol{R}=\begin{bmatrix} n_{\omega x} & o_{\omega x} & a_{\omega x} \\ n_{\omega y} & o_{\omega y} & a_{\omega y} \\ n_{\omega z} & o_{\omega z} & a_{\omega z} \end{bmatrix}=\begin{bmatrix} c_4c_5c_6-s_4s_6 & -c_4c_5c_6-s_4s_6 & c_4s_5 \\ s_4c_5c_6+c_4s_6 & -s_4c_5c_6+s_4s_6 & s_4s_5 \\ -s_5c_6 & s_5s_6 & c_5 \end{bmatrix} \tag{3-45}$$

求解矩阵可得

$$\theta_4=A\tan2(a_{\omega y},a_{\omega x}) \tag{3-46}$$

或

$$\theta_4 = A\tan2(a_{\omega y}, a_{\omega x}) + \pi \tag{3-47}$$

$$\theta_5 = A\tan2(\sqrt{n_{\omega z}^2 + O_{\omega z}^2}, a_{\omega z}) \tag{3-48}$$

$$\theta_6 = A\tan2(o_{\omega z}, -n_{\omega z}) \tag{3-49}$$

通过式(3-34)，式(3-39)，式(3-40)，式(3-47)，式(3-48)和式(3-49)六个式子，当已知机器人 PUMA560 终端操作装置的位姿时，便可求出各关节角的值。

3.6　机器人微分运动与雅可比矩阵

微分运动指机器人机构的微小运动，可以用它来推导不同部件之间的速度关系，主要包括微分平移和微分旋转。假设坐标系相对于参考坐标系做一个微量的运动。一种情况是，不考虑产生微分运动的原因来观察坐标系的微分运动；另一种情况是，同时考虑产生微分运动的机构。对第一种情况，将只研究如图 3-18(a)所示坐标系的运动及坐标系表示的变化。对第二种情况，将研究如图 3-18(b)所示产生该运动的机构的微分运动及它与坐标系运动的联系。如图 3-18(c)所示，机器人工具坐标系的微分运动是由机器人每个关节的微分运动所引起的。当机器人的关节做微量运动时，机器人工具坐标系也产生微量运动，因此必须将机器人的微分运动与坐标系的微分运动联系起来。

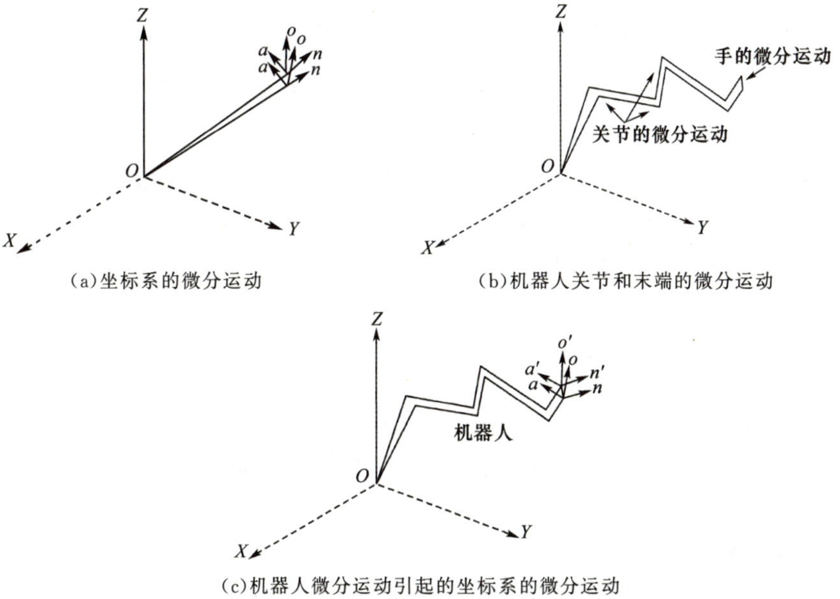

图 3-18　微分运动

例如，假设有一个机器人要将两个工件焊接在一起。为了获得最好的焊接质量，要求机器人以恒定的速度运动，即要求工具坐标系的微分运动能表示为按特定方向的恒速运动。这就涉及坐标系的微分运动，而该运动是由机器人产生的。因此，应计算出任意时刻每个关节的速度，以使得由机器人产生的总的运动等于坐标系的期望速度。

3.6.1 微分关系

首先要了解什么是微分关系。为此,先考虑如图 3-19 所示的 2 自由度机构。其中,每个连杆都能独立旋转,θ_1 表示第 1 个连杆相对于参考坐标系的旋转角度,θ_2 表示第 2 个连杆相对于第 1 个连杆的旋转角度。对机器人也类似,每个连杆的运动都是指该连杆相对于固连在前一个连杆上的当前坐标系的运动。

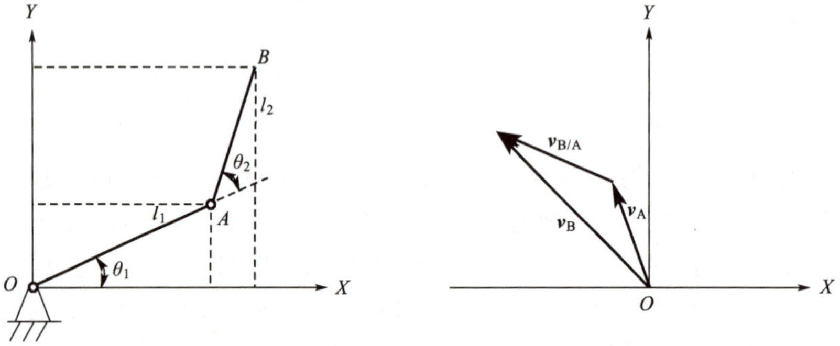

(a)2 自由度平面机构　　(b)速度矢量

图 3-19　2 自由度机构

B 点速度为

$$\boldsymbol{v}_B=\boldsymbol{v}_A+\boldsymbol{v}_{B/A}=-l_1\dot{\theta}_1\sin\theta_1\boldsymbol{i}+l_1\dot{\theta}_1\cos\theta_1\boldsymbol{j}-l_2(\dot{\theta}_1+\dot{\theta}_2)\sin(\theta_1+\theta_2)\boldsymbol{i}+l_2(\dot{\theta}_1+\dot{\theta}_2)\cos(\theta_1+\theta_2)\boldsymbol{j}$$

将速度方程写成矩阵形式,即

$$\begin{bmatrix} v_{B_x} \\ v_{B_y} \end{bmatrix}=\begin{bmatrix} -l_1\sin\theta_1-l_2\sin(\theta_1+\theta_2) & -l_2\sin(\theta_1+\theta_2) \\ l_1\cos\theta_1-l_2\cos(\theta_1+\theta_2) & l_2\cos(\theta_1+\theta_2) \end{bmatrix}\begin{bmatrix} \dot{\theta}_1 \\ \dot{\theta}_2 \end{bmatrix} \tag{3-50}$$

方程左侧表示 B 点速度的 x 和 y 分量。可以看到,方程右侧的矩阵乘以两个连杆的相应角速度便可得到 B 点的速度。

接下来,不是直接通过速度关系来推导速度方程,而是通过对描述 B 点位置的方程求微分,从而找出相同的速度关系,即

$$\begin{cases} x_B=l_1\cos\theta_1+l_2\cos(\theta_1+\theta_2) \\ y_B=l_1\sin\theta_1+l_2\sin(\theta_1+\theta_2) \end{cases} \tag{3-51}$$

分别对上述方程组中的两个变量 θ_1 和 θ_2 求微分,可得

$$\begin{cases} \mathrm{d}x_B=-l_1\sin\theta_1\mathrm{d}\theta_1-l_2\sin(\theta_1+\theta_2)(\mathrm{d}\theta_1+\mathrm{d}\theta_2) \\ \mathrm{d}y_B=l_1\cos\theta_1\mathrm{d}\theta_1+l_2\cos(\theta_1+\theta_2)(\mathrm{d}\theta_1+\mathrm{d}\theta_2) \end{cases} \tag{3-52}$$

写成矩阵形式为

$$\begin{bmatrix} \mathrm{d}x_B \\ \mathrm{d}y_B \end{bmatrix}=\begin{bmatrix} -l_1\sin\theta_1-l_2\sin(\theta_1+\theta_2) & -l_2\sin(\theta_1+\theta_2) \\ l_1\cos\theta_1+l_2\cos(\theta_1+\theta_2) & l_2\cos(\theta_1+\theta_2) \end{bmatrix}\begin{bmatrix} \mathrm{d}\theta_1 \\ \mathrm{d}\theta_2 \end{bmatrix} \tag{3-53}$$

B 点的微分运动　　　　雅克比　　　　关节的微分运动

可以看到,式(3-50)与式(3-53)无论在内容上还是形式上都很相似。不同的是,式(3-50)是速度关系,而式(3-53)是微分运动关系。如果式(3-53)两边都除以 $\mathrm{d}t$,由于 $\mathrm{d}x_B/\mathrm{d}t=v_{B_x}$,$\mathrm{d}\theta_1/\mathrm{d}t=\dot{\theta}_1$ 等,因此式(3-54)和式(3-50)是完全相同的,即

$$\begin{bmatrix} v_{B_x} \\ v_{B_y} \end{bmatrix} \Big/ \mathrm{d}t = \begin{bmatrix} -l_1 \sin\theta_1 - l_2 \sin(\theta_1+\theta_2) & -l_2 \sin(\theta_1+\theta_2) \\ l_1 \cos\theta_1 + l_2 \cos(\theta_1+\theta_2) & l_2 \cos(\theta_1+\theta_2) \end{bmatrix} \Big/ \mathrm{d}t \tag{3-54}$$

类似地，在多自由度的机器人中，可用同样的方法将关节的微分运动(或速度)与手部的微分运动(或速度)联系起来。

3.6.2 微分运动

刚体或坐标系的微分运动包括微分移动矢量 $\boldsymbol{d}$ 和微分转动矢量 $\boldsymbol{\delta}$。前者由沿三个坐标轴的微分移动组成，可以用 $\mathrm{Trans}(d_x, d_y, d_z)$ 来表示，其含义是坐标系沿 x，y 和 z 轴做了微小量的平移运动。后者由绕三个坐标轴的微分转动组成，通常用 $\mathrm{Rot}(q, d_\theta)$ 来表示，其含义是坐标系绕 q 轴转动角度 d_θ。绕 x，y 和 z 轴的微分转动分别定义为 δ_x，δ_y，δ_z。当旋转量很小，即角度无限趋近于零时，正、余弦函数 $\sin\delta x \approx \delta x$，$\cos\delta x \approx 1$。可表示为

$$\boldsymbol{d} = d_x \boldsymbol{i} + d_y \boldsymbol{j} + d_z \boldsymbol{k} \text{ 或 } \boldsymbol{d} = [d_x \quad d_y \quad d_z]^{\mathrm{T}} \tag{3-55}$$

$$\boldsymbol{\delta} = \delta_x \boldsymbol{i} + \delta_y \boldsymbol{j} + \delta_z \boldsymbol{k} \text{ 或 } \boldsymbol{\delta} = [\delta_x \quad \delta_y \quad \delta_z]^{\mathrm{T}} \tag{3-56}$$

刚体或坐标系的微分运动矢量为

$$\boldsymbol{D} = \begin{bmatrix} \boldsymbol{d} \\ \boldsymbol{\delta} \end{bmatrix} \tag{3-57}$$

刚体或坐标系的广义速度为

$$\boldsymbol{V} = \begin{bmatrix} \boldsymbol{v} \\ \boldsymbol{\omega} \end{bmatrix} = \lim_{\Delta t \to 0} \frac{1}{\Delta t} \begin{bmatrix} \boldsymbol{d} \\ \boldsymbol{\delta} \end{bmatrix} \tag{3-58}$$

微分运动矢量 $\boldsymbol{D}$ 和广义速度 $\boldsymbol{V}$ 也是相对某坐标系而言的，例如相对坐标系$\{T\}$用${}^T\boldsymbol{D}$，${}^T\boldsymbol{V}$，${}^T\boldsymbol{d}$，${}^T\boldsymbol{v}$ 和${}^T\boldsymbol{\omega}$ 表示。在不同的坐标系中表示是不同的，若相对基坐标系(或参考系)的微分运动为 $\boldsymbol{D}$($\boldsymbol{d}$ 和 $\boldsymbol{\delta}$)，则相对坐标系$\{T\}$表示为

$$\boldsymbol{T} = \begin{bmatrix} n_x & o_x & a_x & p_x \\ n_y & o_y & a_y & p_y \\ n_z & o_z & a_z & p_z \\ 0 & 0 & 0 & 1 \end{bmatrix} = \begin{bmatrix} \boldsymbol{n} & \boldsymbol{o} & \boldsymbol{a} & \boldsymbol{p} \\ 0 & 0 & 0 & 1 \end{bmatrix} = \begin{bmatrix} \boldsymbol{R} & \boldsymbol{P} \\ 0 & 1 \end{bmatrix}$$

的微分运动${}^T\boldsymbol{D}$(${}^T\boldsymbol{d}$ 和${}^T\boldsymbol{\delta}$)为

$$\begin{cases} {}^T d_x = \boldsymbol{d} \cdot \boldsymbol{n} + (\boldsymbol{\delta} \times \boldsymbol{P}) \cdot \boldsymbol{n} = \boldsymbol{n} \cdot [(\boldsymbol{\delta} \times \boldsymbol{P}) + \boldsymbol{d}] \\ {}^T d_y = \boldsymbol{d} \cdot \boldsymbol{o} + (\boldsymbol{\delta} \times \boldsymbol{P}) \cdot \boldsymbol{o} = \boldsymbol{o} \cdot [(\boldsymbol{\delta} \times \boldsymbol{P}) + \boldsymbol{d}] \\ {}^T d_z = \boldsymbol{d} \cdot \boldsymbol{a} + (\boldsymbol{\delta} \times \boldsymbol{P}) \cdot \boldsymbol{a} = \boldsymbol{a} \cdot [(\boldsymbol{\delta} \times \boldsymbol{P}) + \boldsymbol{d}] \\ {}^T \delta_x = \boldsymbol{n} \cdot \boldsymbol{\delta} \\ {}^T \delta_y = \boldsymbol{o} \cdot \boldsymbol{\delta} \\ {}^T \delta_z = \boldsymbol{a} \cdot \boldsymbol{\delta} \end{cases} \tag{3-59}$$

利用三重积的性质，$\boldsymbol{a} \cdot (\boldsymbol{b} \times \boldsymbol{c}) = -\boldsymbol{b} \cdot (\boldsymbol{a} \times \boldsymbol{c}) = \boldsymbol{b} \cdot (\boldsymbol{c} \times \boldsymbol{a}) = \boldsymbol{c} \cdot (\boldsymbol{a} \times \boldsymbol{b})$，即每次交换两向量时，符号改变一次，将式(3-59)展开，得

$$\begin{aligned} {}^T d_x &= (\delta_x \boldsymbol{i} + \delta_y \boldsymbol{j} + \delta_z \boldsymbol{k}) \cdot [(\boldsymbol{P} \times \boldsymbol{n})_x \boldsymbol{i} + (\boldsymbol{P} \times \boldsymbol{n})_y \boldsymbol{j} + (\boldsymbol{P} \times \boldsymbol{n})_z \boldsymbol{k}] + \\ &\quad (d_x \boldsymbol{i} + d_y \boldsymbol{j} + d_z \boldsymbol{k}) \cdot (n_x \boldsymbol{i} + n_y \boldsymbol{j} + n_z \boldsymbol{k}) \\ &= (\boldsymbol{P} \times \boldsymbol{n})_x \delta_x + (\boldsymbol{P} \times \boldsymbol{n})_y \delta_y + (\boldsymbol{P} \times \boldsymbol{n})_z \delta_z + n_x d_x + n_y d_y + n_z d_z \end{aligned}$$

同理，有

$$^{T}d_y=(\boldsymbol{P}\times\boldsymbol{o})_x\delta_x+(\boldsymbol{P}\times\boldsymbol{o})_y\delta_y+(\boldsymbol{P}\times\boldsymbol{o})_z\delta_z+o_xd_x+o_yd_y+o_zd_z$$

$$^{T}d_z=(\boldsymbol{P}\times\boldsymbol{a})_x\delta_x+(\boldsymbol{P}\times\boldsymbol{a})_y\delta_y+(\boldsymbol{P}\times\boldsymbol{a})_z\delta_z+a_xd_x+a_yd_y+a_zd_z$$

$$^{T}\boldsymbol{\delta}_x=n_x\delta_x+n_y\delta_y+n_z\delta_z$$

$$^{T}\boldsymbol{\delta}_y=o_x\delta_x+o_y\delta_y+o_z\delta_z$$

$$^{T}\boldsymbol{\delta}_z=a_x\delta_x+a_y\delta_y+a_z\delta_z$$

写成矩阵形式为

$$\begin{bmatrix} ^{T}\boldsymbol{d}_x \\ ^{T}\boldsymbol{d}_y \\ ^{T}\boldsymbol{d}_z \\ ^{T}\boldsymbol{\delta}_x \\ ^{T}\boldsymbol{\delta}_y \\ ^{T}\boldsymbol{\delta}_z \end{bmatrix}=\begin{bmatrix} n_x & n_y & n_z & (\boldsymbol{P}\times\boldsymbol{n})_x & (\boldsymbol{P}\times\boldsymbol{n})_y & (\boldsymbol{P}\times\boldsymbol{n})_z \\ o_x & o_x & o_x & (\boldsymbol{P}\times\boldsymbol{o})_x & (\boldsymbol{P}\times\boldsymbol{o})_y & (\boldsymbol{P}\times\boldsymbol{o})_z \\ a_x & a_x & a_x & (\boldsymbol{P}\times\boldsymbol{a})_x & (\boldsymbol{P}\times\boldsymbol{a})_y & (\boldsymbol{P}\times\boldsymbol{a})_z \\ 0 & 0 & 0 & n_x & n_y & n_z \\ 0 & 0 & 0 & o_x & o_y & o_z \\ 0 & 0 & 0 & a_x & a_y & a_z \end{bmatrix}\begin{bmatrix} d_x \\ d_y \\ d_z \\ \delta_x \\ \delta_y \\ \delta_z \end{bmatrix} \tag{3-60}$$

简写为

$$\begin{bmatrix} ^{T}\boldsymbol{d} \\ ^{T}\boldsymbol{\delta} \end{bmatrix}=\begin{bmatrix} \boldsymbol{R}^{\mathrm{T}} & -\boldsymbol{R}^{\mathrm{T}}\boldsymbol{S}(\boldsymbol{P}) \\ \boldsymbol{0} & \boldsymbol{R}^{\mathrm{T}} \end{bmatrix}\begin{bmatrix} \boldsymbol{d} \\ \boldsymbol{\delta} \end{bmatrix} \tag{3-61}$$

$\boldsymbol{R}$ 是旋转矩阵，即

$$\boldsymbol{R}=\begin{bmatrix} n_x & o_x & a_x \\ n_y & o_y & a_y \\ n_z & o_z & a_z \end{bmatrix}$$

$\boldsymbol{S}(\boldsymbol{P})$为矢量 $\boldsymbol{P}=[p_x \quad p_y \quad p_z]^{\mathrm{T}}$ 的反对称矩阵，即

$$\boldsymbol{S}(\boldsymbol{P})=\begin{bmatrix} 0 & -p_z & p_y \\ p_z & 0 & -p_x \\ -p_y & p_x & 0 \end{bmatrix} \tag{3-62}$$

具有以下性质：

①$\boldsymbol{S}(\boldsymbol{P})\boldsymbol{\omega}=\boldsymbol{P}\times\boldsymbol{\omega}$，$\boldsymbol{S}(\boldsymbol{P})\boldsymbol{\delta}=\boldsymbol{P}\times\boldsymbol{\delta}$。

②$\boldsymbol{\omega}^{\mathrm{T}}\boldsymbol{S}(\boldsymbol{P})=-(\boldsymbol{P}\times\boldsymbol{\omega})^{\mathrm{T}}$，$\boldsymbol{\delta}^{\mathrm{T}}\boldsymbol{S}(\boldsymbol{P})=-(\boldsymbol{P}\times\boldsymbol{\delta})^{\mathrm{T}}$。

③$-\boldsymbol{R}^{\mathrm{T}}\boldsymbol{S}(\boldsymbol{P})=\begin{bmatrix} (\boldsymbol{P}\times\boldsymbol{n})_x & (\boldsymbol{P}\times\boldsymbol{n})_y & (\boldsymbol{P}\times\boldsymbol{n})_z \\ (\boldsymbol{P}\times\boldsymbol{o})_x & (\boldsymbol{P}\times\boldsymbol{o})_y & (\boldsymbol{P}\times\boldsymbol{o})_z \\ (\boldsymbol{P}\times\boldsymbol{a})_x & (\boldsymbol{P}\times\boldsymbol{a})_y & (\boldsymbol{P}\times\boldsymbol{a})_z \end{bmatrix}$。

相应地，广义速度 $\boldsymbol{V}$ 的坐标变换为

$$\begin{bmatrix} ^{T}\boldsymbol{v} \\ ^{T}\boldsymbol{\omega} \end{bmatrix}=\begin{bmatrix} \boldsymbol{R}^{\mathrm{T}} & -\boldsymbol{R}^{\mathrm{T}}\boldsymbol{S}(\boldsymbol{P}) \\ 0 & \boldsymbol{R}^{\mathrm{T}} \end{bmatrix}\begin{bmatrix} \boldsymbol{v} \\ \boldsymbol{\omega} \end{bmatrix} \tag{3-63}$$

任意两坐标系$\{A\}$和$\{B\}$之间广义速度的坐标变换为

$$\begin{bmatrix} ^{B}\boldsymbol{v} \\ ^{B}\boldsymbol{\omega} \end{bmatrix}=\begin{bmatrix} {}^{B}_{A}\boldsymbol{R} & -{}^{B}_{A}\boldsymbol{R}^{\mathrm{T}}\boldsymbol{S}(\boldsymbol{P}) \\ 0 & {}^{B}_{A}\boldsymbol{R} \end{bmatrix}\begin{bmatrix} ^{A}\boldsymbol{v} \\ ^{A}\boldsymbol{\omega} \end{bmatrix} \tag{3-64}$$

3.6.3 机器人雅克比矩阵

把机器人关节速度向量 $\dot{\boldsymbol{q}}$ 定义为

$$\dot{\boldsymbol{q}}=[q_1 \quad q_2 \quad \cdots \quad q_n]^{\mathrm{T}} \tag{3-65}$$

式中，$\boldsymbol{q}_i(i=1,2,\cdots,n)$为连杆 i 相对连杆 $i-1$ 的角速度或线速度。

手部在基坐标系中的广义速度向量为

$$\boldsymbol{V}=\begin{bmatrix}\boldsymbol{v}\\ \boldsymbol{\omega}\end{bmatrix}=[\dot{x} \quad \dot{y} \quad \dot{z} \quad \omega_x \quad \omega_y \quad \omega_z]^{\mathrm{T}} \tag{3-66}$$

式中，$\boldsymbol{v}$ 为线速度，$\boldsymbol{\omega}$ 为角速度分量。

从关节空间速度 $\dot{\boldsymbol{q}}$ 向操作空间速度 $\boldsymbol{V}$ 映射的线性关系称为雅可比矩阵，简称Jacobain，记为 $\boldsymbol{J}$，即

$$\begin{bmatrix}\dot{x}\\ \dot{y}\\ \dot{z}\\ \omega_x\\ \omega_y\\ \omega_z\end{bmatrix}=\boldsymbol{J}\begin{bmatrix}\dot{q}_1\\ \dot{q}_2\\ \vdots\\ \dot{q}_n\end{bmatrix} \tag{3-67}$$

在数学上，机器人手部的广义位姿矢量 $\boldsymbol{P}$ 可写成

$$\boldsymbol{P}=\begin{bmatrix}x(q_1,q_2,\cdots,q_n)\\ y(q_1,q_2,\cdots,q_n)\\ z(q_1,q_2,\cdots,q_n)\\ \varphi_x(q_1,q_2,\cdots,q_n)\\ \varphi_y(q_1,q_2,\cdots,q_n)\\ \varphi_z(q_1,q_2,\cdots,q_n)\end{bmatrix} \tag{3-68}$$

式(3-68)对时间求导，有

$$\boldsymbol{V}=\frac{\mathrm{d}}{\mathrm{d}t}\boldsymbol{P}=\frac{\partial \boldsymbol{P}}{\partial \boldsymbol{q}^{\mathrm{T}}}\cdot\dot{\boldsymbol{q}} \tag{3-69}$$

对照式(3-67)和式(3-69)，可知

$$\boldsymbol{J}=\frac{\partial \boldsymbol{P}}{\partial \dot{\boldsymbol{q}}}=\begin{bmatrix}\frac{\partial x}{\partial q_1} & \frac{\partial x}{\partial q_2} & \cdots & \frac{\partial x}{\partial q_n}\\ \frac{\partial y}{\partial q_1} & \frac{\partial y}{\partial q_2} & \cdots & \frac{\partial y}{\partial q_n}\\ \frac{\partial z}{\partial q_1} & \frac{\partial z}{\partial q_2} & \cdots & \frac{\partial z}{\partial q_n}\\ \frac{\partial \varphi_x}{\partial q_1} & \frac{\partial \varphi_x}{\partial q_2} & \cdots & \frac{\partial \varphi_x}{\partial q_n}\\ \frac{\partial \varphi_y}{\partial q_1} & \frac{\partial \varphi_y}{\partial q_2} & \cdots & \frac{\partial \varphi_y}{\partial q_n}\\ \frac{\partial \varphi_z}{\partial q_1} & \frac{\partial \varphi_z}{\partial q_2} & \cdots & \frac{\partial \varphi_z}{\partial q_n}\end{bmatrix} \tag{3-70}$$

在机器人学中,$\boldsymbol{J}$ 是一个把关节速度向量 $\dot{\boldsymbol{q}}$ 变换为手部相对基坐标系中的广义速度向量的变换矩阵。在三维空间运行的机器人,其 $\boldsymbol{J}$ 的行数恒为 6(沿/绕基坐标系的变量共 6 个);在二维平面运行的机器人,其 $\boldsymbol{J}$ 的行数恒为 3,列数为机器人含有的关节数目。

对于平面运动的机器人来说,手部的广义位置向量$[x\quad y\quad \varphi]^{\mathrm{T}}$ 均容易确定,且方位 φ 与角运动的形成顺序无关,故可采用直接微分法求 $\boldsymbol{J}$,并且非常方便。

对于三维空间运行的机器人则不完全适用。从三维空间运行的机器人运动学方程,可以获得直角坐标位置向量$[x\quad y\quad z]^{\mathrm{T}}$ 的显式方程,因此,$\boldsymbol{J}$ 的前三行可以直接由微分求得,但不可能找到方位向量$[\varphi_x\quad \varphi_y\quad \varphi_z]^{\mathrm{T}}$ 的一般表达式。虽然可以用角度,如回转角、俯仰角、偏转角来规定方位,但是找不出互相独立的、无顺序的三个转角来描述方位。绕直角坐标轴连续地角运动变换是不可交换的,而对角位移的微分要求与对角位移的形成顺序无关,故一般不能运用直接微分法来获得 $\boldsymbol{J}$ 的后三行。因此,常用构造性方法求 $\boldsymbol{J}$。

构造雅可比矩阵的方法有矢量积法和微分变换法,雅可比矩阵 $\boldsymbol{J}(\boldsymbol{q})$既可当成是从关节空间向操作空间的速度传递的线性关系,也可看成是微分运动转换的线性关系,即

$$\boldsymbol{V}=\boldsymbol{J}(\boldsymbol{q})\dot{\boldsymbol{q}} \tag{3-71}$$

$$\boldsymbol{D}=\boldsymbol{J}(\boldsymbol{q})\mathrm{d}\boldsymbol{q} \tag{3-72}$$

对于 n 个关节的机器人,其雅可比矩阵 $\boldsymbol{J}(\boldsymbol{q})$是 $6\times n$ 阶矩阵,其前三行称为位置雅可比矩阵,代表对手部线速度 $\boldsymbol{v}$ 的传递比,后三行称为方位矩阵,代表相应的关节速度 $\dot{\boldsymbol{q}}_i$,对手部角速度 $\boldsymbol{\omega}$ 的传递比。因此,可将雅可比矩阵 $\boldsymbol{J}(\boldsymbol{q})$分块,即

$$\begin{bmatrix}\boldsymbol{v}\\ \boldsymbol{\omega}\end{bmatrix}=\begin{bmatrix}\boldsymbol{J}_{l1} & \boldsymbol{J}_{l2} & \cdots & \boldsymbol{J}_{ln}\\ \boldsymbol{J}_{a1} & \boldsymbol{J}_{a2} & \cdots & \boldsymbol{J}_{an}\end{bmatrix}\begin{bmatrix}\boldsymbol{q}_1\\ \boldsymbol{q}_2\\ \vdots\\ \boldsymbol{q}_n\end{bmatrix} \tag{3-73}$$

式中,$\boldsymbol{J}_{li}$和$\boldsymbol{J}_{ai}$分别表示关节 i 的单位关节速度引起手部的线速度和角速度。

1.矢量积法

Whitney 基于运动坐标系的概念提出了求机器人雅可比矩阵的矢量积法,如图 3-20 所示,末端手部的线速度 $\boldsymbol{v}$ 和角速度 $\boldsymbol{\omega}$ 与关节速度 $\dot{\boldsymbol{q}}$ 有关。

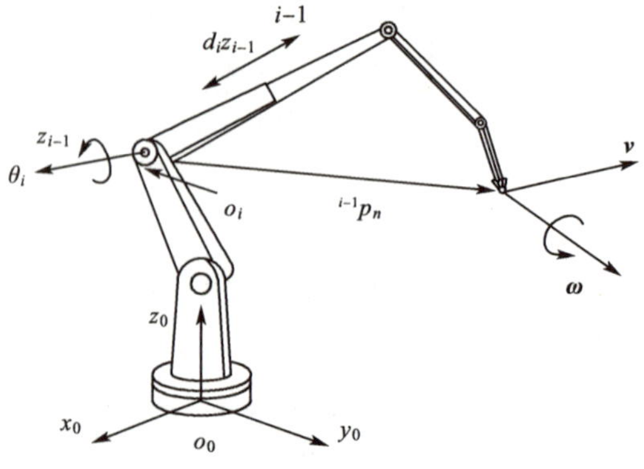

图 3-20　机器人关节速度的传递

（1）对于移动关节 i，有

$$\begin{bmatrix} \boldsymbol{v} \\ \boldsymbol{\omega} \end{bmatrix} = \begin{bmatrix} z_{i-1} \\ 0 \end{bmatrix} \dot{\boldsymbol{q}}_i, \boldsymbol{J}_i = \begin{bmatrix} z_{i-1} \\ 0 \end{bmatrix} \tag{3-74}$$

（2）对于转动关节 i，有

$$\begin{bmatrix} \boldsymbol{v} \\ \boldsymbol{\omega} \end{bmatrix} = \begin{bmatrix} z_{i-1} \times {}^0\boldsymbol{P}_n^{i-1} \\ z_{i-1} \end{bmatrix} \dot{\boldsymbol{q}}_i, \boldsymbol{J}_i = \begin{bmatrix} z_{i-1} \times {}^0\boldsymbol{P}_n^{i-1} \\ z_{i-1} \end{bmatrix} \tag{3-75}$$

式中，z_{i-1} 为坐标系$\{i-1\}$的 z 轴单位向量（在基坐标系$\{0\}$中的表示）；${}^0\boldsymbol{P}_n^{i-1}$ 为坐标原点相对坐标系$\{i-1\}$的位置矢量在基坐标$\{0\}$中的表示，即

$${}^0\boldsymbol{P}_n^{i-1} = {}_{i-1}^{0}\boldsymbol{R}^{i-1}\boldsymbol{P}_n^{i-1} \tag{3-76}$$

矢量积法构造出的雅可比矩阵 $\boldsymbol{J}$ 是联系关节速度向量与终端手部（相对于基坐标系）广义速度向量之间的变换关系。

2.微分变换法

对于转动关节 i，连杆 i 相对连杆 $i-1$ 绕坐标系$\{i-1\}$的 z_{i-1} 轴做微分转动 $\mathrm{d}\theta_i$，相当于微分运动矢量，即

$$\boldsymbol{d} = \begin{bmatrix} 0 \\ 0 \\ 0 \end{bmatrix}, \boldsymbol{\delta} = \begin{bmatrix} 0 \\ 0 \\ 1 \end{bmatrix} \mathrm{d}\theta_i$$

利用式(3-60)得出手部相应的微分运动矢量为

$$\begin{bmatrix} {}^T\boldsymbol{d}_x \\ {}^T\boldsymbol{d}_y \\ {}^T\boldsymbol{d}_z \\ {}^T\boldsymbol{\delta}_x \\ {}^T\boldsymbol{\delta}_y \\ {}^T\boldsymbol{\delta}_z \end{bmatrix} = \begin{bmatrix} (\boldsymbol{P} \times \boldsymbol{n})_z \\ (\boldsymbol{P} \times \boldsymbol{o})_z \\ (\boldsymbol{P} \times \boldsymbol{a})_z \\ n_z \\ o_z \\ a_z \end{bmatrix} \mathrm{d}\theta_i \tag{3-77}$$

若关节 i 是移动关节，连杆 i 沿 z_{i-1} 轴相对连杆 $i-1$ 做微分运动 $\mathrm{d}d_i$，则相当于微分运动矢量为

$$\boldsymbol{d} = \begin{bmatrix} 0 \\ 0 \\ 1 \end{bmatrix} \mathrm{d}d_i, \boldsymbol{\delta} = \begin{bmatrix} 0 \\ 0 \\ 0 \end{bmatrix}$$

手部相应的微分运动矢量为

$$\begin{bmatrix} {}^T\boldsymbol{d}_x \\ {}^T\boldsymbol{d}_y \\ {}^T\boldsymbol{d}_z \\ {}^T\boldsymbol{\delta}_x \\ {}^T\boldsymbol{\delta}_y \\ {}^T\boldsymbol{\delta}_z \end{bmatrix} = \begin{bmatrix} n_z \\ o_z \\ a_z \\ 0 \\ 0 \\ 0 \end{bmatrix} \mathrm{d}d_i \tag{3-78}$$

由此得出雅克比矩阵${}^{T}\boldsymbol{J}(\boldsymbol{q})$的第 i 列：

(1)对于移动关节 i，有

$$
{}^{T}\boldsymbol{J}_{i}=\begin{bmatrix} n_z \\ o_z \\ a_z \\ 0 \\ 0 \\ 0 \end{bmatrix} \tag{3-79}
$$

(2)对于转动关节 i，有

$$
{}^{T}\boldsymbol{J}_{i}=\begin{bmatrix} (\boldsymbol{P}\times\boldsymbol{n})_z \\ (\boldsymbol{P}\times\boldsymbol{o})_z \\ (\boldsymbol{P}\times\boldsymbol{a})_z \\ n_z \\ o_z \\ a_z \end{bmatrix} \tag{3-80}
$$

式中，$\boldsymbol{n}$，$\boldsymbol{o}$，$\boldsymbol{a}$ 和 $\boldsymbol{P}$ 是变换矩阵${}^{i-1}_{n}\boldsymbol{T}$ 的四个列矢量。

微分变换法构造出的雅可比矩阵${}^{T}\boldsymbol{J}$ 是联系关节速度向量与手部坐标系(不是手部相对于基坐标系)广义速度向量之间的变换关系。如果知道各连杆变换矩阵${}^{i-1}_{i}\boldsymbol{T}$，则可按下列步骤求雅可比矩阵${}^{T}\boldsymbol{J}$。

(1)计算末端连杆相对各连杆的变换矩阵${}^{i-1}_{n}\boldsymbol{T}(i=1,2,\cdots,n)$为

$$
{}^{i-1}_{n}\boldsymbol{T}={}^{i-1}_{n}\boldsymbol{T},{}^{i-2}_{n}\boldsymbol{T}={}^{i-2}_{n-1}\boldsymbol{T}{}^{n-1}_{n}\boldsymbol{T},\cdots,{}^{i-1}_{n}\boldsymbol{T}={}^{i-1}_{i}\boldsymbol{T}{}^{i}_{n}\boldsymbol{T}\cdots,{}^{0}_{n}\boldsymbol{T}={}^{0}_{1}\boldsymbol{T}{}^{1}_{n}\boldsymbol{T}
$$

(2)利用${}^{i-1}_{n}\boldsymbol{T}$，根据式(3-79)和式(3-80)计算${}^{T}\boldsymbol{J}$ 的第 i 列${}^{T}\boldsymbol{J}_{i}$。

上述两种构造方法得出的${}^{T}\boldsymbol{J}$ 和 $\boldsymbol{J}$ 之间的关系为

$$
{}^{T}\boldsymbol{J}=\begin{bmatrix} {}^{0}_{n}\boldsymbol{R}^{\mathrm{T}} & 0 \\ 0 & {}^{0}_{n}\boldsymbol{R}^{\mathrm{T}} \end{bmatrix}\boldsymbol{J},\boldsymbol{J}=\begin{bmatrix} {}^{0}_{n}\boldsymbol{R} & 0 \\ 0 & {}^{0}_{n}\boldsymbol{R} \end{bmatrix}^{\mathrm{T}}\boldsymbol{J} \tag{3-81}
$$

【例 3-8】 PUMA560 机器人结构及 D-H 参数见图 3-17 和表 3-7，求解 PUMA560 机器人的雅可比矩阵。

解：PUMA560 的 6 个关节都是转动关节，其雅可比矩阵有 6 列，此处用矢量积法计算 $\boldsymbol{J}(q)$。根据式(3-75)得

$$
\boldsymbol{J}(q)=[\boldsymbol{J}_1 \quad \boldsymbol{J}_2 \quad \cdots \quad \boldsymbol{J}_6]=\begin{bmatrix} z_0\times{}^{0}\boldsymbol{P}_6^0 & z_1\times{}^{0}\boldsymbol{P}_6^1 & z_5\times{}^{0}\boldsymbol{P}_6^5 \\ z_0 & z_1 & z_5 \end{bmatrix} \tag{3-82}
$$

①根据式(3-41)～式(3-45)求得${}^{0}_{0}\boldsymbol{R}$，${}^{0}_{1}\boldsymbol{R}$，${}^{0}_{2}\boldsymbol{R}$，${}^{0}_{3}\boldsymbol{R}$，${}^{0}_{4}\boldsymbol{R}$，${}^{0}_{5}\boldsymbol{R}$。

②求 z_{i-1}，${}^{0}_{i-1}\boldsymbol{R}$ 的第三列即 $z_{i-1}(i=1,2,\cdots,6)$。

③根据式(3-27)求${}^{i-1}\boldsymbol{P}_6$，${}^{i-1}_{6}\boldsymbol{T}$ 的第四列即${}^{i-1}\boldsymbol{P}_6$。

④根据式(3-76)求得${}^{0}\boldsymbol{P}_6^{i-1}$。

⑤根据式(3-75)求得 $\boldsymbol{J}_i$，从而求得 $\boldsymbol{J}(\boldsymbol{q})$的各列。

$$\boldsymbol{J}_1=\begin{bmatrix} -s_1\{c_2(c_3c_4s_5d_6+s_3c_5d_6+s_3d_4+a_2)-s_2[s_3c_4s_5d_6-c_3(c_5d_6+d_4)]\}-c_1(s_4s_5d_6+d_2) \\ c_1\{c_2(c_3c_4s_5d_6+s_3c_5d_6+s_3d_4+a_2)-s_2[s_3c_4s_5d_6-c_3(c_5d_6+d_4)]\}-s_1(s_4s_5d_6+d_2) \\ 0 \\ 0 \\ 0 \\ 1 \end{bmatrix} \tag{3-83}$$

$$\boldsymbol{J}_2=\begin{bmatrix} -c_1\{s_2[c_3c_4s_5d_6+s_3(d_6c_5+d_4)+a_2]+c_2[s_3c_4s_5d_6-c_3(c_5d_6+d_4)]\} \\ -s_1\{s_2[c_3c_4s_5d_6+s_3(d_6c_5+d_4)+a_2]+c_2[s_3c_4s_5d_6-c_3(c_5d_6+d_4)]\} \\ -\{c_2[c_3c_4s_5d_6+s_3(d_6c_5+d_4)+a_2]-s_2[s_3c_4s_5d_6-c_3(c_5d_6+d_4)]\} \\ -s_1 \\ c_1 \\ 0 \end{bmatrix} \tag{3-84}$$

$$\boldsymbol{J}_3=\begin{bmatrix} -c_1c_2[c_3c_4s_5d_6-c_3(d_6c_5+d_4)]-c_1s_2[c_3c_4s_5d_6+s_3(c_5d_6+d_4)] \\ -s_1c_2[s_3c_4s_5d_6-c_3(d_6c_5+d_4)]-s_1s_2[c_3c_4s_5d_6+s_3(c_5d_6+d_4)] \\ s_2[s_3c_4s_5d_6-c_3(d_6c_5+d_4)]-c_2[c_3c_4s_5d_6+s_3(c_5d_6+d_4)] \\ -s_1 \\ c_1 \\ 0 \end{bmatrix} \tag{3-85}$$

$$\boldsymbol{J}_4=\begin{bmatrix} -c_1c_{23}s_4s_5d_6-s_1c_4s_5d_6 \\ -s_1c_{23}s_4s_5d_6+c_1c_4s_5d_6 \\ -s_{23}s_4s_5d_6 \\ c_1s_{23} \\ s_1s_{23} \\ c_{23} \end{bmatrix} \tag{3-86}$$

$$\boldsymbol{J}_5=\begin{bmatrix} c_5d_6(c_1c_{23}c_4-c_1s_4)-c_1s_{23}s_5d_6 \\ c_5d_6(c_1c_{23}c_4+c_1s_4)-s_1s_{23}s_5d_6 \\ -s_{23}c_4c_5d_6-c_{23}s_5d_6 \\ -c_1c_{23}s_4-s_1c_4 \\ -s_1c_{23}s_4-c_1c_4 \\ s_{23}s_4 \end{bmatrix} \tag{3-87}$$

$$\boldsymbol{J}_6=\begin{bmatrix} 0 \\ 0 \\ 0 \\ s_5(c_1c_{23}c_4-s_1s_4)-c_1s_{23}c_5 \\ s_5(s_1c_{23}c_4+c_1s_4)+s_1s_{23}c_5 \\ -s_{23}c_4s_5+c_{23}c_5 \end{bmatrix} \tag{3-88}$$

若给定机器人末端手部的广义速度向量$\boldsymbol{V}$，则可由式(3-73)解出相应的关节速度，即

$$\dot{\boldsymbol{q}}=\boldsymbol{J}^{-1}\boldsymbol{V} \tag{3-89}$$

式中，$\boldsymbol{J}^{-1}$为逆雅可比矩阵；$\dot{\boldsymbol{q}}_i$为加给对应关节伺服系统的速度输入变量。

直接求逆雅可比矩阵比较困难，通常利用逆运动学问题的解，直接对其微分来求$\boldsymbol{J}^{-1}$，对于带球面腕的机器人，也可用臂腕分离来求$\boldsymbol{J}^{-1}$。而当$\boldsymbol{J}$不是方阵时，便不存在$\boldsymbol{J}^{-1}$，可用广义逆(伪逆)雅可比矩阵来确定关节速度向量。

思考题

(1)齐次坐标变换$\boldsymbol{T}=\begin{bmatrix} ? & 0 & -1 & 0 \\ ? & 0 & 0 & 1 \\ ? & -1 & 0 & 2 \\ ? & 0 & 0 & 1 \end{bmatrix}$，试求其中未知的第一列元素。

(2)点P在坐标系$\{A\}$中的位置为${}^{A}\boldsymbol{P}=[10\quad 20\quad 30]^{\mathrm{T}}$，该点相对坐标系$\{A\}$做如下齐次变换：

$\boldsymbol{T}=\begin{bmatrix} 0.866 & -0.5 & 0 & 11 \\ 0.5 & 0.866 & 0 & -3 \\ 0 & 0 & 1 & 9 \\ 0 & 0 & 0 & 1 \end{bmatrix}$，说明该变换是什么性质的变换，写出Rot(?,?)，Trans(?,?,?)，以及变换后P点的位置。

(3)求下面齐次变换矩阵$\boldsymbol{T}=\begin{bmatrix} 0 & 1 & 0 & -1 \\ 0 & 0 & -1 & 2 \\ -1 & 0 & 0 & 0 \\ 0 & 0 & 0 & 1 \end{bmatrix}$的逆变换阵$\boldsymbol{T}^{-1}$。

(4)有一旋转变换，先绕固定参考坐标系z_0轴旋转45°，再绕x_0轴旋转30°，最后绕y_0轴旋转60°，试求该齐次变换矩阵。

(5)坐标系$\{B\}$起初与固定参考坐标系$\{A\}$重合，现坐标系$\{B\}$绕z_B轴旋转30°，然后绕x_B轴旋转45°，试求变换矩阵${}^{A}_{B}\boldsymbol{T}$的表达式。

(6)写出齐次变换矩阵${}^{A}_{B}\boldsymbol{T}$，它表示坐标系$\{B\}$相对固定参考坐标系$\{A\}$连续做以下变换：①绕z_A轴旋转90°；②绕x_A轴转$-90°$；③移动$[3\quad 7\quad 9]^{\mathrm{T}}$。

(7)写出齐次变换矩阵${}^{A}_{B}\boldsymbol{T}$，它表示坐标系$\{B\}$连续相对自身运动坐标系$\{B\}$做以下变换：①移动$[3\quad 7\quad 9]^{\mathrm{T}}$；②绕$x_B$轴转$-90°$；③绕$z_B$轴转90°。

(8)具有转动关节的三连杆平面机器人如图3-21所示，关节变量为$\theta_1,\theta_2,\theta_3$，试建立各连杆的坐标系，列出D-H参数表并列写运动学方程。

(9)如图3-22所示Standford机器人具有6个自由度，图示位置关节变量$\boldsymbol{q}=[90°\quad -120°\quad 0.22m\quad 0°\quad 70°\quad 90°]$，建立各连杆坐标系，列写D-H参数表，推导运动学方程及其逆解。

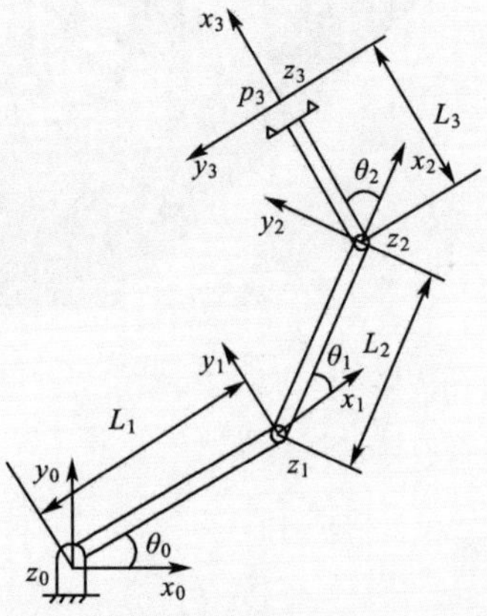

图 3-21　三连杆机器人及连杆坐标系

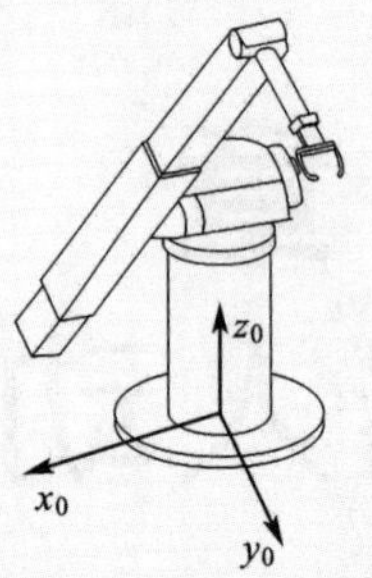

图 3-22　6 自由度 Stanford 机器人

(10)建立如图 3-23 所示的 SCARA 机器人的连杆坐标系，列写 D-H 参数表，写出连杆变换矩阵和运动学方程。

(11)求图 3-24 所示极坐标机器人(RRP)的雅可比 $\boldsymbol{J}(\boldsymbol{q})$ 和 $^T\boldsymbol{J}(\boldsymbol{q})$。

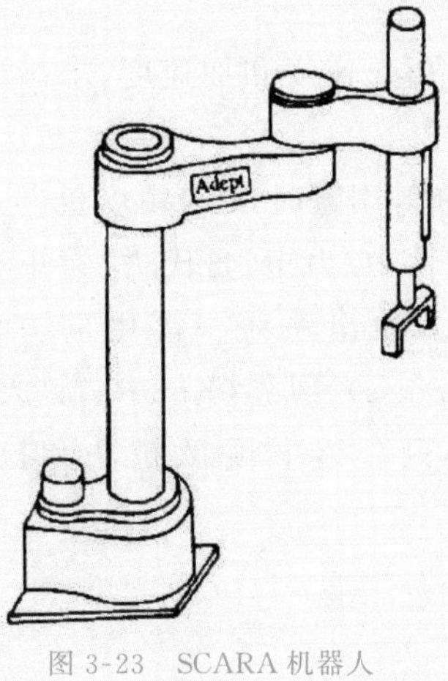

图 3-23　SCARA 机器人

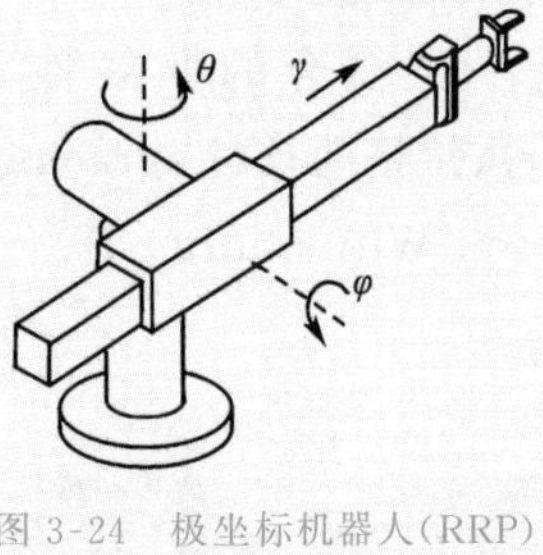

图 3-24　极坐标机器人(RRP)

(12)求圆柱坐标臂(PRP)的雅可比 $\boldsymbol{J}(\boldsymbol{q})$ 和转动坐标臂(RRR)矩阵 $^T\boldsymbol{J}(\boldsymbol{q})$。

第4章 机器人动力学

微课4

机器人动态性能由动力学方程描述，用来研究物体运动和受力之间的关系。机器人动力学主要解决两类问题：

(1)动力学正问题。根据关节驱动力矩或力，求解机器人的运动(关节位移、速度和加速度)。

(2)动力学逆问题。已知轨迹对应的关节位移、速度和加速度，求出所需要的关节力矩或力。

不考虑机电控制装置惯性、摩擦、间隙、饱和等因素时，n 自由度机器人的动力方程为 n 个二阶耦合非线性微分方程。方程中包括惯性力/力矩、哥氏力/力矩、离心力/力矩及重力/力矩，是一个耦合的非线性多输入、多输出系统。常用的方法有牛顿-欧拉(Newton-Euler)、拉格朗日(Lagrange)、高斯(Gauss)、凯恩(Kane)、旋量对偶数、罗伯逊-魏登堡(Roberson-Wittenburg)等。在本章中只介绍牛顿-欧拉法和拉格朗日法两种方法。

4.1 牛顿-欧拉法

把组成机器人的连杆都看作是刚体，刚体的运动可以分解为刚体质心的移动和刚体绕质心的转动。在运用牛顿-欧拉法来建立机器人机构动力学方程的过程中，主要是基于力的动态平衡，研究连杆质心的运动时使用牛顿方程，研究相对连杆质心的转动时使用欧拉方程，所建立的动力学方程也称为牛顿-欧拉动力学方程。

4.1.1 连杆运动学

图4-1反映了连杆坐标系与基坐标系以及相邻坐标系之间的关系。

①$o_0x_0y_0z_0$ 为基坐标系，记为$\{0\}$。

②$o_ix_iy_iz_i$ 为固于连杆 i 的活动坐标系，记为$\{i\}$。

③$o_{i+1}x_{i+1}y_{i+1}z_{i+1}$ 为固于连杆 $i+1$ 的活动坐标系，记为$\{i+1\}$。

④${}^0\boldsymbol{P}_{i+1}$为$\{i+1\}$坐标原点相对$\{0\}$坐标原点的位置向量在基坐标系中的描述。

⑤${}^0\boldsymbol{P}_i$ 为$\{i\}$坐标原点相对$\{0\}$坐标原点的位置向量在基坐标系中的描述。

⑥${}^0\boldsymbol{P}^i_{i+1}$为$\{i+1\}$坐标原点相对$\{i\}$坐标原点的位置向量在基坐标系中的描述。

⑦${}^0\boldsymbol{\omega}_i$，${}^0\boldsymbol{v}_i$，${}^0\dot{\boldsymbol{\omega}}_i$，${}^0\dot{\boldsymbol{v}}_i$ 分别为$\{i\}$坐标系相对$\{0\}$坐标系的角速度、线速度、角加速度、线加速度在$\{0\}$坐标系中的描述。

⑧${}^0\boldsymbol{\omega}_{i+1}$，${}^0\boldsymbol{v}_{i+1}$，${}^0\dot{\boldsymbol{\omega}}_{i+1}$，${}^0\dot{\boldsymbol{v}}_{i+1}$分别为$\{i+1\}$坐标系相对$\{0\}$坐标系的角速度、线速度、角加速度、线加速度在$\{0\}$坐标系中的描述。

⑨${}^0\boldsymbol{\omega}^i_{i+1}$，${}^0\boldsymbol{v}^i_{i+1}$，${}^0\dot{\boldsymbol{\omega}}^i_{i+1}$，${}^0\dot{\boldsymbol{v}}^i_{i+1}$分别为$\{i+1\}$坐标系相对$\{i\}$坐标系的角速度、线速度、角加速度、线加速度在$\{0\}$坐标系中的描述。

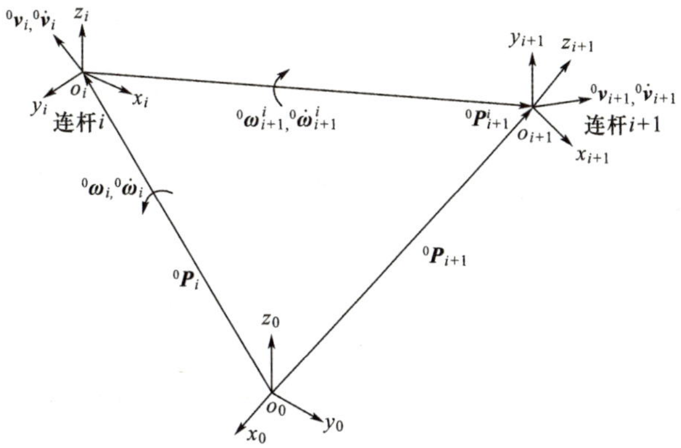

图 4-1 机器人各连杆坐标系之间的关系

根据位置向量的关系，可得

$$ {}^0\boldsymbol{P}_{i+1} = {}^0\boldsymbol{P}_i + {}^0\boldsymbol{P}^i_{i+1} \tag{4-1} $$

根据运动学原理，可得

$$ {}^0\boldsymbol{v}_{i+1} = {}^0\boldsymbol{v}^i_{i+1} + {}^0\boldsymbol{\omega}^i_{i+1} \times {}^0\boldsymbol{P}^i_{i+1} + {}^0\boldsymbol{v}_i \tag{4-2} $$

式中，右侧第一项为相对运动；第二、三项为牵连运动。

$$ {}^0\dot{\boldsymbol{v}}_{i+1} = {}^0\dot{\boldsymbol{v}}^i_{i+1} + {}^0\boldsymbol{\omega}_i \times {}^0\boldsymbol{v}^i_{i+1} + {}^0\dot{\boldsymbol{\omega}}_i \times {}^0\boldsymbol{P}^i_{i+1} + {}^0\boldsymbol{\omega}_i \times {}^0\boldsymbol{v}^i_{i+1} + {}^0\boldsymbol{\omega}_i \times ({}^0\boldsymbol{\omega}_i \times {}^0\boldsymbol{P}^i_{i+1}) + {}^0\dot{\boldsymbol{v}}_i \tag{4-3} $$

式中，右侧第一、二项为相对运动产生的相对加速度及哥氏加速度；第三、四、五项分别为牵连运动产生的切向加速度、哥氏加速度及离心加速度；第六项为牵连加速度。

整理式(4-3)得

$$ {}^0\dot{\boldsymbol{v}}_{i+1} = {}^0\dot{\boldsymbol{v}}^i_{i+1} + 2{}^0\boldsymbol{\omega}_i \times {}^0\boldsymbol{v}^i_{i+1} + {}^0\dot{\boldsymbol{\omega}}_i \times {}^0\boldsymbol{P}^i_{i+1} + {}^0\boldsymbol{\omega}_i \times ({}^0\boldsymbol{\omega}_i \times {}^0\boldsymbol{P}^i_{i+1}) + {}^0\dot{\boldsymbol{v}}_i \tag{4-4} $$

关于角速度向量关系，有

$$ {}^0\boldsymbol{\omega}_{i+1} = {}^0\boldsymbol{\omega}_i + {}^0\boldsymbol{\omega}^i_{i+1} \tag{4-5} $$

$$ {}^0\dot{\boldsymbol{\omega}}_{i+1} = {}^0\dot{\boldsymbol{\omega}}_i + {}^0\dot{\boldsymbol{\omega}}^i_{i+1} + {}^0\boldsymbol{\omega}_i \times \boldsymbol{\omega}^i_{i+1} \tag{4-6} $$

式中，右侧第一项为牵连角加速度；第二项为相对角加速度；第三项为哥氏角加速度。

为分析简便，符号左侧的 0 都省去，即${}^0\boldsymbol{\omega}_{i+1}$记为 $\boldsymbol{\omega}_{i+1}$，当坐标系$\{i+1\}$相对坐标系

$\{i\}$转动时，只能绕 z_i 轴转动，坐标系$\{i+1\}$相对坐标系$\{i\}$移动时，只能沿 z_i 轴移动，因此有

$$\boldsymbol{\omega}_{i+1}^{i}=\begin{cases}z_i\dot{\boldsymbol{q}}_{i+1}, & \text{连杆 } i+1 \text{ 转动}\\ 0, & \text{连杆 } i+1 \text{ 移动}\end{cases} \tag{4-7}$$

式中，$\dot{\boldsymbol{q}}_{i+1}$表示连杆 $i+1$ 关节 $i+1$ 的角速度大小，z_i 是${}_i^0R$ 的第三列。

$$\dot{\boldsymbol{\omega}}_{i+1}^{i}=\begin{cases}z_i\ddot{\boldsymbol{q}}_{i+1}, & \text{连杆 } i+1 \text{ 转动}\\ 0, & \text{连杆 } i+1 \text{ 移动}\end{cases} \tag{4-8}$$

将式(4-7)和式(4-8)代入式(4-5)、式(4-6)，有

$$\boldsymbol{\omega}_{i+1}^{i}=\begin{cases}\boldsymbol{\omega}_i+z_i\dot{\boldsymbol{q}}_{i+1}, & \text{连杆 } i+1 \text{ 转动}\\ \boldsymbol{\omega}_i, & \text{连杆 } i+1 \text{ 移动}\end{cases} \tag{4-9}$$

$$\dot{\boldsymbol{\omega}}_{i+1}=\begin{cases}\dot{\boldsymbol{\omega}}_i+z_i\ddot{\boldsymbol{q}}_{i+1}+\boldsymbol{\omega}_i\times z_i\dot{\boldsymbol{q}}_{i+1}, & \text{连杆 } i+1 \text{ 转动}\\ \boldsymbol{\omega}_i, & \text{连杆 } i+1 \text{ 移动}\end{cases} \tag{4-10}$$

连杆 $i+1$ 相对 z_i 轴以线速度 $\dot{\boldsymbol{q}}_{i+1}$ 移动或以 $\boldsymbol{\omega}_{i+1}^{i}$绕 z_i 轴转动时，有相对线加速度为

$$\boldsymbol{v}_{i+1}^{i}=\begin{cases}\boldsymbol{\omega}_{i+1}^{i}\times\boldsymbol{P}_{i+1}^{i}, & \text{连杆 } i+1 \text{ 转动}\\ z_i\ddot{\boldsymbol{q}}_{i+1}, & \text{连杆 } i+1 \text{ 移动}\end{cases} \tag{4-11}$$

$$\boldsymbol{v}_{i+1}^{i}=\begin{cases}\boldsymbol{\omega}_{i+1}^{i}\times\boldsymbol{P}_{i+1}^{i}+\boldsymbol{\omega}_{i+1}^{i}\times(\boldsymbol{\omega}_{i+1}^{i}\times\boldsymbol{P}_{i+1}^{i}), & \text{连杆 } i+1 \text{ 转动}\\ z_i\dot{\boldsymbol{q}}_{i+1}, & \text{连杆 } i+1 \text{ 移动}\end{cases} \tag{4-12}$$

式(4-12)的第一式右侧两项分别为切线加速度、离心加速度。

将式(4-11)、式(4-9)和式(4-5)代入式(4-2)，得

$$\boldsymbol{v}_{i+1}=\begin{cases}\boldsymbol{\omega}_{i+1}\times\boldsymbol{P}_{i+1}^{i}+\boldsymbol{v}_i, & \text{连杆 } i+1 \text{ 转动}\\ z_i\dot{\boldsymbol{q}}_{i+1}+\boldsymbol{\omega}_{i+1}\times\boldsymbol{P}_{i+1}^{i}+\boldsymbol{v}_i, & \text{连杆 } i+1 \text{ 移动}\end{cases} \tag{4-13}$$

将式(4-5)、式(4-11)和式(4-12)代入式(4-4)并化简，得

$$\dot{\boldsymbol{v}}_{i+1}=\begin{cases}\dot{\boldsymbol{\omega}}_{i+1}\times\boldsymbol{P}_{i+1}^{i}+\boldsymbol{\omega}_{i+1}\times(\boldsymbol{\omega}_{i+1}\times\boldsymbol{P}_{i+1}^{i})+\dot{\boldsymbol{v}}_i, & \text{连杆 } i+1 \text{ 转动}\\ z_i\ddot{\boldsymbol{q}}_{i+1}+2\boldsymbol{\omega}_{i+1}\times(z_i\dot{\boldsymbol{q}}_{i+1})+\dot{\boldsymbol{\omega}}_{i+1}\times\boldsymbol{P}_{i+1}^{i}+\boldsymbol{\omega}_{i+1}\times(\boldsymbol{\omega}_{i+1}\times\boldsymbol{P}_{i+1}^{i})+\dot{\boldsymbol{v}}_i, & \text{连杆 } i+1 \text{ 移动}\end{cases} \tag{4-14}$$

连杆运动过程中，在作用于连杆 i 上的力和力矩影响下，连杆的质心 C_i 与坐标系原点 o_i 之间的关系如图 4-2 所示。由式(4-2)、式(4-4)可得

$$\begin{aligned}\boldsymbol{v}_{c_i}&=\boldsymbol{\omega}_i\times\boldsymbol{P}_{c_i}^{i}+\boldsymbol{v}_i\\ \dot{\boldsymbol{v}}_{c_i}&=\dot{\boldsymbol{\omega}}_i\times\boldsymbol{P}_{c_i}^{i}+\boldsymbol{\omega}_i\times(\boldsymbol{\omega}_i\times\boldsymbol{P}_{c_i}^{i})+\dot{\boldsymbol{v}}_i\end{aligned} \tag{4-15}$$

式中，$\boldsymbol{\omega}_i$，$\boldsymbol{v}_{c_i}$，$\dot{\boldsymbol{\omega}}_i$，$\dot{\boldsymbol{v}}_{c_i}$ 分别为连杆 i 的质心的角速度、线速度、角加速度和线加速度在$\{0\}$坐标系中的描述；$\boldsymbol{P}_{c_i}^{i}$ 为质心 C_i 与原点 o_i 之间的位置向量在$\{0\}$坐标系中的描述。

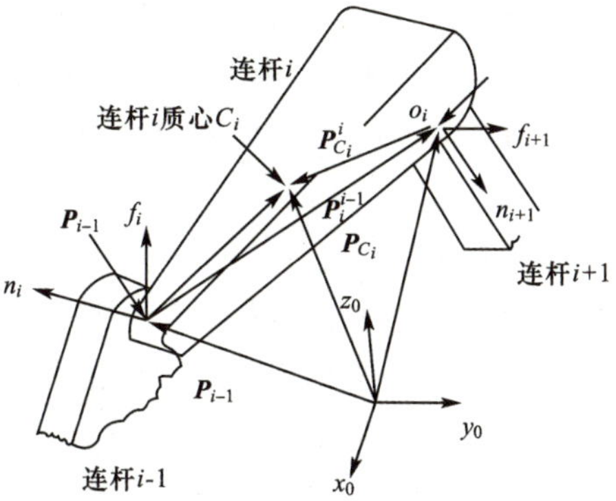

图 4-2　连杆质心位置关系及连杆 i 的受力分析

4.1.2　连杆动力学

图 4-1 描述了连杆 i 的受力情况，$\boldsymbol{f}_i$，$\boldsymbol{n}_i$ 分别为连杆 $i-1$ 作用于连杆 i 的力和力矩；$\boldsymbol{f}_{i+1}$，$\boldsymbol{n}_{i+1}$ 分别为连杆 $i+1$ 作用于连杆 i 的力和力矩。

根据牛顿第二定律，有

$$\begin{aligned}\boldsymbol{F}_i&=m_i\dot{\boldsymbol{v}}_{c_i}\\ \boldsymbol{N}_i&=\boldsymbol{I}_i\times\dot{\boldsymbol{\omega}}_i+\boldsymbol{\omega}_i\times(\boldsymbol{I}_i\boldsymbol{\omega}_i)\end{aligned}\tag{4-16}$$

式中，$\boldsymbol{F}_i$ 为作用于连杆 i 的总外力矢量；$\boldsymbol{N}_i$ 为作用于连杆 i 的总外力矩矢量；$\dot{\boldsymbol{v}}_{c_i}$ 包括重力加速度；$m_i\dot{\boldsymbol{v}}_{c_i}$，$\boldsymbol{I}_i\dot{\boldsymbol{\omega}}_i$，$\boldsymbol{\omega}_i\times(\boldsymbol{I}_i\boldsymbol{\omega}_i)$分别为惯性力、惯性力矩和陀螺力矩；

$\boldsymbol{I}_i$ 为连杆 i 相对过质心但与基坐标系平行的坐标系的惯量矩阵。

$$\boldsymbol{I}_i=\int\boldsymbol{r}_i\boldsymbol{r}_i^{\mathrm{T}}\mathrm{d}m=\int\begin{bmatrix}x_i\\y_i\\z_i\end{bmatrix}\begin{bmatrix}x_i\\y_i\\z_i\end{bmatrix}^{\mathrm{T}}\mathrm{d}m=\begin{bmatrix}\boldsymbol{I}_{xx}&\boldsymbol{I}_{xy}&\boldsymbol{I}_{xz}\\\boldsymbol{I}_{xy}&\boldsymbol{I}_{yy}&\boldsymbol{I}_{yz}\\\boldsymbol{I}_{xz}&\boldsymbol{I}_{yz}&\boldsymbol{I}_{zz}\end{bmatrix}\tag{4-17}$$

式中，x_i，y_i，z_i 为原点在质心，但与基坐标系平行的坐标系中的坐标值，其他为

$$\boldsymbol{I}_{xx}=\int(y^2+z^2)\mathrm{d}m$$

$$\boldsymbol{I}_{yy}=\int(x^2+z^2)\mathrm{d}m$$

$$\boldsymbol{I}_{zz}=\int(x^2+y^2)\mathrm{d}m$$

$$\boldsymbol{I}_{xy}=\int xy\,\mathrm{d}m$$

$$\boldsymbol{I}_{yz}=\int yz\,\mathrm{d}m$$

$$\boldsymbol{I}_{xz}=\int xz\,\mathrm{d}m$$

参看图 4-1 可知，连杆 i 既受到连杆 $i-1$ 的作用力，又受到连杆 $i+1$ 的反作用力，由达朗伯原理，可得

$$\begin{aligned} \boldsymbol{F}_i &= \boldsymbol{f}_i - \boldsymbol{f}_{i+1} \\ \boldsymbol{N}_i &= \boldsymbol{n}_i - \boldsymbol{n}_{i+1} + (\boldsymbol{P}^{i-1} - \boldsymbol{P}^{c_i}) \times \boldsymbol{f}_i - (\boldsymbol{P}^{i-1} - \boldsymbol{P}^{c_i}) \times \boldsymbol{f}_{i+1} \\ &= \boldsymbol{n}_i - \boldsymbol{n}_{i+1} - (\boldsymbol{P}_i^{i-1} + \boldsymbol{P}_{c_i}^{i}) \times \boldsymbol{F}_i - \boldsymbol{P}_i^{i-1} \times \boldsymbol{f}_{i+1} \end{aligned}$$

整理，得

$$\begin{aligned} \boldsymbol{f}_i &= \boldsymbol{f}_{i+1} + \boldsymbol{F}_i \\ \boldsymbol{n}_i &= \boldsymbol{n}_{i+1} + (\boldsymbol{P}_i^{i-1} + \boldsymbol{P}_{c_i}^{i}) \times \boldsymbol{F}_i + \boldsymbol{P}_i^{i-1} \times \boldsymbol{f}_{i+1} + \boldsymbol{N}_i \end{aligned} \tag{4-18}$$

式中，$\boldsymbol{P}_i^{i-1}$ 为$\{i\}$坐标系原点相对$\{i-1\}$坐标系原点的位置向量在基坐标系中的描述；$\boldsymbol{P}_{c_i}^{i}$ 为连杆 i 的质心相对$\{i\}$坐标原点的位置向量在基坐标系中的描述。

当 $i=n$ 时，$\boldsymbol{f}_{i+1}$，$\boldsymbol{n}_{i+1}$ 为末端手部作用于外部物体的力和力矩。连杆 i 的输入力和力矩 $\boldsymbol{\tau}$ 只是 $\boldsymbol{f}_i$，$\boldsymbol{n}_i$ 在 z_{i-1} 轴上的投影，即

$$\boldsymbol{\tau}_i = \begin{cases} z_{i-1}\boldsymbol{P}_i^{\mathrm{T}}, & \text{连杆 } i \text{ 转动} \\ z_{i-1}\boldsymbol{f}_i^{\mathrm{T}}, & \text{连杆 } i \text{ 移动} \end{cases} \tag{4-19}$$

4.1.3 牛顿-欧拉方程

式(4-9)、式(4-10)、式(4-13)至式(4-16)、式(4-18)、式(4-19)共 8 个方程组成牛顿-欧拉方程，完整地描述了各个单连杆($i=0,1,\cdots,n$)的运动与力的关系。当基座静止，且不考虑连杆重力影响时，$\boldsymbol{\omega}=0$，$\dot{\boldsymbol{\omega}}=0$，$\boldsymbol{v}_0=0$，$\dot{\boldsymbol{v}}_0=0$；当基座静止，但要考虑连杆重力影响时，$\boldsymbol{\omega}=0$，$\dot{\boldsymbol{\omega}}=0$，$\boldsymbol{v}_0=0$，$\dot{\boldsymbol{v}}_0=[0\ 0\ g]^{\mathrm{T}}$。

运用牛顿-欧拉方程计算连杆力矩或力 τ 的递推算法分为两部分。首先，从基座到手部向外递推($i=1\rightarrow n$)进行运动学计算，即由 $\boldsymbol{\omega}_{i-1}$，$\dot{\boldsymbol{\omega}}_{i-1}$，$\boldsymbol{v}_{i-1}$，$\dot{\boldsymbol{v}}_{i-1}$ 计算 $\boldsymbol{\omega}_i$，$\dot{\boldsymbol{\omega}}_i$，$\boldsymbol{v}_i$，$\dot{\boldsymbol{v}}_i$，$\boldsymbol{v}_{c_i}$，$\dot{\boldsymbol{v}}_{c_i}$，再按从手部到基座向内递推($i=n\rightarrow 1$)进行动力学计算。

上述推导和计算都是相对基坐标系进行的，所以惯量矩阵 $\boldsymbol{I}_i$ 随着连杆的位姿变化而变化，这会给计算带来困难。为此，提出相对连杆坐标系进行恒定惯量矩阵，进而改进牛顿-欧拉方程的推导方法。

$$\begin{cases} {}^{i}\boldsymbol{P}_i = {}_{0}^{i}\boldsymbol{R}\boldsymbol{P}_i \\ {}^{i+1}\boldsymbol{P}_i = {}_{0}^{i+1}\boldsymbol{R}\boldsymbol{P}_i \end{cases} \tag{4-20}$$

由式(4-20)得

$$\begin{cases} \boldsymbol{P}_i = {}_{i}^{0}\boldsymbol{R}\,{}^{i}\boldsymbol{P}_i \\ {}^{i+1}\boldsymbol{P}_i = {}_{0}^{i+1}\boldsymbol{R}\,{}^{i}\boldsymbol{P}_i \end{cases} \tag{4-21}$$

运用上述变换，在牛顿-欧拉方程中，以基坐标系表示的下列向量 $\boldsymbol{\omega}_{i+1}$，$\dot{\boldsymbol{\omega}}_{i+1}$，$\boldsymbol{v}_{i+1}$，$\dot{\boldsymbol{v}}_{i+1}$，$\boldsymbol{F}_i$，$\boldsymbol{N}_i$，$\boldsymbol{v}_{c_i}$，$\dot{\boldsymbol{v}}_{c_i}$，$\boldsymbol{f}_i$，$\boldsymbol{n}_i$，分别经变换 ${}_{0}^{i+1}\boldsymbol{R}\boldsymbol{\omega}_{i+1}$，${}_{0}^{i+1}\boldsymbol{R}\dot{\boldsymbol{\omega}}_{i+1}$，${}_{0}^{i+1}\boldsymbol{R}\boldsymbol{v}_{i+1}$，${}_{0}^{i+1}\boldsymbol{R}\dot{\boldsymbol{v}}_{i+1}$，${}_{0}^{i}\boldsymbol{R}\boldsymbol{F}_i$，${}_{0}^{i}\boldsymbol{R}\boldsymbol{N}_i$，${}_{0}^{i}\boldsymbol{R}\boldsymbol{v}_{c_i}$，${}_{0}^{i+1}\boldsymbol{R}\dot{\boldsymbol{v}}_{c_i}$，${}_{0}^{i}\boldsymbol{R}\boldsymbol{f}_i$，${}_{0}^{i}\boldsymbol{n}_i$，可得到在$\{i+1\}$坐标系及$\{i\}$坐标系中表示的向量。

将式(4-9)方程左、右两侧各乘${}_{0}^{i+1}\boldsymbol{R}$，得

$${}_{0}^{i+1}\boldsymbol{R}\boldsymbol{\omega}_{i+1} = \begin{cases} {}_{i}^{i+1}\boldsymbol{R}({}_{0}^{i}\boldsymbol{R}\boldsymbol{\omega}_i + {}_{0}^{i}\boldsymbol{R}\boldsymbol{z}_i\dot{\theta}_{i+1}), & \text{连杆 } i+1 \text{ 转动} \\ {}_{i}^{i+1}\boldsymbol{R}\,{}_{0}^{i}\boldsymbol{R}\boldsymbol{\omega}_i, & \text{连杆 } i+1 \text{ 移动} \end{cases}$$

由式(4-20)的变换关系，上式可写成

$$
{}^{i+1}\boldsymbol{\omega}_{i+1}=\begin{cases}{}^{i+1}_{i}\boldsymbol{R}({}^{i}\boldsymbol{\omega}_{i}+{}^{i}z_{i}\,\dot{\boldsymbol{q}}_{i+1}), & \text{连杆 } i+1 \text{ 转动}\\ {}^{i+1}_{i}\boldsymbol{R}\,{}^{i}\boldsymbol{\omega}_{i}, & \text{连杆 } i+1 \text{ 移动}\end{cases} \tag{4-22}
$$

同理,可将式(4-10)、式(4-13)至式(4-16)、式(4-18)、式(4-19)分别写成

$$
\dot{\boldsymbol{\omega}}_{i+1}=\begin{cases}{}^{i+1}_{i}\boldsymbol{R}[{}^{i}\dot{\boldsymbol{\omega}}_{i}+{}^{i}z_{i}\ddot{\boldsymbol{q}}_{i+1}+{}^{i}\dot{\boldsymbol{\omega}}_{i}\times({}^{i}z_{i}\,\dot{\boldsymbol{q}}_{i+1})], & \text{连杆 } i+1 \text{ 转动}\\ {}^{i+1}_{i}\boldsymbol{R}\,{}^{i}\dot{\boldsymbol{\omega}}_{i}, & \text{连杆 } i+1 \text{ 移动}\end{cases} \tag{4-23}
$$

$$
{}^{i+1}\boldsymbol{v}_{i+1}=\begin{cases}{}^{i+1}\boldsymbol{\omega}_{i+1}\times{}^{i+1}\boldsymbol{P}^{i}_{i+1}+{}^{i+1}_{i}\boldsymbol{R}\,{}^{i}\boldsymbol{v}_{i}, & \text{连杆 } i+1 \text{ 转动}\\ {}^{i+1}_{i}\boldsymbol{R}({}^{i}z_{i}\,\dot{\boldsymbol{q}}_{i+1}+{}^{i}\boldsymbol{v}_{i})+{}^{i+1}\boldsymbol{\omega}_{i+1}\times{}^{i+1}\boldsymbol{P}^{i}_{i+1}, & \text{连杆 } i+1 \text{ 移动}\end{cases} \tag{4-24}
$$

$$
\dot{\boldsymbol{v}}^{i}_{i+1}=\begin{cases}{}^{i+1}\dot{\boldsymbol{\omega}}_{i+1}\times{}^{i+1}\boldsymbol{P}^{i}_{i+1}+{}^{i+1}\boldsymbol{\omega}_{i+1}\times({}^{i+1}\boldsymbol{\omega}_{i+1}\times{}^{i+1}\boldsymbol{P}^{i}_{i+1})+{}^{i+1}_{i}\boldsymbol{R}\,{}^{i}\dot{\boldsymbol{v}}_{i}, & \text{连杆 } i+1 \text{ 转动}\\ {}^{i+1}_{i}\boldsymbol{R}({}^{i}z_{i}\ddot{\boldsymbol{q}}_{i+1}+{}^{i}\boldsymbol{v}_{i})+{}^{i+1}\dot{\boldsymbol{\omega}}_{i+1}\times{}^{i+1}\boldsymbol{P}^{i}_{i+1}+2\,{}^{i+1}\boldsymbol{\omega}_{i+1}\times \\ \quad({}^{i+1}_{i}\boldsymbol{R}\,{}^{i}z_{i}\,\dot{\boldsymbol{q}}_{i+1})+{}^{i+1}\boldsymbol{\omega}_{i+1}\times({}^{i+1}\boldsymbol{\omega}_{i+1}\times{}^{i+1}\boldsymbol{P}^{i}_{i+1}), & \text{连杆 } i+1 \text{ 移动}\end{cases} \tag{4-25}
$$

$$
{}^{i}\boldsymbol{v}_{c_i}=\begin{cases}{}^{i}\boldsymbol{\omega}_{i}\times{}^{i}\boldsymbol{P}^{i}_{c_i}+{}^{i}\boldsymbol{v}_{i}, & \text{连杆 } i+1 \text{ 转动}\\ {}^{i}\dot{\boldsymbol{\omega}}_{i}\times{}^{i}\boldsymbol{P}^{i}_{c_i}+{}^{i}\boldsymbol{\omega}_{i}\times({}^{i}\boldsymbol{\omega}_{i}\times{}^{i}\boldsymbol{P}^{i}_{c_i})+{}^{i}\dot{\boldsymbol{v}}_{i}, & \text{连杆 } i+1 \text{ 移动}\end{cases} \tag{4-26}
$$

$$
\begin{aligned}{}^{i}\boldsymbol{F}_{i}&=m_{i}\,{}^{i}\dot{\boldsymbol{v}}_{c_i}\\ {}^{i}\boldsymbol{N}_{i}&={}^{i}\boldsymbol{I}_{i}\,{}^{i}\dot{\boldsymbol{\omega}}_{i}+{}^{i}\boldsymbol{\omega}_{i}\times({}^{i}\boldsymbol{I}_{i}\,{}^{i}\boldsymbol{\omega}_{i})\end{aligned} \tag{4-27}
$$

$$
\begin{cases}{}^{i}\boldsymbol{f}_{i}={}^{i}_{i+1}\boldsymbol{R}\,{}^{i+1}\boldsymbol{f}_{i+1}+{}^{i}\boldsymbol{F}_{i}\\ {}^{i}\boldsymbol{n}_{i}={}^{i+1}_{i}\boldsymbol{R}({}^{i+1}\boldsymbol{n}_{i+1}+{}^{i}\boldsymbol{P}^{i-1}_{i}\times{}^{i+1}\boldsymbol{f}_{i+1})+({}^{i}\boldsymbol{P}^{i-1}_{i}+{}^{i}\boldsymbol{P}^{i}_{c_i})\times{}^{i}\boldsymbol{F}_{i}+{}^{i}\boldsymbol{N}_{i}\end{cases} \tag{4-28}
$$

$$
\boldsymbol{\tau}_{i}=\begin{cases}{}^{i}\boldsymbol{n}^{\mathrm{T}}_{i}({}^{i}_{i-1}\boldsymbol{R}\,{}^{i-1}z_{i-1}), & \text{连杆 } i+1 \text{ 转动}\\ {}^{i}\boldsymbol{f}^{\mathrm{T}}_{i}({}^{i}_{i-1}\boldsymbol{R}\,{}^{i-1}z_{i-1}), & \text{连杆 } i+1 \text{ 移动}\end{cases} \tag{4-29}
$$

式(4-22)至式(4-29)为改进的牛顿-欧拉方程,所有计算都相对连杆坐标系进行,因此各连杆惯量矩阵 $\boldsymbol{I}_i$ 是常数,与位姿无关。

【例 4-1】 如图 4-3 所示的二连杆平面机器人,为简化计算过程,假定机器人每个连杆的质量都集中在连杆的末端,分别为 m_1 和 m_2。

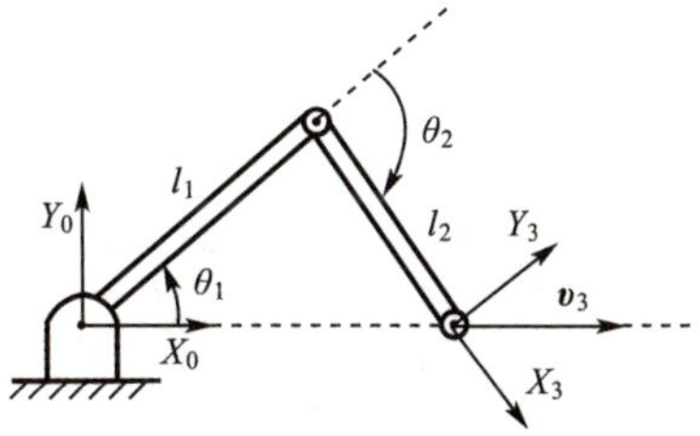

图 4-3　二连杆平面机器人

解:首先,根据结构参数确定牛顿-欧拉方程中各参数。每个连杆的质心位置矢量为

$$
{}^{1}\boldsymbol{P}_{C_1}=l_1\,X_1,\ {}^{2}\boldsymbol{P}_{C_2}=l_2\,X_2
$$

式中,${}^{1}\boldsymbol{P}_{C_1}$ 为连杆 1 的质心位置矢量;${}^{2}\boldsymbol{P}_{C_2}$ 为连杆 2 的质心位置矢量。

由于假定连杆质量集中在连杆末端的质心,因此每个连杆质心的惯性张量为零,即

$$
{}^{C_1}\boldsymbol{I}_1=0,\ {}^{C_2}\boldsymbol{I}_2=0
$$

末端执行器上没有作用力，因此有

$$f_3=0, n_3=0$$

机器人基座固定，因此有

$$\boldsymbol{\omega}_0=0, \dot{\boldsymbol{\omega}}_0=0$$

重力对于机器人的作用为

$$^0\dot{\boldsymbol{v}}_0=gY_0$$

相邻连杆运动坐标系之间的变换矩阵为

$$_{i+1}^{i}\boldsymbol{R}=\begin{bmatrix} c_{i+1} & -s_{i+1} & 0 \\ s_{i+1} & c_{i+1} & 0 \\ 0 & 0 & 1 \end{bmatrix}, {}_{i}^{i+1}\boldsymbol{R}=\begin{bmatrix} c_{i+1} & s_{i+1} & 0 \\ -s_{i+1} & c_{i+1} & 0 \\ 0 & 0 & 1 \end{bmatrix}$$

其次，应用方程式(4-22)至式(4-26)，从基座开始向外递推，依次计算连杆 1 和连杆 2 的速度、加速度、惯性力和力矩等相关参数。对于连杆 1，有

$$^1\boldsymbol{\omega}_1=\dot{\theta}_1{}^1Z_1=\begin{bmatrix} 0 \\ 0 \\ \dot{\theta}_1 \end{bmatrix}, {}^1\dot{\boldsymbol{\omega}}_1=\ddot{\theta}_1{}^1Z_1=\begin{bmatrix} 0 \\ 0 \\ \ddot{\theta}_1 \end{bmatrix}$$

$$^1\boldsymbol{v}_1=\begin{bmatrix} c_1 & s_1 & 0 \\ -s_1 & c_1 & 0 \\ 0 & 0 & 1 \end{bmatrix}\begin{bmatrix} 0 \\ g \\ 0 \end{bmatrix}=\begin{bmatrix} gs_1 \\ gc_1 \\ 0 \end{bmatrix}, {}^1\boldsymbol{v}_{C_1}=\begin{bmatrix} 0 \\ l_1\ddot{\theta}_1 \\ 0 \end{bmatrix}+\begin{bmatrix} -l_1\dot{\theta}_1^2 \\ 0 \\ 0 \end{bmatrix}+\begin{bmatrix} gs_1 \\ gc_1 \\ 0 \end{bmatrix}=\begin{bmatrix} -l_1\dot{\theta}_1^2+gs_1 \\ l_1\ddot{\theta}_1+gc_1 \\ 0 \end{bmatrix}$$

$$^1\boldsymbol{F}_{C_1}=\begin{bmatrix} -m_1l_1\dot{\theta}_1^2+m_1gs_1 \\ m_1l_1\ddot{\theta}_1+m_1gc_1 \\ 0 \end{bmatrix}, {}^1\boldsymbol{N}_{C_1}=\begin{bmatrix} 0 \\ 0 \\ 0 \end{bmatrix}$$

对于连杆 2，有

$$^2\boldsymbol{\omega}_2=\begin{bmatrix} 0 \\ 0 \\ \dot{\theta}_1+\dot{\theta}_2 \end{bmatrix}, {}^2\dot{\boldsymbol{\omega}}_2=\begin{bmatrix} 0 \\ 0 \\ \ddot{\theta}_1+\ddot{\theta}_2 \end{bmatrix}$$

$$^2\dot{\boldsymbol{v}}_2=\begin{bmatrix} c_2 & s_2 & 0 \\ -s_2 & c_2 & 0 \\ 0 & 0 & 1 \end{bmatrix}\begin{bmatrix} -l_1\dot{\theta}_1^2+gs_1 \\ l_1\ddot{\theta}_1+gc_1 \\ 0 \end{bmatrix}=\begin{bmatrix} l_1\ddot{\theta}_1s_2-l_1\dot{\theta}_1^2c_2+gs_{12} \\ l_1\ddot{\theta}_1c_2+l_1\dot{\theta}_1^2s_2+gc_{12} \\ 0 \end{bmatrix}$$

$$^2\boldsymbol{v}_{C_2}=\begin{bmatrix} 0 \\ l_1(\ddot{\theta}_1+\ddot{\theta}_2) \\ 0 \end{bmatrix}+\begin{bmatrix} -l_1\ (\dot{\theta}_1+\dot{\theta}_2)^2 \\ 0 \\ 0 \end{bmatrix}+\begin{bmatrix} l_1\ddot{\theta}_1s_2-l_1\dot{\theta}_1^2c_2+gs_{12} \\ l_1\ddot{\theta}_1c_2+l_1\dot{\theta}_1^2s_2+gc_{12} \\ 0 \end{bmatrix}$$

$$
{}^{2}\boldsymbol{F}_{C_2}=\begin{bmatrix} m_2 l_1\ddot{\theta}_1 s_2-m_2 l_1\dot{\theta}_1^{\,2} c_2+m_2 g s_{12}-m_2 l_2\ (\dot{\theta}_1+\dot{\theta}_2)^2 \\ m_2 l_1\ddot{\theta}_1 c_2-m_2 l_1\dot{\theta}_1^{\,2} c_2+m_2 g c_{12}-m_2 l_2\ (\ddot{\theta}_1+\ddot{\theta}_2)^2 \\ 0 \end{bmatrix},\ {}^{2}\boldsymbol{N}_{C_2}=\begin{bmatrix}0\\0\\0\end{bmatrix}
$$

接下来，应用方程式(4-27)至式(4-29)，从末端执行器开始向内递推，依次计算连杆 2 和连杆 1 的力和力矩。

对于连杆 2，有

$$
{}^{2}\boldsymbol{f}_2={}^{2}\boldsymbol{F}_{C_2}
$$

$$
{}^{2}\boldsymbol{n}_2=\begin{bmatrix} 0 \\ 0 \\ m_2 l_1 l_2\ddot{\theta}_1 s_2+m_2 l_1 l_2\dot{\theta}_1^{\,2} s_2+m_2 l_2 g c_{12}+m_2 l_2^2\ (\ddot{\theta}_1+\ddot{\theta}_2)^2 \end{bmatrix}
$$

在此基础上，可递推计算连杆 1，有

$$
{}^{1}\boldsymbol{f}_1=\begin{bmatrix} c_2 & -s_2 & 0 \\ s_2 & c_2 & 0 \\ 0 & 0 & 1 \end{bmatrix}\begin{bmatrix} m_2 l_2\ddot{\theta}_1 s_2-m_2 l_1\dot{\theta}_1^{\,2} c_2+m_2 g s_{12}-m_2 l_2\ (\dot{\theta}_1+\dot{\theta}_2)^2 \\ m_2 l_1\ddot{\theta}_1 c_2+m_2 l_1\dot{\theta}_1^{\,2} s_2+m_2 g c_{12}+m_2 l_2\ (\ddot{\theta}_1+\ddot{\theta}_2)^2 \\ 0 \end{bmatrix}+\begin{bmatrix} -m_1 l_1\dot{\theta}_1^{\,2}+m_1 g s_1 \\ m_1 l_1\ddot{\theta}_1+m_1 g c_1 \\ 0 \end{bmatrix}
$$

$$
\begin{aligned}
{}^{1}\boldsymbol{n}_1=&\begin{bmatrix} 0 \\ 0 \\ m_2 l_1 l_2\ddot{\theta}_1 c_2+m_2 l_1 l_2\dot{\theta}_1^{\,2} s_2+m_2 l_2 g c_{12}+m_2 l_2^{\,2}\ (\ddot{\theta}_1+\ddot{\theta}_2)^2 \end{bmatrix}+\begin{bmatrix} 0 \\ 0 \\ m_1 l_1^{\,2}\ddot{\theta}_1+m_1 l_1 g c_1 \end{bmatrix} \\
&+\begin{bmatrix} 0 \\ 0 \\ m_2 l_1^{\,2}\ddot{\theta}_1-m_2 l_1 l_2\ (\dot{\theta}_1+\dot{\theta}_2)^2 s_2+m_2 l_1 g c_{12}+m_2 l_1 l_2(\ddot{\theta}_1+\ddot{\theta}_2) c_2 \end{bmatrix}
\end{aligned}
$$

最后，取 ${}^{i}\boldsymbol{n}_i$ 中在 Z 轴方向的分量，即可得关节力矩为

$$
\begin{aligned}
\boldsymbol{\tau}_1=&m_1 l_2^2(\ddot{\theta}_1+\ddot{\theta}_2)+m_2 l_1 l_2(2\ddot{\theta}_1+\ddot{\theta}_2)c_2+(m_1+m_2)l_1^2\ddot{\theta}_1-m_2 l_1 l_2\dot{\theta}_2^{\,2} s_2 \\
&-2m_2 l_1 l_2\dot{\theta}_1\dot{\theta}_2 s_2+m_2 l_2 g c_{12}+(m_1+m_2)l_1 g c_1
\end{aligned}
$$

$$
\boldsymbol{\tau}_2=m_2 l_1 l_2\ddot{\theta}_1 c_2+m_2 l_1 l_2\dot{\theta}_2^{\,2} s_2+m_2 l_2 g c_{12}+m_2 l_2^2(\ddot{\theta}_1+\ddot{\theta}_2)
$$

上式将各关节的驱动力矩用关节位置、速度和加速度表示，即该两连杆机器人的动力学方程。

4.2　拉格朗日法

4.2.1　拉格朗日函数

拉格朗日动力学方程给出了一种从标量函数推导动力学方程的方法，一般称这个标量函数为拉格朗日函数。对于任何机械系统，拉格朗日函数 L 定义为系统总的动能 T 与

总的势能 U 之差，即

$$L(\boldsymbol{q},\dot{\boldsymbol{q}})=T(\boldsymbol{q},\dot{\boldsymbol{q}})-U(\boldsymbol{q}) \tag{4-30}$$

式中，$\boldsymbol{q}=[q_1 \quad q_2 \quad \cdots \quad q_n]$为表示动能和势能的广义坐标；$\dot{\boldsymbol{q}}=[\dot{q}_1 \quad \dot{q}_2 \quad \cdots \quad \dot{q}_n]$为相应的广义速度。

4.2.2 系统的动能和势能

在机器人中，连杆是运动部件，连杆 i 的动能 T_i 为连杆质心线速度引起的动能和连杆角速度产生的动能之和，即

思政小课堂6

$$T_i=\frac{1}{2}m_i\boldsymbol{v}_{c_i}^{\mathrm{T}}\boldsymbol{v}_{c_i}+\frac{1}{2}\boldsymbol{\omega}_i^{\mathrm{T}i}\boldsymbol{I}_i{}^i\boldsymbol{\omega}_i \tag{4-31}$$

式中，右侧第一项为连杆质心线速度引起的动能；第二项为连杆角速度产生的动能。

整个机器人系统总的动能为 n 个连杆的动能之和，即

$$T=\sum_{i=1}^{n}T_i \tag{4-32}$$

由于 $\boldsymbol{v}_{c_i}$ 和${}^i\boldsymbol{\omega}_i$ 是关节变量 $\boldsymbol{q}$ 和关节速度 $\dot{\boldsymbol{q}}$ 的函数，因此，从式(4-32)可知，机器人的动能是关节变量和关节速度的标量函数，记为 $T(\boldsymbol{q},\dot{\boldsymbol{q}})$，可表示为

$$T(\boldsymbol{q},\dot{\boldsymbol{q}})=\frac{1}{2}\dot{\boldsymbol{q}}^{\mathrm{T}}\boldsymbol{D}(\boldsymbol{q})\dot{\boldsymbol{q}} \tag{4-33}$$

式中，$\boldsymbol{D}(\boldsymbol{q})$是 $n\times n$ 阶机器人的惯性矩阵。

由于机器人的动能 T 是其惯性矩阵的二次型，且动能 T 为正，因此 $\boldsymbol{D}(\boldsymbol{q})$是正定矩阵。

设连杆 i 的势能为 U，若连杆 i 的质心在基座{0}坐标系中的位置矢量为${}^0\boldsymbol{P}_{c_i}$，重力加速度矢量在{0}坐标系中为${}^0\boldsymbol{g}$，则

$$U_i=-m_i{}^0\boldsymbol{g}^{\mathrm{T}0}\boldsymbol{P}_{c_i} \tag{4-34}$$

机器人系统总的势能为各连杆的势能之和，即

$$U=\sum_{i=1}^{n}U_i \tag{4-35}$$

由于位置矢量${}^0\boldsymbol{P}_{c_i}$是关节变量 $\boldsymbol{q}$ 的标量函数，因此势能也是 $\boldsymbol{q}$ 的标量函数，记为 $U(\boldsymbol{q})$。

4.2.3 拉格朗日方程

利用拉格朗日法，基于拉格朗日函数可得系统的动力学方程为

$$\boldsymbol{\tau}_i=\frac{\mathrm{d}}{\mathrm{d}t}\frac{\partial L}{\partial\dot{\boldsymbol{q}}_i}-\frac{\partial L}{\partial\boldsymbol{q}_i},i=1,2,\cdots,n \tag{4-36}$$

式(4-36)又称为第二类拉格朗日方程。$\boldsymbol{q}_i$ 是表示动能和势能的广义坐标；$\dot{\boldsymbol{q}}_i$ 是相应的广义速度；$\boldsymbol{\tau}_i$ 称为广义力，即 n 个关节的驱动力或力矩。

由于势能 U 不显含 $\dot{\boldsymbol{q}}_i$，因此，第二类拉格朗日动力学方程式(4-36)也可以写成

$$\boldsymbol{\tau}_i=\frac{\mathrm{d}}{\mathrm{d}t}\frac{\partial T}{\partial\dot{\boldsymbol{q}}_i}-\frac{\partial T}{\partial\boldsymbol{q}_i}+\frac{\partial U}{\partial\boldsymbol{q}_i},i=1,2,\cdots,n \tag{4-37}$$

【例 4-2】 如图 4-4 所示的两关节平面 RP 机器人，建立连杆 D-H 坐标系，连杆 1 和连杆 2 的质量分别为 m_1 和 m_2，关节变量为 θ_1 和 d_2，关节驱动力矩和力分别为 τ_1 和 τ_2，求解动力学方程。

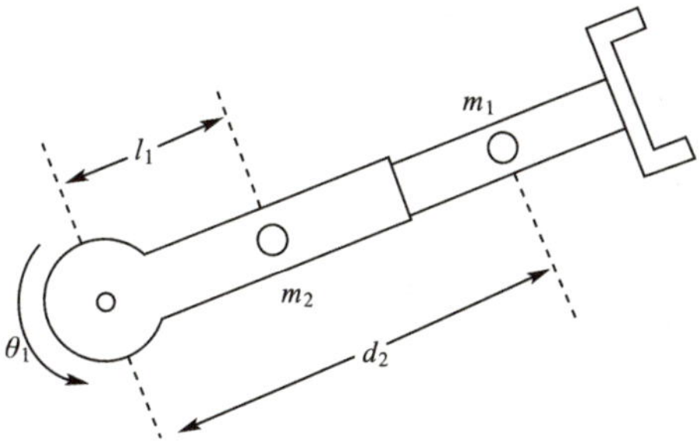

图 4-4　两关节平面 RP 机器人及其连杆坐标系

解：两个连杆的惯量矩阵为

$$^{c_1}\boldsymbol{I}_1=\begin{bmatrix} I_{xx1} & 0 & 0 \\ 0 & I_{yy1} & 0 \\ 0 & 0 & I_{zz1} \end{bmatrix},\ ^{c_2}\boldsymbol{I}_2=\begin{bmatrix} I_{xx2} & 0 & 0 \\ 0 & I_{yy2} & 0 \\ 0 & 0 & I_{zz2} \end{bmatrix}$$

根据式(4-31)，连杆 1 和连杆 2 的动能分别为

$$T_1=\frac{1}{2}m_1 l_1^2\dot{\theta}_1^2+\frac{1}{2}I_{zz1}\dot{\theta}_1^2$$

$$T_2=\frac{1}{2}m_2(d_2^2\dot{\theta}_1^2+\dot{d}_2^2)+\frac{1}{2}I_{zz2}\dot{\theta}_1^2$$

系统的总动能为

$$T=T_1+T_2=\frac{1}{2}(m_1 l_1^2+I_{zz1}+I_{zz2}+m_2 d_2^2)\dot{\theta}_1^2+\frac{1}{2}m_2\dot{d}_2^2$$

根据式(4-34)，连杆 1 和连杆 2 的势能分别为

$$U_1=m_1 g l_1\sin\theta_1$$

$$U_2=m_2 g d_2\sin\theta_1$$

系统的总势能为

$$U=U_1+U_2=(m_1 l_1+m_2 d_2)g\sin\theta_1$$

根据拉格朗日方程式(4-37)，求取其中各项的偏导数为

$$\frac{\partial T}{\partial \dot{\boldsymbol{q}}}=\begin{bmatrix} (m_1 l_1^2+I_{zz1}+I_{zz2}+m_2 d_2^2)\dot{\theta}_1 \\ m_2\dot{d}_2 \end{bmatrix}$$

$$\frac{\partial T}{\partial \boldsymbol{q}}=\begin{bmatrix} 0 \\ m_2 d_2\dot{\theta}_1^2 \end{bmatrix}$$

$$\frac{\partial U}{\partial \boldsymbol{q}}=\begin{bmatrix} g(m_1 l_1+m_2 d_2)c_1 \\ g m_2 s_1 \end{bmatrix}$$

将以上偏导数代入式(4-37)，可得各关节上作用力矩和力，即两关节平面 RP 机器人的动力学方程为

$$\boldsymbol{\tau}=\begin{bmatrix}\tau_1\\ \tau_2\end{bmatrix}=\begin{bmatrix}(m_1l_1^2+I_{zz1}+I_{zz2}+m_2d_2^2)\ddot{\theta}_1+2m_2d_2\dot{\theta}_1\dot{d}_2+g(m_1l_1+m_2d_2)\cos\theta_1\\ m_2\ddot{d}_2-m_2d_2\dot{\theta}_1{}^2+m_2g\sin\theta_1\end{bmatrix}\tag{4-38}$$

4.3 关节空间和操作空间动力学

4.3.1 关节空间动力学方程

在式(4-38)中,若记 $\boldsymbol{\tau}=(\tau_1\quad\tau_2)^{\mathrm{T}}$,$\boldsymbol{q}=(\theta_1\quad\theta_2)^{\mathrm{T}}$,则式(4-38)可表示为

$$\boldsymbol{\tau}=\boldsymbol{D}(\boldsymbol{q})\ddot{\boldsymbol{q}}+\boldsymbol{H}(\boldsymbol{q},\dot{\boldsymbol{q}})+\boldsymbol{G}(\boldsymbol{q})\tag{4-39}$$

式中,$\boldsymbol{D}(\boldsymbol{q})$为机器人的惯性矩阵,是 $n\times n$ 的正定对称矩阵;$\boldsymbol{H}(\boldsymbol{q},\dot{\boldsymbol{q}})$为 $n\times 1$ 的离心力和哥氏力矢量;$\boldsymbol{G}(\boldsymbol{q})$为 $n\times 1$ 的重力矢量。

式(4-39)是机器人在关节空间中动力学方程封闭形式的一般结构式,反映了关节力矩与关节变量、速度和加速度之间的函数关系。对于 n 个关节的机器人,各项的具体表达式为

$$\boldsymbol{D}(\boldsymbol{q})=\begin{bmatrix}m_1l_1^2+I_{zz1}+I_{zz2}+m_2d_2^2 & 0\\ 0 & m_2\end{bmatrix}$$

$$\boldsymbol{H}(\boldsymbol{q},\dot{\boldsymbol{q}})=\begin{bmatrix}2m_2d_2\dot{\theta}_1\dot{d}_2\\ -m_2d_2\dot{\theta}_1{}^2\end{bmatrix}$$

$$\boldsymbol{G}(\boldsymbol{q})=\begin{bmatrix}g(m_1l_1+m_2d_2)c_1\\ m_2gs_1\end{bmatrix}$$

如果将 $\boldsymbol{q}$ 和 $\dot{\boldsymbol{q}}$ 当作状态变量,则式(4-39)就是状态方程,又因 $\dot{\boldsymbol{q}}$ 和 $\ddot{\boldsymbol{q}}$ 是在关节空间描述的,也被称为关节空间状态方程。不论利用拉格朗日法,还是牛顿-欧拉法,只要能够求解出机器人的 $\boldsymbol{D}(\boldsymbol{q})$,$\boldsymbol{H}(\boldsymbol{q},\dot{\boldsymbol{q}})$和 $\boldsymbol{G}(\boldsymbol{q})$,也就建立了机器人的状态方程。

4.3.2 操作空间动力学方程

与关节空间动力学方程相对应,在笛卡尔坐标系操作空间中作用于机器人末端执行器上的操作力和力矩矢量 $\boldsymbol{F}$(广义操作力)与表示末端执行器位姿的笛卡尔矢量 $\ddot{\boldsymbol{x}}$ 之间的关系可表示为

$$\boldsymbol{F}=\boldsymbol{M}_x(\boldsymbol{q})\ddot{\boldsymbol{x}}+\boldsymbol{U}_x(\boldsymbol{q},\dot{\boldsymbol{q}})+\boldsymbol{G}_x(\boldsymbol{q})\tag{4-40}$$

式中,$\boldsymbol{M}_x(\boldsymbol{q})$,$\boldsymbol{U}_x(\boldsymbol{q},\dot{\boldsymbol{q}})$,$\boldsymbol{G}_x(\boldsymbol{q})$分别为操作空间中的惯性矩阵、离心力和哥氏力矢量、重力矢量;$\boldsymbol{x}$ 为机器人末端位姿向量。

广义操作力 $\boldsymbol{F}$ 与关节力 $\boldsymbol{\tau}$ 之间的关系为

$$\boldsymbol{\tau}=\boldsymbol{J}^{\mathrm{T}}(\boldsymbol{q})\boldsymbol{F}\tag{4-41}$$

操作空间与关节空间之间的速度和加速度的关系为

$$\dot{\boldsymbol{x}}=\boldsymbol{J}(\boldsymbol{q})\dot{\boldsymbol{q}} \tag{4-42}$$

$$\ddot{\boldsymbol{x}}=\boldsymbol{J}(\boldsymbol{q})\ddot{\boldsymbol{q}}+\dot{\boldsymbol{J}}(\boldsymbol{q})\dot{\boldsymbol{q}} \tag{4-43}$$

将式(4-43)代入式(4-40)，并比较关节空间与操作空间动力学方程，可以得出

$$\boldsymbol{M}_x(\boldsymbol{q})=\boldsymbol{J}^{-\mathrm{T}}(\boldsymbol{q})\boldsymbol{D}(\boldsymbol{q})\boldsymbol{J}^{-\mathrm{T}}(\boldsymbol{q}) \tag{4-44}$$

$$\boldsymbol{U}_x(\boldsymbol{q},\dot{\boldsymbol{q}})=\boldsymbol{J}^{-\mathrm{T}}(\boldsymbol{q})[\boldsymbol{H}(\boldsymbol{q},\dot{\boldsymbol{q}})-\boldsymbol{D}(\boldsymbol{q},\dot{\boldsymbol{q}})\boldsymbol{J}^{-\mathrm{T}}(\boldsymbol{q})\dot{\boldsymbol{J}}(\boldsymbol{q})\dot{\boldsymbol{q}}] \tag{4-45}$$

$$\boldsymbol{G}_x(\boldsymbol{q})=\boldsymbol{J}^{-\mathrm{T}}(\boldsymbol{q})\boldsymbol{G}(\boldsymbol{q}) \tag{4-46}$$

需要注意的是，式(4-44)至式(4-46)中的雅可比矩阵和式(4-40)中 $\boldsymbol{F}$ 和 $\ddot{\boldsymbol{x}}$ 的坐标系相同，这个坐标系的选择是任意的。当机器人的操作臂达到奇异位置时，操作空间动力学方程的某些项将趋于无穷大。例如操作空间中的有效惯量沿径向的分量变为无限大，这一特定方向即奇异方向，操作臂不能沿此方向运动，但在垂直于这一方向的子空间内，一般还可以运动。

4.3.3　操作运动-关节力矩方程

机器人动力学最终研究的是其关节输入力矩(力)与输出的操作运动之间的关系，因此需要研究操作运动与关节驱动力矩(力)之间的关系。由式(4-40)和式(4-41)联立，可得操作运动-关节力矩之间的动力学方程为

$$\boldsymbol{\tau}=\boldsymbol{J}^{-\mathrm{T}}(\boldsymbol{q})[\boldsymbol{M}_x(\boldsymbol{q})\ddot{\boldsymbol{x}}+\boldsymbol{U}_x(\boldsymbol{q},\dot{\boldsymbol{q}})+\boldsymbol{G}_x(\boldsymbol{q})] \tag{4-47}$$

式(4-47)反映了输入关节力与机器人运动之间的关系。

思考题

(1)简述牛顿-欧拉法的基本原理。

(2)什么是拉格朗日函数？简述用拉格朗日法建立机器人动力学方程的步骤。

(3)求均匀密度的圆柱体的惯量矩阵。坐标原点设在质心，轴线取为 x 轴。

(4)空间(RRR)机器人各连杆的质量均集中在末端，如图 4-5 所示，分别用牛顿-欧拉法和拉格朗日法求其动力学方程。

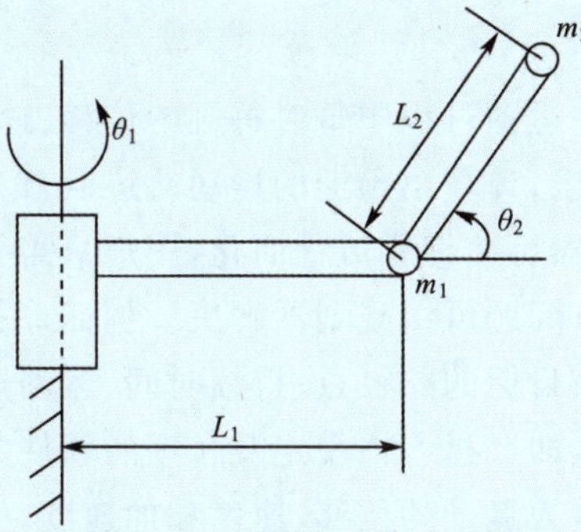

图 4-5　空间(RRR)机器人的结构

第 5 章 轨迹规划和生成

微课5

5.1 轨迹规划的基本问题

在机器人完成给定作业任务之前，应该规定它的操作顺序、行动步骤和作业进程。规划实际上就是一种问题求解过程，即从某个特定问题的初始状态出发，构造一系列操作，达到解决该问题的目标状态。机器人任务规划所涉及的范围十分广泛，如图 5-1 所示，任务规划器根据输入的任务说明，规划执行任务所需要的运动，根据环境内部模型和传感器在线采集的数据反馈给规划级和控制级，以便对规划和控制的结果做出适当的修正。

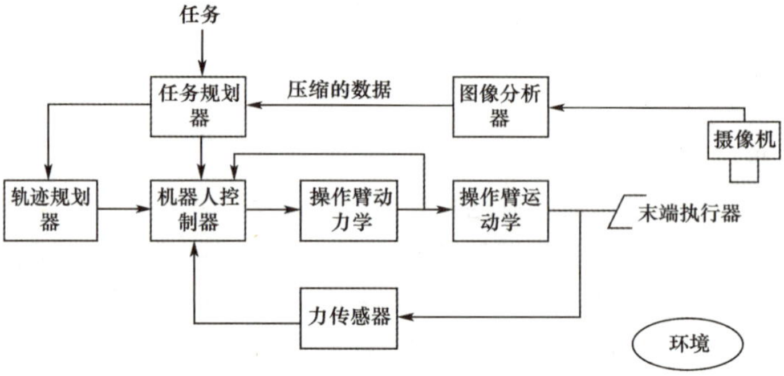

图 5-1　任务规划器

所谓轨迹，是指机器人在运动过程中每时每刻的位移、速度和加速度确定的路径。而轨迹规划是根据作业任务要求，计算出预期的运动轨迹。首先对机器人的任务、运动路径和估计进行描述。轨迹规划器可使编程流程简化，用户只需要输入有关路径、估计的若干约束和简单描述，复杂的细节问题可由规划器解决。例如，用户只需要给出手部的目标位姿，便可让规划器确定到达该目标的路径点、持续时间、运动速度等轨迹参数。然后，在计算机内部描述所要求的轨迹，即选择习惯规定及合理的软件数据结构。最后，规划器针对所描述的轨迹，实时计算机器人运动的位移、速度和加速度，生成运动轨迹。

本章在机器人运动学和动力学的基础上，讨论关节空间和笛卡尔空间中的机器人运动轨迹规划和轨迹生成方法。以简单的 2 自由度机器人为例，帮助理解在关节空间和在笛卡尔坐标空间进行轨迹规划的基本原理。

如图 5-2 所示，要求机器人从 A 点运动到 B 点。机器人在 A 点时的构型为 $\alpha=20°$，$\beta=30°$。假设已算出机器人达到 B 点时的构型是 $\alpha=40°$，$\beta=80°$，同时已知机器人两个关节运动的最大速率均为 10°/s。机器人从 A 点运动到 B 点的一种方法是使所有关节都以其最大角速度运动，即机器人下方的连杆用 2 s 即可完成运动，而图 5-2 上方的连杆还需要再运动 3 s。图 5-2 中画出了手臂末端的轨迹，可见其路径是不规则的，手臂末端走过的距离也是不均匀的。

假设机器人手部两个关节的运动用一个公共因子做归一化处理，使其运动范围较小的关节运动成比例地减慢，从而两个关节能够同步地开始和结束运动。这时两个关节以不同速度一起连续运动，即 α 以 4°/s、β 以 10°/s 的速度运动。从图 5-3 可以看出，得出的轨迹与前面不同。该运动轨迹的各部分比以前更加均衡，但是所得路径仍然是不规则的。

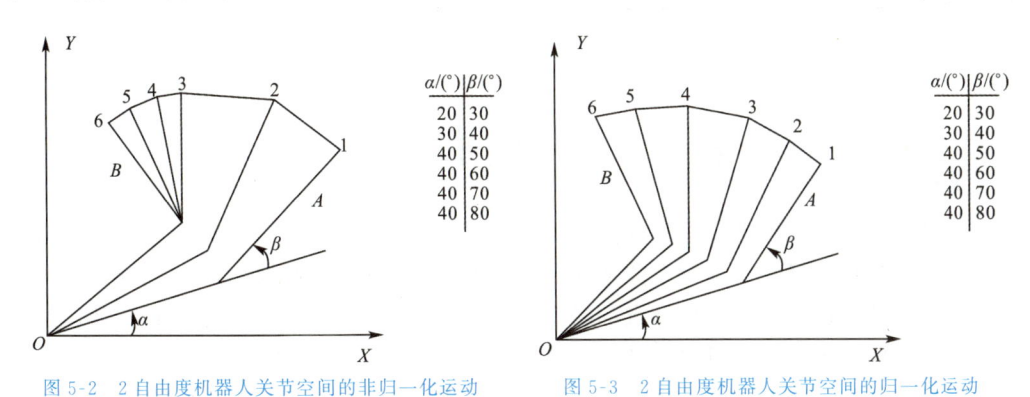

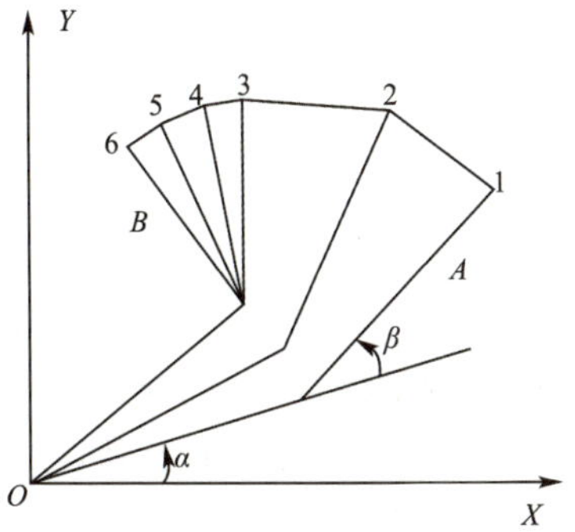

α/(°)	β/(°)
20	30
30	40
40	50
40	60
40	70
40	80

图 5-2　2 自由度机器人关节空间的非归一化运动

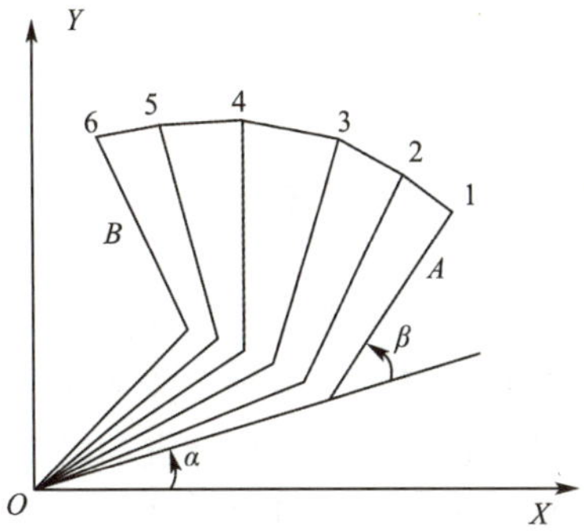

α/(°)	β/(°)
20	30
30	40
40	50
40	60
40	70
40	80

图 5-3　2 自由度机器人关节空间的归一化运动

以上两个例子中只关注关节值，而忽略机器人手臂末端的位置，都是在关节空间中进行规划的，所需要的计算仅是运动终止点的关节量。假设希望机器人的末端手部沿 A 点到 B 点之间的一条已知路径运动，如沿一条直线运动。最简单的方法是先直线连接 A 点和 B 点，再等分直线，然后，如图 5-4 所示计算出各点所需要的关节转角 α 和 β 值，即在 A 点和 B 点之间插值。可以看出，末端手部的路径是一条直线，而关节角并非均匀变化。显然，如果路径分割的部分太少，将不能保证机器人在每段内严格地沿直线运动。为获得更好的精度，需要对路径进行更多的分割，也就需要计算更多的关节点。由于机器人轨迹的所有运动段都是基于笛卡尔坐标进行计算，因此它是笛卡尔坐标空间的轨迹规划。

上述例子中均假设机器人的驱动装置能够提供足够大的功率来满足关节所需要的加速和减速，如前面假设机器人手臂在路径第一段运动的开始就可立刻加速到所需要的期望速度。如果这一点不成立，机器人所沿循的将是一条不同于前面所设想的轨迹，即在加速到期望速度之前的轨迹将稍稍落后于设想的轨迹，如图 5-4 所示的关节 1 在向上移动前会先向下移动。

为了改进这一状况，可对路径进行不同加、减速的分段，即机器人手臂开始加速运动时的路径分段较小，随后使其以恒定速度运动，而在接近 B 点时再在较小的分段上减速，如图 5-5 所示。当然，对于路径上的每一点仍须求解机器人的逆运动方程，这与前面几种情况类似。在该例中，不是将直线段 AB 等分，而是在开始时基于方程 $x=(at^2)/2$ 进行划分，直到其达到所需要的运动速度 $v=at$，末端运动则依据减速过程类似地进行划分。

上述示例只考虑了机器人在 A 和 B 两点间的运动，而在多数情况下，可能要求机器人顺序通过许多点，包括中间点或过渡点，并最终实现连续运动。

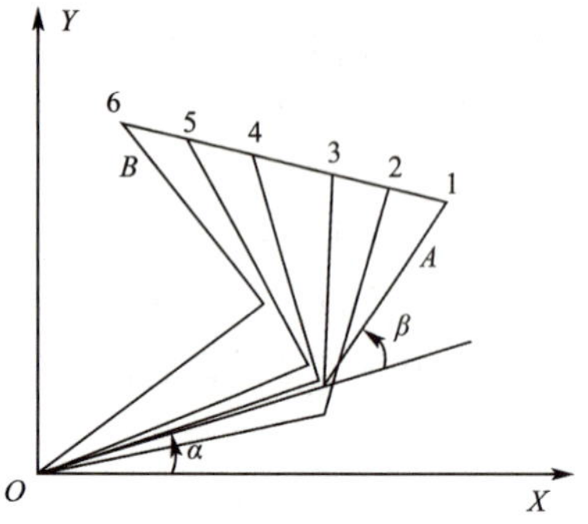

α/(°)	β/(°)
20	30
14	55
16	69
21	77
29	81
40	90

图 5-4　2 自由度机器人的笛卡尔坐标空间运动

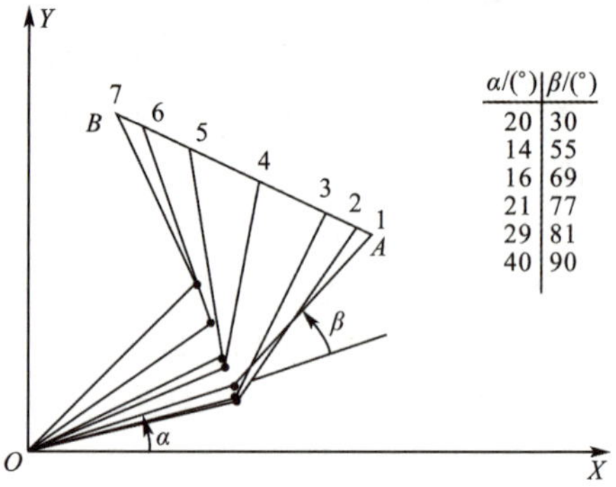

α/(°)	β/(°)
20	30
14	55
16	69
21	77
29	81
40	90

图 5-5　具有加速和减速段的轨迹规划

5.2　关节空间的轨迹规划

关节空间法首先根据工具空间中期望路径点的逆运动学计算，得到期望的各个关节位置，然后在关节空间中，给每个关节找到一个经过中间点到达目标点的光滑函数，同时使得每个关节到达中间点和目标点的时间相同，这样便可保证机器人工具能够到达期望的笛卡尔坐标位置。这里只要求各个关节在路径点之间的时间相同，而各个关节的光滑函数的确定则是互相独立的。这种方法确定的轨迹在笛卡尔坐标空间（工具空间）中可以保证经过路径点，但是在路径点之间的轨迹形状则可能是很复杂的。关节空间法以关节角度的函数来描述机器人的轨迹，计算比较简单，而且没有机构的奇异点问题。

机器位姿的变化要靠各关节的运动来实现，因此，必须将任务空间轨迹转换到关节空间，在关节空间再进行轨迹规划，以得到满足关节驱动器和传动器物理性能的关节轨迹。在关节空间中，采用平滑曲线构造方法插值关节位置-时间序列，得到速度、加速度甚至加加速度均连续的关节轨迹。关节伺服控制器可以采用任意可能的伺服控制周期计算轨迹上的期望位置、速度、加速度和加加速度，并用于伺服控制。这种轨迹规划方法既满足了任务空间定位精度的要求，又满足了关节运动平滑的要求。

5.2.1　三次多项式函数插值

对于机器人末端在一定时间内从初始位姿移动到目标位姿的问题。利用逆运动学计算可以首先求出一组起始点和终止点的关节位置。现在的问题是求出一组通过起始点和终止点的光滑函数，显然满足这个条件的光滑函数可以有许多条，如图 5-6 所示。

为了实现单关节的平稳运动，轨迹函数至少满足起始点和终止点对应的关节角度条件为

$$\theta(t_0)=\theta_0,\theta(t_f)=\theta_f \tag{5-1}$$

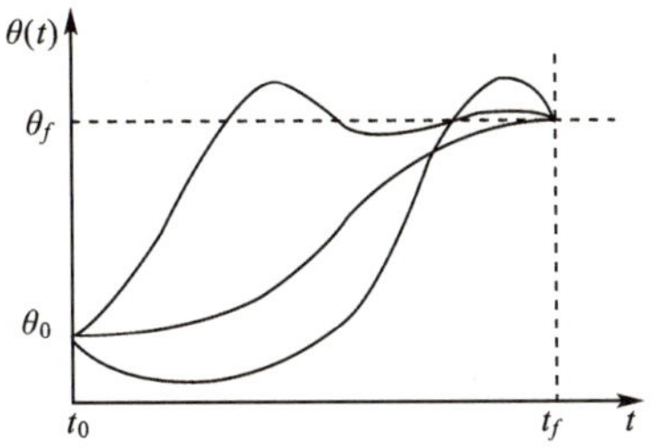

图 5-6 单个关节的不同轨迹曲线

需要满足起始点和终止点的速度为零，即

$$\dot{\theta}(t_0)=0, \dot{\theta}(t_f)=0 \tag{5-2}$$

式(5-1)和式(5-2)约束条件唯一地确定了一个三次多项式，即

$$\theta(t)=a_0+a_1t+a_2t^2+a_3t^3 \tag{5-3}$$

运动轨迹上的关节速度和加速度则为

$$\begin{cases}\dot{\theta}(t)=a_1+2a_2t+3a_3t^2 \\ \ddot{\theta}(t)=2a_2+6a_3t\end{cases} \tag{5-4}$$

代入相应的约束条件，可求解出三次多项式系数为

$$\begin{cases}a_0=\theta_0 \\ a_1=0 \\ a_2=\dfrac{3}{t_f^2}(\theta_f-\theta_0) \\ a_3=-\dfrac{3}{t_f^3}(\theta_f-\theta_0)\end{cases} \tag{5-5}$$

【例 5-1】 设有一个旋转关节的单自由度操作臂处于静止状态时 $\theta_0=15°$，在 3 s 内平滑地运动到 $\theta_f=75°$时停止。要求利用三次多项式函数插值方法规划出满足上述条件的平滑运动轨迹，并画出关节角位置、角速度及角加速度随时间变化的曲线。

解：根据所给约束条件，直接代入式(5-5)，可求得

$$a_0=15, a_1=0, a_2=20, a_3=-4.44$$

即所求关节角的位置函数为

$$\theta(t)=15+20t^2-4.44t^3$$

对上式求导，可得角速度和角加速度分别为

$$\begin{cases}\dot{\theta}(t)=40t-13.32t^2 \\ \ddot{\theta}(t)=40-26.64t\end{cases}$$

分别画出机器人关节角的运动轨迹如图 5-7 所示。显然，角速度曲线为抛物线，加速度则为直线。

一般情况下，机器人末端的运动并不是简单地从一个点运动到另一个点，而对中间过程的运动轨迹无任何要求。例如，当机器人将物体从一处搬到另一处时，通常首先执行将物体垂直向上提起的操作。因此操作人员除了给定起始点和终止点外，还存在中间的经

过点。

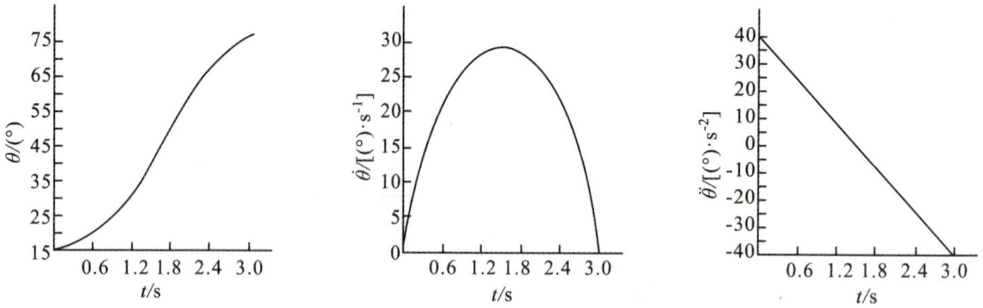

(a)角位移　　(b)角速度　　(c)角加速度

图 5-7　利用三次多项式规划出的机器人关节角的运动轨迹

实际上,可以把所有的路径点都看作是起始点或终止点,求解逆运动学,得到相应的关节矢量值,然后确定所要求的三次多项式插值函数,把路径点平滑地连接起来。但是这些起始点和终止点关节运动速度不再是零,可能导致中间点产生停顿,而常常不希望在中间点出现停顿。为了不使中间点产生停顿,可以在中间点指定期望的速度,而仍采用前面介绍的三次多项式的规划方法,只是速度约束条件式(5-2)变为

$$\dot{\theta}(t_0)=\dot{\theta}_0,\dot{\theta}(t_f)=\dot{\theta}_f \tag{5-6}$$

确定三次多项式的四个方程为

$$\begin{cases}\theta_0=a_0\\ \theta_f=a_0+a_1t_f+a_2t_f^2+a_3t_f^3\\ \dot{\theta}_0=a_1\\ \dot{\theta}_f=a_1+2a_2t_f+3a_3t_f^2\end{cases} \tag{5-7}$$

通过求解以上方程组,即可求得

$$\begin{cases}a_0=\theta_0\\ a_1=\dot{\theta}_0\\ a_2=\dfrac{3}{t_f^2}(\theta_f-\theta_0)-\dfrac{2}{t_f}\dot{\theta}_0-\dfrac{1}{t_f}\dot{\theta}_f\\ a_3=-\dfrac{2}{t_f^3}(\theta_f-\theta_0)+\dfrac{1}{t_f^2}(\dot{\theta}_f+\dot{\theta}_0)\end{cases} \tag{5-8}$$

利用式(5-8)确定的三次多项式描述起始点和终止点具有任意给定位置和速度的运动轨迹。当规划下一段时,可将该段的终止点速度作为下一段的起始点速度。

在上面的规划方法中需要事先给定中间点的速度,通常有以下几种方法确定:

(1)在笛卡尔坐标空间指定机器人末端的线速度和角速度,然后再将这些速度转换到相应的关节空间。但是如果机器人的某个中间点是奇异点,便不能在这一点任意地指定速度。因此指定中间点速度的工作最好由系统来完成,以尽量减轻用户的负担。

(2)在笛卡尔坐标空间或关节空间中采用启发式方法,由控制系统本身自动合理地给定中间点的速度。如图 5-8 所示,设某个转动关节变量 θ,其起始点位置为 θ_1,要求它经过 θ_2,θ_3,θ_4,最后到达终止点 θ_5。图中细实线表示每个中间点处的曲线的切线,其斜率即

中间点的给定速度。其基本原理是，假设将中间点用直线依次连接起来，如果相邻线段的斜率在中间点处改变正、负号，则选该点处的速度为零；如果相邻线段的斜率不改变符号，则选中间点两侧的线段斜率的平均值作为该点的速度。利用这个方法，用户可以不需要输入中间点的速度，而只需要输入一系列的路径点以及每两点之间的运动持续时间，系统就能够按此规则自动生成相应的中间点速度。

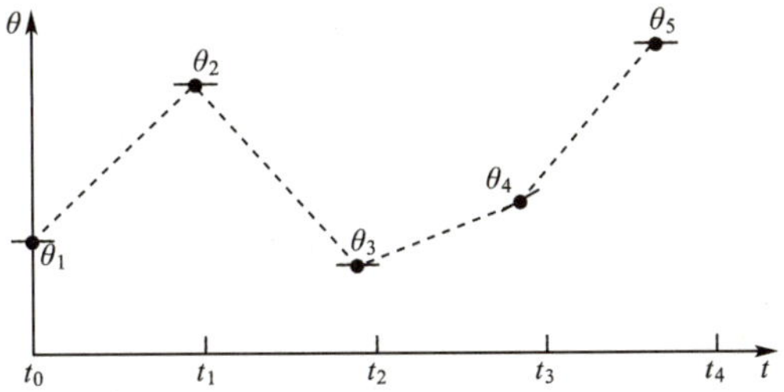

图 5-8 路径上中间点速度的自动生成

(3)通过要求在中间点处的加速度连续而由系统自动地选择中间点的速度。这种速度给定方法的实现过程相当于求解一个新的样条函数，为了保证路径上中间点处的加速度连续，可以设法用两条三次多项式曲线将中间点按照一定规则连接起来，形成所要求的轨迹。其约束条件是，连接处不仅速度连续，而且加速度也连续。下面通过一个例子来说明它的求解方法。

设起始关节角为 θ_0，中间经过点关节角为 θ_v，终止点关节角为 θ_q。通过两段三次多项式曲线来连接这三个点。

设第一段为

$$\theta(t)=a_{10}+a_{11}t+a_{12}t^2+a_{13}t^3 \tag{5-9}$$

第二段为

$$\theta(t)=a_{20}+a_{21}t+a_{22}t^2+a_{23}t^3 \tag{5-10}$$

对每段三次多项式均假定起始点 $t=0$，终止点 $t=t_{fi}(i=1,2)$。根据给定的起始点、中间点和终止点的角度，以及在中间点的速度和加速度应连续的要求，同时假定起始点和终止点的速度为零，则可得

$$\begin{cases}\theta_0=a_{10}\\ \theta_v=a_{10}+a_{11}t_{f1}+a_{12}t_{f1}{}^2+a_{13}t_{f1}^3\\ \theta_v=a_{20}\\ \theta_q=a_{20}+a_{21}t_{f2}+a_{23}t_{f2}{}^2+a_{23}t_{f2}^3\\ 0=a_{11}\\ 0=a_{21}+2a_{22}t_{f2}+3a_{23}+3a_{23}t_{f2}^2\\ a_{11}+2a_{12}t_{f1}+3a_{13}t_{f1}^2=a_{21}\\ 2a_{12}+6a_{13}t_{f1}=2a_{22}\end{cases} \tag{5-11}$$

求解方程组(5-11)可解出 8 个未知系数。若设 $t_f=t_{f1}=t_{f2}$，则可解得

$$
\begin{cases}
a_{10}=\theta_0 \\
a_{11}=0 \\
a_{12}=\dfrac{12\theta_v-3\theta_q-9\theta_0}{4t_f^2} \\
a_{13}=\dfrac{-8\theta_v+3\theta_q+5\theta_0}{4t_f^3} \\
a_{20}=\theta_v \\
a_{21}=\dfrac{3\theta_q-3\theta_0}{4t^f} \\
a_{22}=\dfrac{-12\theta_v+6\theta_q+6\theta_0}{4t_f^2} \\
a_{23}=\dfrac{8\theta_v-5\theta_q-3\theta_0}{4t_f^3}
\end{cases} \tag{5-12}
$$

对于有多个中间点的更为一般的情况，也可以仿照上面相类似的方法，规划出经过所有中间点的运动轨迹。如果对运动轨迹要求更为严格，约束条件增多，三次多项式就不能满足需求，必须用更高阶的多项式对运动轨迹的路径段进行插值。

5.2.2 抛物线过渡的线性函数插值

对于给定的起始点和终止点的关节角度，也可以选择线性插值函数，即简单地用一条直线将起始点与终止点连接起来，如图 5-9 所示。应当指出的是，尽管各个关节的运动是线性的，但机器人末端的运动一般说来并不是直线。单纯的线性函数插值将导致关节的运动速度在起始点和终止点处不连续，产生无穷大的加速度。因此可以考虑在起始点和终止点处，用抛物线与直线连接起来，在抛物线段内，使用恒定的加速度来平滑地改变速度，从而使得整个运动轨迹的位置和速度都是连续的，其结果如图 5-10 所示。

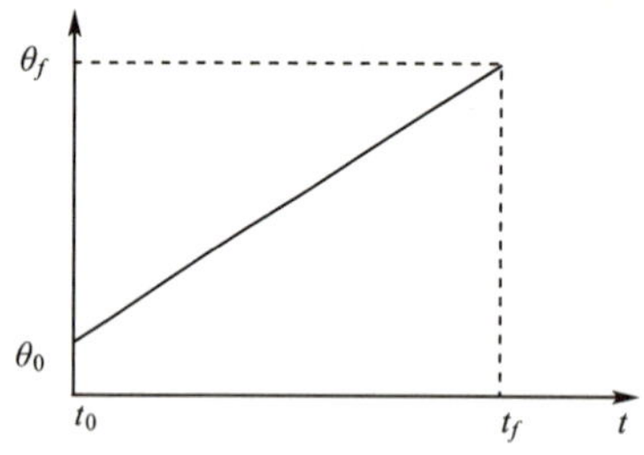

图 5-9　线性函数差值

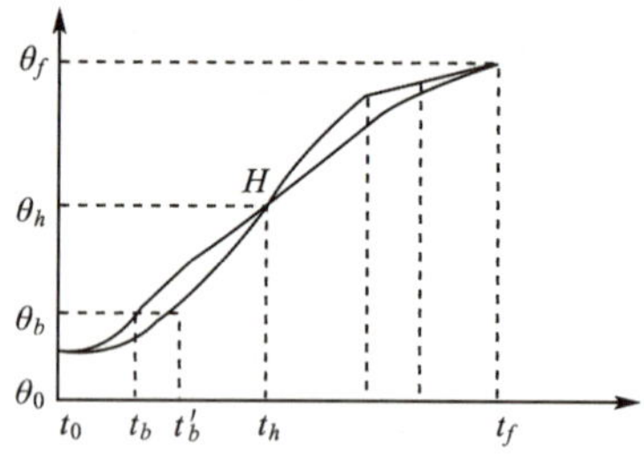

图 5-10　利用抛物线过渡的线性函数插值

为构造这段由线性函数与两段抛物线函数平滑地衔接形成的运动轨迹，假定两个抛物线段所经历的时间相同，也即在这两段内采用相同的等加速度，只是符号相反，所选择的持续时间以及所采用的加速度不同，这个问题可以有无穷多组解，图 5-11 表示了其中的两组解，但是所有运动轨迹均关于时间中点 t_h 和位置中点 θ_h 对称。根据在连接处的速度必须连续，可得

$$\ddot{\theta}t_b=\frac{\theta_k-\theta_b}{t_h-t_b} \tag{5-13}$$

θ_b 可以求得为(设 $t_0=0$)

$$\theta_b=\theta_0+\frac{1}{2}\ddot{\theta}t_b^2 \tag{5-14}$$

令 $t_f=2t_h$，化简式(5-13)和式(5-14)可得

$$\ddot{\theta}t_b^2-\ddot{\theta}t_ft_b+(\theta_f-\theta_0)=0 \tag{5-15}$$

式中，θ_0 和 θ_f 分别表示起始点和终止点的位置；t_f 表示从起始点运动到终止点的时间。

需选择合适的 $\ddot{\theta}$ 和 t_b，以使式(5-15)成立。通常是先选择加速度 $\ddot{\theta}$，然后由式(5-15)求得 t_b，即

$$t_b=\frac{t_f}{2}-\frac{\sqrt{\ddot{\theta}^2t_f^2-4\ddot{\theta}(\theta_f-\theta_0)}}{2\ddot{\theta}} \tag{5-16}$$

为保证式(5-16)有解，必须选择足够大的加速度，即

$$\ddot{\theta}\geqslant\frac{4(\theta_f-\theta_0)}{t_f^2} \tag{5-17}$$

当式(5-17)中的等号成立时，线性段的长度缩为零，整个轨迹由两个对称的抛物线段连接而成。当所用加速度越来越大时，抛物线段越来越短，当加速度趋于无穷大时，抛物线段长度缩为零，从而回到了简单的线性函数插值的情况。

对于【例 5-1】采用抛物线过渡的线性函数插值方法。假设分别给定角加速度 $\ddot{\theta}$ 为 $50°/s^2$ 和 $30°/s^2$，图 5-11 给出了这两种情况下的运动规划结果。从图中可以看出，当选择较大的加速度时，会出现开始很快加速，然后匀速运动，到接近终止点时，再以很大的减速度减速的情况；当选择较小的加速度时，中间的线性段则很短。

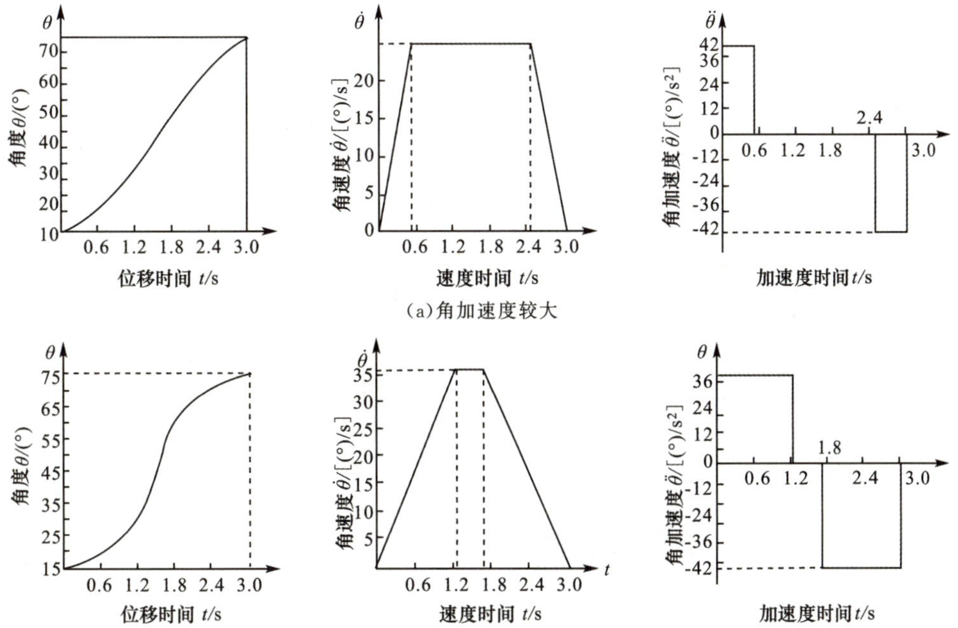

(a)角加速度较大

(b)角加速度较小

图 5-11　采用抛物线过渡的线性函数插值规划：角位移、角速度、角加速度曲线

下面考虑存在中间点时，如何推广上述抛物线过渡的线性函数插值的规划方法。图 5-12 所示为某个关节 q 的包括中间点的运动轨迹，仍采用线性函数来连接相邻的路径点，而在路径点附近用抛物线进行平滑过渡。

相邻的三个路径点分别为 j，k 和 l，在路径点 k 处的抛物线段的持续时间为 t_k，点 j 和 k 之间的线性部分的持续时间为 t_{jk}，连接 j 和 k 的线段的全部持续时间为 t_{djk}，线性部分的速度为 $\dot{\theta}_{jk}$，在点 j 处的抛物线段的加速度为 $\ddot{\theta}_j$。

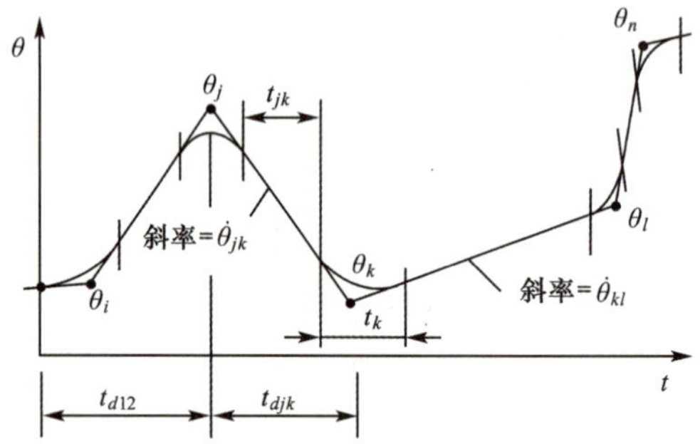

图 5-12　多段抛物线连接的线性函数插值运动轨迹

如前面的单段情况一样，随着每一抛物线段所给加速度的不同，可以有不同的运动轨迹解。只要给定所有的路径点 θ_k、相邻点之间的运动持续时间 t_{djk}，以及每一抛物线段的加速度大小 $|\ddot{\theta}_k|$，便可计算出抛物线段的持续时间 t_k、线性段的时间 t_{jk}，以及线性段的速度 $\ddot{\theta}_{jk}$。参考图 5-12，对于中间点可以很容易求得

$$\begin{cases}\dot{\theta}_{jk}=\dfrac{\theta_k-\theta_j}{t_{djk}} \\ \ddot{\theta}_k=\operatorname{sgn}(\dot{\theta}_{kl}-\dot{\theta}_{jk})\,|\ddot{\theta}_k| \\ t_k=\dfrac{\dot{\theta}_{kl}-\dot{\theta}_{jk}}{\ddot{\theta}_k} \\ t_{jk}=t_{djk}-\dfrac{1}{2}t_j-\dfrac{1}{2}t_k\end{cases} \tag{5-18}$$

从图 5-12 可以看出，用抛物线平滑后的轨迹实际上并不经过中间点，但是对于起始点和终止点则不一样，它们必须是轨迹的起始点和终止点。因此对于第一段和最后一段轨迹必须单独计算，它们与中间点的计算略有不同。

对于第一个路径段，根据速度连续的条件可以求得

$$\frac{\theta_2-\theta_1}{t_{d12}-\dfrac{1}{2}t_1}=\ddot{\theta}_1 t_1 \tag{5-19}$$

根据式(5-19)可以求得抛物线段的持续时间 t_1 及其他参量，即

$$\begin{cases} t_1 = t_{d12} - \sqrt{t_{d12}^2 - \dfrac{2(\theta_2 - \theta_1)}{\ddot{\theta}_1}} \\ \ddot{\theta}_1 = \mathrm{sgn}(\theta_2 - \theta_1)\,|\ddot{\theta}_1| \\ \dot{\theta}_{12} = \dfrac{\theta_2 - \theta_1}{t_{d12} - \dfrac{1}{2}t_1} \\ t_{12} = t_{d12} - t_1 - \dfrac{1}{2}t_2 \end{cases} \tag{5-20}$$

类似的，对于最后一个路径段，路径点 $n-1$ 到终止点 n 之间的参数与第一个路径段相似根据速度连续的条件，即

$$\frac{\theta_{n-1} - \theta_n}{t_{d(n-1)n} - \dfrac{1}{2}t_n} = \ddot{\theta}_n t_n \tag{5-21}$$

由式(5-21)可解得

$$\begin{cases} t_1 = t_{d(n-1)n} - \sqrt{t_{d(n-1)n}^2 + \dfrac{2(\theta_n - \theta_{n-1})}{\ddot{\theta}_n}} \\ \ddot{\theta}_n = \mathrm{sgn}(\theta_{n-1} - \theta_n)\,|\ddot{\theta}_n| \\ \dot{\theta}_{(n-1)n} = \dfrac{\theta_n - \theta_{n-1}}{t_{d(n-1)n} - \dfrac{1}{2}t_n} \\ t_{(n-1)n} = t_{d(n-1)n} - t_n - \dfrac{1}{2}t_{n-1} \end{cases} \tag{5-22}$$

式(5-18)至式(5-22)可用来求多段轨迹中各个过渡域的时间和速度。通常用户只给出路径点及每一个路径段的持续时间，而每一关节的加速度则采用系统内部给出的默认值。有时为了使用户输入更加方便，可以只输入路径点，每一段的持续时间可根据速度的默认值来算出。对于每一个抛物线段，必须使用足够大的加速度，以使运动能尽快进入线性段。

应当注意的是，上述方法规划出的运动轨迹事实上并不通过中间点。当加速度越高时，轨迹便越接近中间点。如果容许轨迹通过某一中间点时可以停顿，则可将整个轨迹分成两部分，将该点作为前一段的终止点和下一段的起始点。如果用户希望机器人准确地通过中间点而不要停顿，则可以在该点两边增加两个附加点，如图 5-13 所示。附加的两个点称为伪中间点，此时原来的中间点便位于连接两个伪中间点的直线上，这样便可以用与前面完全相同的方法来规划出轨迹。除了要求机器人准确地通过中间点外，也可要求它以一定的速度通过。如果用户不给出这个速度，则系统可根据启发信息加以选择。

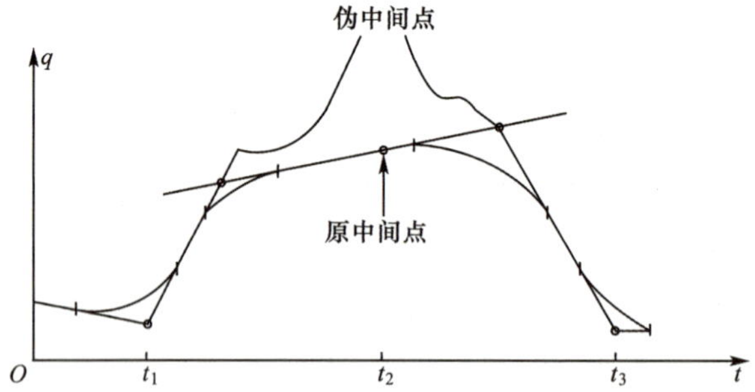

图 5-13 利用伪中间点使轨迹通过要求的中间点

5.2.3 B样条轨迹规划

采用三次样条插值方法得到的轨迹曲线只能保证速度和加速度连续，且轨迹起始和终止位置的速度和加速度不能同时任意配置。为了使关节轨迹的速度、加速度、加加速度保持连续，起始和停止的速度、加速度和加加速度可以任意配置，采用B样条曲线构造关节轨迹。对于关节位置和时间序列$\{p_i,t_i\}(i=0,1,\cdots,n)$，可以直接将关节位置点$p_i$化作B样条曲线的控制顶点，得到B样条拟合轨迹。

B样条曲线方程为

$$p(u)=\sum_{i=0}^{n}d_iN_{i,k}(u) \tag{5-23}$$

式中，$d_i(i=0,1,\cdots,n)$为控制顶点；$N_{i,k}(u)(i=0,1,\cdots,n)$为$k$次规范B样条基函数，且

$$\begin{cases} N_{i,0}(u)=\begin{cases}1, u_i\leqslant u\leqslant u_{i+1}\\ 0,\text{其他}\end{cases} \\ N_{i,k}(u)=\dfrac{u-u_i}{u_{i+k}-u_i}N_{i,k-1}(u)+\dfrac{u_{i+k+1}-u}{u_{i+k+1}-u_{i+1}}N_{i+1,k+1}(u) \\ \text{且}\dfrac{0}{0}=0 \end{cases} \tag{5-24}$$

式中，k为B样条次数；i为B样条序号。

可见，$N_{i,k}(u)$的支撑区间为$[u_i,u_{i+k+1}]$，B样条基函数$N_{i,k}(u)(i=0,1,\cdots,n)$的节点矢量为$\boldsymbol{U}=[u_0\quad u_1\quad\cdots\quad u_{i+k+1}]$。在参数$u$轴上的任意一点$u\in[u_i,u_{i+1}]$处，至多只有$k+1$个非零的$k$次B样条$N_{i,k}(u)$，其他$k$次B样条在该处均为零，因此B样条曲线可表示为

$$p(u)=\sum_{j=i-k}^{i}d_jN_{j,k}(u), u\in[u_i,u_{i+1}] \tag{5-25}$$

一般非均匀B样条曲线的节点矢量$\boldsymbol{U}=[u_0\quad u_1\quad\cdots\quad u_{i+k+1}]$任意分布，并且满足节点序列非递减，两端节点重复度$\leqslant k+1$，内节点重复度$\leqslant k$。对于开曲线包括首末端点仅位置连续的闭曲线，取两端节点重复度为$k+1$，且定义域取成规范参数域，即$u\in[u_k,u_{k+1}]=[0,1]$，取$u_0=u_1=\cdots=u_k=0$，$u_{n+1}=u_{n+2}=\cdots=u_{n+k+1}=1$，剩下只需要确定$u_{k+1}$，$u_{k+2}$，$\cdots$，$u_n$共$n-k$个内节点。采用哈特利—贾德方法计算$n-k$节点，对时间序列规范

化，即定义域节点区间间隔按下式计算：

$$u_i-u_{i+1}=\frac{\sum\limits_{j=i-k}^{i=1}l_j}{\sum\limits_{i=k+1}^{n+1}\sum\limits_{j=i-k}^{i-1}l_j}(i=k+1,k+2,\cdots,n+1) \tag{5-26}$$

其中，$l_i=|t_i-t_{t-1}|(i=1,2,\cdots,n)$，于是可得节点值

$$\begin{cases}u_k=0\\u_i=\sum\limits_{j=k+1}^{i}(u_j-u_{j-1})(i=k+1,k+2,\cdots,n)\\u_{n+1}=1\end{cases} \tag{5-27}$$

给定控制顶点 $d_i(i=0,1,\cdots,n)$，确定次数 k 和节点矢量 $\boldsymbol{U}=[u_0\quad u_1\quad\cdots\quad u_{i+k+1}]$ 后，即可采用德布尔递推公式计算 B 样条曲线上的位置点 $p(u)$。德布尔递推公式为

$$\begin{aligned}&p(u)=\sum_{j=i-k+1}^{i}d_j^lN_{j,k-1}(u)=\cdots=d_i^k,u\in[u_i,u_{i+1}]\\&d_j^l=\begin{cases}d_j,l=0\\(1-a_j^l)d_{j-1}^{l-1}+a_j^ld_j^{l-1},\begin{matrix}l=1,2,\cdots,k\\j=i-k+l,\cdots,i\end{matrix}\end{cases}\\&a_j^l=\frac{u-u_j}{u_{j+k-1}-u_i}\end{aligned} \tag{5-28}$$

B 样条曲线上一点处的 r 阶导矢 $p^r(u)$ 可按照如下递推公式计算

$$\begin{aligned}&p^r(u)=\sum_{j=i-k+1}^{i}d_j^rN_{j,k-1}(u),u_i\leqslant u\leqslant u_{i+1}\\&d_j^l=\begin{cases}d_j,l=0\\(k+1-l)\dfrac{d_j^{l-1}-d_{j-1}^{l-1}}{u_{j+k+1-l}-u_i},\begin{matrix}l=1,2,\cdots,r\\j=i-k+l,\cdots,i\end{matrix}\end{cases}\end{aligned} \tag{5-29}$$

可见，k 次 B 样条曲线的 r 阶导矢可表示成 $k-r$ 次 B 样条曲线，控制顶点可以通过递推得到。由式(5-28)和式(5-29)即可求出 B 样条拟合轨迹任意时刻的关节位置、速度、加速度和加加速度。

5.3　笛卡尔坐标空间的轨迹规划

前面介绍的关节空间法可以保证规划的运动轨迹经过给定的路径点，但是在笛卡尔坐标空间，路径点之间的轨迹形状往往是十分复杂的，它取决于机器人的运动学特性。有些情况下，对机器人末端的轨迹形状也有一定要求，例如要求它在两点之间走一条直线或者沿着一个圆弧运动以绕过障碍物等，此时便需要在笛卡尔坐标空间内规划机器人的运动轨迹。在笛卡尔坐标空间的路径点指的是机器人末端的工具坐标相对于基坐标的位置和姿态。每一个点由 6 个量组成，其中 3 个量描述位置，另外 3 个量描述姿态。这些量可

直接由用户给定，然后根据这些量在笛卡尔坐标空间规划出要求的运动轨迹，因此它不需要首先进行逆运动学计算。但是在实际执行时，由于需要将规划好的笛卡尔坐标空间的运动轨迹转换到关节空间，导致计算量相当大。因此总的来说，基于笛卡尔坐标空间的规划法，其计算量要远远大于关节空间法。

5.3.1 线性函数插值

与前面关节空间法讨论过的情况一样，对于包括中间点的情况，若相邻点之间的运动只简单地用直线连接，则会出现在中间点处速度不连续的现象。因此，也可采用抛物线来连接拐弯处，以实现平滑过渡。从而所有的计算方法都可以和前面一样，只不过所处理的变量是笛卡尔坐标空间中的位置和姿态变量，而不是关节变量。由于位置和姿态变量均以线性同步方式运动，因此机器人末端在笛卡尔坐标空间也将沿着直线运动。而前面在关节空间进行规划时则不是这样，尽管各关节做线性运动，但机器人末端并不沿直线运动。

机器人末端的位置和姿态通常用相对于基坐标的齐次变换矩阵来描述。因此，可以对齐次变换的所有元素在相邻点之间进行线性函数插值，但是实际上这种做法是错误的。因为齐次变换矩阵中用于描述姿态的旋转矩阵的各个元素并不独立，它们需要满足一定的关系，而经线性函数插值计算得到的新矩阵中的各个元素一般不再满足这些关系，也不再是任何意义下的齐次坐标变换矩阵。因此，对于机器人末端的姿态，不能直接用对应的旋转矩阵来简单地进行线性函数插值。描述位置的三个分量互相独立，可以直接进行线性函数插值。描述姿态也可以用三个独立的变量。例如，设$\{S\}$为基坐标系，$\{A\}$为描述中间经过点的位姿的变换矩阵，其中 $\boldsymbol{P}_A^S$ 表示该点在基坐标中的向量，$\boldsymbol{R}_A^S$ 表示该点的姿态变换矩阵，该姿态变换矩阵由基坐标系开始，绕过原点的一个旋转轴$\hat{\boldsymbol{k}}_A^S$ 旋转角度 θ 而得到的，即 $\mathrm{Rot}(\hat{\boldsymbol{k}}_A^S,\theta)$，其中$\hat{\boldsymbol{k}}_A^S=[k_x \quad k_y \quad k_z]^{\mathrm{T}}$，表示旋转轴的方向，其长度为 1。故描述姿态需要用 4 个参数(k_x,k_y,k_z,θ)，其中前三个参数并不独立(它们的平方和等于 1)。假设取另外一个向量 $\boldsymbol{k}_A^S$，其方向与$\hat{\boldsymbol{k}}_A^S$ 相同，而大小和 θ 相等，那么便可以用 $\boldsymbol{k}_A^S=[k_x \quad k_y \quad k_z]^{\mathrm{T}}$ 来完全描述姿态，从而只需要三个参数。这样在笛卡尔坐标空间中的路径点的姿态可以用如下的一个 6 元数组表示

$$\bar{\boldsymbol{s}}_A=\begin{bmatrix}\boldsymbol{P}_A^S\\ \boldsymbol{k}_A^S\end{bmatrix} \tag{5-30}$$

如果每个路径点都表示成式(5-30)的 6 元数组，那么对其中的所有元素可以分别采用上节介绍的抛物线过渡的线性函数插值方法来规划出运动轨迹。如此便可使得机器人末端在路径点之间近似走直线运动，而遇到中间点时，机器人末端的线速度和角速度会平滑改变。

但有一个与在关节空间不同的特殊问题，即姿态的表示不是唯一的

$$\mathrm{Rot}(\hat{\boldsymbol{k}}_A^S,\theta)=\mathrm{Rot}(\hat{\boldsymbol{k}}_A^S,\theta+n\times 360°) \tag{5-31}$$

式中，n 为任意的整数，因此这里 n 究竟应该取值多少仍然是个问题。

选择的基本原则是，当从一个路径点运动到下一个路径点时，应适当地选择 n 以使所转过的角度最小。

每一个路径点均可用一个6元数组来表示，见式(5-30)。当每一个路径点所对应的6个元素均确定以后，便可以利用抛物线过渡的线性函数插值方法来规划出运动轨迹。还需要附加一个限制条件：在对每个元素单独进行规划时，抛物线段的持续时间及线性段的持续时间均必须相同。由于抛物线段的持续时间相同，因此各元素所对应的加速度便必然不能相等，抛物线段持续时间的确定应使得最大的加速度不超过极限值。同样，线性段持续时间的确定应使得最大的速度不超过极限值。

5.3.2 圆弧插值

原则上在笛卡尔坐标空间中可以规划出任意函数形式的运动，实际上用得较多的除直线插值运动外，还有圆弧插值运动。空间中不在一条直线上的三个点可以确定一个圆，机器人可通过给定空间任意三个点做圆弧运动。设给定的三个点的位置分别为 $Q_1(x_1, y_1, z_1)$，$Q_2(x_2, y_2, z_2)$ 和 $Q_3(x_3, y_3, z_3)$，如图5-14所示。为了求出圆弧上各点的坐标，首先要求得圆心坐标。

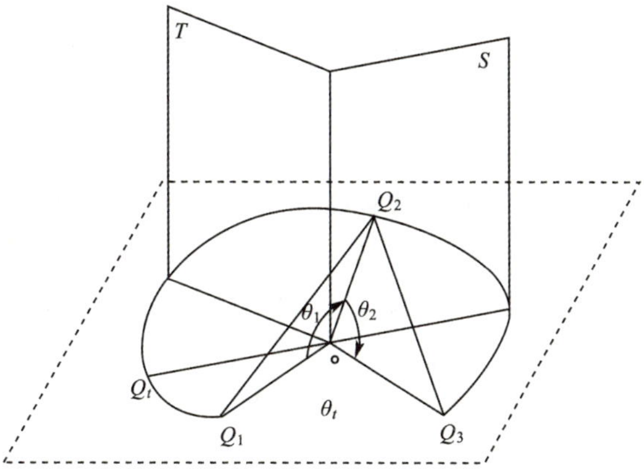

图5-14 位置的圆弧插补示意图

三点可以决定一个平面，即

$$\begin{bmatrix} x & y & z & 1 \\ x_1 & y_1 & z_1 & 1 \\ x_2 & y_2 & z_2 & 1 \\ x_3 & y_3 & z_3 & 1 \end{bmatrix}=0 \tag{5-32}$$

上式可化简为

$$a_1+b_1y+c_1z=d_1 \tag{5-33}$$

式中，a_1，b_1，c_1 和 d_1 分别为式(5-32)中关于 x，y，z 和1的余子式。

过 Q_1Q_2 的中点 E 并垂直于 Q_1Q_2，可以唯一地确定一个平面 T，则该平面上的任何直线均垂直于 Q_1Q_2，从而得平面 T 的方程为

$$(x_2-x_1)\left[x-\frac{1}{2}(x_1+x_2)\right]+(y_2-y_1)\left[y-\frac{1}{2}(y_1+y_2)\right]+$$

$$(z_2-z_1)\left[z-\frac{1}{2}(z_1+z_2)\right]=0 \tag{5-34}$$

上式也可化简为

$$a_2x+b_2y+c_2z=d_2 \tag{5-35}$$

同理，过 Q_2Q_3 中点并垂直于 Q_2Q_3 的平面 S 的方程可写为

$$a_3x+b_3y+c_3z=d_3 \tag{5-36}$$

显然，平面 M、T 和 S 的交点即所求圆心。该圆心的坐标(x_0, y_0, z_0)可通过求解式(5-33)、式(5-35)和式(5-36)组成的线性方程组而得到。求得圆心坐标后可进一步求得圆弧半径为

$$R=\sqrt{(x_1-x_0)^2+(y_1-y_0)^2+(z_1-z_0)^2} \tag{5-37}$$

由图 5-14 可以求得

$$\sin\frac{\theta_1}{2}=\frac{|Q_1Q_2|}{2R}, \sin\frac{\theta_2}{2}=\frac{|Q_2Q_3|}{2R} \tag{5-38}$$

进而求得

$$\begin{cases}\theta_1=2\sin^{-1}(\sqrt{(x_2-x_1)^2+(y_2-y_1)^2\ (z_2-z_1)^2}/2R)\\ \theta_2=2\sin^{-1}(\sqrt{(x_3-x_2)^2+(y_3-y_2)^2\ (z_3-z_2)^2}/2R)\end{cases} \tag{5-39}$$

若给定走过圆弧 $Q_1Q_2Q_3$ 所需要的时间为 t_f，并假定沿圆弧匀速运动，则可求得

$$\dot{\theta}=\frac{\theta_1+\theta_2}{t_f} \tag{5-40}$$

设Q_1 为运动的起始点，则对某一时刻 t，有

$$\theta(t)=\dot{\theta}t\triangleq\theta_t \tag{5-41}$$

相应的点则运动到如图 5-14 所示Q_t，由于 OQ_1、OQ_2 和 OQ_t 共面，因此 OQ_t 可表示为

$$\overline{OQ_t}=\lambda_1\overline{OQ_1}+\lambda_2\overline{OQ_2} \tag{5-42}$$

式中，λ_1，λ_2 为待定系数，进一步求矢量点积可得

$$\begin{cases}\overline{OQ_t}\cdot\overline{OQ_1}=R^2\cos\theta_t\\ \overline{OQ_t}\cdot\overline{OQ_2}=R^2\cos(\theta_1-\theta_t)\end{cases} \tag{5-43}$$

将式(5-42)代入式(5-43)得

$$\begin{cases}\lambda_1+\lambda_2\cos\theta_1=\cos\theta_t\\ \lambda_1\cos\theta_1+\lambda_2=\cos(\theta_1-\theta_t)\end{cases} \tag{5-44}$$

求解得

$$\lambda_1=\frac{\sin(\theta_1-\theta_t)}{\sin\theta_1}, \lambda_2=\frac{\sin\theta_t}{\sin\theta_1} \tag{5-45}$$

根据式(5-42)可求得对任意时刻 t，圆弧上点的位置的笛卡尔坐标为

$$\begin{cases}x(t)=x_0+\lambda_1(x_1-x_0)+\lambda_2(x_2-x_0)\\ y(t)=y_0+\lambda_1(y_1-y_0)+\lambda_2(y_2-y_0)\\ z(t)=z_0+\lambda_1(z_1-z_0)+\lambda_2(z_2-z_0)\end{cases} \tag{5-46}$$

5.3.3 定时插值与定距插值

机器人实现一个空间运动轨迹的过程即实现轨迹离散的过程,如果这些离散点间隔很大,则机器人运动轨迹与目标轨迹可能有较大误差。只有插值得到的离散点彼此距离很近,才有可能使机器人轨迹以足够的精确度逼近目标轨迹。连续路径(Continuous-Path,CP)运动控制实际上是多次执行插值点的点到点(Point-To-Point,PTP)运动控制,插值点越密集,越能逼近要求的轨迹曲线,可采用定时插值和定距插值方法来解决。

(1)定时插值

从运动轨迹规划过程可知,每插值得出一轨迹点的坐标值,就要转换成相应的关节角度值并加到位置伺服系统以实现这个位置,这个过程每隔一个时间间隔 t_f 完成一次。也就是说,对于机器人的控制,计算机要在 t_f 时间里完成一次插值运算和一次逆向运动学计算。关节型机器人的机械结构大多属于开链式,刚度不高,t_f 一般不超过 24 ms (40 Hz),这样就产生了 t_s 的上限值。t_f 的下限值受到计算量限制,对于目前的大多数机器人控制器,完成这样一次计算耗时约几毫秒。应当尽量选择 t_f 接近或等于它的下限值,这样可保证较高的轨迹精度和平滑的运动过程。

以一个 OXY 平面里的直线轨迹为例说明定时插值的方法。设机器人运动速度为 v mm/s,时间间隔为 t s,则每个 t_f 间隔内机器人位移为

$$P_iP_{i+1}=vt_f \tag{5-47}$$

可见两个插值点之间的距离正比于要求的运动速度,两点之间的轨迹不受控制,只有插值点之间的距离足够小,才能满足一定的轨迹精度要求。

机器人控制系统易于实现定时插值,例如采用定时中断方式每隔 t_f 中断一次进行一次插值,计算一次逆向运动学,输出一次给定值。由于 t_f 仅为几毫秒,机器人沿着要求轨迹的速度一般不会很高,且机器人总的运动精度不如数控机床、加工中心高,故大多数工业机器人采用定时插值方式。当要求以更高的精度实现运动轨迹时,可采用定距插值。

(2)定距插值

由式(5-47)可知,v 是要求的运动速度,如果要两插值点的距离 $P_i P_{i+1}$ 为一个足够小的值,以保证轨迹精度,t_f 就要变化。即插值点距离不变,但 t_f 要随着不同工作速度 v 的变化而变化。

定时插值与定距插值的基本算法相同,只是前者固定 t_f,易于实现,后者保证轨迹精度,但 t_f 要随之变化,实现起来比前者困难。

5.3.4 与关节空间法的比较

前面分别讨论了在关节空间和在笛卡尔坐标空间进行运动轨迹规划的两类方法。与关节空间法相比较,笛卡尔坐标空间法有如下优点:

(1)在笛卡尔坐标空间中所规划的轨迹比较直观,用户容易想象。

(2)对于需要连续路径运动控制的作业,任务本身对笛卡尔坐标空间中的轨迹有要求,因而必须首先在笛卡尔坐标空间中规划出要求的轨迹。

(3)在笛卡尔坐标空间规划的轨迹易于在其他机器人上复现。

其主要缺点如下:

(1)在笛卡尔坐标空间所规划的轨迹最终仍需要转换到关节空间,因此需要大量的逆运动学计算,计算工作量远大于关节空间法。

(2)即使给定的路径点在机器人的工作范围之内,也不能保证轨迹的所有点均在工作范围之内,而关节空间法不存在这个问题。

(3)在笛卡尔坐标空间中规划出的轨迹有可能接近或通过机器人的奇异点,此时要求某些关节的速度趋于无穷大,不能实现,而关节空间法不存在这个问题。

5.4 轨迹的实时生成

前面介绍了几种机器人轨迹规划的方法,轨迹规划的任务是根据给定的路径点规划出运动轨迹的所有参数。例如,在用三次多项式函数插值时,通过规划产生出多项式系数 a_0,a_1,a_2 和 a_3;在用抛物线过渡的线性函数插值时,通过规划产生出各抛物线段的持续时间 t_i 和加速度 $\ddot{\theta}_i$($i=1,2,\cdots,n$),各线性段的持续时间 $t_{i(i+1)}$ 和速度 $\dot{\theta}_{i(i+1)}$($i=1,2,\cdots,n-1$)。下面具体讨论如何根据这些参数实时地生成运动轨迹,即产生出各采样点的 θ,$\dot{\theta}$ 和 $\ddot{\theta}$。

5.4.1 关节空间轨迹的生成

当采用三次多项式函数插值时,每一段轨迹都是一个如下形式的三次多项式

$$\theta(t)=a_{i0}+a_{i1}t+a_{i2}t^2+a_{i3}t^3 \tag{5-48}$$

式中,a_{i0},a_{i1},a_{i2},a_{i3}($i=1,2,\cdots,n$)为根据规划得到的参数。

通过式(5-48)求导,可得到相应的速度和加速度为

$$\begin{cases}\dot{\theta}(t)=a_{i1}+2a_{i2}t+3a_{i3}t^2\\ \ddot{\theta}(t)=2a_{i2}+6a_{i3}t\end{cases} \tag{5-49}$$

通过式(5-48)和式(5-49),可在线计算出采样点在不同时刻的 θ,$\dot{\theta}$ 和 $\ddot{\theta}$。需要注意的是,对于每一段计算都是从 $t=0$ 开始。

当采用抛物线过渡的线性函数插值时,整个轨迹是由抛物线段和直线段依次串接而成的。参考图 5-12,可以写出整个轨迹运动方程为

$$\begin{cases}\theta(t)=\theta_1+\ddot{\theta}_1t^2/2\\ \dot{\theta}(t)=\ddot{\theta}_1t \quad (0\leqslant t\leqslant t_1)\\ \ddot{\theta}(t)=\ddot{\theta}_1\end{cases} \tag{5-50}$$

$$\begin{cases}\theta(t)=\theta_i+\dot{\theta}_{(i+1)i}(t+t_i/2)\\ \dot{\theta}(t)=\dot{\theta}_{(i+1)i} \quad (0\leqslant t\leqslant t_{(i+1)i}, i=1,2,\cdots,n-1)\\ \ddot{\theta}(t)=0\end{cases} \tag{5-51}$$

$$\begin{cases}\theta(t)=\theta_{i-1}+\dot{\theta}_{(i-1)i}(t+t_{i-1}/2+t_{(i-1)i})+\ddot{\theta}_i t^2/2\\ \dot{\theta}(t)=\dot{\theta}_{(i-1)i}+\ddot{\theta}_i t \quad (0\leqslant t\leqslant t_i, i=2,3,\cdots n)\\ \ddot{\theta}(t)=\ddot{\theta}_i\end{cases} \tag{5-52}$$

在利用上面的公式生成轨迹时，应注意每一段都应从 $t=0$ 开始，同时还应注意段与段之间的依次连接关系。同时，上面的轨迹生成公式只是针对一个关节变量，对于其他关节也是按上面同样的公式进行计算。

5.4.2 笛卡尔坐标空间轨迹的生成

首先根据规划得到的轨迹参数在笛卡尔坐标空间实时地产生出运动轨迹。由于生成轨迹的计算是由计算机来完成的，因此实际上是按照一定采样速率实时地计算出离散的轨迹点，然后再将这些轨迹点经逆运动学计算转换到关节空间。

在笛卡尔坐标空间中，路径点的位置由 3 个坐标量(x,y,z)来表示，姿态由另外 3 个量(k_x,k_y,k_z)来表示。当采用抛物线过渡的线性函数插值时，则分别对上述 6 个量进行如式(5-50)至式(5-52)所示的计算。以其中的一个分量 x 为例，它的计算公式为

$$\begin{cases}x(t)=x_1+\ddot{x}_1 t^2/2\\ \dot{x}(t)=\ddot{x}_1 t \quad (0\leqslant t\leqslant t_1)\\ \ddot{x}(t)=\ddot{x}_1\end{cases} \tag{5-53}$$

$$\begin{cases}x(t)=x_i+\dot{x}_{(i+1)i}(t+t_i/2)\\ \dot{x}(t)=\dot{x}_{(i+1)i} \quad 0\leqslant t\leqslant t_{(i+1)i} \quad (i=1,2,\cdots,n-1)\\ \ddot{x}(t)=0\end{cases} \tag{5-54}$$

$$\begin{cases}x(t)=x_{i-1}+\dot{x}_{(i-1)i}(t+t_{i-1}/2+t_{(i-1)i})+\ddot{x}_i t^2/2\\ \dot{x}(t)=\dot{x}_{(i+1)i}+\ddot{x}_i t \quad (0\leqslant t\leqslant t_i, i=2,3,\cdots,n)\\ \ddot{x}(t)=\ddot{x}_i\end{cases} \tag{5-55}$$

其他各个分量也按照上面类似的公式进行计算。但是应该注意，表示姿态的 3 个量的一阶导数和二阶导数并不等于机器人末端的角速度和角加速度，它们之间还需要进行一定的换算。在求得笛卡尔坐标空间中的轨迹之后，再利用求解逆运动学的算法求得关节空间中的轨迹 θ,$\dot{\theta}$ 和 $\ddot{\theta}$。由于通过逆运动学计算 $\dot{\theta}$ 和 $\ddot{\theta}$ 需要较大的计算工作量，因此实际计算时可根据关节位移逆解计算出 θ，然后用数值微分的方法计算出 $\dot{\theta}$ 和 $\ddot{\theta}$，即

$$\begin{cases}\dot{\theta}(t)=\dfrac{\theta(t)-\theta(t-\Delta t)}{\Delta t}\\ \ddot{\theta}(t)=\dfrac{\dot{\theta}(t)-\dot{\theta}(t-\Delta t)}{\Delta t}\end{cases} \tag{5-56}$$

式中，Δt 为数值计算的采样周期。

当用这种方法计算 $\dot{\theta}$ 和 $\ddot{\theta}$ 时，在规划笛卡尔坐标空间中的轨迹时，可以不必计算各分量的一阶和二阶导数，进一步减少计算工作量。

思考题

(1)对于一个 6 关节的机器人，若采用关节空间的三次多项式函数插值，要求机器人从起始点经过两个中间点运动到终止点。问需要规划多少条三次函数？总共需要存储多少个系数？

(2)单连杆旋转关节机器人开始静止在 $\theta=-5°$，求在 4 秒钟内平滑地运动到 $\theta=80°$ 停下来。分别计算三次多项式插值函数的系数和带抛物线过渡的线性插值函数的各参数，并分别画出角位移、速度和加速度随时间变化的关系曲线。

(3)设某一关节角的起始点为 $\theta_0=14°$，经过点 $\theta_v=14°$，终止点 $\theta_g=-10°$，每一段的持续时间为 2 秒，起始点和终止点的速度均为零，中间点的加速度连续。要求用三次线性函数插值法规划运动轨迹，并画出位置、速度和加速度随时间变化的关系曲线。

(4)已知 $\theta_1=4°$，$\theta_2=14°$，$\theta_3=-10°$，现采用抛物线连接的线性函数插值法进行轨迹规划，并给定 $t_{d12}=t_{d23}=2$ s，在抛物线段内的加速度为 $60°/s^2$，要求画出位置、速度和加速度曲线。

第 6 章 机器人控制技术

微课6

6.1 机器人控制概述

要对机器人实施良好的控制，了解被控对象的特性是很重要的。在第 4 章中讨论过机器人的动力学问题，动力力学方程的通式为

$$\boldsymbol{\tau}=\boldsymbol{D}(\boldsymbol{q})\ddot{\boldsymbol{q}}+\boldsymbol{H}(\boldsymbol{q},\dot{\boldsymbol{q}})+\boldsymbol{G}(\boldsymbol{q}) \tag{6-1}$$

式中，$\boldsymbol{D}(\boldsymbol{q})$为机器人的惯性矩阵，是 $n\times n$ 的正定对称矩阵；$\boldsymbol{H}(\boldsymbol{q},\dot{\boldsymbol{q}})$为 $n\times1$ 的离心力和哥氏力矢量，$\boldsymbol{G}(\boldsymbol{q})$为 $n\times1$ 的重力矢量；$\boldsymbol{\tau}=[\tau_1\quad \tau_2\quad \cdots\quad \tau_n]$为关节驱动力向量。

机器人从动力学的角度来说，具有以下特性：

(1)本质上是一个非线性系统，结构、传动件、驱动元件等都会引起机器人系统的非线性。

(2)各关节间具有耦合作用，表现在某一个关节的运动，会对其他关节产生动力效应，故每个关节都要承受其他关节运动产生的扰动。

(3)它是一个时变系统，动力学参数随着关节运动位置的变化而变化。

从使用的角度来看，机器人是一种特殊的自动化设备，对它的控制有如下特点和要求：

(1)多轴运动协调控制，以产生要求的工作轨迹，因为机器人的手部运动是所有关节运动的合成运动，要使手部按照设定的规律运动，就必须很好地控制各关节协调动作，包括运动轨迹、动作时序等多方面的协调。

(2)较高的位置精度，很大的调速范围。除直角坐标式机器人以外，机器人关节上的位置检测元件，不能安放在机器人末端执行器上，而是放在各自驱动轴上，因此这是位置半闭环系统。此外，由于存在开式链传动机构的间隙等，使得机器人总的位置精度降低，与数控机床相比，约降低一个数量级。但机器人的调速范围很大，这是由于工作时，机器人可能以极低的工业要求速度加工工件；而空行程时，为提高效率，以极高的速度运动。

(3)系统的静差率要小。由于机器人工作时要求运动平稳，不受外力干扰，为此系统应具有较好的刚性，即要求有较小的静差率，否则将造成位置误差。例如，机器人某个关节不动，但由于其他关节运动时形成的耦合力矩作用在这个不动的关节上，使其在外力作用下产生滑动，形成机器人位置误差。

(4)各关节的速度误差系数应尽量一致。机器人手臂在空间移动,是各关节联合运动的结果,尤其是当要求沿空间直线或圆弧运动时。即使系统有跟踪误差,应要求各轴关节伺服系统的速度放大系数尽可能一致,而且在不影响稳定性的前提下,尽量取较大的数值。

(5)位置无超调,动态响应尽量快。机器人不允许有位置超调,否则将与工件发生碰撞,加大阻尼可以减少超调,但却牺牲了系统的快速性,故设计系统时要很好地权衡折中这两者。

(6)需要采用加减速控制,大多数机器人具有开链式结构,它的机械刚度很低,过大的加(减)速度都会影响它的运动平稳(抖动),因此在机器人起动或停止时应有加(减)速控制。通常采用匀加(减)速运动指令来实现。

(7)要求控制系统具有良好的人机界面,尽量降低对操作者的要求。

(8)要求尽可能地降低系统的硬件成本,更多地采用软件伺服方法来完善控制系统的性能。

6.2 机器人运动控制

机器人是耦合的非线性动力学系统,在运动控制问题中,机器人作业任务通常是以在任务空间上末端执行器的运动轨迹来指定的,而控制操作是在关节空间进行的,以达到期望的目标,各关节的控制必须考虑关节间的耦合作用,但对于运动速度不高(通常小于1.5 m/s)的工业机器人而言,通常还是按照独立关节来考虑,因为由速度项引起的非线性作用几乎可以忽略,且负载的变化折算到电动机轴上要除以速比的平方,因此电动机轴上负载变化很小,可以看作定常系统处理。各关节之间的耦合作用,也因减速器的存在而极大地削弱。于是工业机器人系统可简化认为是一个由多关节组成的各自独立的线性系统。

6.2.1 单关节系统控制

机器人最常见的驱动方式是每个关节用一个直流(DC)永磁电动机驱动。如图 6-1 所示为单关节电动机负载模型。图中 τ_m 为电动机输出力矩,θ_m 为电动机轴角位移,θ_L 为负载轴角位移,J_m 为折合到电动机轴的惯性矩,J_L 为折合到负载轴的惯性矩,f_m 为折合到电动机轴的黏性摩擦因数,f_L 为折合到负载轴的黏性摩擦因数,n 为齿轮转速比,z_m 为电动机齿轮齿数,z_L 为负载齿轮齿数。

从电动机轴到负载轴的传动比为

$$n=\frac{\theta_L}{\theta_m}=\frac{z_L}{z_m} \tag{6-2}$$

折合到电动机轴上的总等效惯性矩 J_{eff} 和等效黏性摩擦系数 f_{eff} 为

$$J_{eff}=J_m+n^2J_L, f_{eff}=f_m+n^2f_L \tag{6-3}$$

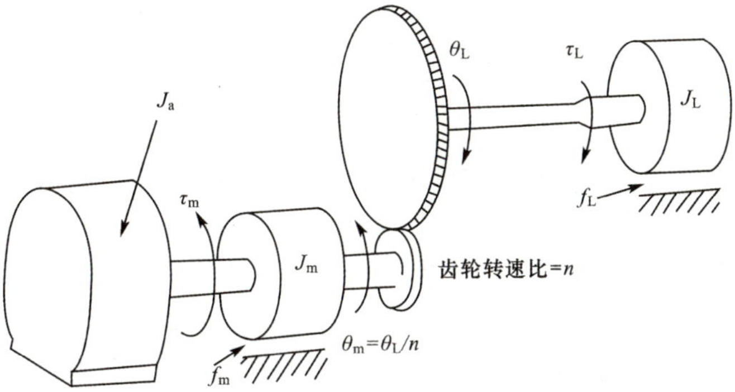

图 6-1 单关节电动机负载模型

1.单关节系统的数学模型

(1)平衡方程

图 6-2(a)所示是直流电动机驱动原理,在直流电动机驱动回路中,位置编码器将机器人关节运动的角位移或直线位移转换成电信号,并与输入的参与信息相比,二者的偏差作为位置控制器的输入。机器人关节运动的速度可以通过测速电动机或编码器测得的位置信息对时间进行微分运算得到。功率放大器对控制信号进行调节,以电流形式将功率传递到直流电动机。

图 6-2(b)所示是直流电动机等效电路,表示一个典型的电动机耦合系统,图中 U_a 为电枢电压,U_f 为励磁电压,L_a 为电枢电感,R_a 为电枢电阻,R_f 为励磁电阻,i_a 为电枢电流,e_b 为反电动势。

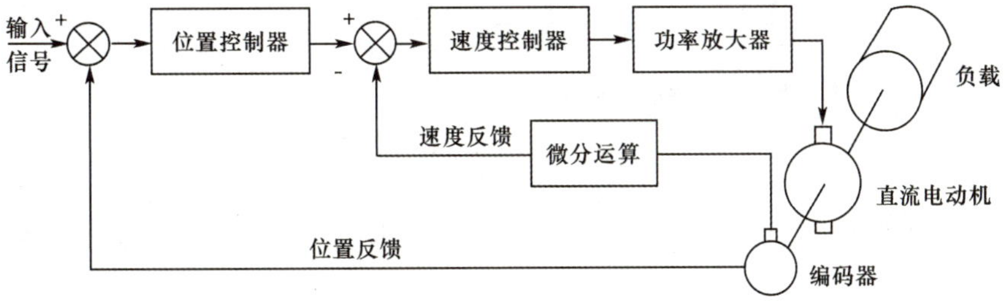

(a)原理

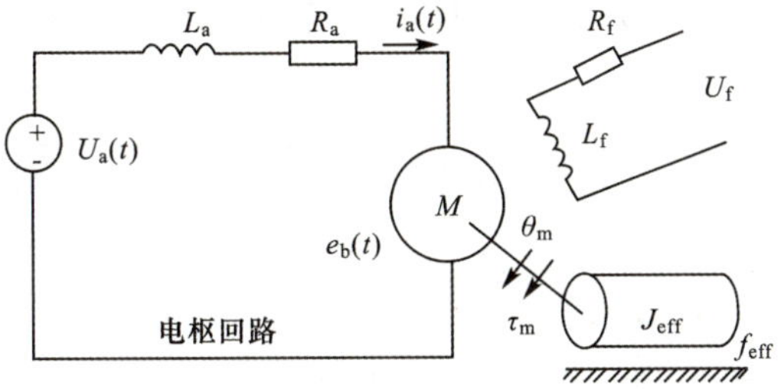

(b)等效电路

图 6-2 直流电动机驱动

①电压平衡方程为

$$U_a(t)=R_a i_a(t)+L_a\frac{di_a(t)}{dt}+e_b(t) \tag{6-4}$$

②力矩平衡方程为

$$\tau_m(t)=J_{eff}\ddot{\theta}_m+f_{eff}\dot{\theta}_m \tag{6-5}$$

(2)耦合关系

机械部分和电气部分的耦合包括两个方面：一方面，电气部分对机械部分的作用是由于电动机轴上产生的力矩随电枢电流线性变化而产生的；另一方面，机械部分对电气部分的作用表现为电动机的反电动势与电动机的角速度成正比，即

$$\tau_m(t)=k_a i_a(t),e_b(t)=k_b\dot{\theta}_m(t) \tag{6-6}$$

式中，k_a 为电动机电流-力矩比例系数；k_b 为反电动势与电动机转速间的比例系数。

对式(6-4)至式(6-6)进行拉普拉斯变换，得

$$I_a(s)=\frac{U_a(s)-U_b(s)}{R_a+sL_a} \tag{6-7}$$

$$T(s)=s^2J_{eff}\Theta_m(s)+sf_{eff}\Theta_m(s) \tag{6-8}$$

$$T(s)=k_aI_a(s),U_b(s)=sk_b\Theta_m(s) \tag{6-9}$$

将式(6-7)至式(6-9)联立，并重新组合其中各项，即得到从电枢电压到电动机辐角位移的传递函数

$$\frac{\Theta_m(s)}{U_a(s)}=\frac{k_a}{s[s^2L_aJ_{eff}+(L_af_{eff}+R_aJ_{eff})s+R_af_{eff}+k_ak_b]} \tag{6-10}$$

由于电动机的电气时间常数远小于其机械时间常数，可以忽略电枢的电感 L_a 的作用，则方程(6-10)简化为

$$\frac{\Theta_m(s)}{U_a(s)}=\frac{k_a}{s(sR_aJ_{eff}+R_af_{eff}+k_ak_b)}=\frac{k}{s(T_ms+1)} \tag{6-11}$$

式中，电动机增益常数和时间常数分别为

$$k=\frac{k_a}{R_af_{eff}+k_ak_b},T_m=\frac{R_aJ_{eff}}{R_af_{eff}+k_ak_b}$$

控制系统的输出是关节角位移 $\Theta_L(s)$，它与电枢电压 $U_a(s)$ 之间的传递关系为

$$\frac{\Theta_L(s)}{U_a(s)}=\frac{nk_a}{s(sR_aJ_{eff}+R_af_{eff}+k_ak_b)} \tag{6-12}$$

式(6-12)表示所加电压与关节角位移之间的传递函数。单关节开环系统方框图如图6-3所示。

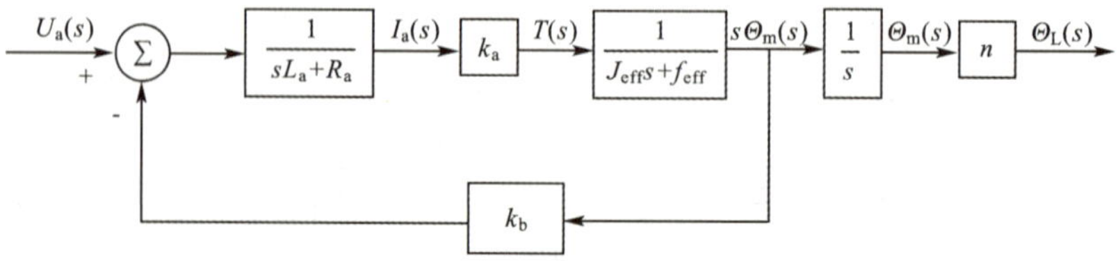

图6-3　单关节开环系统方框图

2.单关节的位置控制器

位置控制器的作用是，利用电动机组成的伺服系统使关节的实际角位移跟踪预期的角位移，把伺服误差作为电动机的输入信号，产生适当的电压，即

$$U_a(t)=\frac{k_p e(t)}{n}=\frac{k_p[\theta_L^d(t)-\theta_L(t)]}{n} \tag{6-13}$$

式中，k_p 为位置反馈增益，V/rad；$e(t)$为系统误差，$e(t)=\theta_L^d(t)-\theta_L(t)$；$n$ 为传动比。

这样，实际上是用“单位负反馈”把该系统从开环系统转变为闭环系统，如图 6-4 所示。

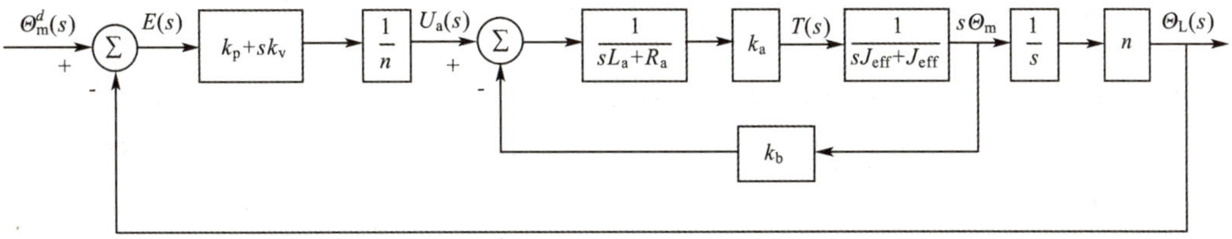

图 6-4 单关节反馈控制闭环系统方框图

对式(6-13)进行拉普拉斯变换为

$$U_a(s)=\frac{k_p[\theta_L^d(s)-\theta_L(s)]}{n}=\frac{k_p E(s)}{n} \tag{6-14}$$

把式(6-14)代入式(6-12)，得出误差信号 $E(s)$与实际位移 $\Theta_L(s)$之间的开环传递函数为

$$G(s)=\frac{\Theta_L(s)}{E(s)}=\frac{k_a k_p}{s(sR_a J_{eff}+R_a f_{eff}+k_a k_b)}$$

由此可得系统的闭环传递函数，表示实际角位移 $\Theta_L(s)$与预期角位移 $\Theta_L^d(s)$之间的关系

$$\frac{\Theta_L(s)}{\Theta_L^d(s)}=\frac{G(s)}{1+G(s)}=\frac{k_a k_p}{s^2 R_a J_{eff}+s(R_a f_{eff}+k_a k_b)+k_a k_p}$$
$$=\frac{\dfrac{k_a k_p}{R_a J_{eff}}}{s^2+\dfrac{s(R_a f_{eff}+k_a k_b)}{R_a J_{eff}}+\dfrac{k_a k_p}{R_a J_{eff}}} \tag{6-15}$$

式(6-15)表明单关节的比例控制器是一个二阶系统，当系统参数均为正时，它总是稳定的。为了改善系统的动态性能，减少静态误差，可以加大位置反馈增益 k_p 和增加阻尼，再引入角速度作为反馈信号。关节角速度常用测速发电机、光电编码盘或电位器等测量，也可用两次采样周期内的位移数据来近似表示。加上位置反馈和速度反馈之后，关节电动机上所加的电压与位置误差和速度误差成正比，即

$$U_a(t)=\frac{k_p e(t)+k_v \dot{e}(t)}{n}=\frac{k_p[\theta_L^d(t)-\theta_L(t)]+k_v[\dot{\theta}_L^d(t)-\dot{\theta}_L(t)]}{n} \tag{6-16}$$

式中，k_v 为速度反馈增益；n 为传动比。

对式(6-16)进行拉普拉斯变换，再把 $U_a(s)$代入式(6-11)，得到误差驱动信号 $E(s)$与实际位移之间的传递函数为

$$G_{PD}(s)=\frac{\Theta_m(s)}{E(s)}=\frac{k_a(k_p+sk_v)}{s(sR_a J_{eff}+R_a f_{eff}+k_a k_b)}=\frac{sk_n k_v+k_a k_p}{s(sR_a J_{eff}+R_a f_{eff}+k_a k_b)}$$

由此可以得出表示实际角位移 $\Theta_L(s)$ 与预期角位移 $\Theta_L^d(s)$ 之间关系的闭环传递函数为

$$\frac{\Theta_L(s)}{\Theta_L^d(s)}=\frac{G_{PD}(s)}{1+G_{PD}(s)}=\frac{sk_ak_v+k_ak_p}{s^2R_aJ_{eff}+s(R_af_{eff}+k_ak_b+k_ak_v)+k_ak_p} \tag{6-17}$$

显然，当 $k_v=0$ 时，式(6-17)就简化为式(6-15)。

式(6-17)所表示的是一个二阶系统，它具有一个有限零点 $s=\frac{-k_p}{k_v}$，位于 s 平面的左半部分。系统可能有大的超调量和较长的稳定时间，随零点的位置而定。如图 6-5 所示，机器人控制系统还要受扰动 $D(s)$ 的影响。这些扰动是由重力负载和机器人操作臂的离心力引起的。

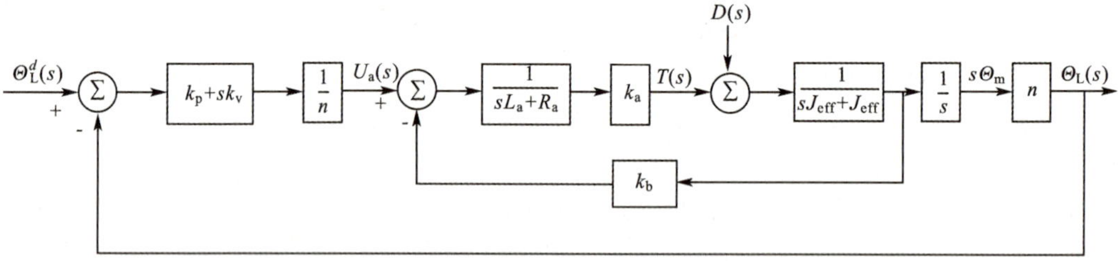

图 6-5　带干扰的反馈控制框图

由于存在扰动，电动机轴的输出力矩的一部分必须用于克服各种扰动力矩。由式(6-8)得

$$T(s)=(s^2J_{eff}+sf_{eff})\Theta_m(s)+D(s) \tag{6-18}$$

式中，$D(s)$为扰动的拉普拉斯变换。

表示扰动输入与实际关节角位移之间关系的传递函数为

$$\left.\frac{\Theta_L(s)}{D(s)}\right|_{\Theta'_L=0}=\frac{-nR_a}{s^2R_aJ_{eff}+s(R_af_{eff}+k_ak_b+k_ak_v)+k_ak_p} \tag{6-19}$$

根据式(6-17)和式(6-19)，运用叠加原理，可得到关节的实际位移为

$$\Theta_L(s)=\frac{k_a(k_p+sk_v)\Theta_L^d(s)-nR_aD(s)}{s^2R_aJ_{eff}+s(R_af_{eff}+k_ak_b+k_ak_v)+k_ak_p} \tag{6-20}$$

最重要的是上述闭环系统的特性，尤其是在阶跃输入和斜坡输入下产生的系统稳态误差，以及位置和速度反馈增益的极限。

3.位置和速度反馈增益的确定

二阶闭环控制系统的性能指标有快速上升时间、稳态误差的大小(是否为零)、快速调整时间。这些都与位置反馈增益 k_p 以及速度反馈增益 k_v 有关。暂时假定扰动为零，由式(6-17)和式(6-19)可知，该二阶系统是一个存在有限零点的系统。这一有限零点的作用常常使二阶系统提早到达峰值，并产生较大的超调量(与无有限零点的二阶系统相比)。暂时忽略这个有限零点的作用，设法确定 k_p 和 k_v 的值，以便得到临界阻尼或过阻尼系统。二阶系统的特征方程具有下面的标准形式

$$s^2+2\zeta\omega_ns+\omega_n^2=0 \tag{6-21}$$

把闭环系统的特征方程与式(6-21)相比，可看出它的无阻尼自然频率为

$$\omega_n^2=\frac{k_a k_p}{J_{eff}R_a} \tag{6-22}$$

且有

$$2\zeta\omega_n=\frac{R_a J_{eff}+k_a k_b+k_a k_v}{J_{eff}R_a} \tag{6-23}$$

二阶系统的特性取决于它的无阻尼自然频率 ω_n 和阻尼比 ζ。为了安全起见,希望系统具有临界阻尼或过阻尼,即要求系统的阻尼比 $\zeta\geqslant 1$。注意,系统的位置反馈增益 $k_p>0$ (表示负反馈)。由式(6-23)得

$$\zeta=\frac{R_a J_{eff}+k_a k_b+k_a k_v}{2\sqrt{k_a k_p J_{eff}R_a}}\geqslant 1 \tag{6-24}$$

因而速度反馈增益 k_v 为

$$k_v\geqslant\frac{2\sqrt{k_a k_p J_{eff}R_a}-R_a f_{eff}-k_a k_b}{k_a} \tag{6-25}$$

取等号时,系统为临界阻尼系统;取大于号时,系统为过阻尼系统。

在确定位置反馈增益 k_p 时,必须考虑机器人的结构刚度和共振频率;k_p 与机器人的结构、尺寸、质量分布和制造装配质量有关。前面建立单关节的控制系统模型时,忽略了齿轮轴、轴承和操作臂等零件的变形,认为这些零件和传动系统都具有无限大的刚度。实际上并非如此,各关节的传动系统和有关零件,以及配合衔接的部分的刚度都是有限的。但是,如果在建立控制系统模型时,将这些变形和刚度的影响都考虑进去,则得到的模型是高阶的,这会使得问题复杂化。因此,所建立的二阶简化模型式(6-20)只适用于机械传动系统的刚度很高,系统的共振频率很高的场合。此时,机械结构的自然频率与简化的二阶控制系统的主导极点相比较可以忽略。令关节的等效刚度为 k_{eff},则恢复力矩为 $k_{eff}\theta_m(t)$,它与电动机的惯性力矩相平衡,因此可得微分方程为

$$J_{eff}\ddot{\theta}_m(t)+k_{eff}\theta_m(t)=0$$

系统结构的共振频率为

$$\omega_r=\sqrt{\frac{k_{eff}}{J_{eff}}}$$

因为在建立控制系统模型时,没有将结构的共振频率 ω_r 考虑进去,所以把它称为非模型化频率。一般说来,关节的等效刚度 k_{eff} 大致不变,但是等效惯性矩 J_{eff} 会随末端执行器的负载和操作臂的形位而变化。如果在已知的惯性矩 J_0 下测出的结构共振频率为 ω_0,则在其他惯性矩 J_{eff} 下的结构共振频率为

$$\omega_r=\omega_0\sqrt{\frac{J_0}{J_{eff}}}$$

为了不激起系统共振,Paul 于 1981 年建议,闭环系统无阻尼自然频率 ω_n 必须限制在关节结构共振频率的一半之内,即 $\omega_n\leqslant 0.5\omega_r$。根据这一要求来调整位置反馈增益 k_p,由于 $k_p>0$,从式(6-22)和上面结果可以得出

$$0<k_p<\frac{\omega_r^2 J_{eff}R_a}{4k_a} \tag{6-26}$$

再利用 $\omega_r=\omega_0\sqrt{\dfrac{J_0}{J_{eff}}}$，式(6-26)变为

$$0<k_p<\frac{\omega_0^2 J_0 R_a}{4k_a} \tag{6-27}$$

k_p 求出后，相应的速度反馈增益 k_v 可以由式(6-25)导出，即

$$k_v\geqslant\frac{R_a\omega_0\sqrt{J_0 J_{eff}}-R_a f_{eff}-k_a k_b}{k_a}$$

4.稳态误差及其补偿

稳态误差定义为

$$e(t)=\theta_L^d(t)-\theta_L(t)$$

拉普拉斯变换为

$$E(s)=\Theta_L^d(s)-\Theta_L(s)$$

利用式(6-20)，可以得出

$$E(s)=\frac{[s^2R_aJ_{eff}+s(R_af_{eff}+k_ak_b)]\Theta_L^d(s)+nR_aD(s)}{s^2R_aJ_{eff}+s(R_af_{eff}+k_ak_b+k_ak_v)+k_ak_p} \tag{6-28}$$

对于一个幅值为 A 的阶跃输入，即 $\theta_L^d(t)=A$，若扰动输入未知，则由这个阶跃输入而产生的系统稳态误差可从“终值定理”导出。在 $k_ak_p\neq 0$ 的条件下，可得稳态误差为

$$\begin{aligned}e_{ssp}&=\lim_{t\to\infty}e(t)=\lim_{s\to 0}sE(s)\\&=\lim_{s\to 0}s\cdot\frac{[s^2R_aJ_{eff}+s(R_af_{eff}+k_ak_b)]A/s+nR_aD(s)}{s^2R_aJ_{eff}+s(R_af_{eff}+k_ak_b+k_ak_v)+k_ak_p}\\&=\lim_{s\to 0}s\cdot\frac{nR_aD(s)}{s^2R_aJ_{eff}+s(R_af_{eff}+k_ak_b+k_ak_v)+k_ak_p}\end{aligned} \tag{6-29}$$

它是扰动的函数。有些干扰，如因重力负载和关节速度而产生的离心力，它们可以直接确定；有些干扰，如齿轮啮合摩擦、轴承摩擦和系统噪声则无法直接确定。把干扰力矩表示为

$$\tau_D(t)=\tau_G(t)+\tau_C(t)+\tau_e \tag{6-30}$$

式中，$\tau_D(t)$ 和 $\tau_C(t)$ 分别为机器人操作臂重力和离心力造成的力矩；τ_e 为除重力和离心力之外的因素造成的干扰力矩，可以认为它是个很小的恒值干扰力矩 T_e。

式(6-30)的拉普拉斯变换为

$$D(s)=T_G(t)+T_C(t)+\frac{T_e}{s} \tag{6-31}$$

为了补偿重力负载和离心力的影响，可以预先算出式(6-30)中的力矩值，进行前馈补偿，如图 6-6 所示。令补偿力矩 τ_{com} 的拉普拉斯变换为 $T_{com}(s)$，并将式(6-31)代入式(6-28)，则得出误差表达式为

$$\begin{aligned}E(s)=&\frac{[s^2R_aJ_{eff}+s(R_af_{eff}+k_ak_b)]\Theta_L^d(s)}{s^2R_aJ_{eff}+s(R_af_{eff}+k_ak_b+k_ak_v)+k_ak_p}\\&+\frac{nR_a\left[T_G(s)+T_C(s)+\dfrac{T_e}{s}-T_{com}(s)\right]}{s^2R_aJ_{eff}+s(R_af_{eff}+k_ak_b+k_ak_v)+k_ak_p}\end{aligned}$$

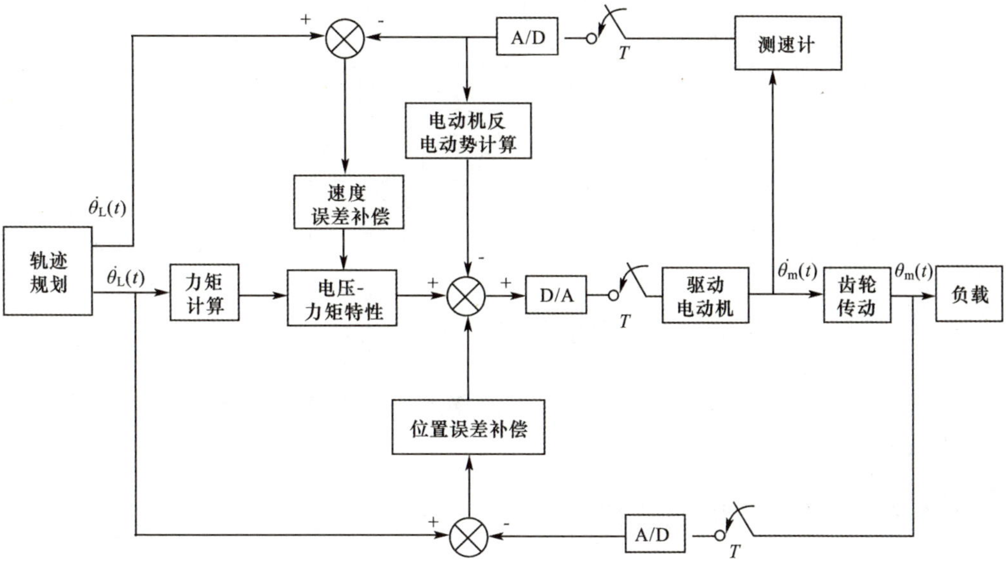

图 6-6 干扰的前馈补偿

对阶跃输入而言，$\Theta_L^d(s)=\frac{A}{s}$，系统的稳态误差为

$$e_{ssp}=\lim_{s\to 0} s\left[\frac{nR_a\left[T_G(s)+T_C(s)+\frac{T_e}{s}-T_{com}(s)\right]}{s^2R_aJ_{eff}+s(R_af_{eff}+k_ak_b+k_ak_v)+k_ak_p}\right] \tag{6-32}$$

当时间 $t\to\infty$ 时，离心力产生的扰动作用为零，因为离心力是 $\dot{\theta}_L^2(t)$ 的函数，此时 $\dot{\theta}_L(\infty)\to 0$，因而不产生稳态位置误差。如果计算出的补偿力矩 τ_{com} 与操作臂的重力负载相等，那么，稳态位置误差仅与恒值扰动 τ_e 有关，有

$$e_{ssp}=\frac{nR_aT_e}{k_ak_p}$$

由于 k_p 满足不等式(6-27)，因而，稳态位置误差在以下范围内

$$\frac{4nT_e}{\omega_0^2J_0}\leqslant e_{ssp}<\infty$$

从 e_{ssp} 的表达式可以看出，位置反馈增益 k_p 越大，e_{ssp} 越小，因为通常取满足不等式(6-27)的上限 k_p，此时 e_{ssp} 达到下限值，即

$$e_{ssp}=\frac{4nT_e}{\omega_0^2J_0}$$

因为 τ_e 是一个很小的量，因此稳态位置误差 e_{ssp} 也很小，$\tau_G(t)$ 的计算要利用机器人的动态模型。如果系统的输入是斜坡函数，则 $\Theta_L^d(s)=\frac{A}{s^2}$，并且干扰力矩由式(6-31)给出，则由于斜坡输入而产生的稳态误差是

$$e_{ssp}=\lim_{s\to 0} s\cdot\frac{\left[s^2R_aJ_{eff}+s(R_af_{eff}+k_ak_b)\right]\frac{A}{s^2}}{s^2R_aJ_{eff}+s(R_af_{eff}+k_ak_b+k_ak_v)+k_ak_p}$$

$$=\lim_{s\to 0}s\cdot\frac{nR_a\left[T_G(s)+T_C(s)+\frac{T_e}{s}-T_{com}(s)\right]}{s^2R_aJ_{eff}+s(R_af_{eff}+k_ak_b+k_ak_v)+k_ak_p}$$

$$=\frac{(R_af_{eff}+k_ak_b)A}{k_ak_b}+\lim_{s\to 0}s\cdot\frac{nR_a\left[T_G(s)+T_C(s)+\frac{T_e}{s}-T_{com}(s)\right]}{s^2R_aJ_{eff}+s(R_af_{eff}+k_ak_b+k_ak_v)+k_ak_p}$$

为了减小稳态误差，计算的补偿力矩 $\tau_{com}(t)$ 应与重力和离心力的影响相抵消，就可得到稳态误差为

$$e_{ssv}=\frac{(R_af_{eff}+k_ak_b)A}{k_ak_p}+e_{ssp}$$

显然，稳态误差也是有限的。同样，根据机器人的动态模型，即逆动力学模型来计算补偿力矩 $\tau_{com}(t)$。

6.2.2 多关节系统控制

1.线性解耦控制规律

机器人的多关节控制系统是一个多输入、多输出的系统，需要用矢量表示位置、速度和加速度，控制器所计算的是各关节驱动控制矢量。基于模型的控制规律的形式为

$$\boldsymbol{F}=\boldsymbol{\alpha}\boldsymbol{F}'+\boldsymbol{\beta} \tag{6-33}$$

对自由度为 n 的系统而言，式(6-33)中 $\boldsymbol{F}$，$\boldsymbol{F}'$ 和 $\boldsymbol{\beta}$ 都是 $n\times1$ 的矢量，$\boldsymbol{\alpha}$ 是 $n\times n$ 的矩阵(不一定是对角矩阵)。$\boldsymbol{\alpha}$ 的作用是对 n 个运动方程进行解耦。如果正确地选择 α 和 β，系统对于输入 $\boldsymbol{F}'$ 将表现为 n 个独立的单位质量系统。因此在多维情况下，基于模型的控制部分通常采用的是线性解耦控制规律。多维系统的伺服控制规律为

$$\boldsymbol{F}'=\ddot{\boldsymbol{x}}_d+\boldsymbol{K}_v\dot{\boldsymbol{e}}+\boldsymbol{K}_p\boldsymbol{e} \tag{6-34}$$

式中，$\boldsymbol{K}_v$ 和 $\boldsymbol{K}_p$ 都是 $n\times n$ 的矩阵，通常选为对角矩阵，对角线上的元素为常数增益；$\boldsymbol{e}$ 和 $\dot{\boldsymbol{e}}$ 分别表示位置误差和速度误差，均为 $n\times1$ 的矢量。

2.多关节位置控制规律的分解

式(6-1)是未考虑摩擦等非线性因素的动力学模型，摩擦模型设为关节位置和速度的函数，于是式(6-1)变为

$$\boldsymbol{\tau}=\boldsymbol{D}(\boldsymbol{q})\ddot{\boldsymbol{q}}+\boldsymbol{H}(\boldsymbol{q},\dot{\boldsymbol{q}})+\boldsymbol{G}(\boldsymbol{q})+\boldsymbol{F}(\boldsymbol{q},\dot{\boldsymbol{q}}) \tag{6-35}$$

对上述复杂系统运用控制器分解方法，基于模型的控制规律为

$$\boldsymbol{\tau}=\boldsymbol{\alpha}\boldsymbol{\tau}'+\boldsymbol{\beta} \tag{6-36}$$

式中，$\boldsymbol{\tau}'$ 为关节力矩。

选取 $\boldsymbol{\alpha}=\boldsymbol{D}(\boldsymbol{q})$，$\boldsymbol{\beta}=\boldsymbol{H}(\boldsymbol{q},\dot{\boldsymbol{q}})+\boldsymbol{G}(\boldsymbol{q})+\boldsymbol{F}(\boldsymbol{q},\dot{\boldsymbol{q}})$，则伺服控制规律为

$$\boldsymbol{\tau}'=\ddot{\boldsymbol{q}}_d+\boldsymbol{K}_v\dot{\boldsymbol{e}}+\boldsymbol{K}_p\boldsymbol{e} \tag{6-37}$$

式中，$\boldsymbol{e}=\boldsymbol{q}_d-\boldsymbol{q}$，$\dot{\boldsymbol{e}}=\dot{\boldsymbol{q}}_d-\dot{\boldsymbol{q}}$。

由控制器分解法得到的控制系统方框图如图 6-7 所示。

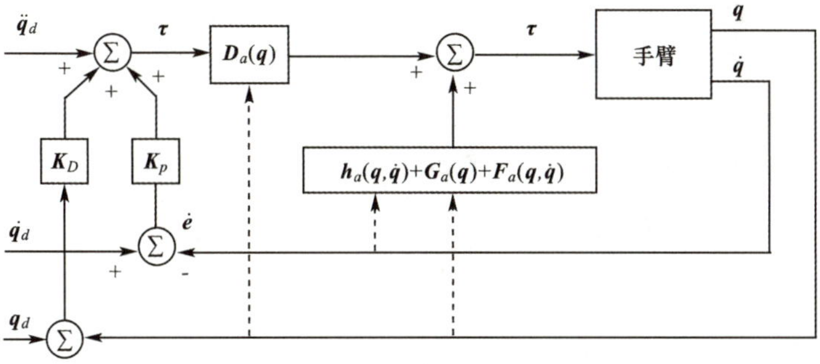

图 6-7　基于模型的控制系统方框图

6.2.3 运动控制方法

如图 6-8 所示为机器人独立关节速度-位置的嵌套级联控制回路，内环采用比例或比例积分控制，外环采用比例或者比例微分控制，确保机器人关节位置跟踪的准确性。重力和其他动态耦合作用而产生的干扰力矩会影响速度环的性能，引起位置跟踪的误差。而当高速运动时，从机器人的动力学方程可知，关节耦合的惯性力、哥氏力都会比较大，即未建模的扰动力矩比较大，独立关节控制的速度环的性能严重下降，控制精度会受到很大的制约。因此，机器人独立关节控制的性能限制于低速、低加速度的运动。

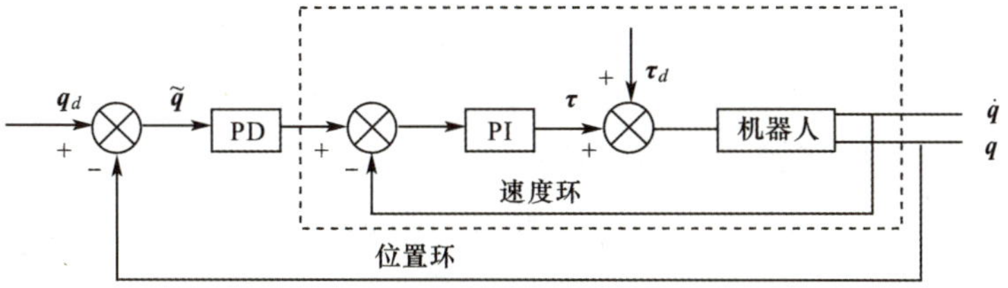

图 6-8　级联速度环与位置环结构的独立关节控制

下面分析和讨论几种常见的运动控制方法：

(1)PD 控制

PD 控制方法应用较为广泛，主要考虑在特定较为低速的应用场景中，当计算相对复杂的惯性力、哥氏力和向心力相对较小时，机器人各连杆的重力为动力学模型中的主导项，其他忽略的项作为模型误差，前馈的模型补偿中只选用重力项，镇定反馈中选择 PD 控制。

下面对 PD 控制方法的稳定性进行证明，系统在平衡稳态上稳定的系统输入可采用李雅普诺夫直接法确定：

令$[\tilde{\boldsymbol{q}}^{\mathrm{T}}\dot{\boldsymbol{q}}^{\mathrm{T}}]^{\mathrm{T}}$ 为系统状态向量，其中

$$\tilde{\boldsymbol{q}}=\boldsymbol{q}_d-\boldsymbol{q} \tag{6-38}$$

式(6-38)表示期望姿态与实际姿态之间的误差。

选择以下正定二次型为李雅普诺夫待选函数

$$\boldsymbol{V}(\dot{\boldsymbol{q}},\tilde{\boldsymbol{q}})=\frac{1}{2}\dot{\boldsymbol{q}}^{\mathrm{T}}\boldsymbol{D}(\boldsymbol{q})\dot{\boldsymbol{q}}+\frac{1}{2}\tilde{\boldsymbol{q}}^{\mathrm{T}}\boldsymbol{K}_p\tilde{\boldsymbol{q}}>0,\ \forall\,\dot{\boldsymbol{q}},\tilde{\boldsymbol{q}}\neq 0 \tag{6-39}$$

式中，$\boldsymbol{K}_p$ 为$(n\times n)$对称正定矩阵。

式(6-39)表明，第一项为系统的动能，第二项为系统的势能，等效强度系数 $\boldsymbol{K}_p$，由 n 个位置反馈回路提供。

对式(6-39)求导，且 q_p 为常数，下式成立

$$\dot{V}=\dot{\boldsymbol{q}}^{\mathrm{T}}\boldsymbol{D}(\boldsymbol{q})\ddot{\boldsymbol{q}}+\frac{1}{2}\dot{\boldsymbol{q}}^{\mathrm{T}}\dot{\boldsymbol{D}}(\boldsymbol{q})\dot{\boldsymbol{q}}-\dot{\boldsymbol{q}}^{\mathrm{T}}\boldsymbol{K}_p\tilde{\boldsymbol{q}} \tag{6-40}$$

用式(6-35)求解 $\boldsymbol{D}\ddot{\boldsymbol{q}}$，并将其代入式(6-40)中，得

$$\dot{V}=\frac{1}{2}\dot{\boldsymbol{q}}^{\mathrm{T}}[\dot{\boldsymbol{M}}(\boldsymbol{q})\dot{\boldsymbol{q}}-2\boldsymbol{C}(\boldsymbol{q},\dot{\boldsymbol{q}})]\dot{\boldsymbol{q}}-\dot{\boldsymbol{q}}^{\mathrm{T}}\boldsymbol{F}\dot{\boldsymbol{q}}+\dot{\boldsymbol{q}}^{\mathrm{T}}[\boldsymbol{u}-\boldsymbol{G}(\boldsymbol{q})-\boldsymbol{K}_p\tilde{\boldsymbol{q}}] \tag{6-41}$$

式(6-41)右侧第一项为零，第二项负定。所以

$$\boldsymbol{u}=\boldsymbol{G}(\boldsymbol{q})+\boldsymbol{K}_p\tilde{\boldsymbol{q}} \tag{6-42}$$

式(6-42)表示补偿重力项和比例作用的控制器。因为

$$\dot{V}=0,\dot{\boldsymbol{q}}=0,\forall\tilde{\boldsymbol{q}} \tag{6-43}$$

结果得到 $\dot{V}$ 半负定，只有 $\dot{\boldsymbol{q}}=0$ 时才有 $\dot{V}=0$。

平衡状态下$(\dot{\boldsymbol{q}}\equiv0,\ddot{\boldsymbol{q}}\equiv0)$，有

$$\boldsymbol{K}_p\tilde{\boldsymbol{q}}\equiv0 \tag{6-44}$$

从而

$$\tilde{\boldsymbol{q}}=\boldsymbol{q}_d-\boldsymbol{q}\equiv0 \tag{6-45}$$

以上推导显示了只要 $\boldsymbol{K}_D$ 和 $\boldsymbol{K}_P$ 为正定矩阵，$\boldsymbol{K}_D$ 和 $\boldsymbol{K}_P$ 无论选何值都可保证稳定性，所得关节空间 PD 控制方框图如图 6-9 所示。

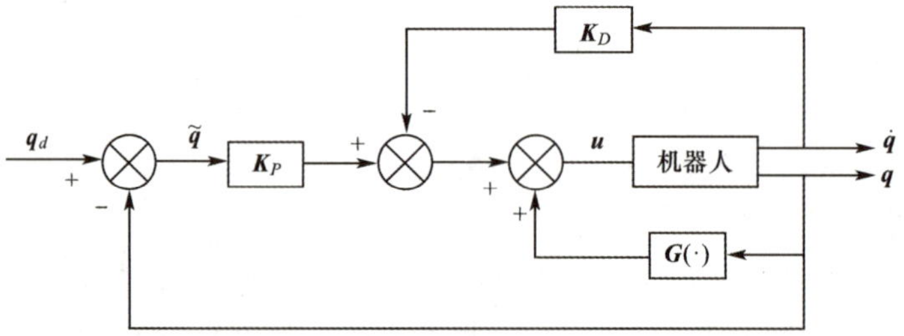

图 6-9　重力补偿的关节空间 PD 控制方框图

(2)计算力矩控制

计算力矩控制，也叫逆动力学控制，可以从物理模型机理上实现机器人关节解耦控制，解决强耦合机器人的非线性问题，简化参数调节。

假设参考结构为非线性多变量系统控制，n 个关节的机器人动力学模型表达式如式(6-1)所示，该式可写为如下形式

$$\boldsymbol{M}(\boldsymbol{q})\ddot{\boldsymbol{q}}+\boldsymbol{n}(\boldsymbol{q},\dot{\boldsymbol{q}})=\boldsymbol{u} \tag{6-46}$$

为了简化，可令

$$\boldsymbol{n}(\boldsymbol{q},\dot{\boldsymbol{q}})=\boldsymbol{C}(\boldsymbol{q},\dot{\boldsymbol{q}})\dot{\boldsymbol{q}}+\boldsymbol{F}\dot{\boldsymbol{q}}+\boldsymbol{G}(\boldsymbol{q}) \tag{6-47}$$

计算力矩控制方法的基本思想是，找到控制向量 $\boldsymbol{u}$，该向量是系统状态的函数，可以以此实现线性形式的输入/输出关系，换句话说，可以通过非线性状态反馈实现系统动力

学的精确线性化，而非近似线性化。实际上，式(6-46)的方程对控制 $\boldsymbol{u}$ 是线性的，且该方程含有满秩矩阵 $\boldsymbol{M}(\boldsymbol{q})$，对任意机器人位形，该矩阵都可以进行求逆。

用以下形式，将控制 $\boldsymbol{u}$ 表示为机器人状态的函数

$$\boldsymbol{u}=\boldsymbol{M}(\boldsymbol{q})\boldsymbol{y}+\boldsymbol{n}(\boldsymbol{q},\dot{\boldsymbol{q}}) \tag{6-48}$$

系统可以由下式描述，即

$$\ddot{\boldsymbol{q}}=\boldsymbol{y} \tag{6-49}$$

式中，$\boldsymbol{y}$ 为新的输入向量，其表达式尚待确定，所得控制方框图如图 6-10 所示。

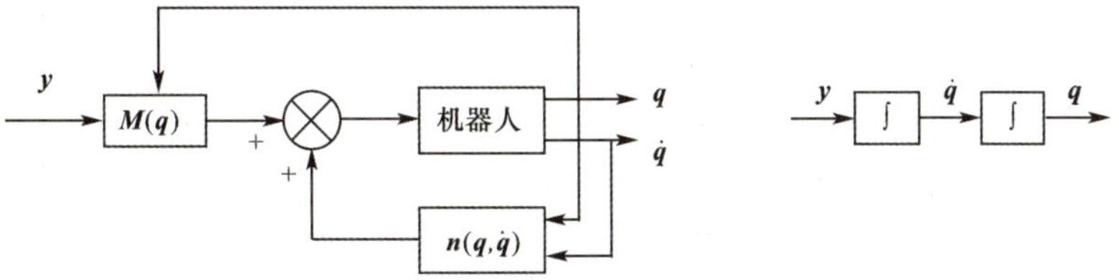

图 6-10 精确线性化的计算力矩控制方框图

根据式(6-48)，机器人控制问题可简化为找到稳定控制律 $\boldsymbol{y}$。为此选

$$\boldsymbol{y}=-\boldsymbol{K}_{\mathrm{P}}\boldsymbol{q}-\boldsymbol{K}_{\mathrm{D}}\dot{\boldsymbol{q}}+\boldsymbol{r} \tag{6-50}$$

得到二阶系统方程为

$$\ddot{\boldsymbol{q}}+\boldsymbol{K}_{\mathrm{D}}\dot{\boldsymbol{q}}+\boldsymbol{K}_{\mathrm{P}}\boldsymbol{q}=\boldsymbol{r} \tag{6-51}$$

假设矩阵 $\boldsymbol{K}_{\mathrm{P}}$ 和 $\boldsymbol{K}_{\mathrm{D}}$ 正定，式(6-51)渐近稳定。令 $\boldsymbol{K}_{\mathrm{P}}$ 和 $\boldsymbol{K}_{\mathrm{D}}$ 为如下对角阵，即

$$\boldsymbol{K}_{\mathrm{P}}=\mathrm{diag}\{\omega_{n1}^2,\omega_{n2}^2,\dots,\omega_{nn}^2\} \tag{6-52}$$

$$\boldsymbol{K}_{\mathrm{D}}=\mathrm{diag}\{2\zeta_1\omega_{n1},2\zeta_2\omega_{n2},\dots,2\zeta_{\mathrm{n}}\omega_{nn}\} \tag{6-53}$$

由式(6-52)和式(6-53)得到解耦系统。参考因素 $\boldsymbol{r}_i$，只影响关节变量 $\boldsymbol{q}_i$，二者是由自然频率 ω_{ni} 和阻尼比 ζ_i 决定的二阶输入/输出关系。

给定任意期望轨迹 $q_d(t)$，为保证输出 $q(t)$ 跟踪该轨迹，选择

$$\boldsymbol{r}=\ddot{\boldsymbol{q}}_d+\boldsymbol{K}_{\mathrm{D}}\dot{\boldsymbol{q}}_d+\boldsymbol{K}_{\mathrm{P}}\boldsymbol{q}_d \tag{6-54}$$

将式(6-54)代入式(6-51)可得到相似的二阶微分方程为

$$\ddot{\tilde{\boldsymbol{q}}}+\boldsymbol{K}_{\mathrm{D}}\dot{\tilde{\boldsymbol{q}}}_d+\boldsymbol{K}_{\mathrm{P}}\tilde{\boldsymbol{q}}=0 \tag{6-55}$$

式(6-55)表示跟踪给定轨迹的过程中，式(6-38)位置误差的动态变化。该误差只有当 $\tilde{\boldsymbol{q}}(0)$ 或 $\dot{\tilde{\boldsymbol{q}}}(0)$ 不为零时存在，其收敛到零的速度与所选矩阵 $\boldsymbol{K}_{\mathrm{P}}$ 和 $\boldsymbol{K}_{\mathrm{D}}$ 有关。所求方框图如图 6-11 所示，其中再次用到两个反馈回路：基于机器人动力学模型的内回路和处理跟踪误差的外回路。内回路函数是为了得到线性、解耦的输入和输出关系，而外回路是为了稳定整个系统。因为外回路为线性定常系统，控制器设计可以简化。注意这种控制方案的实现需要计算惯性矩阵 $\boldsymbol{M}(\boldsymbol{q})$ 与式(6-47)中哥氏力、离心力、重力、阻尼项向量 $\boldsymbol{n}(\boldsymbol{q},\dot{\boldsymbol{q}})$。与计算转矩控制不同，这些项必须在线计算，因为控制是以当前系统状态的非线性反馈为基础的，因而不能像前面那样预先离线计算。

计算力矩控制律的实现，实际上需要系统动力学模型的参数准确已知，而且整个运动方程都能实时计算，这些条件实际很难实现。可以通过引入计算力矩控制器的附加项，通过在逆动力学线计算中抵消近似量，消除不完全补偿影响，提高控制系统的鲁棒性。其与

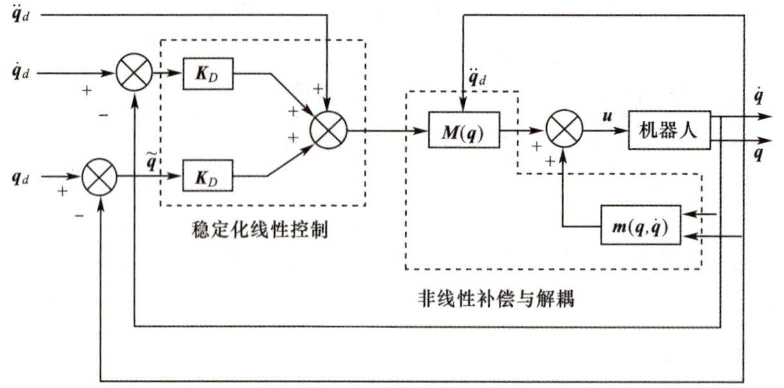

图 6-11　关节空间计算力矩控制方框图

重力补偿的 PD 控制存在相同的问题是，缺少积分项时，所有的模型误差都将导致出现稳态误差。因此，类似的在控制律中加入积分项将得到

$$\boldsymbol{y}=-\boldsymbol{K}_{\mathrm{P}}\boldsymbol{q}-\boldsymbol{K}_{\mathrm{D}}\dot{\boldsymbol{q}}-\boldsymbol{K}_{\mathrm{I}}\int\boldsymbol{q}+\boldsymbol{r} \tag{6-56}$$

将得到三阶的误差动力学为

$$\dddot{\tilde{\boldsymbol{q}}}+\boldsymbol{K}_{\mathrm{D}}\ddot{\tilde{\boldsymbol{q}}}+\boldsymbol{K}_{\mathrm{P}}\dot{\tilde{\boldsymbol{q}}}+\boldsymbol{K}_{\mathrm{I}}\tilde{\boldsymbol{q}}=0 \tag{6-57}$$

通过合适的选择增益矩阵 $\boldsymbol{K}_{\mathrm{P}}$，$\boldsymbol{K}_{\mathrm{I}}$，$\boldsymbol{K}_{\mathrm{D}}$，能够实现误差的指数收敛。

6.3　机器人力控制

6.3.1　概述

针对喷漆、焊接等与外界环境无接触的作业，机器人通过路径规划和轨迹控制，即可实现很好的位置跟踪。然而，当机器人运动过程中存在与外界环境接触的情况时，如执行擦玻璃、开门、拧螺钉、磨抛、打毛刺、抓取易碎物体、装配零件等作业时，环境带来的空间约束将阻碍机器人末端的循迹运动，此时机器人不但要沿指定路径运动，而且要控制与作业环境之间的接触力，从而保持工具与环境顺应接触。由单纯的轨迹控制到轨迹与力结合的力控制，使机器人具备了力觉，这是机器人智能化的一种表征。

机器人具备了力控制功能，就可以胜任更复杂的操作任务，例如完成零件装配、打磨等作业，也可作为人体增强设备用于康复、医疗等领域。力控制要求具有力反馈功能，那么通常需要在机器人腕部或者各关节处安装力/力矩传感器。机器人通过力/力矩传感器检测机器人与外部环境的接触力/力矩，并设计力控制器计算位置参考指令的修调量或者关节力矩控制指令，可以操纵机器人在不确定环境下与环境相顺应。如图 6-12 所示，要求机器人在曲面 S 的法线方向施加一定的力 $\boldsymbol{f}$，然后以一定速度 $\boldsymbol{v}$ 沿曲面运动。此时，曲面 S 就是环境约束条件，而力控制的目的就是使得机器人与环境恒力接触并沿曲面表面运动。

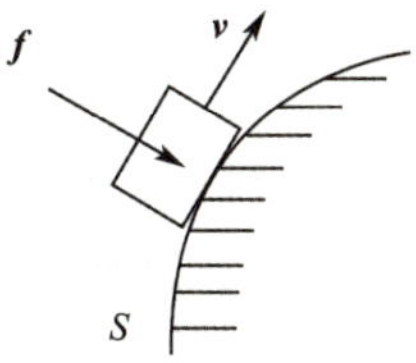

图 6-12 具有环境约束力控制

6.3.2 间接力控制

力控制可分为间接力控制和直接力控制两种。间接力控制是通过运动控制来实现对力的控制，并不需要力反馈闭环。间接力控制的经典方法有顺应控制和阻抗控制。这两种方法将接触力转换为位置误差，进而通过运动控制间接实现对力的控制。

所谓顺应，是指机器人对外界环境变化适应的能力。当机器人与外界环境接触时，即使环境发生了变化，如零件位置或尺寸的变化，机器人仍然与环境保持接触。保持预定的接触力，这就是机器人的顺应能力。为了使机器人具备这样的能力，要对机器人施加顺应控制。顺应控制分为被动顺应和主动顺应两种。

(1)被动顺应控制

一个刚度非常大的机器人，同时配置一个刚度很大的伺服装置，对于完成与环境有接触力的任务是不合适的，这时零件常常会被卡住或损坏。利用弹簧、变刚度柔顺机构等机械装置可实现被动顺应控制。例如，装配任务中设计一种如图 6-13 所示特殊的遥顺应中心装置，由移动部分和旋转部分组成，移动部分是平行四边形结构，旋转部分是梯形结构。遥顺应中心装置本质上等价于一个六自由度的弹簧，插装在手爪与手腕之间，调节 6 个弹簧的弹性，可以得到不同的柔性。根据不同的装配任务，选择适当的刚度，可以保证平滑、迅速地完成装配任务。设计遥顺应中心装置要求在某一确定点(顺应中心)，使它的刚度矩阵为对角阵，当受到力和力矩作用时，遥顺应中心装置发生偏移变形和旋转变形可以吸收线性误差和角度误差。即在此点作用一个横向力，只产生相应的横向位移，而不产生转动。反之，若在此点作用一个扭矩，则只产生相应的转动，而不会伴随有移动。由此达到平移和旋转之间的最大解耦。选择约束坐标系时，通常以顺应中心作为原点 O。

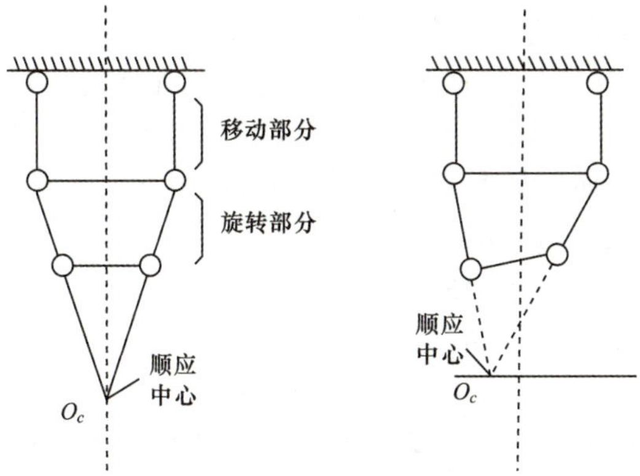

图 6-13 遥顺应中心装置

(2)主动顺应控制

机器人末端件的刚度取决于关节伺服刚度、关节机构的刚度和连杆的刚度。因此,可以根据末端件预期的刚度,计算出关节刚度。设计适当的控制器调节整个关节伺服系统的位置增益,使关节的伺服刚度与末端件的预期刚度相适应。假设末端件的预期刚度矩阵为 $\boldsymbol{K}_{\mathrm{px}}$,在指令位姿 $\boldsymbol{x}_{\mathrm{de}}$(顺应中心)形成的微小位移是 $\Delta\boldsymbol{x}_{\mathrm{de}}$,则作用在末端件上的力旋量是

$$\boldsymbol{F}=\boldsymbol{K}_{\mathrm{px}}\Delta\boldsymbol{x}_{\mathrm{de}} \tag{6-58}$$

式中,$\boldsymbol{F}$,$\boldsymbol{K}_{\mathrm{px}}$,$\Delta\boldsymbol{x}_{\mathrm{de}}$都是在作业空间中描述的。$\boldsymbol{K}_{\mathrm{px}}\in\mathscr{R}^{6\times6}$ 的对角线元素依次为三个线性刚度和三个扭转刚度。

作用在末端上的力旋量引起的关节上的力矩矢量为

$$\boldsymbol{\tau}=\boldsymbol{J}^{\mathrm{T}}(\boldsymbol{q})\boldsymbol{F} \tag{6-59}$$

根据机械手的雅可比矩阵的定义,有

$$\Delta\boldsymbol{x}=\boldsymbol{J}(\boldsymbol{q})\delta\boldsymbol{q} \tag{6-60}$$

由式(6-58)、式(6-59)和式(6-60)可以写出

$$\boldsymbol{\tau}=\boldsymbol{J}^{\mathrm{T}}(\boldsymbol{q})\boldsymbol{K}_{\mathrm{px}}\boldsymbol{J}(\boldsymbol{q})\delta\boldsymbol{q}=\boldsymbol{K}_{\mathrm{q}}\delta\boldsymbol{q} \tag{6-61}$$

式(6-61)中,令 $\boldsymbol{K}_{\mathrm{q}}=\boldsymbol{J}^{\mathrm{T}}(\boldsymbol{q})\boldsymbol{K}_{\mathrm{px}}\boldsymbol{J}(\boldsymbol{q})$,称为关节刚度矩阵,它将式(6-58)中在任务空间的刚度变为关节空间刚度。也就是说,只要将期望末端执行器在任务空间的刚度矩阵 $\boldsymbol{K}_{\mathrm{px}}$。代入式(6-61)就可以产生相应的关节力矩,实现主动顺应控制。

对于任务空间中的任何一点都可以计算出式(6-60)、式(6-61)中的雅可比矩阵,因此不仅可以对预期的刚度规定正交方向,而且可以非常灵活地规定顺应中心的位置。这在装配中是非常有用的,因为这样就允许任意移动顺应中心(约束坐标系原点),并可规定主刚度方向(约束坐标系的坐标轴)以及按不同情况确定预期的刚度。

一般情况下,关节刚度 $\boldsymbol{K}_{\mathrm{q}}$不是对角矩阵。这就意味着 i 关节的驱动力矩 $\boldsymbol{\tau}_i$,不仅取决于 $\delta\boldsymbol{q}_i(i=1,2,\cdots,6)$,而且与 $\delta\boldsymbol{q}_j(j\neq i)$有关。另一方面,雅可比矩阵是位姿的函数,因此关节力矩引起的端点位移,可能使刚度发生变化。这样,要求机器人的控制器根据式(6-58)和式(6-61)做变参数协调交联,以产生相应的关节力矩。此外,手臂处于奇异形位时,$\boldsymbol{K}_{\mathrm{q}}$是退化的,在某些方向上主动刚度控制是不可能实现的。

(3)阻抗控制

机械阻抗是机械刚度概念的推广。任一自由度上的机械阻抗是该自由度上的动态力增量和它引起的动态位移增量之比。机械阻抗是个非线性动态系数,表征了机械动力学系统在任一自由度上的动刚度,它又分为主动阻抗和被动阻抗。阻抗控制是控制力和位置之间动态变化的关系,而不是直接控制力和位置。根据关节变量 $\boldsymbol{q}$ 的运动误差计算相应的关节力矩,阻抗控制规则可表示为

$$\boldsymbol{\tau}=\boldsymbol{J}^{\mathrm{T}}\boldsymbol{K}_{\mathrm{p}}\boldsymbol{J}(\boldsymbol{q}_{\mathrm{d}}-\boldsymbol{q})+\boldsymbol{K}_{v}(\dot{\boldsymbol{q}}_{\mathrm{d}}-\dot{\boldsymbol{q}}) \tag{6-62}$$

根据操作空间的运动误差计算关节力矩,控制规则可表示为

$$\boldsymbol{\tau}=\boldsymbol{J}^{\mathrm{T}}[\boldsymbol{K}_{\mathrm{p}}(\boldsymbol{x}_{\mathrm{d}}-\boldsymbol{x}_{\mathrm{e}})+\boldsymbol{K}_{\mathrm{d}}(\dot{\boldsymbol{x}}_{\mathrm{d}}-\dot{\boldsymbol{x}}_{\mathrm{e}})] \tag{6-63}$$

式中,$\boldsymbol{J}$ 为手臂的雅可比矩阵;$\boldsymbol{K}_p$ 和 $\boldsymbol{K}_d$ 可看作希望控制的刚度矩阵和阻尼矩阵,是根据环境形成的。

从式(6-63)可以看出阻抗控制是位置控制基本原理的扩展。注意,在手臂处于奇异状态时,系统将变为不可控。实际上,阻抗控制是通过对末端件位姿的控制来实现对力的控制的。利用机器人操作臂的力雅可比矩阵和动力学模型,可以得到关节空间的状态模型,即

$$\boldsymbol{\tau}-\boldsymbol{J}^{\mathrm{T}}(\boldsymbol{q})\boldsymbol{F}=\boldsymbol{D}(\boldsymbol{q})\ddot{\boldsymbol{q}}+\boldsymbol{h}(\boldsymbol{q},\dot{\boldsymbol{q}})+\boldsymbol{F}_{\mathrm{v}}(\boldsymbol{q},\dot{\boldsymbol{q}})+\boldsymbol{G}(\boldsymbol{q}) \tag{6-64}$$

式中,$\boldsymbol{J}$ 为雅可比矩阵;$\boldsymbol{F}$ 为外界作用力,$\boldsymbol{F}=[\boldsymbol{f}^{\mathrm{T}}\quad \boldsymbol{\tau}^{\mathrm{T}}]^{\mathrm{T}}$;$\boldsymbol{F}_v(\boldsymbol{q},\dot{\boldsymbol{q}})$为由机器人内部摩擦和机械阻尼产生的力。

若将外界作用力与惯性力合并,则由式(6-64)可知

$$\boldsymbol{\tau}=\boldsymbol{D}(\boldsymbol{q})[\ddot{\boldsymbol{q}}+\boldsymbol{D}^{-1}(\boldsymbol{q})\boldsymbol{J}^{\mathrm{T}}(\boldsymbol{q})\boldsymbol{F}]+\boldsymbol{h}(\boldsymbol{q},\dot{\boldsymbol{q}})+\boldsymbol{F}_v(\boldsymbol{q},\dot{\boldsymbol{q}})+\boldsymbol{G}(\boldsymbol{q}) \tag{6-65}$$

利用控制规律的分解,选择逆动力学线性控制模型

$$\boldsymbol{\tau}=\boldsymbol{D}(\boldsymbol{q})\boldsymbol{y}+\boldsymbol{h}(\boldsymbol{q},\dot{\boldsymbol{q}})+\boldsymbol{F}_v(\boldsymbol{q},\dot{\boldsymbol{q}})+\boldsymbol{G}(\boldsymbol{q}) \tag{6-66}$$

于是当外力存在时,受控机械手可描述为

$$\ddot{\boldsymbol{q}}=\boldsymbol{y}-\boldsymbol{D}^{-1}(\boldsymbol{q})\boldsymbol{J}^{\mathrm{T}}(\boldsymbol{q})\boldsymbol{F} \tag{6-67}$$

由于 $\boldsymbol{D}^{-1}(\boldsymbol{q})\boldsymbol{J}^{\mathrm{T}}(\boldsymbol{q})\boldsymbol{F}$ 项的存在,$\boldsymbol{y}$ 与 $\ddot{\boldsymbol{q}}$ 之间具有非线性耦合关系。为了消除这种情况带来的影响,需要将外界作用力视为机器人内部因素产生的补偿力,完全补偿之后 $\ddot{\boldsymbol{q}}=\boldsymbol{y}$,则得

$$\boldsymbol{\tau}=\boldsymbol{D}(\boldsymbol{q})\ddot{\boldsymbol{q}}+\boldsymbol{h}(\boldsymbol{q},\dot{\boldsymbol{q}})+\boldsymbol{F}_v(\boldsymbol{q},\dot{\boldsymbol{q}})+\boldsymbol{G}(\boldsymbol{q})+\boldsymbol{J}^{\mathrm{T}}(\boldsymbol{q})\boldsymbol{F} \tag{6-68}$$

式(6-68)表示完全补偿了外界作用力,这将使得机械手对外部环境不具备柔性。

为了重建机器人的顺应性,可以将其末端执行器视作质量-阻尼弹簧系统,即

$$\boldsymbol{M}\Delta\ddot{\boldsymbol{x}}_{\mathrm{de}}+\boldsymbol{D}\Delta\dot{\boldsymbol{x}}_{\mathrm{de}}+\boldsymbol{K}\Delta\boldsymbol{x}_{\mathrm{de}}=\boldsymbol{J}^{\mathrm{T}}(\boldsymbol{q})F \tag{6-69}$$

式中,$\boldsymbol{M},\boldsymbol{D},\boldsymbol{K}$ 分别为 $n\times n$ 的质量矩阵、阻尼矩阵、刚度矩阵,它们都是正定的对角矩阵;$\Delta\boldsymbol{x}_{\mathrm{de}}=\boldsymbol{x}_{\mathrm{d}}-\boldsymbol{x}_{\mathrm{e}}$,$\boldsymbol{x}_{\mathrm{d}}$ 为 $n\times 1$ 期望的机器人位姿矩阵,$\boldsymbol{x}_{\mathrm{e}}$ 为 $n\times 1$ 实际的机器人位姿矩阵。

于是式(6-69)可改写为

$$\ddot{\boldsymbol{x}}_{\mathrm{e}}=\ddot{\boldsymbol{x}}_{\mathrm{d}}+\boldsymbol{M}^{-1}[\boldsymbol{D}\Delta\dot{\boldsymbol{x}}_{\mathrm{de}}+\boldsymbol{K}\Delta\boldsymbol{x}_{\mathrm{de}}-\boldsymbol{J}^{\mathrm{T}}(\boldsymbol{q})\boldsymbol{F}] \tag{6-70}$$

机器人末端执行器的加速度 $\ddot{\boldsymbol{x}}_{\mathrm{e}}$ 与机器人关节的角加速度 $\ddot{\boldsymbol{q}}$ 之间存在如下关系

$$\ddot{\boldsymbol{q}}=\boldsymbol{J}^{-1}(\boldsymbol{q})[\ddot{\boldsymbol{x}}_{\mathrm{e}}-\dot{\boldsymbol{J}}(\boldsymbol{q},\dot{\boldsymbol{q}})\dot{\boldsymbol{q}}] \tag{6-71}$$

联立式(6-70)、式(6-71),得到机器人在有外力存在时的阻抗控制形式为

$$\boldsymbol{y}=\ddot{\boldsymbol{q}}=\boldsymbol{J}^{-1}(\boldsymbol{q})\{\ddot{\boldsymbol{x}}_d+\boldsymbol{M}^{-1}[\boldsymbol{D}\Delta\dot{\boldsymbol{x}}_{\mathrm{de}}+\boldsymbol{K}\Delta\boldsymbol{x}_{\mathrm{de}}-\boldsymbol{J}^{\mathrm{T}}(\boldsymbol{q})\boldsymbol{F}-\dot{\boldsymbol{J}}(\boldsymbol{q},\dot{\boldsymbol{q}})\dot{\boldsymbol{q}}]\} \tag{6-72}$$

与前面所述的顺应控制相比,阻抗控制通过正定矩阵 $\boldsymbol{M},\boldsymbol{D},\boldsymbol{K}$ 规定的阻抗模型完整地描述了系统动态特征,但是其值的选择对系统的性能影响很大,因此在阻抗控制的实际应用中应当合理地对阻抗参数进行选择,这也是阻抗控制中最为困难的地方。

如果选择了正确的阻抗参数,则能确保机器人在与环境的接触过程中具有良好的顺应性。如果机器人动力学模型不精确,则会带来误差项 $\boldsymbol{\delta}$,即 $\ddot{\boldsymbol{q}}=\boldsymbol{\alpha}-\boldsymbol{\delta}$。于是在任务空间中,有

$$\ddot{\boldsymbol{x}}_{\mathrm{e}}=\boldsymbol{\alpha}-\boldsymbol{J}(\boldsymbol{q})\boldsymbol{\delta} \tag{6-73}$$

由式(6-69)和式(6-73)可得

$$\boldsymbol{M}\Delta\ddot{\boldsymbol{x}}_{\mathrm{de}}+\boldsymbol{D}\Delta\dot{\boldsymbol{x}}_{\mathrm{de}}+\boldsymbol{K}\Delta\boldsymbol{x}_{\mathrm{de}}=\boldsymbol{J}^{\mathrm{T}}(\boldsymbol{q})\boldsymbol{F}-\boldsymbol{M}\boldsymbol{J}(\boldsymbol{q})\boldsymbol{\delta} \tag{6-74}$$

在实际中，通常采用包含运动环的阻抗控制来保证系统的性能。如图 6-14 所示，将期望位姿 $\boldsymbol{x}_d$ 与采集到的力信息 $\boldsymbol{F}$ 输入阻抗控制器中生成顺应位姿 $\boldsymbol{x}_c$，再将顺应位姿及实际位姿 $\boldsymbol{x}_e$ 作为运动控制器的输入，得到动力学模型的控制量 $\boldsymbol{y}$。经过动力学计算得到机器人关节的控制量 $\boldsymbol{\tau}$，从而控制机器人的运动达到良好的阻抗控制效果。

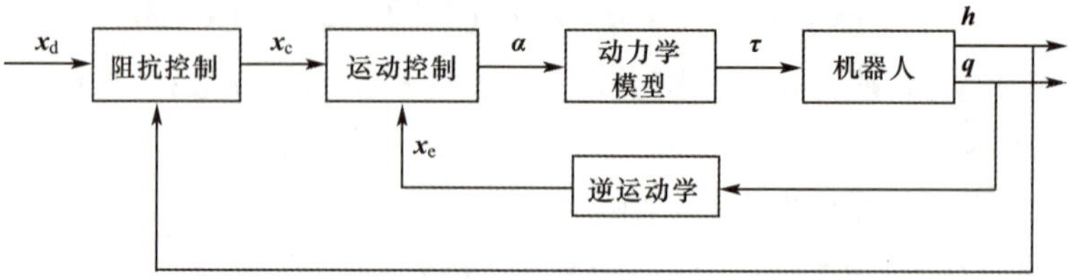

图 6-14　包含运动环的阻抗控制方框图

6.3.3　直接力控制

直接力控制与间接力控制不同，它通过力反馈闭环来控制接触力达到期望数值。直接力控制的经典方法有力-位混合控制、力-环包容位置环的力控制和并联力-位控制等，其中力-位混合控制通常适用于环境已知的情况，而力-环包容位置环的力控制和并联力-位控制通常适用于环境未知的情况。

机器人末端执行器与外界环境接触有两种极端状态：一种是机器人末端执行器在空间中可以自由运动，即机器人末端执行器没有受到外界环境的约束作用，如图 6-15(a)所示，这时自然约束完全是关于接触力的约束，约束条件为 $\boldsymbol{F}=0$。也就是说，机器人末端执行器在任何方向上都没有受到作用力，而在位置的 6 个自由度上可以运动。另一种是机器人末端执行器被固定不动，如图 6-15(b)所示，这时末端执行器不能自由地改变位置，即机器人末端执行器既受到位置约束，又受到作用力和力矩的约束。

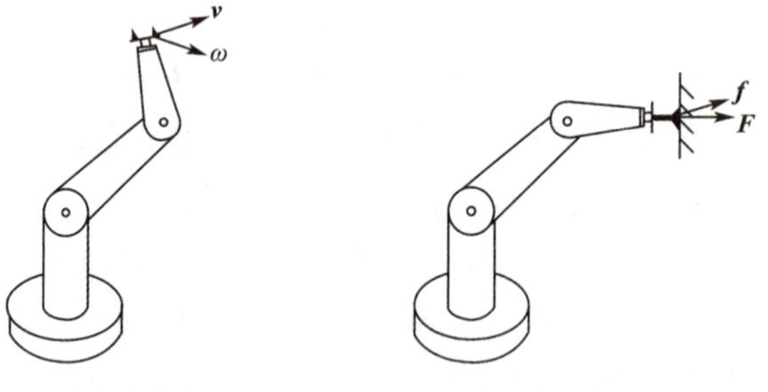

(a)全自由状态　　(b)全固定状态表面接触

图 6-15　机器人末端执行器与外界接触的两种极端状态

上述两种极端状态，第一种情况是单纯的位置控制问题，第二种情况在实际中很少出现。多数是部分自由度受位置约束，即部分自由度服从位置控制，其余自由度服从力控制，将机器人的位置约束与力约束分解为位控子空间与力控子空间。这样就需要采用一种力-位混合控制的方式。机器人的力-位混合控制必须解决下述三个问题：

①在有力自然约束的方向施加位置控制。

②在有位置自然约束的方向施加力控制。

③在任意约束坐标系$\{C\}$的正交自由度上施加力-位混合控制。

(1)力-位混合控制原理

下面介绍以$\{C\}$为基准的直角坐标系机器人的力-位混合控制方案。如图6-16所示的3个自由度上都是移动关节的机器人，每个连杆的质量都是m，摩擦力为零。假设关节轴线x，y和z方向完全与约束坐标系轴向一致；机器人末端执行器与刚度为k的表面接触，作用在y_c方向上。所以，y_c方向需要进行力控制，x_c和z_c方向需要进行位置控制。

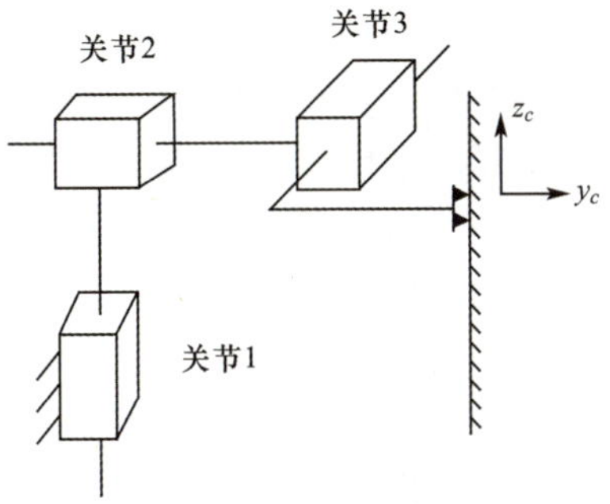

图6-16　三自由度直角坐标系机器人与外界接触

在这种情况下，力-位混合控制问题比较清楚。对关节1和3应该使用轨迹控制器，对关节2应该使用力控制器。可以在x_c和z_c方向设定位置轨迹，而在y_c方向设定力的轨迹。

如果外界环境发生变化，原来进行力控制的某个自由度上可能要改为轨迹控制，原来进行轨迹控制的可能要改为力控制。这样，要求在每个自由度上既要能进行轨迹控制，又要能进行力控制。因此，应使机器人可以用于在3个自由度上全部实施位置控制，同时也可用于在3个自由度上实施力控制。当然，对于同一个自由度，一般不需要在同一时刻进行位置和力两种控制，因而需要设置一种工作模式，用来指明在各自由度上在给定的时刻究竟施加哪种控制。

图6-17给出了三自由度直角坐标系机器人的力-位混合控制器方框图。三个关节既有位置控制器，又有力控制器。为了根据约束条件选择每个自由度所要求的控制模式，图中引入了选择矩阵$\boldsymbol{S}$和$\boldsymbol{S}'$，它们实际上是两组互锁开关，是3×3的对角矩阵。如要求对第i个关节进行位置(或力)控制，则矩阵$\boldsymbol{S}$(或$\boldsymbol{S}'$)对角线上的第i个为1，否则为零。例如对应于图6-16的$\boldsymbol{S}$和$\boldsymbol{S}'$应为

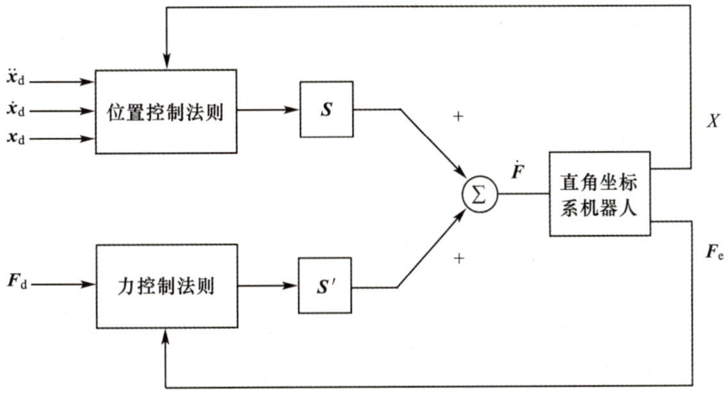

图6-17　三自由度直角坐标系机器人的混合控制器方框图

$$S=\begin{bmatrix}1&0&0\\0&0&0\\0&0&1\end{bmatrix},S'=\begin{bmatrix}0&0&0\\0&1&0\\0&0&0\end{bmatrix}$$

与选择矩阵 $\boldsymbol{S}$ 相对应，系统总是由三个分量控制，这三个分量可由位置轨迹和力轨迹任意组合而成。当系统某个关节以位置(或力)控制模式工作时，则这个关节的力(或位置)的误差信息就被忽略掉。

要把图 6-17 所示的混合控制器推广到一般机器人，可以直接使用基于直角坐标系控制的概念。基本思想是，通过使用直角坐标空间的动力学模型，有可能把实际机器人的组合系统以及计算模型等效为一组独立的，没有耦合的单位质量系统，一旦完成了解耦合线性化的工作，就可以运用前面介绍的简单的伺服系统。

图 6-18 说明了基于直角坐标空间的机器人动力学的解耦形式，C_f 等效为一组没有耦合的单位质量系统，$\text{kin}(\boldsymbol{q})$表示运动学变换。直角坐标动力学的各项以及雅可比矩阵都在约束坐标系$\{C\}$中描述，动力学方程也相当于在约束坐标系$\{C\}$中进行计算。

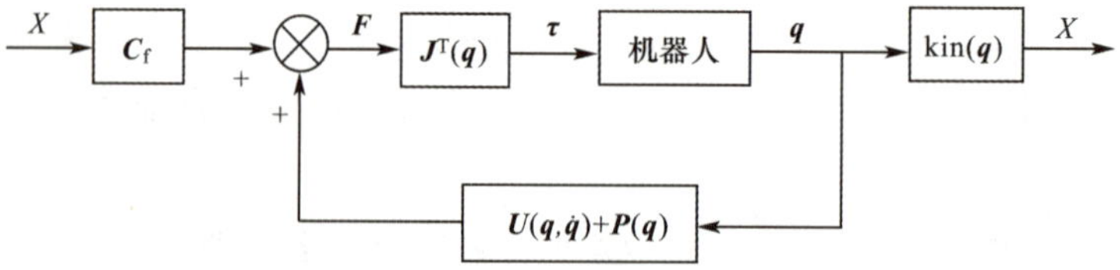

图 6-18　直角坐标解耦形式

由于前面已经为与约束坐标系$\{C\}$相一致的直角坐标机器人设计了图 6-17 所示的混合控制器，而且直角坐标解耦形式提供了具有同样的输入/输出特性的系统，把二者结合起来，就可生成一般的力-位混合控制器，如图 6-19 所示。其中，动力学各项及雅可比矩阵都在约束坐标系$\{C\}$中描述，动力学方程以及检测到的力都要变换到约束坐标系$\{C\}$中，伺服误差也要在约束坐标系$\{C\}$中计算，当然，还要对 $\boldsymbol{S}$，$\boldsymbol{S}'$进行适当的取值。

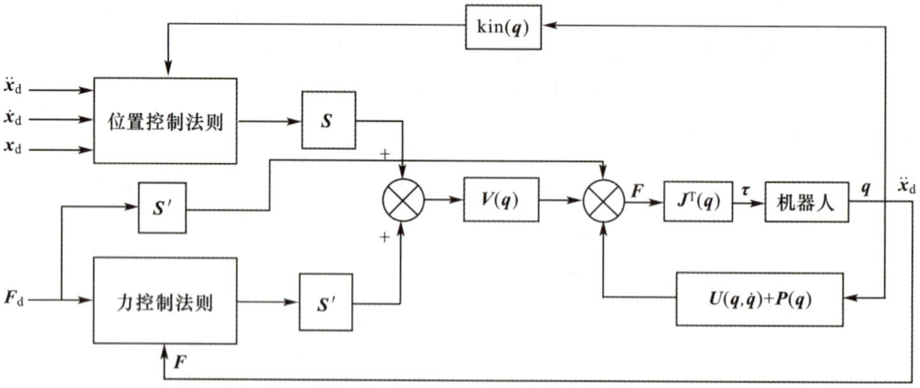

图 6-19　一般的力-位混合控制器

(2)包含运动环的力控制

机器人关节空间的状态模型式(6-64)改写为控制形式，即

$$\boldsymbol{u}-\boldsymbol{J}^{\mathrm{T}}(\boldsymbol{q})\boldsymbol{F}=\boldsymbol{D}(\boldsymbol{q})\ddot{\boldsymbol{q}}+\boldsymbol{h}(\boldsymbol{q},\dot{\boldsymbol{q}})+\boldsymbol{F}_v(\boldsymbol{q},\dot{\boldsymbol{q}})+\boldsymbol{G}(\boldsymbol{q}) \tag{6-75}$$

选择逆动力学线性控制模型

$$u=D(q)y+h(q,\dot{q})+F_v(q,\dot{q})+G(q)+J^{T}(q)F \tag{6-76}$$

式中选取

$$y=J_A^{-1}(q)M_d^{-1}[M_d\ddot{x}+K_d\dot{\tilde{x}}+K_p\tilde{x}-M_d\dot{J}_A(q,\dot{q})\dot{q}-F_A] \tag{6-77}$$

根据式(6-76)，选取以下控制规律代替式(6-77)，即

$$y=J_A^{-1}(q)M_d^{-1}[-K_d\dot{x}_e+K_p(x_F-x_e)-M_d\dot{J}(q,\dot{q})\dot{q}] \tag{6-78}$$

式中，x_F 为与力误差相关的基准参数。

值得注意，由式(6-78)无法预知所采用的与$\dot{x}_F$ 和$\ddot{x}_F$ 相关的补偿作用。另外，在机器人操作空间中，仅定义位置变量，其解析雅可比矩阵与几何雅可比矩阵是一致的，即 $J_A(q)=J(q)$。

将式(6-76)与式(6-78)代入式(6-75)，可得

$$M_d\ddot{x}_e+K_d\dot{x}_e+K_px_e=K_px_F \tag{6-79}$$

式(6-79)表明了为了实现从 x_e 到 x_F 的位置控制，式(6-77)与式(6-78)是如何选择动力学参数矩阵 M_d，K_d，K_p 的。令 f_d 表示期望值，x_F 与力误差 f_d-f_e 之间的关系表示为

$$x_F=C_F(f_d-f_e) \tag{6-80}$$

式中，C_F 是具有柔度含义的对角矩阵，其对角线元素指定操作空间中期望方向上的控制作用。

式(6-79)与式(6-80)表明力控制是在之前所述的位置控制回路的基础上延伸得到的。

在一般环境弹性模型为 $f_e=K(x_e-x_r)$的假设下，综合式(6-79)和式(6-80)可得

$$M_d\ddot{x}_e+K_d\dot{x}_e+K_p(I_3+C_FK)x_e=K_pC_F(Kx_r+f_d) \tag{6-81}$$

因此，要决定由 C_r 指定的控制作用类型，若 C_F 具有纯比例控制作用，则稳态时 f_e 无法达到 f_d，而 x_r 同样会对作用力产生影响。图 6-20 所示为力环包含内位置环的力控制框图。

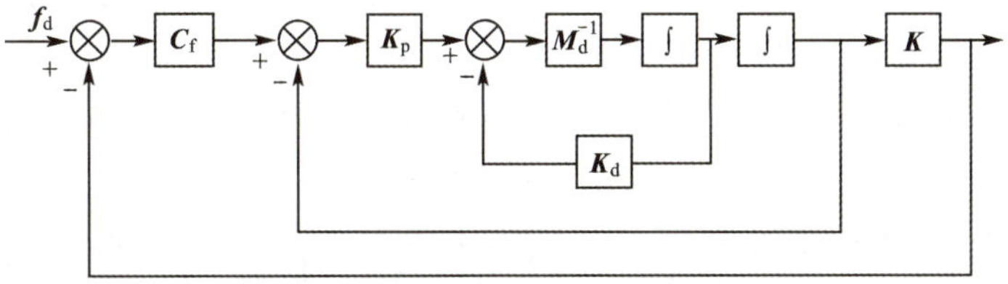

图 6-20 包含内位置环的力控制框图

如果 C_F 还有对力分量的积分控制作用，则隐态时可能实现 $f_d=f_e$，同时抑制 x_r 对 f_e 的影响。因此对 C_F 的一种简便选择是比例积分作用，即

$$C_F=K_F+K_I\int t(\cdot)\mathrm{d}\zeta \tag{6-82}$$

由式(6-81)、式(6-82)所得到的动态系统是三阶系统，因此必须根据环境特征适当地选择矩阵 K_d，K_p，K_F，K_I。由于典型环境的刚度很大，因此应当控制比例和积分作用的权值，K_F 和 K_I 的选择则会影响力控制下的稳定裕度和系统带宽。假设已到达稳定的平

衡点，即 $\boldsymbol{f}_{\mathrm{d}}=\boldsymbol{f}_{\mathrm{e}}$，则

$$\boldsymbol{K}\boldsymbol{x}_{\mathrm{e}}=\boldsymbol{K}\boldsymbol{x}_{\mathrm{r}}+\boldsymbol{f}_{\mathrm{d}} \tag{6-83}$$

根据图 6-20，若位置反馈回路断开，$\boldsymbol{x}_{\mathrm{F}}$ 表示参考速度，则 $\boldsymbol{x}_{\mathrm{F}}$ 和 $\boldsymbol{x}_{\mathrm{e}}$ 之间存在积分关系。这种情况下，即使采用比例力控制器，在稳态时与环境的相互作用力与期望值一致，但是实际上，其控制率为

$$\boldsymbol{y}=\boldsymbol{J}_{\mathrm{A}}^{-1}(\boldsymbol{q})\boldsymbol{M}_{\mathrm{d}}^{-1}[-\boldsymbol{K}_{\mathrm{d}}\dot{\boldsymbol{x}}_{\mathrm{e}}+\boldsymbol{K}_{\mathrm{p}}\boldsymbol{x}_{\mathrm{F}}-\boldsymbol{M}_{\mathrm{d}}\dot{\boldsymbol{J}}(\boldsymbol{q},\dot{\boldsymbol{q}})\dot{\boldsymbol{q}}] \tag{6-84}$$

对力误差采用纯比例积分控制结构 $\boldsymbol{C}_{\mathrm{F}}=\boldsymbol{K}_{\mathrm{F}}$，有 $\boldsymbol{x}_{\mathrm{F}}=\boldsymbol{K}_{\mathrm{F}}(\boldsymbol{f}_{\mathrm{d}}-\boldsymbol{f}_{\mathrm{e}})$。系统动态方程为

$$\boldsymbol{M}_{\mathrm{d}}\ddot{\boldsymbol{x}}_{\mathrm{c}}+\boldsymbol{K}_{\mathrm{d}}\dot{x}_{\mathrm{c}}+\boldsymbol{K}_{\mathrm{p}}\boldsymbol{K}_{\mathrm{F}}\boldsymbol{K}x_{\mathrm{e}}=\boldsymbol{K}_{\mathrm{p}}\boldsymbol{C}_{\mathrm{F}}(\boldsymbol{K}\boldsymbol{x}_{\mathrm{r}}+\boldsymbol{f}_{\mathrm{d}}) \tag{6-85}$$

平衡点上位置与接触力之间的关系式为式(6-83)。由此可得力-环包含内速度环的力控制框图如图 6-21 所示。特别地，此时的控制系统是二阶的，因此简化了控制设计。但是需要注意的是由于力控制器中缺少了积分作用，因此不能保证未建模动力学对系统的影响。

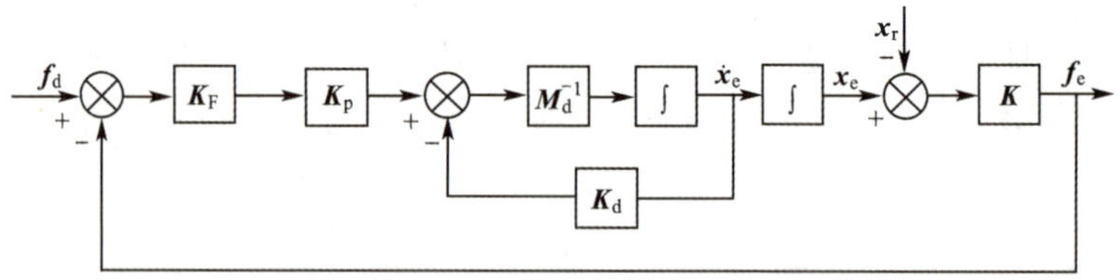

图 6-21　包含内速度环的力控制框图

(3)力-位并联控制

前面所介绍的力-位混合控制方案需要保证力与环境几何特征一致。实际中，若 $\boldsymbol{f}_{\mathrm{d}}$ 具有 $\boldsymbol{R}(\boldsymbol{K})$之外的分量，式(6-81)($\boldsymbol{C}_{\mathrm{F}}$ 具有积分作用情况)与式(6-85)表明，沿相应的操作空间方向，$\boldsymbol{f}_{\mathrm{d}}$ 的分量可被视为参考速度，它将引起末端执行器位置的漂移。若对 $\boldsymbol{f}_{\mathrm{d}}$ 沿 $\boldsymbol{R}(\boldsymbol{K})$外部的方向进行适当的规划，由位置控制作用决定的运动在式(6-81)所示的情况下，将使末端执行器的位置到达零点，而在式(6-85)所示控制作用下，将使末端执行器的速度降为零。因此，即使沿着可行的任务空间方向，以上控制方案也不能实现位置控制。在纯位置控制方案中，如果期望指定末端执行器的位姿 $\boldsymbol{x}_{\mathrm{d}}$，可以对包含内位置环的控制框图进行修正，在输入端添加参考位置 $\boldsymbol{x}_{\mathrm{d}}$，在此对位置量进行求和计算。选择控制规律为

$$\boldsymbol{y}=\boldsymbol{J}_{\mathrm{A}}^{-1}(\boldsymbol{q})\boldsymbol{M}_{\mathrm{d}}^{-1}[\boldsymbol{K}_{\mathrm{d}}\dot{\boldsymbol{x}}_{\mathrm{e}}+\boldsymbol{K}_{\mathrm{p}}(\tilde{\boldsymbol{x}}-\boldsymbol{x}_{\mathrm{F}})-\boldsymbol{M}_{\mathrm{d}}\dot{\boldsymbol{J}}_{\mathrm{A}}(\boldsymbol{q},\dot{\boldsymbol{q}})\dot{\boldsymbol{q}}] \tag{6-86}$$

式中，$\tilde{\boldsymbol{x}}=\boldsymbol{x}_{\mathrm{d}}-\boldsymbol{x}_{\mathrm{e}}$。

由于存在与力控制作用 $\boldsymbol{K}_{\mathrm{p}}\boldsymbol{C}_{\mathrm{F}}(\boldsymbol{f}_{\mathrm{d}}-\boldsymbol{f}_{\mathrm{e}})$并联的位置控制作用 $\boldsymbol{K}_{\mathrm{p}}\tilde{\boldsymbol{x}}$，所得的方案如图 6-22 所示，称为力-位并联控制。在力-位并联控制情况下，平衡位置满足

$$\boldsymbol{x}_{\mathrm{e}}=\boldsymbol{x}_{\mathrm{d}}+\boldsymbol{C}_{\mathrm{F}}[\boldsymbol{K}(\boldsymbol{x}_{\mathrm{r}}-\boldsymbol{x}_{\mathrm{e}})+\boldsymbol{f}_{\mathrm{d}}] \tag{6-87}$$

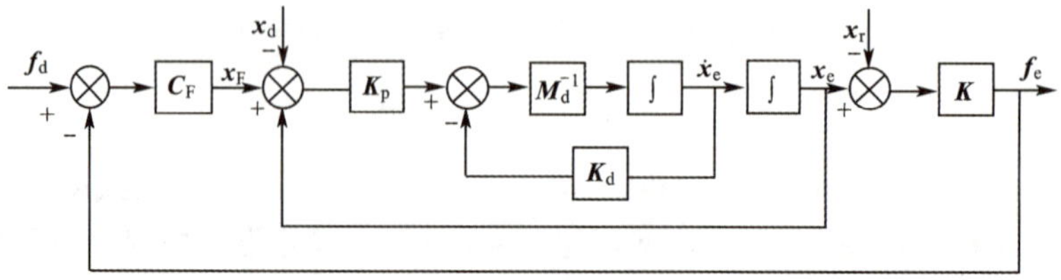

图 6-22　力-位并联控制

因此，沿 $\boldsymbol{R}(\boldsymbol{K})$ 外部且运动不受约束的方向，$\boldsymbol{x}_e$ 将到达参考位置 $\boldsymbol{x}_d$。反之，沿 $\boldsymbol{R}(\boldsymbol{K})$ 外部且运动受约束的方向，$\boldsymbol{x}_d$ 被视作附加的干扰量。对 $\boldsymbol{C}_F$ 采用图 6-22 所示的积分作用，可保证稳态时达到参考力 $\boldsymbol{f}_d$，但要以忽略 $\boldsymbol{x}_e$ 的位置误差为代价。

思政小课堂7

6.4 机器人智能控制

在实际应用中，针对模型的不确定性，经典的控制方法主要有鲁棒控制和自适应控制两种，它们各有利弊。鲁棒控制器是一个固定控制器，被设计用来面对大范围不确定性时依然能满足性能要求，而自适应控制器则采用某种形式的在线参数估计。例如，在重复运动任务中，由固定的鲁棒控制器产生的跟踪误差也会趋于重复；随着受控对象或控制参数根据运行时的信息而更新，由自适应控制器产生的跟踪误差会随时间而减小。同时，面对模型参数不确定性表现良好的自适应控制器，在面对外部干扰或未建模动态特性等模型结构不确定性时可能表现并不好。近些年，随着智能控制技术的发展，各种智能算法被应用到机器人控制领域。它们最大的特点在于能够在重复操作中对机器人模型的不确定性进行学习，提高重复精度，代表性的方法主要有神经网络控制、模糊控制和强化学习等。

6.4.1 机器人鲁棒控制

鲁棒控制的目标是，尽管有参数不确定性、外部干扰、未建模动态特性或系统中存在的其他不确定性，系统仍然能够保持其在稳定性、跟踪误差或其他指标方面的性能表现。

前文机器人运动控制方法中，计算力矩控制依赖于对机器人运动方程中非线性的精确抵消，在实际实施中需要考虑各种非确定性来源，包括建模误差、未知负载以及计算错误。机器人动力学方程为

$$\boldsymbol{M}(\boldsymbol{q})\ddot{\boldsymbol{q}}+\boldsymbol{C}(\boldsymbol{q},\dot{\boldsymbol{q}})\dot{\boldsymbol{q}}+\boldsymbol{G}(\boldsymbol{q})=\boldsymbol{u} \tag{6-88}$$

并将逆运动学控制输入 $\boldsymbol{u}$ 写为

$$\boldsymbol{u}=\hat{\boldsymbol{M}}(\boldsymbol{q})\boldsymbol{a}_q+\hat{\boldsymbol{C}}(\boldsymbol{q},\dot{\boldsymbol{q}})\dot{\boldsymbol{q}}+\hat{\boldsymbol{g}}(\boldsymbol{q}) \tag{6-89}$$

式中，$\hat{\boldsymbol{M}}(\boldsymbol{q})$，$\hat{\boldsymbol{C}}(\boldsymbol{q},\dot{\boldsymbol{q}})$，$\hat{\boldsymbol{g}}(\boldsymbol{q})$ 是 $\boldsymbol{M}(\boldsymbol{q})$，$\boldsymbol{C}(\boldsymbol{q},\dot{\boldsymbol{q}})$，$\boldsymbol{G}(\boldsymbol{q})$ 的计算值或表征值。它又意味着，由于系统中的不确定性，理论上的精确逆动力学控制在实践中无法实现。

如果将式(6-89)代入式(6-88)，经过运算得

$$\ddot{\boldsymbol{q}}=\boldsymbol{a}_q+\boldsymbol{\eta}(\boldsymbol{q},\dot{\boldsymbol{q}},\boldsymbol{a}_q) \tag{6-90}$$

其中

$$\boldsymbol{\eta}=\boldsymbol{M}^{-1}(\tilde{\boldsymbol{M}}\boldsymbol{a}_q+\tilde{\boldsymbol{C}}\dot{\boldsymbol{q}}+\tilde{\boldsymbol{g}}) \tag{6-91}$$

式(6-91)称为不确定性。

定义 $\boldsymbol{E}$ 为

$$\boldsymbol{E}=\boldsymbol{M}^{-1}\tilde{\boldsymbol{M}}=\boldsymbol{M}^{-1}\hat{\boldsymbol{M}}-\boldsymbol{I} \tag{6-92}$$

将不确定性 $\boldsymbol{\eta}$ 表示为

$$\boldsymbol{\eta}=\boldsymbol{E}\boldsymbol{a}_q+\boldsymbol{M}^{-1}(\tilde{\boldsymbol{C}}\dot{\boldsymbol{q}}+\tilde{\boldsymbol{g}}) \tag{6-93}$$

由于不确定性 $\boldsymbol{\eta}(\boldsymbol{q},\dot{\boldsymbol{q}},\boldsymbol{a}_q)$，由式(6-90)描述的系统仍然是非线性且耦合的。因此，不能保证由式(6-48)给的外环控制将能达到满足期望的跟踪性能。在本节中，将展示如何修改外环控制式(6-48)，以保证由式(6-90)描述的系统中跟踪误差的全局收敛。

有几种方法可用于处理上述的鲁棒逆动力学问题。在本节中将讨论不确定系统中基于李雅普诺夫第二方法的确保稳定性理论。在此方法中，设定外环控制 $\boldsymbol{a}_q$ 为

$$\boldsymbol{a}_q=\ddot{\boldsymbol{q}}^d(t)-\boldsymbol{K}_0\tilde{\boldsymbol{q}}-\boldsymbol{K}_1\dot{\tilde{\boldsymbol{q}}}+\boldsymbol{\delta a} \tag{6-94}$$

式中，$\boldsymbol{\delta a}$ 为需要设计的一个附加项。

对于跟踪误差，有

$$\boldsymbol{e}=\begin{pmatrix}\tilde{\boldsymbol{q}}\\ \dot{\tilde{\boldsymbol{q}}}\end{pmatrix}=\begin{pmatrix}\boldsymbol{q}-\boldsymbol{q}^d\\ \dot{\boldsymbol{q}}-\dot{\boldsymbol{q}}^d\end{pmatrix} \tag{6-95}$$

可将式(6-90)和式(6-94)写为

$$\dot{\boldsymbol{e}}=\boldsymbol{A}\boldsymbol{e}+\boldsymbol{B}(\boldsymbol{\delta a}+\boldsymbol{\eta}) \tag{6-96}$$

其中

$$\boldsymbol{A}=\begin{pmatrix}0 & \boldsymbol{I}\\ -\boldsymbol{K}_0 & -\boldsymbol{K}_1\end{pmatrix},B=\begin{pmatrix}0\\ \boldsymbol{I}\end{pmatrix} \tag{6-97}$$

因此，首先可以由线性反馈项 $-\boldsymbol{K}_0\tilde{\boldsymbol{q}}-\boldsymbol{K}_q\ddot{\tilde{\boldsymbol{q}}}$ 使双积分环节变得稳定，然后附加控制项 $\boldsymbol{\delta a}$ 被设计用来克服不确定性 $\boldsymbol{\eta}$ 中潜在的不稳定影响。其基本思路是，假定能够计算关于不确定性 $\boldsymbol{\eta}$ 的一个界限 $\boldsymbol{\rho}=(\boldsymbol{e},\boldsymbol{t})\geqslant 0$ 如下

$$\|\boldsymbol{\eta}\|\leqslant\boldsymbol{\rho}(\boldsymbol{e},\boldsymbol{t}) \tag{6-98}$$

然后，设计额外输入项 $\boldsymbol{\delta a}$ 来确保式(6-96)中的轨迹误差 $\boldsymbol{e}(\boldsymbol{t})$ 的最终有界性。

注意：一般情况下，界限 $\boldsymbol{\rho}$ 是跟踪误差 $\boldsymbol{e}$ 和时间的函数。

返回关于不确定性 $\boldsymbol{\eta}$ 的表达式，并替代公式(6-94)中的 $\boldsymbol{a}_q$ 有

$$\boldsymbol{\eta}=\boldsymbol{E}\boldsymbol{a}_q+\boldsymbol{M}^{-1}(\tilde{\boldsymbol{C}}\dot{\boldsymbol{q}}+\tilde{\boldsymbol{g}})=\boldsymbol{E}\boldsymbol{\delta a}+\boldsymbol{E}(\ddot{\boldsymbol{q}}^d-\boldsymbol{K}_0\tilde{\boldsymbol{q}}-\boldsymbol{K}_1\dot{\tilde{\boldsymbol{q}}})+\boldsymbol{M}^{-1}(\tilde{\boldsymbol{C}}\dot{\boldsymbol{q}}+\boldsymbol{g}) \tag{6-99}$$

注意 $\boldsymbol{a}=\|\boldsymbol{E}\|=\|\boldsymbol{M}^{-1}\hat{\boldsymbol{M}}-1\|<1$ 这个条件决定着 $\hat{\boldsymbol{M}}$ 的估计必须在多大程度上接近惯性矩阵。假设对 $\boldsymbol{M}^{-1}$ 有下列界限

$$\underline{\boldsymbol{M}}\leqslant\|\boldsymbol{M}^{-1}\|\leqslant\overline{\boldsymbol{M}} \tag{6-100}$$

如果选择式(6-101)的惯性矩阵估计 $\hat{\boldsymbol{M}}$

$$\hat{\boldsymbol{M}}=\frac{2}{\overline{\boldsymbol{M}}+\underline{\boldsymbol{M}}}\boldsymbol{I} \tag{6-101}$$

那么，可以证明

$$\|\boldsymbol{M}^{-1}\hat{\boldsymbol{M}}-\boldsymbol{I}\|\leqslant\frac{\overline{\boldsymbol{M}}-\boldsymbol{M}}{\boldsymbol{M}+\underline{\boldsymbol{M}}}<1 \tag{6-102}$$

这里的要点是，总有一个关于 $\hat{\boldsymbol{M}}$ 的选择来满足条件 $\|\boldsymbol{E}\|<1$。

其次，就目前而言，假设必须对 $\|\boldsymbol{\delta a}\|\leqslant\boldsymbol{\rho}(\boldsymbol{e},\boldsymbol{t})$ 进行后验检查。由此得到

$$\|\boldsymbol{\eta}\|\leqslant\boldsymbol{a}\boldsymbol{\rho}(\boldsymbol{e},\boldsymbol{t})+\boldsymbol{\gamma}_1\|\boldsymbol{e}\|+\boldsymbol{\gamma}_2\|\boldsymbol{e}\|^2+\boldsymbol{\gamma}_3=\boldsymbol{\rho}(\boldsymbol{e},\boldsymbol{t}) \tag{6-103}$$

由于 $\boldsymbol{a}<1$，由式(6-103)可得关于 $\boldsymbol{\rho}$ 的表达式为

$$\boldsymbol{\rho}(e,t)=\frac{1}{1-\boldsymbol{a}}(\boldsymbol{\gamma}_1\|\boldsymbol{e}\|+\boldsymbol{\gamma}_2\|\boldsymbol{e}\|^2+\boldsymbol{\gamma}_3) \tag{6-104}$$

因为选择 $\boldsymbol{K}_0$ 和 $\boldsymbol{K}_1$ 使得式(6-96)中的矩阵 $\boldsymbol{A}$ 为 Hurwitz 矩阵，可以选 $\boldsymbol{Q}=0$，并且令 $\boldsymbol{P}>0$ 为满足下列李雅普诺夫方程的唯一的对称正定矩阵

$$\boldsymbol{A}^{\mathrm{T}}\boldsymbol{P}+\boldsymbol{P}\boldsymbol{A}=-\boldsymbol{Q} \tag{6-105}$$

按照下述方式定义控制 $\boldsymbol{\delta a}$ 为

$$\boldsymbol{\delta a}=\begin{cases}-\boldsymbol{\rho}(e,t)\dfrac{\boldsymbol{B}^{\mathrm{T}}\boldsymbol{Pe}}{\|\boldsymbol{B}^{\mathrm{T}}\boldsymbol{Pe}\|}, & \|\boldsymbol{B}^{\mathrm{T}}\boldsymbol{Pe}\|\neq 0\\ 0, & \|\boldsymbol{B}^{\mathrm{T}}\boldsymbol{Pe}\|=0\end{cases} \tag{6-106}$$

由此可知，李雅普诺夫函数 $\boldsymbol{V}=\boldsymbol{e}^{\mathrm{T}}\boldsymbol{Pe}$ 在沿式(6-96)的根轨迹上满足 $\boldsymbol{V}<0$。为了说明该结果，即

$$\dot{\boldsymbol{V}}=-\boldsymbol{e}^{\mathrm{T}}\boldsymbol{Qe}+2\boldsymbol{e}^{\mathrm{T}}\boldsymbol{PB}\{\boldsymbol{\delta a}+\boldsymbol{\eta}\} \tag{6-107}$$

为了简便起见，令 $\boldsymbol{\omega}=\boldsymbol{B}^{\mathrm{T}}\boldsymbol{Pe}$，并考虑上述公式中的第二项 $\boldsymbol{\omega}^{\mathrm{T}}\{\boldsymbol{\delta a}+\boldsymbol{\eta}\}$。如果 $\boldsymbol{\omega}=0$，这一项将消失，对于 $\boldsymbol{\omega}\neq 0$，有

$$\boldsymbol{\delta a}=-\boldsymbol{\rho}\frac{\boldsymbol{w}}{\|\boldsymbol{w}\|} \tag{6-108}$$

因此，使用柯西-施瓦茨不等式，有

$$\boldsymbol{w}^{\mathrm{T}}\left(-\boldsymbol{\rho}\frac{\boldsymbol{w}}{\|\boldsymbol{w}\|}+\boldsymbol{\eta}\right)\leqslant-\boldsymbol{\rho}\|\boldsymbol{w}\|+\|\boldsymbol{w}\|\|\boldsymbol{\eta}\|=\|\boldsymbol{w}\|(-\boldsymbol{\rho}+\|\boldsymbol{\eta}\|)\leqslant 0 \tag{6-109}$$

由于 $\|\boldsymbol{\eta}\|\leqslant\boldsymbol{\rho}$，有

$$\dot{\boldsymbol{V}}\leqslant-\boldsymbol{e}^{\mathrm{T}}\boldsymbol{Qe}<0 \tag{6-110}$$

由此得到了想要的结果。最后，注意 $\|\boldsymbol{\delta a}\|\leqslant\boldsymbol{\rho}$ 满足预期。关节空间鲁棒控制方框图如图 6-23 所示

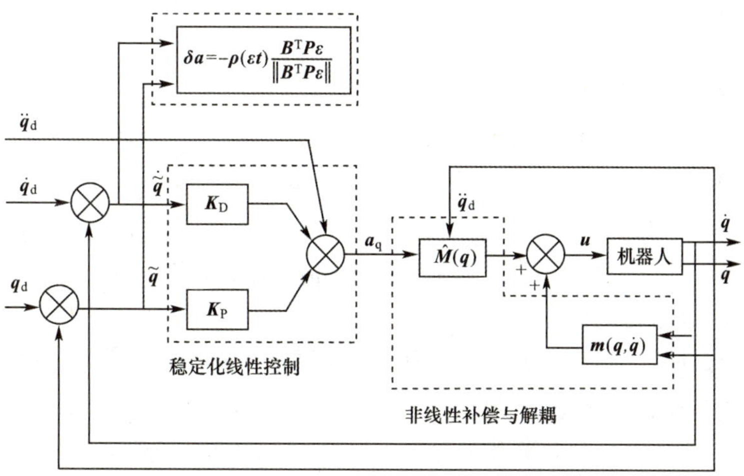

图 6-23　关节空间鲁棒控制方框图

由于上述控制项 $\boldsymbol{\delta a}$ 在由 $\boldsymbol{B}^{\mathrm{T}}\boldsymbol{Pe}=0$ 定义的子空间内不连续，在这个子空间内的根轨

迹不能按通常意义得到很好的定义。可以从更一般的意义上来定义解，即所谓的Filippov。对于非连续控制系统的详细处理本书不做介绍。在实践中，控制中的不连续会导致颤振，此时控制在式(6-106)给出的控制值之间迅速切换。

对于非连续控制，可以连续近似它，即

$$\boldsymbol{\delta a}=\begin{cases}-\boldsymbol{\rho}(e,t)\dfrac{\boldsymbol{B}^{\mathrm{T}}\boldsymbol{Pe}}{\|\boldsymbol{B}^{\mathrm{T}}\boldsymbol{Pe}\|}, & \|\boldsymbol{B}^{\mathrm{T}}\boldsymbol{Pe}\|>\boldsymbol{\varepsilon}\\ -\dfrac{-\boldsymbol{\rho}(e,t)}{\boldsymbol{\varepsilon}}\boldsymbol{B}^{\mathrm{T}}\boldsymbol{Pe}, & \|\boldsymbol{B}^{\mathrm{T}}\boldsymbol{Pe}\|\leqslant\boldsymbol{\varepsilon}\end{cases}\tag{6-111}$$

在这种情况下，由于式(6-111)给出的控制信号是连续的，因此对于任意初始条件，由式(6-106)描述的系统存在解。

6.4.2 机器人自适应控制

鲁棒控制依靠非线性反馈项处理不确定性，而自适应控制则依靠对参数的自适应在线修改参数的估计值，控制过程是一个控制器学习的过程，通常用于动力学逆解的计算模型与真实机器人动力学模型具有相同结构，但存在参数估计的不确定性。这种情况下，需要设计求解方法，使动力学模型的计算模型具有在线适应性，从而实现逆动力学类型的控制方案。

机器人动力学模型参数的线性化使得找到自适应控制律成为可能。实际上，总是可以采用一组合适的常数动态参数用线性形式表示非线性运动方程。回顾式(6-1)的机器人动力学参数线性化方程，有

$$\boldsymbol{M}(\boldsymbol{q})\ddot{\boldsymbol{q}}_{\mathrm{r}}+\boldsymbol{C}(\boldsymbol{q},\dot{\boldsymbol{q}})\dot{\boldsymbol{q}}_{\mathrm{r}}+\boldsymbol{F}\dot{\boldsymbol{q}}+\boldsymbol{g}(\boldsymbol{q})=\boldsymbol{Y}(\boldsymbol{q},\dot{\boldsymbol{q}},\dot{\boldsymbol{q}}_{\mathrm{r}},\ddot{\boldsymbol{q}})\boldsymbol{\pi}=\boldsymbol{u}\tag{6-112}$$

式中，$\boldsymbol{\pi}$ 为$(p\times 1)$的常参数向量；$\boldsymbol{Y}$ 为关节位置、速度与加速度函数构成的$(n\times p)$矩阵。

动态参数的线性化是推导自适应控制的基础，下面所介绍的自适应方法是最简单的一种。

首先介绍可以通过合并计算转矩/动力学逆解推导出的控制方案。假设计算模型和动力学模型一致。

考虑控制律，有

$$\boldsymbol{u}=\boldsymbol{M}(\boldsymbol{q})\ddot{\boldsymbol{q}}_{\mathrm{r}}+\boldsymbol{C}(\boldsymbol{q},\dot{\boldsymbol{q}})\dot{\boldsymbol{q}}_{\mathrm{r}}+\boldsymbol{F}\dot{\boldsymbol{q}}_{\mathrm{r}}+\boldsymbol{g}(\boldsymbol{q})+\boldsymbol{K}_{\mathrm{D}}\boldsymbol{\sigma}\tag{6-113}$$

式中，$\boldsymbol{K}_{\mathrm{D}}$ 为正定矩阵。

选择

$$\dot{\boldsymbol{q}}_{\mathrm{r}}=\dot{\boldsymbol{q}}_{\mathrm{d}}+\boldsymbol{\Lambda}\tilde{\boldsymbol{q}},\ddot{\boldsymbol{q}}_{r}=\ddot{\boldsymbol{q}}_{\mathrm{d}}+\boldsymbol{\Lambda}\dot{\tilde{\boldsymbol{q}}}\tag{6-114}$$

式中，$\boldsymbol{\Lambda}$ 为正定(通常是对角阵)矩阵。

上式使非线性补偿和耦合项可表示为期望速度与加速度的函数，并由机器人的当前状态($\boldsymbol{q}$ 和$\dot{\boldsymbol{q}}$)进行修正。实际上，$\dot{\boldsymbol{q}}_{\mathrm{r}}=\dot{\boldsymbol{q}}_{\mathrm{d}}+\boldsymbol{\Lambda}\tilde{\boldsymbol{q}}$ 项表示依赖于速度的分量的权重，其值建立在期望速度与位置跟踪误差两重基础之上。加速度分量也有相似的总论，该项除依赖于期望加速度量之外，还与速度误差有关。

若 $\boldsymbol{\sigma}$ 选取式(6-115)，则 $\boldsymbol{K}_{\mathrm{D}}\boldsymbol{\sigma}$ 项与误差 PD 等价

$$\boldsymbol{\sigma}=\dot{\boldsymbol{q}}_{\mathrm{r}}-\dot{\boldsymbol{q}}=\dot{\tilde{\boldsymbol{q}}}+\boldsymbol{\Lambda}\tilde{\boldsymbol{q}} \tag{6-115}$$

将式(6-113)代入式(6-112),由式(6-115)得

$$\boldsymbol{M}(\boldsymbol{q})\dot{\boldsymbol{\sigma}}+\boldsymbol{C}(\boldsymbol{q},\dot{\boldsymbol{q}})\boldsymbol{\sigma}+\boldsymbol{F}\boldsymbol{\sigma}+\boldsymbol{K}_{\mathrm{D}}\boldsymbol{\sigma}=0 \tag{6-116}$$

李雅普诺待选函数为

$$V(\boldsymbol{\sigma},\tilde{\boldsymbol{q}})=\frac{1}{2}\boldsymbol{\sigma}^{\mathrm{T}}\boldsymbol{M}(\boldsymbol{q})\boldsymbol{\sigma}+\frac{1}{2}\tilde{\boldsymbol{q}}^{\mathrm{T}}\boldsymbol{M}\tilde{\boldsymbol{q}}>0,\ \forall\,\boldsymbol{\sigma},\tilde{\boldsymbol{q}}\neq 0 \tag{6-117}$$

式中,$\boldsymbol{M}$ 为$(n\times n)$对称正定矩阵。

要得到整个系统状态的李雅普诺夫函数必须引入式(6-117)的第二项,当 $\tilde{\boldsymbol{q}}=0,\dot{\tilde{\boldsymbol{q}}}\neq 0$ 时该项为零。$\boldsymbol{V}$ 沿系统式(6-116)轨迹的时间导数为

$$\dot{V}=\boldsymbol{\sigma}^{\mathrm{T}}\boldsymbol{M}(\boldsymbol{q})\dot{\boldsymbol{\sigma}}+\frac{1}{2}\boldsymbol{\sigma}^{\mathrm{T}}\dot{\boldsymbol{M}}(\boldsymbol{q})\boldsymbol{\sigma}+\tilde{\boldsymbol{q}}^{\mathrm{T}}\boldsymbol{M}\dot{\tilde{\boldsymbol{q}}}=-\boldsymbol{\sigma}^{\mathrm{T}}(\boldsymbol{F}+\boldsymbol{K}_{\mathrm{D}})\boldsymbol{\sigma}+\tilde{\boldsymbol{q}}^{\mathrm{T}}\boldsymbol{M}\dot{\tilde{\boldsymbol{q}}} \tag{6-118}$$

其中利用了矩阵 $\boldsymbol{N}=\dot{\boldsymbol{M}}-2\boldsymbol{C}$ 的反对称性。由式(6-115)中 $\boldsymbol{\sigma}$ 的表达式,以及对角阵 $\boldsymbol{\Lambda}$ 和 $\boldsymbol{K}_{\mathrm{D}}$,可以方便地选择 $\boldsymbol{M}=2\boldsymbol{\Lambda}\boldsymbol{K}_{\mathrm{D}}$,从而有

$$\dot{V}=-\boldsymbol{\sigma}^{\mathrm{T}}\boldsymbol{F}\boldsymbol{\sigma}-\dot{\tilde{\boldsymbol{q}}}^{\mathrm{T}}\boldsymbol{K}_{\mathrm{D}}\dot{\tilde{\boldsymbol{q}}}-\tilde{\boldsymbol{q}}^{\mathrm{T}}\boldsymbol{\Lambda}\boldsymbol{K}_{\mathrm{D}}\boldsymbol{\Lambda}\dot{\tilde{\boldsymbol{q}}} \tag{6-119}$$

式(6-119)表明时间导数为负定,因为只有 $\tilde{\boldsymbol{q}}=0$ 及 $\dot{\tilde{\boldsymbol{q}}}\equiv 0$ 时,该式为零。由此可得状态空间$[\tilde{\boldsymbol{q}}^{\mathrm{T}},\boldsymbol{\sigma}^{\mathrm{T}}]^{\mathrm{T}}=0$ 的原点是全局渐进稳定的。注意和鲁棒控制情况不同,误差轨迹不需要高频控制就会趋向子空间 $\boldsymbol{\sigma}=0$。

以这种明显的结果为基础,可以根据参数向量 $\boldsymbol{\pi}$ 自适应建立控制律。

假设计算模型与机器人动力学模型结构相同,但参数并不确切已知,式(6-113)的控制律可修正为

$$\boldsymbol{u}=\hat{\boldsymbol{M}}(\boldsymbol{q})\ddot{\boldsymbol{q}}_{\mathrm{r}}+\hat{\boldsymbol{C}}(\boldsymbol{q},\dot{\boldsymbol{q}})\dot{\boldsymbol{q}}_{\mathrm{r}}+\hat{\boldsymbol{F}}\dot{\boldsymbol{q}}_{\mathrm{r}}+\hat{\boldsymbol{g}}+\boldsymbol{K}_{\mathrm{D}}\boldsymbol{\sigma}=\boldsymbol{Y}(\boldsymbol{q},\dot{\boldsymbol{q}},\dot{\boldsymbol{q}}_{\mathrm{r}},\ddot{\boldsymbol{q}})\hat{\boldsymbol{\pi}}+\boldsymbol{K}_{\mathrm{D}}\boldsymbol{\sigma} \tag{6-120}$$

式中,$\hat{\boldsymbol{\pi}}$ 为对参数的可用估计;$\hat{\boldsymbol{M}},\hat{\boldsymbol{C}},\hat{\boldsymbol{F}},\hat{\boldsymbol{g}}$ 分别为动力学模型中的被估计项。

将控制律式(6-120)代入式(6-112)中,得

$$\boldsymbol{M}(\boldsymbol{q})\dot{\boldsymbol{\sigma}}+\boldsymbol{C}(\boldsymbol{q},\dot{\boldsymbol{q}})\boldsymbol{\sigma}+\boldsymbol{F}\boldsymbol{\sigma}+\boldsymbol{K}_{\mathrm{D}}\boldsymbol{\sigma}=-\tilde{\boldsymbol{M}}(\boldsymbol{q})\ddot{\boldsymbol{q}}_{\mathrm{r}}-\tilde{\boldsymbol{C}}(\boldsymbol{q},\dot{\boldsymbol{q}})\ddot{\boldsymbol{q}}_{\mathrm{r}}-\tilde{\boldsymbol{F}}\dot{\boldsymbol{q}}_{\mathrm{r}}-\tilde{\boldsymbol{g}}(\boldsymbol{q})=-\boldsymbol{Y}(\boldsymbol{q},\dot{\boldsymbol{q}},\dot{\boldsymbol{q}}_{\mathrm{r}},\ddot{\boldsymbol{q}}_{\mathrm{r}})\tilde{\boldsymbol{\pi}} \tag{6-121}$$

其中方便地利用了误差参数向量的线性化,即

$$\tilde{\boldsymbol{\pi}}=\hat{\boldsymbol{\pi}}-\boldsymbol{\pi} \tag{6-122}$$

根据式(6-106),建模误差可表示为

$$\tilde{\boldsymbol{M}}=\hat{\boldsymbol{M}}-\boldsymbol{M},\tilde{\boldsymbol{C}}=\hat{\boldsymbol{C}}-\boldsymbol{C},\tilde{\boldsymbol{F}}=\hat{\boldsymbol{F}}-\boldsymbol{F},\tilde{\boldsymbol{g}}=\hat{\boldsymbol{g}}-\boldsymbol{g} \tag{6-123}$$

需要注意,根据位置式(6-114),矩阵 $\boldsymbol{Y}$ 并不依赖于关节加速度的实际值,而是依赖于关节加速度的期望值,因此避免了加速度直接测量带来的问题。

根据这一点,将式(6-117)的李雅普诺夫待选函数修改为

$$V(\boldsymbol{\sigma},\tilde{\boldsymbol{q}},\tilde{\boldsymbol{\pi}})=\frac{1}{2}\boldsymbol{\sigma}^{\mathrm{T}}\boldsymbol{M}(\boldsymbol{q})\boldsymbol{\sigma}+\tilde{\boldsymbol{q}}^{\mathrm{T}}\boldsymbol{\Lambda}\boldsymbol{K}_{\mathrm{D}}\tilde{\boldsymbol{q}}+\frac{1}{2}\tilde{\boldsymbol{\pi}}^{\mathrm{T}}\boldsymbol{K}_{\pi}\tilde{\boldsymbol{\pi}}>0,\ \forall\,\boldsymbol{\sigma},\tilde{\boldsymbol{q}},\tilde{\boldsymbol{\pi}}\neq 0 \tag{6-124}$$

其特点是表示式(6-122)参数误差组附加项,且 $\boldsymbol{K}_{\pi}$ 对称正定。$\boldsymbol{V}$ 沿式(6-121)系统轨迹的时间导数为

$$\dot{V}=-\boldsymbol{\sigma}^{\mathrm{T}}\boldsymbol{F}\boldsymbol{\sigma}-\dot{\tilde{\boldsymbol{q}}}^{\mathrm{T}}\boldsymbol{K}_{\mathrm{D}}\dot{\tilde{\boldsymbol{q}}}-\tilde{\boldsymbol{q}}^{\mathrm{T}}\boldsymbol{\Lambda}\boldsymbol{K}_{\mathrm{D}}\boldsymbol{\Lambda}\tilde{\boldsymbol{q}}+\tilde{\boldsymbol{\pi}}^{\mathrm{T}}[\boldsymbol{K}_{\pi}\dot{\tilde{\boldsymbol{\pi}}}-\boldsymbol{Y}^{\mathrm{T}}(\boldsymbol{q},\dot{\boldsymbol{q}},\dot{\boldsymbol{q}}_{\mathrm{r}},\ddot{\boldsymbol{q}}_{\mathrm{r}})\boldsymbol{\sigma}] \tag{6-125}$$

若根据如下自适应规则对参数向量估计进行更新，则

$$\dot{\hat{\boldsymbol{\pi}}}=\boldsymbol{K}_{\pi}^{-1}\boldsymbol{Y}^{\mathrm{T}}(\boldsymbol{q},\dot{\boldsymbol{q}},\dot{\boldsymbol{q}}_{\mathrm{r}},\ddot{\boldsymbol{q}}_{\mathrm{r}})\boldsymbol{\sigma} \tag{6-126}$$

因为 $\dot{\hat{\boldsymbol{q}}}=\dot{\tilde{\boldsymbol{q}}}-\boldsymbol{\pi}$ 为常数，故式(6-125)变为

$$\dot{V}=-\boldsymbol{\sigma}^{\mathrm{T}}\boldsymbol{F}\boldsymbol{\sigma}-\dot{\boldsymbol{q}}^{\mathrm{T}}\boldsymbol{K}_{\mathrm{D}}\dot{\tilde{\boldsymbol{q}}}-\tilde{\boldsymbol{q}}^{\mathrm{T}}\boldsymbol{\Lambda}\boldsymbol{K}_{\mathrm{D}}\boldsymbol{\Lambda}\tilde{\boldsymbol{q}} \tag{6-127}$$

也与以上讨论相似，不难得到由如下模型描述的机器人轨迹为

$$\boldsymbol{M}(\boldsymbol{q})\ddot{\boldsymbol{q}}+\boldsymbol{C}(\boldsymbol{q},\dot{\boldsymbol{q}})\dot{\boldsymbol{q}}+\boldsymbol{F}\dot{\boldsymbol{q}}+\boldsymbol{g}(\boldsymbol{q})=\boldsymbol{u} \tag{6-128}$$

若控制率为

$$\boldsymbol{u}=\boldsymbol{Y}(\boldsymbol{q},\dot{\boldsymbol{q}},\dot{\boldsymbol{q}}_{\mathrm{r}},\ddot{\boldsymbol{q}}_{\mathrm{r}})\hat{\boldsymbol{\pi}}+\boldsymbol{K}_{\mathrm{D}}(\dot{\tilde{\boldsymbol{q}}}+\boldsymbol{\Lambda}\tilde{\boldsymbol{q}}) \tag{6-129}$$

则参数自适应律为

$$\dot{\hat{\boldsymbol{\pi}}}=\boldsymbol{K}_{\mathrm{n}}^{-1}\boldsymbol{Y}^{\mathrm{T}}(\boldsymbol{q},\dot{\boldsymbol{q}},\dot{\boldsymbol{q}}_{\mathrm{r}},\ddot{\boldsymbol{q}}_{\mathrm{r}})(\dot{\tilde{\boldsymbol{q}}}+\boldsymbol{\Lambda}\tilde{\boldsymbol{q}}) \tag{6-130}$$

机器人轨迹将全局渐进收敛于 $\boldsymbol{\sigma}=0$ 且 $\tilde{\boldsymbol{q}}=0$，这意味着 $\tilde{\boldsymbol{q}},\dot{\tilde{\boldsymbol{q}}}$ 收敛于零，且 $\hat{\boldsymbol{\pi}}$ 有界。式(6-131)表示渐近性

$$\boldsymbol{Y}(\boldsymbol{q},\dot{\boldsymbol{q}},\dot{\boldsymbol{q}}_{\mathrm{r}},\ddot{\boldsymbol{q}}_{\mathrm{r}})(\hat{\boldsymbol{\pi}}-\boldsymbol{\pi})=0 \tag{6-131}$$

式(6-131)并不表示 $\hat{\boldsymbol{\pi}}$ 将趋向 $\boldsymbol{\pi}$，实际上，参数能否收敛于其真值取决于矩阵 $\boldsymbol{Y}(\boldsymbol{q},\dot{\boldsymbol{q}},\dot{\boldsymbol{q}}_{\mathrm{r}},\ddot{\boldsymbol{q}}_{\mathrm{r}})$ 的结构以及期望轨迹与实际轨迹。虽然如此，但下面方法的目标是直接求解自适应问题，即寻找保证有限跟踪误差的控制律，而不再确定系统的真实参数（与间接自适应问题相同）。得到的方框图如图 6-24 所示。

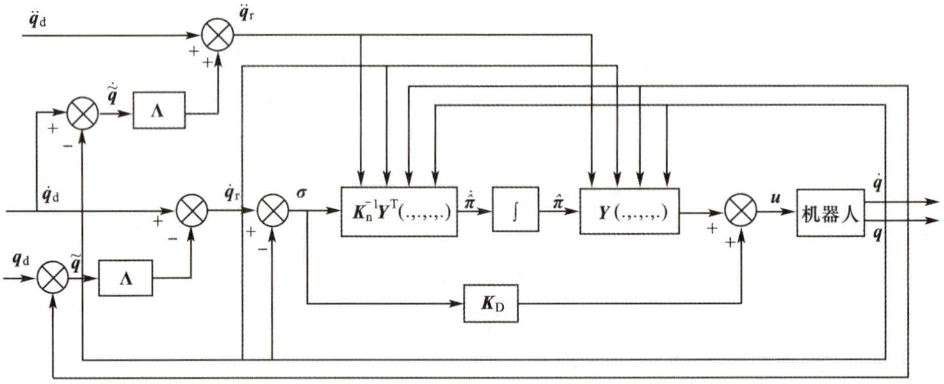

图 6-24　关节空间自适应控制方框图

以上控制律由三个不同部分构成，总结如下：

①$\boldsymbol{Y}\hat{\boldsymbol{\pi}}$项描述了逆动力学类型的控制作用，它保证了对非线性影响和关节耦合的近似补偿。

②$\boldsymbol{K}_{\mathrm{D}}\boldsymbol{\sigma}$ 项引入了对跟踪误差的 PD 型稳定化线性控制作用。

③参数估计向量 $\hat{\boldsymbol{\pi}}$ 由梯度类型自适应规则更新，以保证机器人动力学模型中各项的渐进补偿；矩阵 $\boldsymbol{K}_{\mathrm{n}}$ 决定了参量收敛到其渐近值的速度。

注意由于 $\boldsymbol{\sigma}\approx0$，控制律式(6-120)等价于在期望速度与期望加速度基础上对计算转

矩的纯逆动力学补偿，这一点以 $\boldsymbol{Y}\dot{\boldsymbol{\pi}}\approx\boldsymbol{Y}\boldsymbol{\pi}$ 为前提。

参数自适应控制律要求完全计算模型具有有效性，而且没有任何减小针对外部干扰影响的作用。因此只要存在未建模因素，例如使用简化计算模型或出现外部干扰，其性能就会下降。这两种情况下，输出变量的影响都是由于控制器与参数估计之间不匹配造成的。其结果是，控制律试图通过对那些原本不会引起变化的量产生作用，以抵消这些影响。

另外，尽管鲁棒控制技术对未建模动力学关系很敏感，但还是对外部干扰提供了固有的抑制作用，抑制作用由高频切换控制作用产生，这种控制作用将误差轨迹约束在滑动子空间内。对机械结构而言。这种输入可能是无法接受的。而采用自适应控制技术时，由于其作用固有的平滑时间特性，这种麻烦一般不会出现。

6.4.3 机器人神经网络控制

近些年，随着智能控制技术的发展，神经网络等智能算法更多地被应用到机器人控制领域。上述的自适应控制可以有效地克服机器人模型参数的不确定性，但对于模型的未建模的部分，自适应往往无能为力。因此，神经网络由其强大的非线性映射能力、自学习能力和自适应能力等优点，成为机器人控制的有力工具。基于神经网络控制的机器人控制方法主要分为动力学逆控制、内模控制、自适应控制和智能神经网络控制等。

(1)神经网络动力学逆控制

机器人神经网络动力学逆控制如图 6-25 所示，其原理在于以神经网络(NN)为学习工具，对机器人系统的输入/输出数据进行学习从而得到系统的逆模型，作为控制系统中的前馈控制器，神经网络逼近对象逆模型时产生的偏差由反馈控制器来补偿，从而得到稳定的神经网络闭环控制系统。

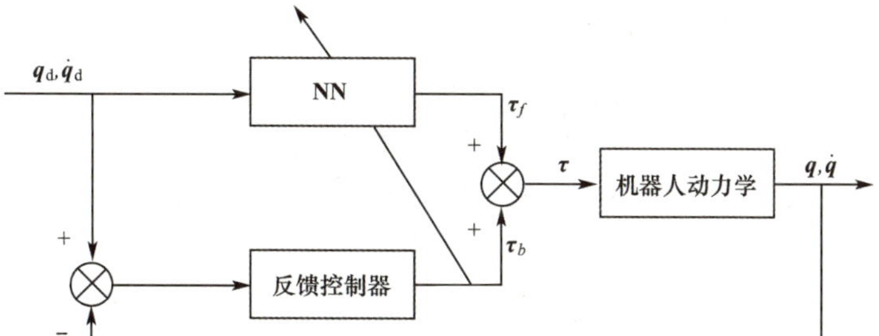

图 6-25 机器人神经网络动力学逆控制

在图 6-25 所示的控制结构中，反馈控制器在神经网络学习的初始阶段镇定闭环控制系统，并能够产生学习信号，用来实现神经网络的训练。随着系统的不断运行，当学习的模型不断精确，由神经网络前馈控制器逐渐变为主导项。线性反馈控制的作用逐渐减小，最终由神经网络控制器代替。这种控制结构的不足与整个神经网络控制系统的性能和线性反馈控制器的性能有关。如果线性反馈控制器设计得不好，神经网络控制器便适应的较慢。同时，由于很难事先求得受控对象所需要的期望响应，因此，训练信号难以获取，神经网络不能正确地学习，它的学习收敛性也就存在问题。

(2)机器人神经网络内模控制

神经网络内模控制属于模型预测控制的一种形式，即调节具有明显物理意义的参数，使在线整定比较方便，且不影响闭环的稳定性，其结构如图 6-26 所示。

图中的 NN 对象模型是使用神经网络作为状态估计器，用于逼近机器人的动态模型。NN 控制器不是直接学习机器人的逆动态模型，而是以充当状态估计器的 NN 对象模型为训练对象，间接地学习机器人的逆动态特性。NN 对象模型与机器人实际对象的差值用于反馈作用，然后同期望的给定值之差送给神经网络控制器，经过多次训练，使系统误差逐渐趋于零。

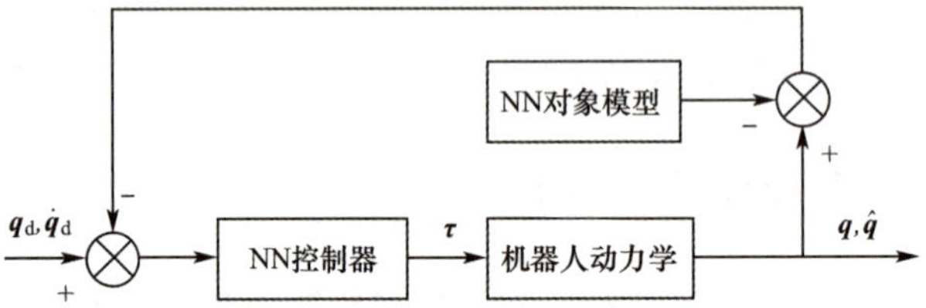

图 6-26　机器人神经网络内模控制

(3)机器人神经网络自适应控制

神经网络自适应控制有模型参考自适应控制和自校正控制两种重要形式，它们有相似的特点，也有不同之处。两者区别主要在于自校正控制没有参考模型，而依靠在线递推辨识(参数估计)来估计系统的未知参数，以此来在线控制设计算法进行实时反馈控制。

神经网络模型参考自适应(NMRAC)控制，分为直接法和间接法。直接法是直接利用能观测到的对象的输出/输出数据来综合一个动态控制器。其间接法如图 6-27 所示。

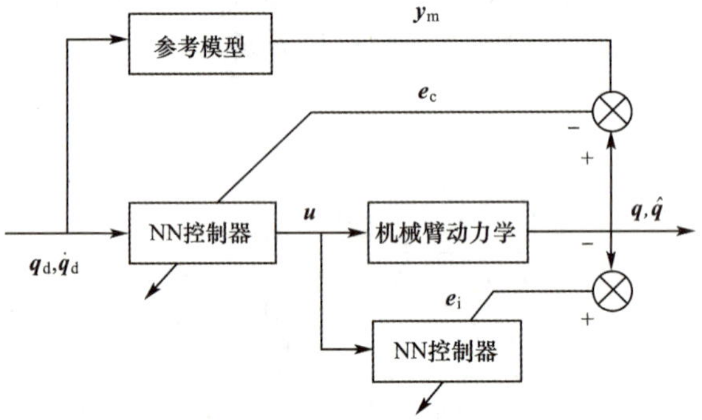

图 6-27　神经网络模型参考自适应控制的间接法

间接法比直接法多采用一个神经网络辨识器，其余部分完全相同。间接法设法将对象的参数和状态重构出来，然后利用这种估计在线改变控制器的参数，以达到自适应控制的目的。首先由神经网络辨识器离线辨识被控过程的前馈模型，NN 辨识器能提供误差或其变化率的反向传播，然后进行在线学习和修正。通过调整 NN 控制器的权值参数，力图使被控过程的输出最后以零误差跟踪参考模型的输出。

神经网络自校正控制如图 6-28 所示，它是一种由神经网络辨识器将对象参数进行在线估计，用控制器实现参数自动整定相结合的自适应控制技术。由于神经网络非线性函数的映射能力，它可以在自校正控制系统中充当未知函数逼近器。一般采用反向传播(BP)网络作为 NN 辨识器，因为 BP 网络可以逼近任意的非线性映射关系。

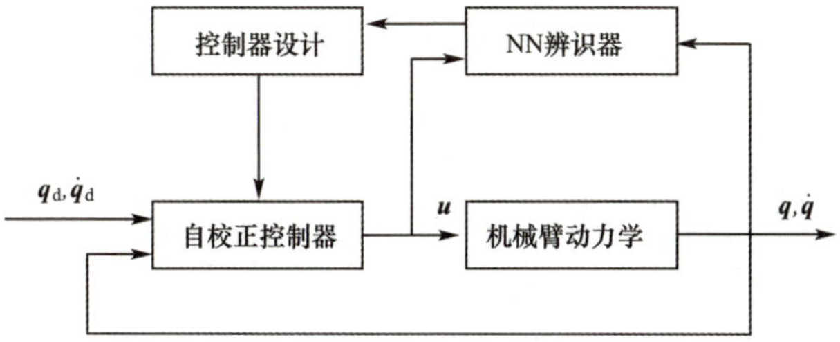

图 6-28 神经网络自校正控制

(4)机器人的智能神经网络控制

机器人的智能神经网络控制是指将神经网络控制与其他智能控制方法相结合，如神经网络可以与专家系统、模糊控制、进化算法以及 H_∞ 控制理论相结合。随着智能控制技术的发展，机器人动态控制中使用最多的就是模糊神经网络和 H_∞ 鲁棒神经网络。H_∞ 鲁棒神经网络是具有全局稳定性的神经网络，它是利用 H_∞ 稳定性理论来设计神经网络，使得神经网络不仅能够从单一的学习样本中汲取知识，而且能够从整个系统的角度进行自身的调整，使得整个系统达到稳定和最优。

模糊神经网络是具有推理归纳能力的神经网络，它利用神经网络可以逼近任意非线性函数的特性来模拟模糊控制的推理方法而构造出来，同时神经网络具有自学习能力，使得模糊神经网络的推理方式在实际的控制过程中是可以不断修正的。同时，由于模糊神经网络的结构具有明确的可用语言形式描述的物理意义，使得模糊神经网络的结构设计和权值初始化非常容易。近几年越来越多的学者将模糊神经网络应用到机器人动态控制中，模糊神经网络成了研究的重点和热点。

6.4.4 机器人模糊控制

(1)模糊控制简述

随着工业化的高速发展，工业生产规模的不断扩大，生产过程的日益复杂化，实际系统往往非常复杂。在实际的生产生活中，通常有经验的专家和技术人员能够依靠其积累下来的丰富实际经验面对实际复杂系统进行可行和有效的控制，这是因为人们可以将在工作中大量积累的经验记录和存储在大脑中，通过了解被控系统对象的特点，不同情况下相对应的控制方法以及性能指标要求，通过推理的方式对复杂实际系统进行可行和有效的控制。为了使控制算法也能够实现类似的控制性能，Zadeh 于 1965 年首次提出模糊控制。

模糊逻辑系统通常由模糊控制规则库、模糊推理机、模糊产生器和模糊消除器 4 个基本部分组成，模糊控制原理框图如图 6-29 所示，其中各个模块的作用如下。

①模糊化的作用是将输入的精确量转化为模糊量。其中，输入量包括外界的参考输入、系统的输出或状态等。

②知识库包括具体应用领域中的知识和要求的控制目标。它主要由数据库和规则库两部分组成。数据库包括各种语言变量的隶属度函数、尺度变换因子以及模糊空间的分割数；规则库包括用模糊语言变量表示的一系列控制规则，它们反映了控制专家的经验和知识。

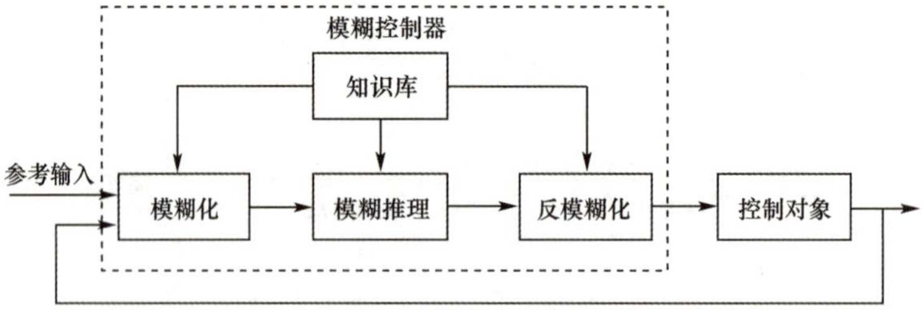

图 6-29　模糊控制原理框图

③模糊推理是模糊控制的核心，它具有模拟人的基于模糊概念的推理能力，该推理是基于模糊逻辑中的蕴含关系及推理规则来进行的。

④反模糊化的作用是将模糊推理得到的控制量（模糊量）变化为实际用于控制的清晰量。

此外，日本学者 Takagi 和 Sugeo 在模糊控制基础上，于 1985 年提出了著名的 T-S 模糊模型。它们的区别在于 T-S 模糊规则的前件与通常模糊逻辑系统的相同，后件是输入变量的线性组合，而不是简单的模糊语言值，这可以看作是分段线性化的拓展。该模糊模型可以描述和表示非常广泛的非线性不确定系统，适合于基于模型的控制系统和稳定性分析。T-S 模糊模型系统具有逼近非线性连续函数的能力，所以国内外很多学者对它进行了深入的研究。针对一个多输入/多输出动态的非线性系统，可以利用 T-S 模糊模型来描述。IF-THEN 规则为

$$\boldsymbol{R}^i:\begin{array}{l}\text{IF } \boldsymbol{z}_1(t) \text{ is } \boldsymbol{M}_{i1} \text{ and } \boldsymbol{z}_2(t) \text{ is } \boldsymbol{M}_{i2},\cdots,\boldsymbol{z}_p(t) \text{ is } \boldsymbol{M}_{ip}\\ \text{THEN } s\boldsymbol{x}(t)=\boldsymbol{A}_i\boldsymbol{x}(t)+\boldsymbol{B}_i\boldsymbol{u}(t),i=1,2,\cdots,r\end{array} \tag{6-132}$$

式中，$\boldsymbol{u}(t)\in\boldsymbol{R}^m$ 为控制输入变量；$\boldsymbol{x}(t)\in\boldsymbol{R}^m$ 为状态变量；$\boldsymbol{M}_{ij}$ 为模糊集合；$\boldsymbol{A}_i$ 为系统状态矩阵；$\boldsymbol{B}_i$ 是系统输入矩阵；r 为模糊推理规则的数目。

模糊化部分利用单点模糊化方法和乘积推理方法，反模糊化部分采用中心加权反模糊化推理方法，可得到全局的 T-S 模糊系统模型为

$$s\boldsymbol{x}(t)=\sum_{i=1}^{r}\boldsymbol{\lambda}_i[\boldsymbol{z}(t)][\boldsymbol{A}_i\boldsymbol{x}(t)+\boldsymbol{B}_i\boldsymbol{u}(t)] \tag{6-133}$$

式中，$\boldsymbol{z}(t)=[\boldsymbol{z}_1(t)\quad \boldsymbol{z}_2(t)\quad \cdots\quad \boldsymbol{z}_p(t)]^{\mathrm{T}}$ 通常是前件变量，可以是状态变量，也可以是输入或输出。

$$\boldsymbol{\lambda}_i[\boldsymbol{z}(t)]=\frac{\boldsymbol{\omega}_i[\boldsymbol{z}(t)]}{\sum_{j=1}^{r}\boldsymbol{\omega}_j[\boldsymbol{z}(t)]'},\sum_{i=1}^{r}\boldsymbol{\lambda}_i[\boldsymbol{z}(t)]=1 \tag{6-134}$$

$$\boldsymbol{\omega}_i[\boldsymbol{z}(t)]=\prod_{j=1}^{r}\boldsymbol{M}_{ij}[\boldsymbol{z}_j(t)] \tag{6-135}$$

式(6-135)为模糊隶属度函数，$\sum_{i=1}^{r}\boldsymbol{\omega}_j[\boldsymbol{z}(t)]>0,\boldsymbol{\omega}_i[\boldsymbol{z}(t)]\geqslant 0,i=1,2,\cdots,\gamma$。

$$s\boldsymbol{x}(t)=\begin{cases}\dot{\boldsymbol{x}}(t), & \text{连续系统}\\ \boldsymbol{x}(t+1), & \text{离散系统}\end{cases} \tag{6-136}$$

通常情况下，非线性的动力学模型可以被看作由多个局部线性模型的模糊逼近。其

控制器设计的惯常思路是，将整个状态空间分解成为多个模糊子空间，并针对每个局部的模糊子系统设计出相对应的线性控制器，再把局部线性控制器加权组合。将这样的一个模糊控制系统用分块线性系统来逼近非线性系统，由于模糊划分的光滑过渡，因此该模糊系统具有连续逼近任意的非线性系统的能力。局部系统的反馈控制器设计方法有很多，极点配置方法、滑模控制方法和线性二次型最优控制的方法都是常用的局部系统控制器设计方法。通常使用平行分布补偿原则 PDC（Parallel Distributed Compensations）设计全局控制器，即模糊规则具有与式(6-132)相同的模糊规则前件。

(2)机器人模糊控制

下面以一个简单的计算力矩加模糊变结构补偿控制的例子简述模糊控制在机器人控制中的一种应用。机器人计算力矩加模糊变结构补偿控制器的结构如图 6-30 所示。

此时总的控制律为

$$\boldsymbol{\tau}=\boldsymbol{u}_0+\boldsymbol{u}_1 \tag{6-137}$$

式中，$\boldsymbol{u}_1$ 为模糊变结构补偿控制；$\boldsymbol{u}_0=\boldsymbol{M}_0(\boldsymbol{q})(\ddot{\boldsymbol{q}}\boldsymbol{a}-\boldsymbol{k}_v\dot{\boldsymbol{e}}-\boldsymbol{k}_p\boldsymbol{e})+\boldsymbol{H}_0(\boldsymbol{q},\dot{\boldsymbol{q}})$ 为计算力矩控制器。

由控制率 $\boldsymbol{\tau}=\boldsymbol{M}_0(\boldsymbol{q})(\ddot{\boldsymbol{q}}\dot{\boldsymbol{a}}-\boldsymbol{k}_v\dot{e}-\boldsymbol{k}_p\boldsymbol{e})+\boldsymbol{H}_0(\boldsymbol{q},\dot{\boldsymbol{q}})+\boldsymbol{u}$ 可知，一般变结构补偿控制器 V_1，用于补偿模型误差和外部扰动的影响。由分析知，$\boldsymbol{u}_1$ 项幅值的大小主要由系统的不确定性所决定，并且对变结构控制品质有很大影响。为保证滑模变结构成立条件，必须保证较大幅值，但幅值越大，控制器产生的抖振就越强，这是一对矛盾。为得到适当大小的幅值，本节在结构补偿控制器的基础上引入模糊控制，根据扰动和不确定性参数的变化，实时调整幅值，达到消除抖振的目的。

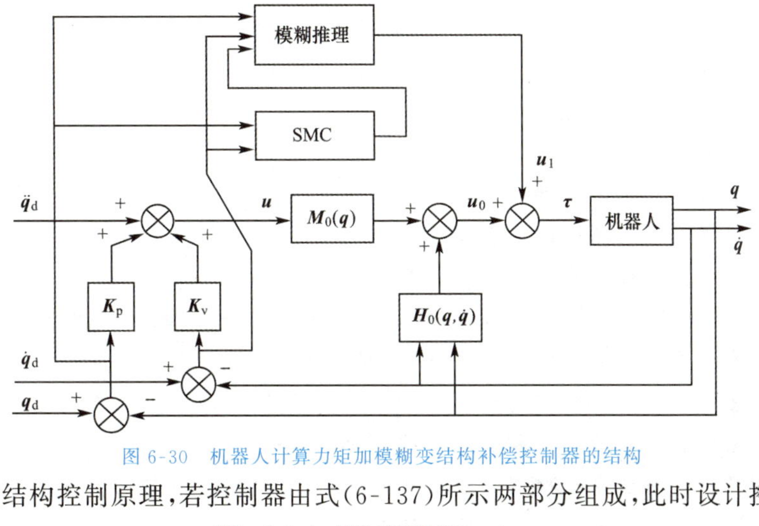

图 6-30 机器人计算力矩加模糊变结构补偿控制器的结构

根据变结构控制原理，若控制器由式(6-137)所示两部分组成，此时设计控制规则为

$$\text{IF } \boldsymbol{s}(t) \text{ is ZO THEN } \boldsymbol{\tau} \text{ is } \boldsymbol{u}_0 \tag{6-138}$$

$$\text{IF } \boldsymbol{s}(t) \text{ is NZ THEN } \boldsymbol{\tau} \text{ is } \boldsymbol{u}_0+\boldsymbol{u}_1 \tag{6-139}$$

式中，$\boldsymbol{s}=\boldsymbol{e}+\lambda\dot{\boldsymbol{e}}$，ZO 和 NZ 分别表示“零”和“非零”。

式(6-138)表示当切换函数 $\boldsymbol{s}(t)$ 为零时，控制器为 $\boldsymbol{u}_0$；式(6-139)表示当切换函数 $\boldsymbol{s}(t)$ 为非零时，控制器为 $\boldsymbol{u}_0+\boldsymbol{u}_1$。

上述控制思想可由下式描述，控制器输出为

$$\boldsymbol{\tau}=\frac{\mu_{ZO}(s)\boldsymbol{u}_0+\mu_{NZ}(s)(\boldsymbol{u}_0+\boldsymbol{u}_1)}{\mu_{ZO}(s)+\mu_{NZ}(s)} \tag{6-140}$$

若令 $\mu_{ZO}(s)+\mu_{NZ}(s)=1$，则

$$\boldsymbol{\tau}=\boldsymbol{u}_0+\mu_{NZ}(s)\boldsymbol{u}_1 \tag{6-141}$$

即当 $\mu_{NZ}(s)=1$ 时，$\boldsymbol{\tau}=\boldsymbol{u}_0+\boldsymbol{u}_1$，此时控制律前述控制律。当 $\mu_{NZ}(s)\neq 1$ 时，通过隶属度函数 $\mu_{NZ}(s)$ 的变化，由模糊控制和变结构控制共同产生一个新的模糊变结构控制器，实现不确定性的补偿，模糊规则设计如下

$$\text{IF}(\boldsymbol{s} \text{ is } N)\text{THEN}(\boldsymbol{u} \text{ is } B) \tag{6-142}$$

$$\text{IF}(\boldsymbol{s} \text{ is } Z)\text{THEN}(\boldsymbol{u} \text{ is } Z) \tag{6-143}$$

$$\text{IF}(\boldsymbol{s} \text{ is } B)\text{THEN}(\boldsymbol{u} \text{ is } B) \tag{6-144}$$

模糊系统隶属度函数如图 6-31 所示。在给定输入情况下，根据规则可推出相应输出。

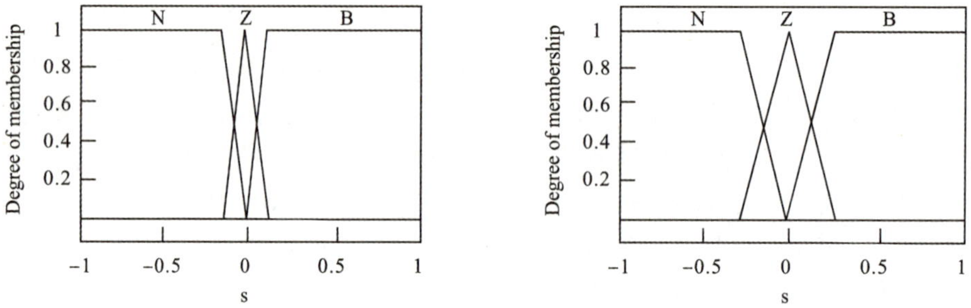

(a)输入隶属函数　　(b)输出隶属函数

图 6-31　模糊系统隶属度函数

思考题

(1)机器人控制系统有何特点？

(2)对机器人控制系统的基本要求有哪些？

(3)简述机器人控制方法的分类。

(4)以直流伺服电动机作关节驱动器时，机器人单关节位置控制的模型是什么？

(5)机器人力控制有哪些基本方法，分别说明其原理。

(6)简述 PID 控制的基本原理。

(7)简述机器人鲁棒控制和自适应控制的区别与联系。

(8)神经网络的机器人控制方法主要有哪几种，说明其各自的特点。

(9)T-S 模糊模型系统主要由哪些部分组成。

第 7 章 机器人示教与编程

7.1 机器人示教类别与基本特征

微课7

7.1.1 位置和姿态示教法

对机器人进行位置和姿态等有关运动轨迹方面的示教方法分类如图 7-1 所示，可大致分为两大类：用实际机器人示教法和不用机器人示教法。

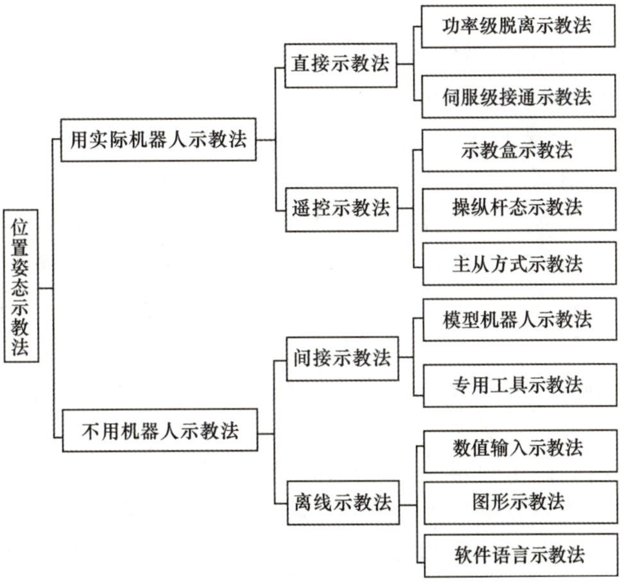

图 7-1　机器人示教方法分类

根据机器人运动方式的不同，可把位置和姿态示教法再细分为以下四种类型：

(1)直接示教法。直接示教法是由人直接拖动机器人的手臂，使机器人沿着人预先设计的空间轨迹运动的一种示教方法。拖动机器人手臂有两种方式：一是让机器人手臂处于自由状态，靠人力拖动机器人手臂的直接方式；二是在机器人手部安装某种装置，通过操纵装置去拖动机器人手臂的间接方式。采用直接方式示教时，应通过离合器把机器人手臂与各驱动器脱离，还需要考虑用人力去拖动机器人手臂时的可操作性，例如设计一种对机器人手臂重力所产生的力矩进行补偿的平衡弹簧机构或配重机构等。采用间接方式示教时,机器人手臂与各驱动器不用脱离,伺服系统仍然正常工作,操作装置上安装有力传感器,可通过力控制实现拖动机器人手臂进行示教。

(2)遥控示教法。遥控示教法不用直接接触机器人手臂就能对机器人进行示教。遥控示教法使用示教器等示教装置,通过操作示教装置上分别与机器人的动作及其运动方向对应的各种按钮进行操作,可以远距离地引导机器人完成预定的动作。目前的工业机器人几乎都配备有类似的示教装置,不仅能对机器人的位置和姿态进行示教,而且对机器人的动作顺序和作业条件等内容也能进行示教。示教装置上的手动操作开关分别对应着机器人的各种动作和功能,通过这些按钮开关的切换,使机器人各自由度的运动关节能单独的动作,使机器人手部能在直角坐标系内沿着各坐标轴进行直线方向的运动;通过高速、低速、点动等速度挡的选择,能对机器人进行大致的定位或精确的位置微调定位。此外,还有采用操纵杆方式替代示教装置,通过电位计来检测操纵杆的位移进行遥控操作。利用示教装置或操纵杆方法只能对运动轨迹上的代表点进行示教,然后通过插补计算对代表点之间的轨迹进行完善;要操纵机器人连续精确地沿着复杂的运动轨迹进行运动是比较困难的。应用主从操作技术也可以实现遥控示教,示教人员操纵主动机器人控制从动机器人进行动作一致的操作,此时主动机器人与被示教机器人的构造可以不同。与逐点示教方式相比,主从机器人示教方式更为有效。但是多了一个主动机器人增加了成本,因此多用于某些特殊工况。

(3)间接示教法。间接示教法是指机器人虽然处在实际的作业环境中,但是不要求机器人实际产生动作的示教方法。预先准备一个专门用来进行示教的手臂,操纵这个手臂的手爪部位,使其沿着预先设定的轨迹运动,实时存储手臂位置和姿态信息,根据存储信息再对真正的机器人进行示教。这种示教方法的实质是采用了模型机器人,与直接示教法一样,示教人员直接搬动模型机器人的手臂进行示教。模型机器人与实际作业的机器人不同,模型机器人不需要安装驱动器,所以容易解决手臂本身的轻量化和重力平衡等问题。与直接对实际机器人进行示教的方法相比,在实际操作上是有突出优点的。但是,在采用这种方法之前,必须搞清楚实际作业机器人和模型机器人各自与作业对象物体的相对位置关系,必须正确掌握实际作业机器人和模型机器人各自的形状、尺寸等几何参数,然后对示教数据进行修正。对这种示教方法加以改进,不用模型机器人而用类似于光笔的示教,或者利用操纵杆、示教器等,根据从监视作业环境的电视摄像机或超声波传感器等方面得到的位置和姿态信息对机器人进行示教。

(4)离线示教法。离线示教法不对实际作业的机器人直接进行示教,而是脱离实际作业环境,生成示教数据间接地对机器人进行示教,也叫离线编程示教法。早期的离线示教法是一种数值输入法,把位置和姿态信息作为示教内容以数值数据的形式直接输入机器人控制装置中。但是,把机器人运动轨迹上所有点的位置和姿态的坐标值都以数值形式进行输入是很困难的,只适用于机器人的位置和姿态都要定时、有规律地进行移动的辅助示教。近年来,普遍使用计算机来设计作业对象,直接利用 CAD 数据来生成机器人的作业环境模型。通过使用计算机内存储的模型,不要求机器人实际产生运动便能在示教结果的基础上对机器人的运动进行仿真,从而确认示教内容是否恰当,这是其他示教法所不具备的。但是在使用这种示教方法时，计算机内存储的模型与实际的作业环境之间是有差异的，例如每个作业对象个体之间存在个体差，而且这种差异是不可避免的。因此，这种示教方法必须同时使用传感器等设备对这种差异进行补偿，从而构成一个完整的示教系统。

7.1.2 顺序信息示教法

通过作业内容和作业环境的示教后，机器人获得了有关位置和姿态方面的信息，但是以什么样的顺序让机器人进行运动，又以什么样的顺序让机器人与周边装置同步呢？为了解决这方面的问题，还需要对机器人进行有关动作和同步顺序信息的示教。关于顺序信息的示教方式主要有以下两种：

(1)固定方式。如果机器人采用固定的控制方式，即机器人动作的先后与位置和姿态的示教顺序相同，那么就不能单独地对机器人进行顺序信息的示教。这时，顺序信息按照位置和姿态信息的示教和存储顺序间接地给出，这种方式存在不足之处。例如，当机器人在动作过程中需要多次经过或定位在同一点上时，那么每经过这一点时都要进行位置和姿态信息的示教，这对示教人员来说是一件乏味的事。此外，有关传送带的启停指令、限位开关信号、机器人与周围装置的交互信号和同步控制信号等方面信息的示教，必须与位置和姿态信息示教同时穿插进行，通常必须仔细区分机器人示教信息的属性。对位置和姿态信息而言，顺序信息是作为一种附加信息进行存储和处理的。

(2)可变方式。不同于固定方式，可变方式与位置和姿态的示教顺序无关，能单独对机器人动作的顺序进行示教。在图 7-2 的例子中，机器人手部末端位于 P_1 点，现让机器人把位于 P_2 点的物体拿起来移放到 P_3 点。图中 P_{20} 点、P_{30} 点分别为 P_2 点和 P_3 点对应的接近点，或称为障碍回避点。机器人产生的动作所通过的点依次为 $P_1 \to P_2 \to P_{20} \to P_{30} \to P_3 \to P_{30} \to P_1$，如果用固定示教方式对机器人进行顺序信息示教的话，则必须对这七个点按先后顺序分别进行示教。但如果用可变示教方式的话，就可以预先对 P_1、P_2、P_3、P_{20}、P_{30} 等五个点进行示教，然后进行动作顺序的示教，这样一来动作顺序的示教与示教点的位置示教无关，从而简化了对机器人位置和姿态的示教过程。

如上所述，可变示教方式把对机器人进行位置和姿态的示教与动作顺序示教完全分开，互相独立，这种方式最适合于那些多次重复通过同一点的动作示教，例如对搬运机器人或装配机器人的示教。但是，如果在机器人的运动中没有多次重复通过同一点的动作，还采用这种方法详细地对动作顺序进行示教就显得很烦琐了。于是又出现了一种折中的方式，即在进行位置和姿态示教的同时，能自动地生成 MOVE 指令，在必要时可以用这些指令对重复运动点进行顺序示教。

在焊接机器人的运动中，往往会出现多个示教点同在一个作业路径上的情况。这时可以采用固定顺序示教方式，把示教点群当作一个点单位，那么对每一个点单位的动作顺序可以用简单的语言指令形式进行示教。使用可变示教方式对机器人与周边装置进行同步控制示教时，也可用 MOVE 指令来描述两者交互时的输入和输出信号。

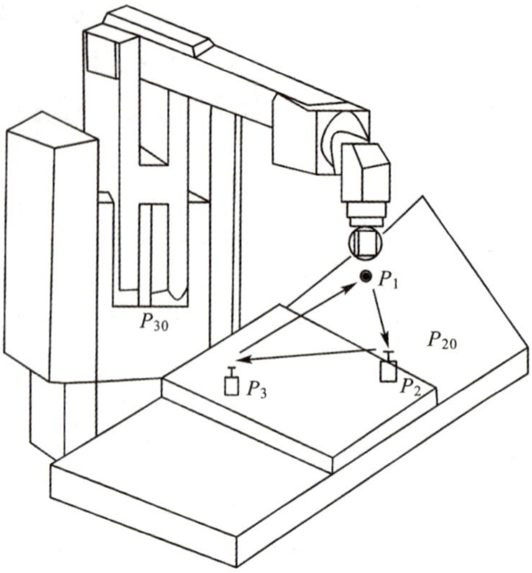

图 7-2 机器人运动顺序信息

7.1.3 运动条件与作业条件示教法

让机器人沿着示教点(该点由位置和姿态来确定)并按照示教顺序运动时需要一些运动条件,使用作业工具的机器人在进行作业时也需要一些作业条件。机器人的主要运动条件有运动速度、加速和减速时的正负加速度以及时间等数值条件,此外还有指定速度控制曲线的加减速方式、机器人在示教点定位以后指定有无等待处理信号的定位方式等。如果是插补控制型的机器人,还要指定插补方式,例如选用直线插补还是圆弧插补,这些也是运动条件之一。作业条件的内容很多,随着机器人需要完成作业内容的不同而不同。如弧焊作业中除了焊接电流和焊接电压等作业条件外,还需要指定焊枪的横向摇动动作。在研磨作业中砂轮转速和砂轮对工件的压力等就是作业条件。这些作业条件虽然与机器人本身的动作没有直接关系,但如果让机器人完成这些作业内容的话,那么必须对这些作业条件进行示教。运动条件和作业条件的示教方法主要有以下两种:

(1)附属于示教点的示教方式。附属于示教点的示教方式是对机器人的每一个示教点进行位置和姿态示教的同时,也进行运动条件和作业条件的示教。这种方式与顺序信息固定示教法中的同步控制信息示教方式相同,此时的运动条件信息和作业条件信息是附属于示教点或有关示教区的。在运动条件和作业条件中,有时要给出速度等数值参数,但对每一个示教点都要把这些数值参数进行示教或输入,也是很烦琐的。为了方便起见,可以把运动条件和作业条件编成组,对组内的各条件编号存储,在示教时仅调用条件序号即可。

(2)独立于示教点的示教方式。这种方式与可变顺序信息示教法相同,大都使用机器人语言,以指令的形式进行示教。例如,在进行机器人速度示教时,可用 SPEED100(假设速度单位为 mm/s),在下一条速度指令来到之前,这条指令一直有效。也可根据作业内容的不同,对运动条件和作业条件进行编组、编号存储,然后仅调用序号即可实现示教。

此外,基于专家系统的离线编程自动生成运动条件和作业条件的方法也得到了广泛研究。如基于专家系统概念的焊接条件自动设定系统，只要向这个系统输入焊缝形状和待焊接的工件板厚度数据，该系统就可以通过自动推算给出焊接电流、焊接电压和焊接速度等作业条件。由于有了这种类型的系统，那些对作业内容不熟悉的用户也能得心应手地操纵机器人，提高自动化水平，因此受到了欢迎。

7.2 机器人编程语言类别与基本特性

7.2.1 机器人编程语言的类别

机器人编程语言是一种程序描述语言，能十分简洁地描述工作环境和机器人的动作，把复杂的操作内容通过尽可能简单的程序来实现。从实际应用的角度来看，很多情况下都是操作者实时地操作机器人工作，为此，机器人编程语言还应当简单易学，并且有良好的对话性，还能够建立目标物体和环境的几何模型。机器人语言尽管有很多分类方法，但按照其作业描述水平的程度可分为动作级编程语言、对象级编程语言和任务级编程语言三类。

(1)动作级编程语言

动作级编程语言是最低一级的机器人语言，它以机器人末端执行器的动作为中心来描述各种操作，通常由使机器人末端从一个位置到另一个位置的一系列命令组成。动作级语言的每一条指令对应机器人的一个动作，表示从机器人的一个位姿运动到另一个位姿。例如，可以定义机器人的运动序列(MOVE)，基本语句形式为 MOVE TO (destination)。动作级编程语言的优点是比较简单，编程容易。其缺点是功能有限，无法进行繁复的数学运算，不接受浮点数和字符串，子程序不含有自变量；不能接受复杂的传感器信息，只能接受传感器开关信息；与计算机的通信能力很差。典型的动作级编程语言为 VAL 语言。动作级编程语言编程可分为关节级编程和末端执行器级编程两种。

①关节级编程。关节级编程是以机器人的关节为对象，编程时给出机器人一系列各关节位置的时间序列，在关节坐标系中进行的一种编程方法。关节级编程可通过简单的编程指令来实现，也可以通过示教实现。

②末端执行器级编程。末端执行器级编程在机器人作业空间的直角坐标系中进行。在此直角坐标系中给出机器人末端执行器一系列位姿的时间序列，连同其他一些辅助功能如力觉、触觉、视觉等的时间序列，同时确定作业量、作业工具等，协调地进行机器人动作的控制。末端执行器级编程允许有简单的条件分支，有感知功能，可以选择和设计工具，有时还有并行功能，数据实时处理能力强。

(2)对象级编程语言

所谓对象，是指作业及作业物体本身。对象级编程语言是比动作级编程语言高一级的编程语言，它不需要描述机器人手部的运动，只要求由编程人员用程序的形式给出作业本身顺序过程的描述和环境模型的描述，即描述操作对象之间的关系和机器人与操作对象之间的关系。通过编译程序机器人即能知道如何动作。这类语言典型的有 IBM 公司开发的 AML 及 AUTOPASS 等语言，其特点如下：

①具有动作级编程语言的全部动作功能。

②具有较强的感知能力,能处理复杂的传感器信息,可以利用传感器信息来修改、更新环境的描述和模型,也可以利用传感器信息进行控制、测试和监督。

③具有良好的开放性,语言系统提供了开发平台,用户可以根据需要增加指令,扩展语言功能。

④数字计算和数据处理能力强,可以处理浮点数,能与计算机进行即时通信。

对象级编程语言用接近自然语言的方法描述对象的变化。对象级编程语言的运算功能、作业对象的位姿时序、作业量、作业对象承受的力和力矩等都可以用表达式的形式出现。机器人尺寸参数、作业对象及工具等参数以知识库和数据库的形式存在,系统编译程序时获取这些信息后对机器人动作过程进行仿真,再进行实现作业对象合适的位姿,获取传感器信息并处理,回避障碍以及与其他设备通信等工作。

(3)任务级编程语言

任务级编程语言可对工作任务所要达到的目标直接下命令,是比前两类更高级的一种语言,也是最理想的机器人高级语言。不需要用机器人的动作来描述作业任务,也不需要描述机器人对象物体的中间状态过程,只需要按照某种规则描述机器人对象物体的初始状态和最终目标状态,机器人语言系统即可利用已有的环境信息和知识库、数据库自动进行推理、计算,从而自动生成机器人详细的动作、顺序和数据。代表性语言为普渡大学开发的 RCCL 语言。

任务级编程语言的结构十分复杂,需要人工智能的理论基础和大型知识库、数据库的支持,目前还没有真正的机器人任务级编程语言,它是一种理想状态下的语言,有待于进一步的研究和开发。但可以相信,随着人工智能技术及数据库技术的不断发展,任务级编程语言必将取代其他级别语言而成为机器人语言的主流,使得机器人的编程应用变得十分简单。

7.2.2 机器人编程语言的基本特性

机器人编程语言一直以三种方式发展着:

(1)产生一种全新的语言。

(2)对老版本语言(计算机通用语言)进行修改和增加一些句法或规则。

(3)在原计算机编程语言中增加新的子程序。

因此,机器人语言与计算机编程语言有着密切的关系,它也应有一般程序计算语言所应具有的特性:

(1)清晰性、简易性和一致性。

(2)程序结构的清晰性。

(3)应用的自然性。

(4)易扩展性。

(5)调试和外部支持工具。

(6)编程效率和语言适应性。

7.3 机器人编程语言系统的结构与功能

7.3.1 机器人编程语言系统的结构

一般的计算机语言仅仅指语言本身，而机器人编程语言像一个计算机系统，包括硬件、软件和被控设备，即机器人语言包括语言本身、运行语言的控制机、机器人、作业对象、周围环境和外围设备接口等。机器人编程语言系统的结构组成如图 7-3 所示，图中的箭头表示信息的流向。机器人语言的所有指令均通过控制机经过程序的编译、解释后发出控制信号。控制机一方面向机器人发出运动控制信号，另一方面向外围设备发出控制信号。周围环境通过感知系统把环境信息通过控制机反馈给语言，而这里的环境是指机器人作业空间内的作业对象位置、姿态以及作业对象之间的相互关系。

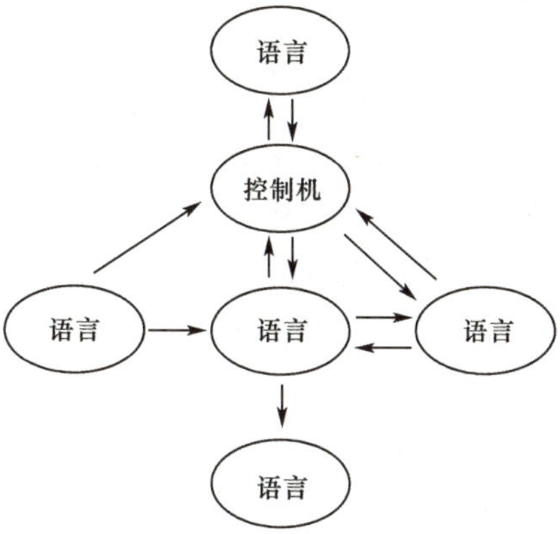

图 7-3　机器人编程语言系统的结构组成

7.3.2 机器人编程语言系统的基本功能

(1)运算功能。运算功能是机器人最重要的功能之一。装有传感器的机器人进行的主要是解析几何运算，包括机器人的正解、逆解、坐标变换及矢量运算等。根据运算的结果，机器人能自行决定工具或手爪下一步应到达何处。

(2)运动功能。运动功能是机器人最基本的功能。机器人的运动功能就是通过机器人语言向各关节伺服装置提供一系列关节位置及姿态信息，然后由伺服系统实现运动。对于具有路径轨迹要求的运动，这一系列位姿必须是路径上点的机器人位姿，并要求从起始点到终止点机器人的各关节必须同时开始和同时结束运动，即多关节协调运动，如图 7-4 所示为六关节机器人的多轴协调运动。由于机器人各关节运动的位移不一样，因此机器人的各关节必须以不同的速度运动。

(3)决策功能。所谓决策功能，即机器人根据作业空间范围内的传感信息不做任何运算而做出的判断决策。这种决策功能一般用于条件转移指令，由分支程序来实现。条件满足则执行一个分支，不满足则执行另一个分支。决策功能需要使用这样一些条件：符号校验(正、负或零)、关系检验(大于、小于、不等于)、布尔校验(开或关、真或假)、逻辑校验

(逻辑位值的检验)以及集合校验(一个集合的数、空集等)等。

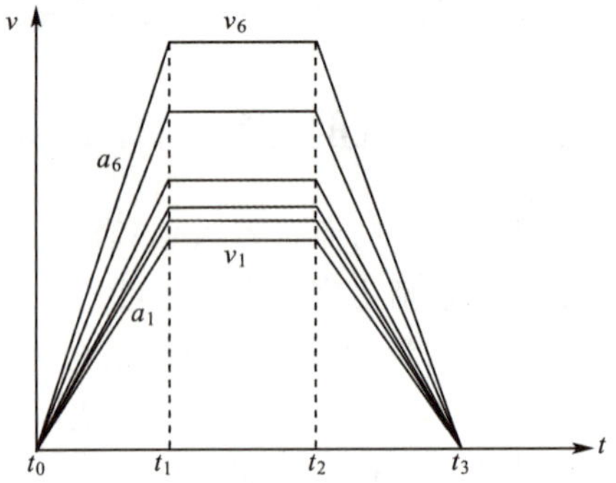

图 7-4　六关节机器人的多轴协调运动

(4)通信功能。通信功能即机器人与操作人员之间、机器人集群内部的相互通信,如机器人向操作人员要求信息和操作人员获取机器人的状态等,其中许多通信功能由外部设备来协助提供。机器人向操作人员提供信息的外部设备有信号灯、绘图仪或图形显示屏、声音或语言合成器等。操作人员对机器人"说话"的外部设备有按钮、旋钮和指压开关、数字或字母键盘、光笔、光标指示器或数字转换板以及光电阅读机等。

(5)工具功能。工具功能包括工具种类及工具号的选择、工具参数的选择及工具的动作(工具的开关、分合)。工具的动作一般由某个开关或触发器的动作来实现,如搬运机器人手部的开合由气缸上行程开关的触发与否决定;行程开关的两种形状分别发出相应信号使气缸运动,从而完成手爪的开合。

(6)传感器数据处理功能。传感器数据处理是许多机器人程序编制十分重要而又复杂的组成部分。用于机器人控制的通用计算机只有与传感器连接起来,用传感器来感受工具运动及其功能的执行情况,才能实现准确的闭环控制。

7.4 机器人示教编程

示教编程是工业机器人普遍采用的编程方式,典型的示教过程是依靠操作员观察机器人及其夹持工具相对于作业对象的位姿,通过对示教器的操作反复调整示教点处机器人的作业位姿、运动参数和工艺参数,然后将满足作业要求的这些数据记录下来,再转入下一点示教,整个示教过程结束后,机器人实际运行时使用这些被记录的数据,经过插补运算,就可以再现在示教点上记录的机器人位姿。示教编程的用户接口是示教器键盘,操作人员通过操作示教器,向主控计算机发送控制命令,操纵主控计算机上的软件,完成对机器人的控制;示教器将接收到的当前机器人的运动和状态等信息通过液晶屏完成显示。

7.4.1 KUKA 机器人

图 7-5 所示为 KUKA 公司所生产的一种典型工业机器人,下面将结合机器人与示教器来介绍示教编程方法。

(a)机器人本体

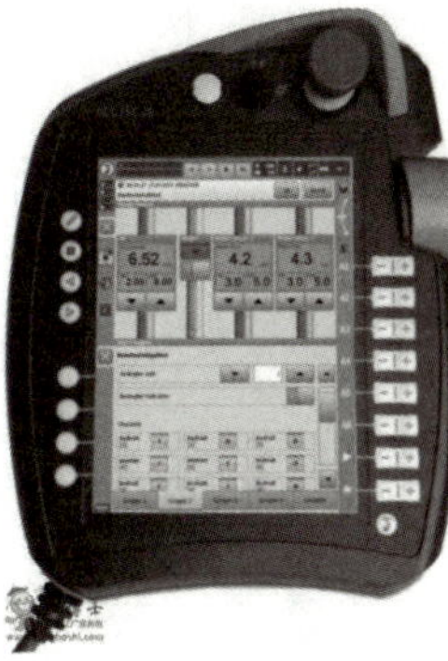

(b)示教器

图 7-5　KUKA 机器人

(1)示教器

图 7-5(b)所示为 KUKA 机器人示教器，在示教器的背面有三个白色和一个绿色的按钮。三个白色按钮是使能开关，用在 T1 和 T2 模式下。不按或者按死此按钮，伺服下电，机器人不能动作；在中间挡时，伺服上电，机器人可以运动。绿色按钮是启动按钮。Space Mouse 为空间鼠标，又称作 6D 鼠标。

(2)编辑程序

①创建新程序。当程序窗口显示的是文件目录时，可以创建新文件。当不是文件目录时，按下方的“资源浏览器”键，将资源浏览器打开。把光标移到资源浏览器的左半窗口，选择目录“Rl\Program”后，把光标移到资源浏览器的右半窗口，按下方的“新建”键，资源浏览器的左半窗口显示新建程序可以选择的模板，选择“Module”模板，用字母键输入程序的名字，按“回车”键，系统会创建两个文件，即 *.src 文件和 *.dat 文件。*.src 文件为程序文件，*.dat 文件保存了程序的数据。需要注意的是，创建的新程序名不能与系统内任何文件的名字相同。

②加载现有程序。加载程序有两种方法：一是通过“选择”键；二是通过“打开”键。它们的区别是，通过“选择”键打开的程序处于准备运行状态，光标是黄色的箭头和 I 型编辑光标，这时候不能在程序中输入字符，即使输入了，系统也不识别，可以修改命令语句的参数，也可以新建语句；通过“打开”键打开的程序处于编辑状态，光标是红色的 I 型光标，此时可以对程序进行任何编辑，不能通过“向前运行”键运行程序。

③保存程序。在打开的程序中按“关闭”键，信息窗口会询问是否保存修改，按“是”键保存程序。在关闭程序的同时，系统会对程序进行编译，查找出来的语法错误会显示在状态窗口。状态窗口显示发生错误的行、错误原因，修改完错误，关闭程序后，系统会重新更新错误信息。

④插入程序行。如果插入空白行，需要将编辑光标移到插入行的上一行开头并按下“回车”键。如果插入指令，将编辑光标移到插入行的上一行开头，开始输入指令，指令输入完成后自动被插入下一行。

⑤删除程序行。将编辑光标移到要删除行的开头，执行菜单“编辑”—“删除”命令，信

息窗口会询问是否删除，按“是”键删除。

⑥查找字符。执行菜单“编辑”—“查找”命令，输入查找的字符，按“回车”键开始查找，查找到的字符变为白色背景，按“回车”键查找下一个符合的字符，按“退出”键退出查找模式。

⑦打开折叠。许多系统文件的内容都被折叠起来，刚打开文件时，这些内容是不可见的，需要打开折叠。将光标移到折叠的部分，执行菜单“编辑”—“折合”—“打开当前折合”命令。光标所在的折叠部分被打开，文件关闭后这些折叠部分也被关闭。

(3)程序指令

①运动指令。KUKA 机器人有三种运动指令，即点到点运动、直线运动、圆弧运动。

②逻辑指令。KUKA 机器人有三种逻辑指令，即等待时间、等待信号、输出端。

(4)修改程序指令

需要修改程序指令时，将光标移到要修改的指令行开头，按“改变”键，用箭头键将光标移到想要修改的参数上进行修改。对于运动指令需要注意，如果需要修改点的位置，应先将机器人移动到位，按“改变指令参数”键，在信息窗口按“是”键即可。

(5)执行程序

按“选择”键打开程序，用状态键设定好程序速度和程序运行的方式。

7.4.2 ABB 机器人

图 7-6 所示为 ABB 公司生产的一种典型工业机器人，下面来介绍 ABB 机器人相关的示教编程方法。

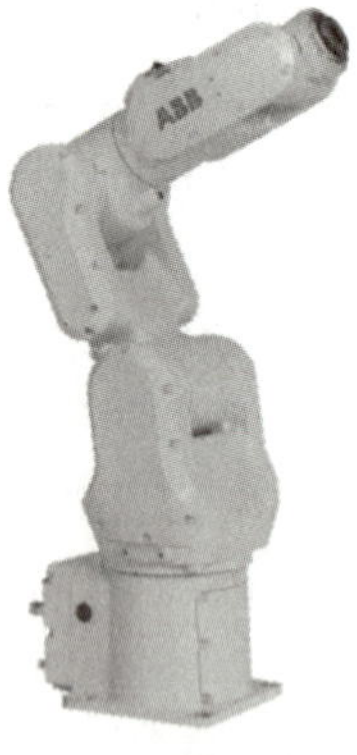

(a)机器人本体

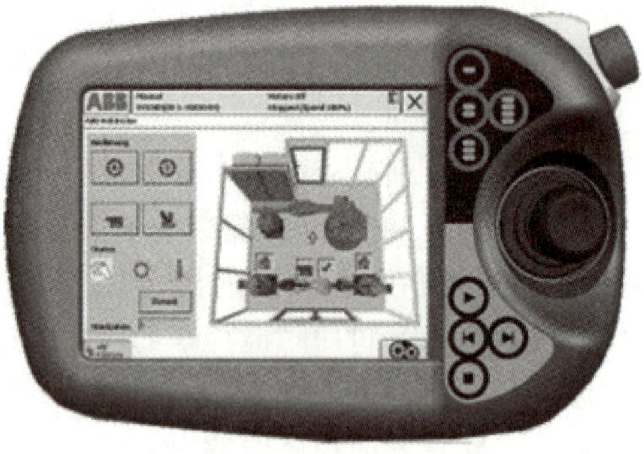

(b)示教器

图 7-6　ABB 机器人

(1)示教器

如图 7-6(b)所示为 ABB 机器人示教器，由连接电缆、触摸屏用笔、示教器复位按钮、急停开关、使能器按钮、触摸屏、快捷键单元、手动操作摇杆和备份数据用 USB 接口等组成。ABB 机器人示教器 Flex Pendant 由硬件和软件组成，其本身就是一套完整的计算机。Flex Pendant 设备(有时也称为 TPU 或教导器单元)用于处理与机器人系统操作相关的许多功能：运行程序；微动控制操纵器；修改机器人程序等。某些特定功能，如管理

User Authorization System(UAS),无法通过 Flex Pendant 执行,只能通过 Robot Studio Online 实现。作为 IRC5 机器人控制器的主要部件,Flex Pendant 通过集成电缆和连接器与控制器连接。而 hot plug 按钮选项可使得在自动模式下无须连接 Flex Pendant 仍可继续运行成为可能。Flex Pendant 可在恶劣的工业环境下持续运作,其触摸屏易于清洁,且防水、防油、防溅锡。

(2)编辑程序

①创建新程序。在 ABB 菜单中单击"程序编辑器",进入任务与程序界面,在文件菜单中选择"新程序"即可创建一个新的程序。

②加载现有程序。在 ABB 菜单中单击"程序编辑器",进入任务与程序界面,在文件菜单中选择"加载程序",然后使用文件搜索工具定位要加载的程序文件即可。

③保存程序。在 ABB 菜单中单击"程序编辑器",进入任务与程序界面,在文件菜单中选择"程序另存为",然后使用建议的程序名或输入新名称即可。

(3)执行程序

在 ABB 菜单中单击"程序编辑器",进入任务与程序界面,选择要执行的程序并单击"调试",按下 Flex Pendant 的启动按钮,程序开始执行。

7.4.3 示教编程实例

(1)KUKA 机器人搬运码垛实例

以 KUKA 机器人为例,利用示教编程的方法使机器人完成搬运码垛任务。具体搬运码垛任务是,如图 7-7 所示,机器人先运行到待抓取点的上方,上料机启动上料,传送带把物料运送到待抓取点,机器人在待抓取点拾取物料,完成搬运码垛任务。

图 7-7 搬运码垛实例

完整的示教程序如下:

```
DEF stack( ); 搬运码垛主程序
INI;内部初始化 UNT=0; 清除计数值
L_AND_R=FALSE; 判断放置位置的 BOOL 量,为 FALSE 放第一个码垛区域,为 TRUE 放第二个码垛区域
$flag[1]=FALSE; 是否收到数据 BOOL 量,收到数据时标志 1 自动 TRUE
PTP Stack_start1 CONT Vel=10 % PDAT8 Tool[4]:Tool_Xi Base[2]:Stack_BASE; 过渡点 1
```

```
LIN Stack_start2 Vel=0.15 m/s CPDAT10 Tool[4]:Tool_Xi Base[2]:Stack_BASE; 过渡点 2
OUT 12 ″ State=TRUE; 开启流水线
WHILE C_COUNT <8
    C_PICK( ); 调用抓取子程序
    C_Calculate( ); 调用位置计算子程序
    C_PLACE( ); 调用放置子程序
ENDWHILE
    COUNT=0; 放完 8 次,计数值清 0
    OUT 12 "State=FALSE"; 停止流水线
    PTP Stack_start3 CONT Vel=10 % PDAT9 Tool[4]:Tool_Xi Base[2]:Stack_BASE; 过渡点
    PTP HOME Vel=15 % DEFAULT;
    WAIT Time=0.02 sec;
    END

DEF C_PICK( ); 抓取子程序
XPAROUND=XPLIN_BASE; 流水线上的抓取点赋值给点位变量 XPAROUND
XPAROUND.Z=XPLIN_BASE.Z+120;
LIN PAROUND CONT Vel=0.2 m/s CPDAT12 Tool[4]:Tool_Xi Base[2]:Stack_BASE; 线性运动到流水线抓取点上方 120 mm
WAIT FOR ( IN 15 ″ ); 等待流水线上物料到位(光电检测传感器)
LIN PLIN_BASE Vel=0.1 m/s CPDAT3 Tool[4]:Tool_Xi Base[2]:Stack_BASE;线性运动到流水线抓取点
    WAIT Time=0.2 sec; 等待 0.2 s
    OUT 4 ″ State=TRUE; 打开吸盘吸取
    WAIT FOR ( IN 6 ″ ); 等待吸盘负压检测 OK
    C_COUNT=C_COUNT+1; 计数值加 1
L_AND_R=NOT L_AND_R; 1,2 号物料放置位置取反
    IF C_COUNT >=8 THEN; 如果计数值大于或等于 8,则马上停止流水线
OUT 12 ″ State=FALSE;
    ENDIF
XPAROUND=XPLIN_BASE
XPAROUND.Z=XPLIN_BASE.Z+120;
LIN PAROUND CONT Vel=0.1 m/s CPDAT8 Tool[4]:Tool_Xi Base[2]:Stack_BASE; 线性运动到流水线抓取点上方 120 mm
    WAIT Time=0.02 sec;
    END

DEF C_Calculate( ) ;位置计算子程序
IF L_AND_R==TRUE THEN; 放置位置的 BOOL 量为 TRUE 放第一个码垛区域,为 FALSE 放第二个码垛区域
    PPLACE=XPLEFT_BASE
    ELSE
```

```
        PPLACE=XPRIGHT_BASE
    ENDIF
    IF ((C_COUNT==1) OR (C_COUNT==2))==TRUE THEN; 计数值为1、2时,放原点
        PPLACE=PPLACE
    ENDIF
    IF ((C_COUNT==3) OR (C_COUNT==4))==TRUE THEN; 计数值为3、4时,以原点为基础,X方向偏移66 mm
        PLACE.X=PPLACE.X+66
    ENDIF
    IF ((C_COUNT==5) OR (C_COUNT==6))==TRUE THEN; 计数值为5、6时,以原点为基础,Y方向偏移+44 mm
        PLACE.Y=PPLACE.Y+44
    ENDIF
    IF ((C_COUNT==7) OR (C_COUNT==8))==TRUE THEN; 计数值为7、8时,以原点为基础,X方向偏移66 mm,Y方向偏移44 mm
        PLACE.X=PPLACE.X+66
        PLACE.Y=PPLACE.Y+44
    ENDIF
    END

    DEF C_PLACE( ); 放置子程序
        XPLACE.Z=XPLACE.Z+100
    LIN PLACE CONT Vel=0.2 m/s CPDAT11 Tool[4]:Tool_Xi Base[2]:Stack_BASE; 线性运动到实际放置点的上方100 mm处(实际位置取决于计数值)
        XPLACE.Z=XPLACE.Z-100;
    LIN PLACE Vel=0.1 m/s CPDAT9 Tool[4]:Tool_Xi Base[2]:Stack_BASE; 线性运动到实际放置点
        WAIT Time=0.2 sec; 等待0.2 s
        OUT 4 " State=FALSE; 关闭吸盘
        WAIT FOR ( NOT IN 6 "); 等待吸盘真空释放
        WAIT Time=0.3 sec; 等待0.3 s
        XPLACE.Z=XPLACE.Z+100
    LIN PLACE CONT Vel=0.08 m/s CPDAT9 Tool[4]:Tool_Xi Base[2]:Stack_BASE; 线性运动到实际放置点的上方100 mm处
    END

    DEF Teach( )  ;示教点位程序(无须调用)
    LIN PLEFT_BASE Vel=0.05 m/s CPDAT5 Tool[4]:Tool_Xi Base[2]:Stack_BASE; 1号物料区示教位置
    LIN PRIGHT_BASE Vel=0.05 m/s CPDAT6 Tool[4]:Tool_Xi Base[2]:Stack_BASE; 2号物料区示教位置
        END
```

(2)KUKA 机器人锁螺丝实例

以 KUKA 机器人为例，利用示教编程的方法使机器人完成锁螺丝装配任务，具体锁螺丝装配步骤是，如图 7-8 所示，先从螺丝板取、放料区取出待装配的螺丝板，机器人将其拾取搬运到螺丝板固定区，然后机器人自动切换末端工具至电动螺丝批，运行至螺丝排序机拾取螺丝，最后完成锁螺丝装配任务。

图 7-8　锁螺钉装配实例

完整的示教程序如下：

```
DEF screw( )；拧螺丝主程序
INI；内部初始化
A_COUNT=0；抓取螺丝板计数值清零
WHILE A_COUNT < 4；循环 4 次
    A_rCalculate( )；抓、放位置计算子程序
    A_rPick( )；抓取子程序
    A_WORK( )；拧螺丝子程序
    A_rPlace( )；螺丝板放置子程序
    A_COUNT=A_COUNT+1；
ENDWHILE
    A_COUNT=0
    PTP HOME Vel=10 % DEFAULT；
    WAIT Time=0.02 sec
END

DEF A_rCalculate( )；抓、放位置计算子程序
XA_PICK1=XAPICK_BASE；抓取基准点(XAPICK_BASE)赋值给抓取点位变量(XA_PICK1)
XA_PLACE=XAPLACE_BASE；放置基准点(XAPLACE_BASE)赋值给放置点位变量(XA_PLACE)，某些工作站抓取位置和放置位置为不同位置

SWITCH A_COUNT；根据计数值也就是循环的次数，给 XA_PICK1 和 XA_PLACE 变量赋相对应的偏移量
```

```
CASE 0；第一次循环时，抓放原点
    XA_PICK1=XA_PICK1
    XA_PLACE=XA_PLACE
CASE 1；第二次循环时，抓放位置向 X 轴的正方向偏移 72 mm
    XA_PICK1.X=XA_PICK1.X+72
    XA_PLACE.X=XA_PLACE.X+72
CASE 2
    XA_PICK1.Y=XA_PICK1.Y+76
    XA_PLACE.Y=XA_PLACE.Y+76
CASE 3
    XA_PICK1.X=XA_PICK1.X+72
    XA_PICK1.Y=XA_PICK1.Y+76

    XA_PLACE.X=XA_PLACE.X+72
    XA_PLACE.Y=XA_PLACE.Y+76
DEFAULT
ENDSWITCH
END
```

DEF A_rPick( )；抓取子程序

XA_PICK1.Z=XA_PICK1.Z+100

PTP A_PICK1 CONT Vel=10 % PDAT12 Tool[3]:Tool_Jia Base[1]:Screw_BASE；关节运动到抓取点上方 100 mm，作为准备点

WAIT FOR（“IN 9”）；等待夹具打开，默认为打开，但不排除夹具故障。如果夹具未打开，直接下去抓物料，会造成碰撞

XA_PICK1.Z=XA_PICK1.Z−100

LIN A_PICK1 Vel=0.1 m/s CPDAT7 Tool[3]:Tool_Jia Base[1]:Screw_BASE；线性运动到抓取点

$ OUT[7]=TRUE ；闭合夹具

WAIT FOR（“IN 8”）；等待夹具闭合到位

XA_PICK1.Z=XA_PICK1.Z+100

LIN A_PICK1 Vel=0.1 m/s CPDAT7 Tool[3]:Tool_Jia Base[1]:Screw_BASE；线性运动到抓取点上方 100 mm，作为退出点

XA_PICK1=XAWORK；螺丝板固定位置坐标值(XAWORK)赋值给 XA_PICK1 点位变量

XA_PICK1.Z=XA_PICK1.Z+100

PTP A_PICK1 CONT Vel=10 % PDAT12 Tool[3]:Tool_Jia Base[1]:Screw_BASE；关节运动到螺丝板固定位置上方 100 mm，作为准备点

WAIT FOR（“IN 11”）；等待 1 号螺丝板固定气缸完全松开，默认为打开，但不排除气缸故障。如果气缸未松开，直接放下去，会造成碰撞

WAIT FOR ("IN 13")；等待 2 号螺丝板固定气缸完全松开，默认为打开，但不排除气缸故障。如果气缸未松开，直接放下去，会造成碰撞

XA_PICK1.Z=XA_PICK1.Z-100

LIN A_PICK1 Vel=0.1 m/s CPDAT7 Tool[3]:Tool_Jia Base[1]:Screw_BASE；线性运动到螺丝板固定位置

$OUT[8]=TRUE；固定板 1 号夹紧

WAIT FOR ("IN 12")；等待固定板 1 号完全夹紧

$OUT[7]=FALSE；松开夹具

WAIT FOR ("IN 9")；

XA_PICK1.Z=XA_PICK1.Z+150

LIN A_PICK1 Vel=0.1 m/s CPDAT7 Tool[3]:Tool_Jia Base[1]:Screw_BASE；线性运动到螺丝板固定位置上方 150 mm，作为退出点

WAIT Time=0.02 sec

$OUT[9]=TRUE ；固定板 2 号夹紧。注意：螺丝板固定夹紧顺序别弄错了，否则会损坏夹具

WAIT FOR ("IN 14")；等待固定板 2 号完全夹紧

END

DEF A_WORK( )；拧螺丝子程序

FOR K=1 TO 9；FOR 循环 9 次，拧 9 颗螺丝

XA_PICK=XTAKE_SCREW；

WAIT Time=0.05 sec

XA_PICK.Z=XA_PICK.Z+100

PTP A_PICK CONT Vel=10 % PDAT11 Tool[2]:Tool_dianPi Base[1]:Screw_BASE；关节运动到螺丝机取螺丝位置上方 100 mm 处

XA_PICK.Z=XA_PICK.Z-100

LIN A_PICK Vel=0.1 m/s CPDAT6 Tool[2]:Tool_dianPi Base[1]:Screw_BASE；线性运动到螺丝机取螺丝位置

$OUT[10]=TRUE;打开螺丝吸取

WAIT Time=0.2 sec

XA_PICK.Z=XA_PICK.Z+100;

LIN A_PICK CONT Vel=0.1 m/s CPDAT6 Tool[2]:Tool_dianPi Base[1]:Screw_BASE；线性运动到螺丝机取螺丝位置上方 100 mm 处，作为退出点

XA_PICK=XSCREW_HOLE_HOME;螺丝孔基准点位置赋值给点位变量

SWITCH K；根据 FOR 循环次数的不同，调整拧螺丝的位置

CASE 1；第一次，基准点位置

XA_PICK.X=XA_PICK.X

XA_PICK.Y=XA_PICK.Y

CASE 2；第二次，基准点位置+Y 方向偏移 15 mm 处的位置

XA_PICK.Y=XA_PICK.Y+15

CASE 3；

XA_PICK.Y=XA_PICK.Y+30

CASE 4

```
    XA_PICK.X=XA_PICK.X+15
CASE 5
    XA_PICK.X=XA_PICK.X+15
    XA_PICK.Y=XA_PICK.Y+15
CASE 6
    XA_PICK.X=XA_PICK.X+15
    XA_PICK.Y=XA_PICK.Y+30
CASE 7
    XA_PICK.X=XA_PICK.X+30
CASE 8
    XA_PICK.X=XA_PICK.X+30
    XA_PICK.Y=XA_PICK.Y+15
CASE 9
    XA_PICK.X=XA_PICK.X+30
    XA_PICK.Y=XA_PICK.Y+30
DEFAULT
ENDSWITCH
    XA_PICK.Z=XA_PICK.Z+80
PTP A_PICK CONT Vel=15 % PDAT11 Tool[2]:Tool_dianPi Base[1]:Screw_BASE; 关节运动到实际螺丝孔上方
    XA_PICK.Z=XA_PICK.Z-80
LIN A_PICK CONT Vel=0.1 m/s CPDAT6 Tool[2]:Tool_dianPi Base[1]:Screw_BASE; 线性运动到实际螺丝孔
$OUT[11]=TRUE;打开电批旋转,开始拧螺丝
    XA_PICK.Z=XA_PICK.Z-6
LIN A_PICK Vel=0.005 m/s CPDAT6 Tool[2]:Tool_dianPi Base[1]:Screw_BASE; 线性运动到实际螺丝孔下方-6 mm 处,即螺丝完全拧下去的位置
WAIT Time=0.1 sec
$OUT[11]=FALSE; 关闭电批旋转
$OUT[10]=FALSE; 关闭电批吸取
    XA_PICK.Z=XA_PICK.Z+85
LIN A_PICK CONT Vel=0.1 m/s CPDAT6 Tool[2]:Tool_dianPi Base[1]:Screw_BASE; 线性运动到实际螺丝孔上方
ENDFOR
END

DEF A_rPlace( ); 螺丝板放置子程序
    XA_PICK1=XAWORK
    XA_PICK1.Z=XA_PICK1.Z+100
PTP A_PICK1 CONT Vel=10% PDAT12 Tool[3]:Tool_Jia Base[1]:Screw_BASE; 关节运动到螺丝板固定处上方 100 mm
WAIT FOR ("IN 9"); 等待夹具完全松开才能去夹取
```

$OUT[9]=FALSE；松开2号固定气缸

WAIT FOR（"IN 7"）；等待2号气缸完全松开

XA_PICK1.Z=XA_PICK1.Z-100；

LIN A_PICK1 Vel=0.1 m/s CPDAT7 Tool[3]:Tool_Jia Base[1]:Screw_BASE；线性运动到螺丝板固定处

$OUT[7]=TRUE；夹紧螺丝板

WAIT FOR（"IN 8"）；等待完全夹紧

WAIT Time=0.1 sec

$OUT[8]=FALSE；松开1号固定气缸

WAIT FOR（"IN 11"）；等待1号气缸完全松开

XA_PICK1.Z=XA_PICK1.Z+100

LIN A_PICK1 CONT Vel=0.1 m/s CPDAT7 Tool[3]:Tool_Jia Base[1]:Screw_BASE；线性运动到螺丝板固定处上方100 mm

XA_PICK1=XA_PLACE

XA_PICK1.Z=XA_PICK1.Z+100

PTP A_PICK1 CONT Vel=10 % PDAT12 Tool[3]:Tool_Jia Base[1]:Screw_BASE；关节运动到螺丝板放置区上方100 mm

XA_PICK1.Z=XA_PICK1.Z-100

LIN A_PICK1 Vel=0.1 m/s CPDAT7 Tool[3]:Tool_Jia Base[1]:Screw_BASE；线性运动到螺丝板放置点

$OUT[7]=FALSE;松开夹具

WAIT FOR（"IN 9"）；

XA_PICK1.Z=XA_PICK1.Z+100

LIN A_PICK1 CONT Vel=0.1 m/s CPDAT7 Tool[3]:Tool_Jia Base[1]:Screw_BASE；线性运动到螺丝板放置区上方100 mm,作为退出点

END

DEF A_rTeach();点位示教程序,无调用

PTP APICK_BASE CONT Vel=10 % PDAT4 Tool[3]:Tool_Jia Base[1]:Screw_BASE；抓取螺丝板基准点

LIN APICK_BASE Vel=0.3 m/s CPDAT1 Tool[3]:Tool_Jia Base[1]:Screw_BASE

PTP APLACE_BASE CONT Vel=30 % PDAT5 Tool[3]:Tool_Jia Base[1]:Screw_BASE；放置螺丝板基准点

LIN APLACE_BASE Vel=0.3 m/s CPDAT2 Tool[3]:Tool_Jia Base[1]:Screw_BASE

PTP AWORK CONT Vel=30 % PDAT6 Tool[3]:Tool_Jia Base[1]:Screw_BASE；螺丝板固定位置,即拧螺丝位置

LIN AWORK Vel=0.3 m/s CPDAT3 Tool[3]:Tool_Jia Base[1]:Screw_BASE

PTP Take_Screw CONT Vel=30 % PDAT7 Tool[2]:Tool_dianPi Base[1]:Screw_BASE；吸取螺丝位置

LIN Take_Screw Vel=0.1 m/s CPDAT4 Tool[2]:Tool_dianPi Base[1]:Screw_BASE

PTP Screw_Hole_Home Vel=30 % PDAT8 Tool[2]:Tool_dianPi Base[1]:Screw_BASE；螺丝孔基准点

```
LIN Screw_Hole_Home Vel=0.01 m/s CPDAT5 Tool[2]:Tool_dianPi Base[1]:Screw_BASE
LIN A_PICK Vel=0.1 m/s CPDAT6 Tool[2]:Tool_dianPi Base[1]:Screw_BASE; 点位变量
PTP A_PICK CONT Vel=20 % PDAT11 Tool[2]:Tool_dianPi Base[1]:Screw_BASE
PTP A_PICK1 Vel=50 % PDAT12 Tool[3]:Tool_Jia Base[1]:Screw_BASE; 点位变量 1
LIN A_PICK1 Vel=0.1 m/s CPDAT7 Tool[3]:Tool_Jia Base[1]:Screw_BASE
END
```

(3)ABB 机器人写字实例

以 ABB 机器人为例,利用示教编程的方法使机器人完成如图 7-9 所示的"正"的写字编程任务。

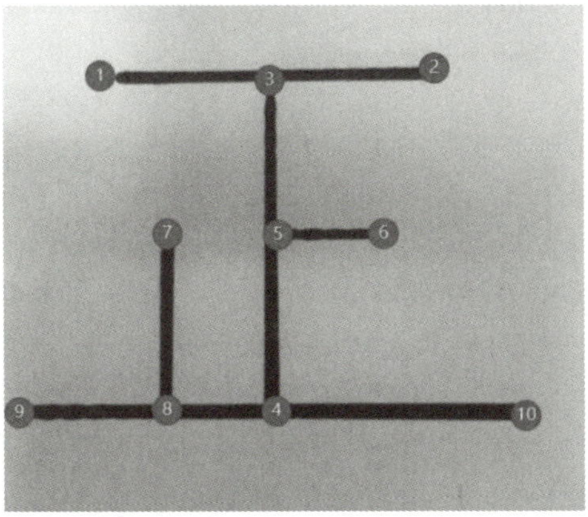

图 7-9 "正"字

完整的示教程序如下:

```
PROC main( )主程序
    <SMT>
ENDPROC
PROC rHome( )
  MoveAbsJ  *\NoEoffs,v100,z50,tool0;  //添加一个 MoveAbsJ 指令
ENDPROC
PROC GetPen( )
    <SMT>
ENDPROC
PROC DownPen( )
    <SMT>
ENDPROC
PROC Writing( )
    <SMT>
ENDPROC
ENDMODULE

PROC GetPen( )子程序
    rHome;
```

MoveAbsJ　p1\NoEoffs,v200,fine,tool0；　//添加一个 MoveAbsJ 指令,命名为 p1,速度 v200,转弯半径 fine

```
    SetDO Y3,  1;
    WaitTime 1;
    MoveL P10,V200,fine,tool0;  //末端点初始位置
    MoveL P11,V200,fine,tool0;  //末端工具更换为笔位置
    WaitTime 1;
    SetDO Y3,  0;
    WaitTime 1;
    MoveL P10,V200,fine,tool0;
    MoveAbsJ  p1\NoEoffs,v200,fine,tool0;
    rHome;
ENDPROC
PROC DownPen( )子程序
    rHome
    MoveAbsJ  p1\NoEoffs,v1000,z500,tool0;
    MoveL P10,V200,fine,tool0;  //末端点初始位置
    MoveL P11,V200,fine,tool0;  //末端工具更换放置笔位置
    SetDO Y3,  1;
    WaitTime 1;
    MoveL p10,v200,fine,tool0;
    WaitTime 1;
    MoveAbsJ  p1\NoEoffs,v200,fine,tool0;
    rHome;
ENDPROC
PROC Writing( )
    GetPen;
    MoveAbsJ WritingStart\NoEoffs,v200,z0,tool0;
    MoveL  pWritng1,v200,fine,tool0;  //点 1
    MoveL  pWritng2,v200,fine,tool0;  //点 2
    MoveL  pWritng3,v200,fine,tool0;  //点 3
    MoveL  pWritng4,v200,fine,tool0;  //点 4
    MoveL  pWritng5,v200,fine,tool0;  //点 5
    MoveL  pWritng6,v200,fine,tool0;  //点 6
    MoveL  pWritng7,v200,fine,tool0;  //点 7
    MoveL  pWritng8,v200,fine,tool0;  //点 8
    MoveL  pWritng9,v200,fine,tool0;  //点 9
    MoveL  pWritng10,v200,fine,tool0;  //点 10
ENDPROC
ENDMODULE
```

7.5 机器人离线编程

7.5.1 离线编程的主要内容

机器人编程技术已成为机器人技术向智能化发展的关键技术之一，尤其令人瞩目的是机器人离线编程技术。早期的机器人主要应用于大批量生产，如自动线上的点焊、喷涂等，因而编程所花费的时间相对比较少，示教编程可以满足这些机器人作业的要求。随着机器人应用范围的扩大和所完成任务复杂程度的提高，在中、小批量生产中，用示教方式编程已很难满足要求。在CAD/CAM/机器人一体化系统中，由于机器人工作环境的复杂性，对机器人及其工作环境乃至生产过程的计算机仿真是必不可少的。机器人仿真系统的任务就是在不接触实际机器人及其工作环境的情况下，通过图形技术，提供一个和机器人进行交互作用的虚拟环境。

机器人离线编程系统是机器人编程语言的拓展，它利用计算机图形学的成果，建立起机器人及其工作环境的模型，再利用一些规划算法，通过对图形的控制和操作，在离线的情况下进行轨迹规划。机器人离线编程系统已被证明是一个有力的工具，用以增加安全性，减小机器人非工作时间和降低成本等。

与在线示教编程相比，离线编程系统具有如下优点：

(1)可减少机器人非工作时间。

(2)使编程者远离危险的工作环境。

(3)兼容多种机器人，应用范围广。

(4)便于实现CAD/CAM/机器人一体化。

(5)可使用高级计算机编程语言对复杂任务进行编程。

(6)便于机器人程序修改。

机器人语言系统在数据结构的支持下，可以用符号描述机器人的动作，一些机器人语言也具有简单的环境构型功能。但由于目前的机器人语言都是动作级和对象级语言，因而编程工作是相当冗长、繁重的。作为高水平的任务级语言系统，目前还在研制之中。任务级语言系统除了要求更加复杂的机器人环境模型支持外，还需要利用人工智能技术，以自动生成控制决策和产生运动轨迹。因此可把离线编程系统看作动作级和对象级语言图形方式的延伸，是把动作级和对象级语言发展到任务级语言所必须经过的阶段。从这点来看，离线编程系统是研制任务级编程系统一个很重要的基础。

离线编程系统不仅是机器人实际应用的一个必要手段，也是开发和研究任务规划的有力工具。通过离线编程可建立起机器人与CAD/CAM之间的联系。设计离线编程系统应考虑以下几方面的内容：

(1)机器人工作过程的知识。

(2)机器人和工作环境三维实体模型。

(3)机器人几何学、运动学和动力学知识。

(4)基于图形显示和运动仿真的软件系统。

(5)机器人轨迹规划和碰撞检测算法。

(6)传感器的接口和仿真,以利用传感器的信息进行决策和规划。

(7)通信功能,进行从离线编程系统所生成的运动代码到各种机器人控制柜的通信。

(8)用户接口,提供有效的人机界面,便于人工干预和进行系统的操作。

7.5.2 离线编程系统的结构

机器人的离线编程系统主要由用户接口、机器人系统构型、运动学计算、轨迹规划、动力学仿真、并行操作、通信接口和误差校正等部分组成。

(1)用户接口

离线编程系统的关键问题是能否方便地产生出机器人编程系统的环境,便于人机交互,因此用户接口是很重要的。工业机器人一般提供两个用户接口:一个用于示教编程,另一个用于语言编程。示教编程可以用示教盒直接编制机器人程序;语言编程则是用机器人语言编制程序,使机器人完成给定的任务。目前这两种方式已广泛应用于工业机器人。

(2)机器人系统构型

目前用于机器人系统的构型主要有以下三种方式:结构立体几何表示、扫描变换表示和边界表示。其中,最便于形体在计算机内表示、运算、修改和显示的构型方法是边界表示;结构立体几何表示所覆盖的形体种类较多;扫描变换表示则便于生成轴对称的形体。机器人系统的几何构型大多采用这三种形式的组合。

(3)运动学计算

运动学计算分运动学正解和运动学逆解两部分。正解是给出机器人运动参数和关节变量,计算机器人末端位姿;逆解则是由给定的末端位姿计算相应的关节变量值。在离线编程系统中,应具有自动生成运动学正解和逆解的功能。

(4)轨迹规划

离线编程系统除了对机器人静态位置进行运动学计算外,还应该对机器人在工作空间的运动轨迹进行仿真。由于不同的机器人厂家所采用的轨迹规划算法差别很大,离线编程系统应对机器人控制系统所采用的算法进行仿真。

(5)动力学仿真

当机器人跟踪期望的运动轨迹时,如果所产生的误差在允许的范围内,则离线编程系统可以只从运动学的角度进行轨迹规划,而不考虑机器人的动力学特性。但是,如果机器人工作在高速和重负载的情况下,则必须考虑动力学特性,以防止产生比较大的误差。快速有效地建立动力学模型是机器人实时控制及仿真的主要任务之一,从计算机软件设计的观点看,动力学模型的建立可分为数字法、符号法和解析法三类。

(6)并行操作

工业应用场合常涉及两台或多台机器人在同一工作环境中协调作业。当一台机器人工作时,也常需要和传送带、视觉系统相配合。因此离线编程系统应能对多个装置进行仿真。并行操作是可在同一时刻对多个装置工作进行仿真的技术。进行并行操作可以提供对不同装置工作过程进行仿真的环境。在执行过程中，首先对每一装置分配并联和串联存储器。如果可以对几个不同处理器分配同一个并联存储器，则可采用并行处理，否则应该在各存储器中交换执行情况，并控制各工作装置的运动程序的执行时间。

(7)通信接口

离线编程系统中通信接口起着连接软件系统和机器人控制柜的纽带作用。利用通信接口可以把仿真系统所生成的机器人运动程序转换成机器人控制柜可以运行的代码。由于工业机器人所配置的机器人语言差异很大，因此给离线编程系统的通用性带来了很大限制。离线编程系统实用化的一个主要问题是缺乏标准的通信接口。标准通信接口的功能是可以将机器人仿真程序转化成各种机器人控制柜可接收的格式。

(8)误差校正

离线编程系统中的仿真模型和实际机器人模型存在偏差，导致离线编程系统实际工作时会产生较大的误差。目前误差校正的方法主要有两种：一是采用基准点方法，即在工作空间内选择一些具有比较高位置精度的基准点(一般不少于三点)，由离线编程系统规划使机器人运动到这些基准点，通过两者之间的误差形成误差补偿函数；二是利用传感器(力觉或视觉等)形成反馈，在离线编程系统所提供的机器人位置基础上，局部精确定位靠传感器来完成。第一种方法用于精度要求不太高的场合，第二种方法用于要求较高精度的场合。

7.5.3 离线编程实例

目前国内外市场主流的机器人离线编程软件大概可以分为两大类：一类是专用型离线编程软件，一般由机器人本体厂家自行或委托第三方开发与维护，只支持本品牌的机器人编程、仿真和后置输出，与本品牌的机器人本体兼容性较好，如 ABB 机器人的 Robot Studio、Fanuc 机器人的 Robot Guide、KUKA 机器人的 KUKA Sim，等等；另一类是通用型离线编程软件，一般由第三方软件公司负责开发和维护，可以支持多款机器人，不单独依赖于某一品牌机器人，如加拿大的 Robot Master、以色列的 Robot Works、意大利的 Robomove、德国的 ROBCAD、法国的 DELMIA、中国的 Robot Art，等等。

思政小课堂8

以中国的 Robot Art 离线编程软件为例，实现机器人激光切割导管的离线编程与仿真任务。

(1)仿真环境搭建

①选择机器人

单击选择机器人按钮选取现实中需要用到的机器人，本实例中选择 STAUBLI-RX160L 机器人，如图 7-10 所示。

②工具导入

选择现实中需要进行作业的工具，选择后机器人与零件自动装配，本实例选择激光三维切割头.ics，单击导入工具按钮，如图 7-11 所示。

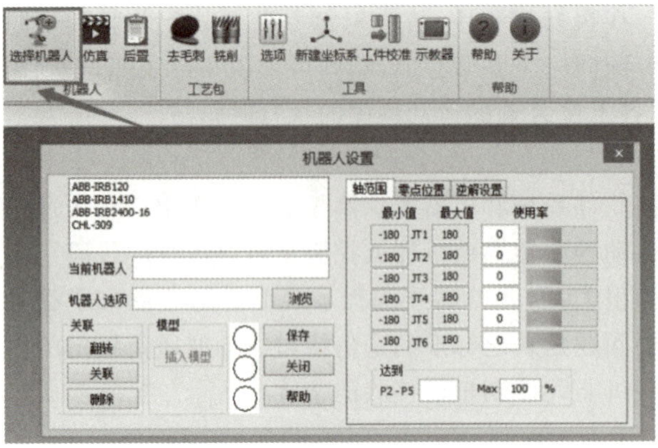

图 7-10　选择机器人类型界面

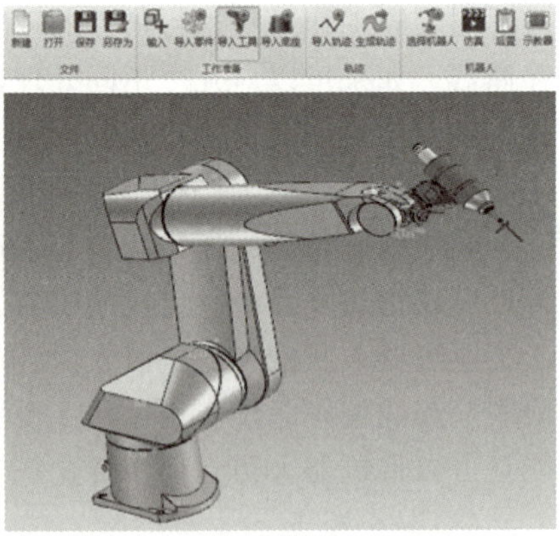

图 7-11　导入工具界面

③加工零件导入

选择现实中需要加工处理的零件，本实例选择直管.ics，单击导入零件按钮，如图 7-12 所示。

④校准 TCP

完成上述三步，全部的器材已经准备好。真实的工作环境中，需要校准工具 TCP，校准零件的位置。不同机器人的校准 TCP 方法不完全一样，具体可参考机器人配套的使用手册。在左侧的“工具”选项处，右击选择“TCP 设置”选项，填写测量后的 TCP，如图 7-13 所示。

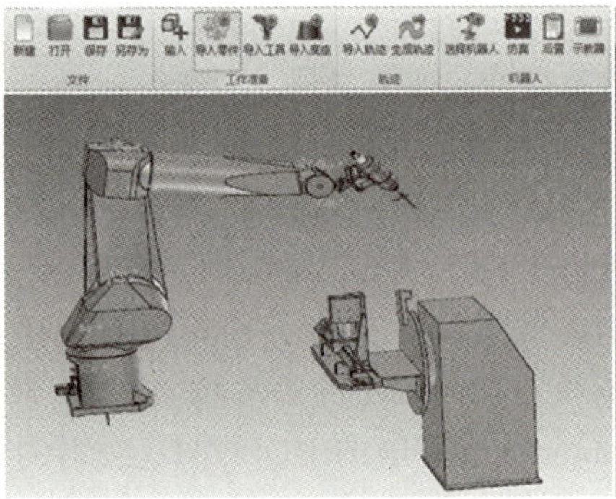

图 7-12　导入零件界面

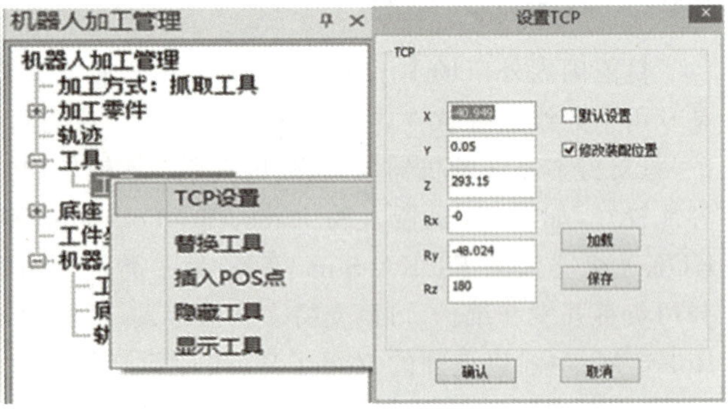

图 7-13　TCP 设置

⑤校准零件

现实中零件和机器人是有一个相对位置的，来保证软件中的位置与现实中的位置一致。这样设计的轨迹才有意义，才能确保设计的正确性。单击工具栏中的“工件校准”按钮，如图 7-14 所示。

图 7-14　工件校准设置

指定模型中不在一条直线上、特征明显且容易测量辨识的三个点。先指定第一个点，如图 7-15 所示。

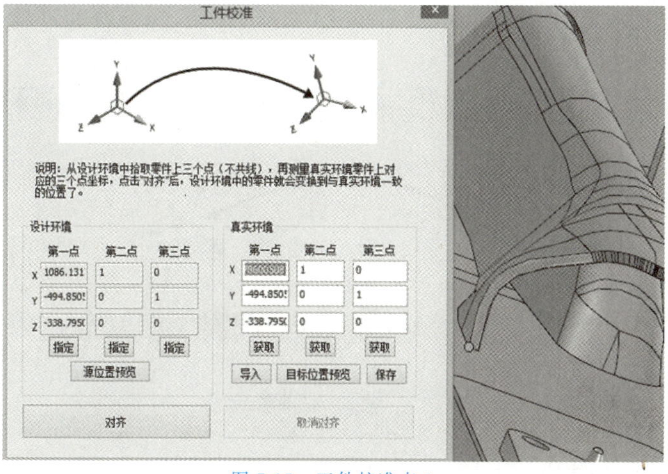

图 7-15 工件校准点 1

指定第二个点，如图 7-16 所示。

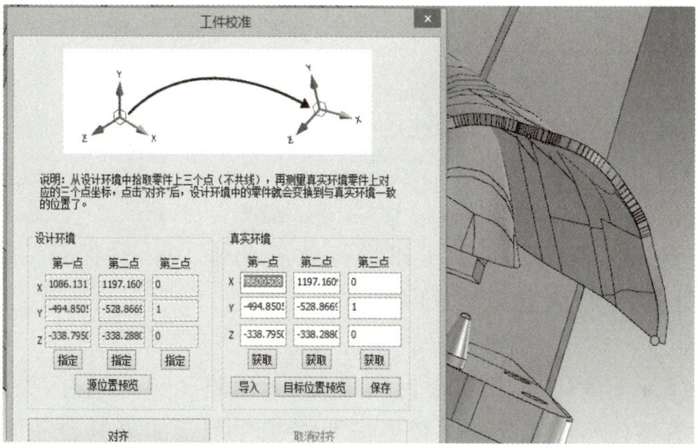

图 7-16 工件校准点 2

指定第三个点，如图 7-17 所示。

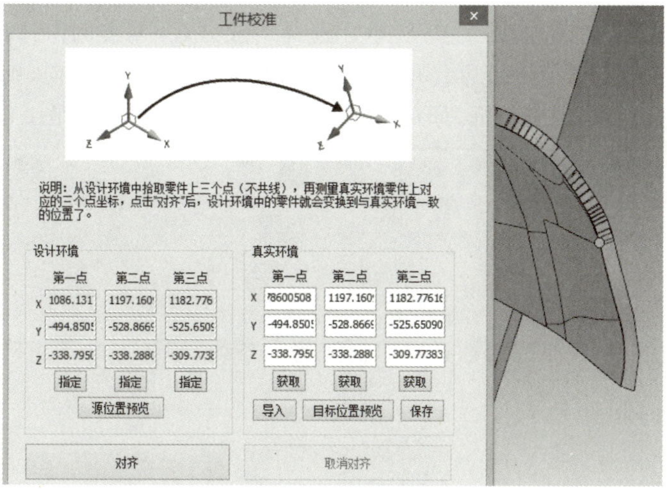

图 7-17 工件校准点 3

现实中测量上面指定的三个点，然后单击“对齐”按钮，保证真实环境与软件设置环境一致。如图 7-18 所示。

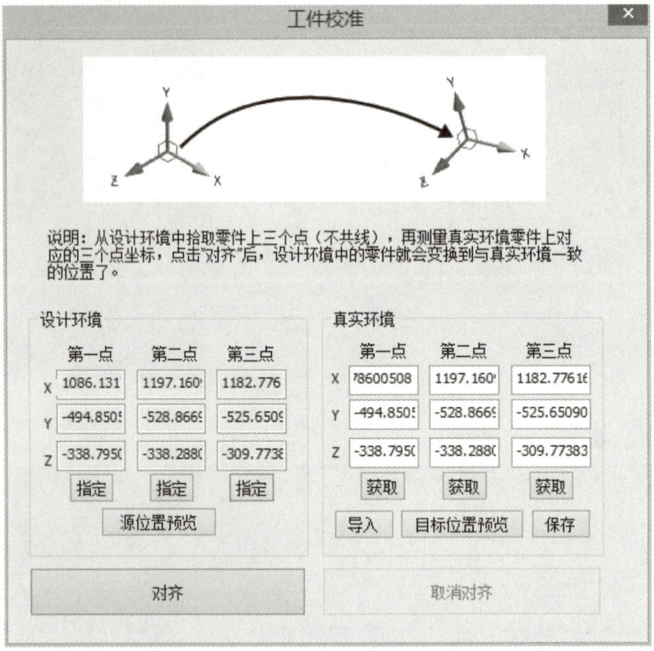

图 7-18　工件校准点

这样仿真环境搭建完毕，然后就可以进行轨迹设计。单击“保存”按钮，输入激光切割，robx 保存工程，后续修改直接打开即可。

(2)轨迹设计

若要设计一条完美的轨迹，则需要时间最优（无用路径越少越好，提高效率）、空间最优（没有干扰，没有碰撞），而复杂的路径更需要多次生成。如果符合三维模型，就可以一次生成。

①生成轨迹

单击“生成轨迹”按钮，如图 7-19 所示。选择生成方式，本实例中选择沿着一个面的一条边，然后在零件上选择一条边。有时生成的方向不是想要的方向，则再单击一次，自动调转 180°。左边会出现三个框，分别是线、面、点。红色代表当前是工作状态。

图 7-19　生成轨迹

②分别选择线、面、点

先单击左边的线，线变红后选择要切割面的一条线，箭头方向不正确时再单击一次，如图 7-20 所示。

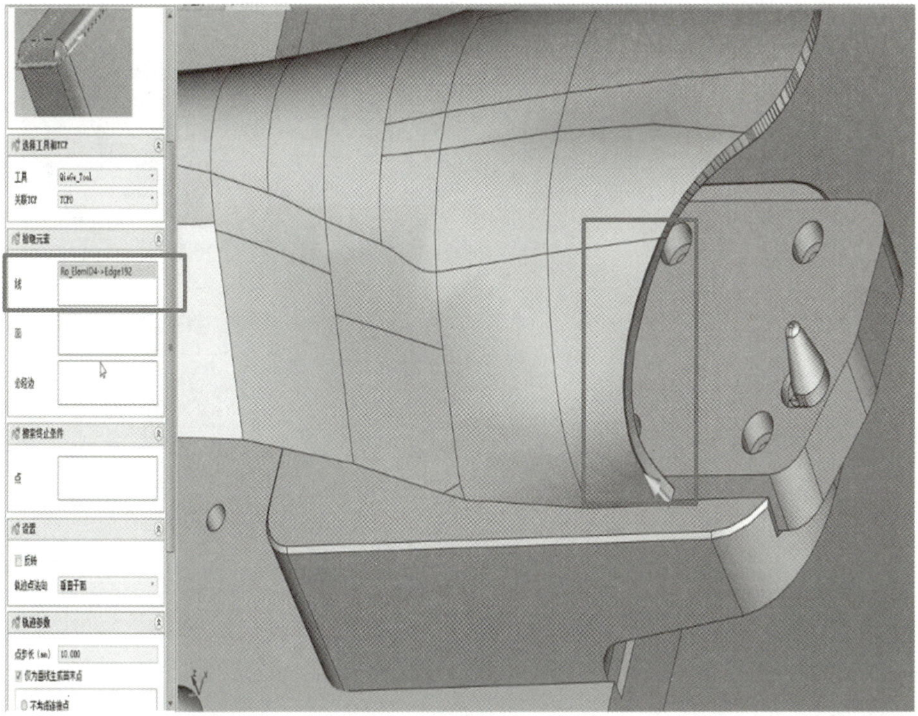

图 7-20 拾取零件线

单击一次面，面变红后选择零件的一个面，如图 7-21 所示。

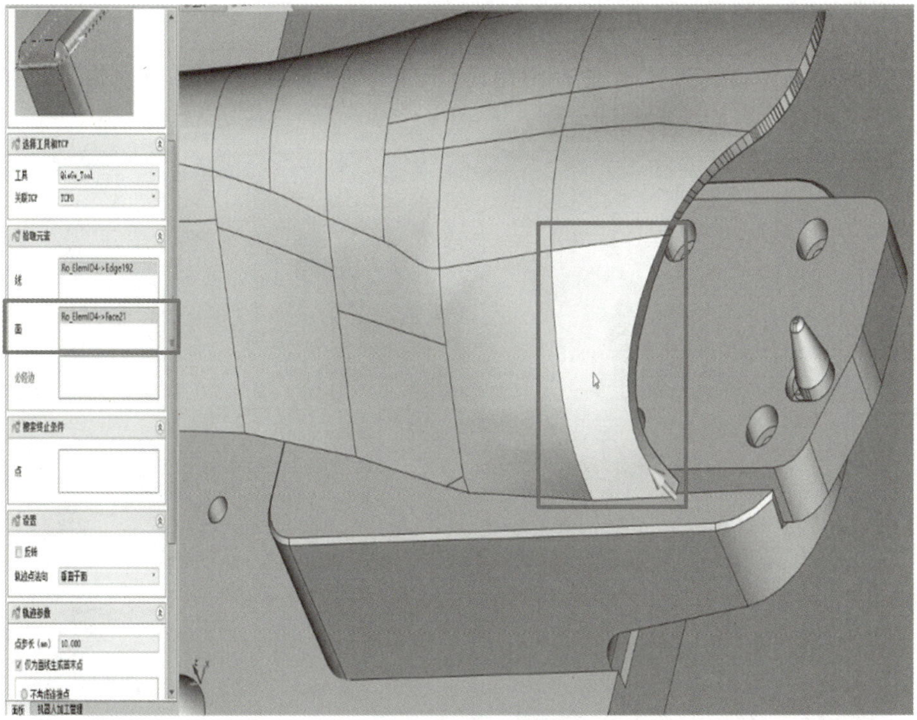

图 7-21 拾取零件面

单击一次点，选择切割的终点，如图 7-22 所示。

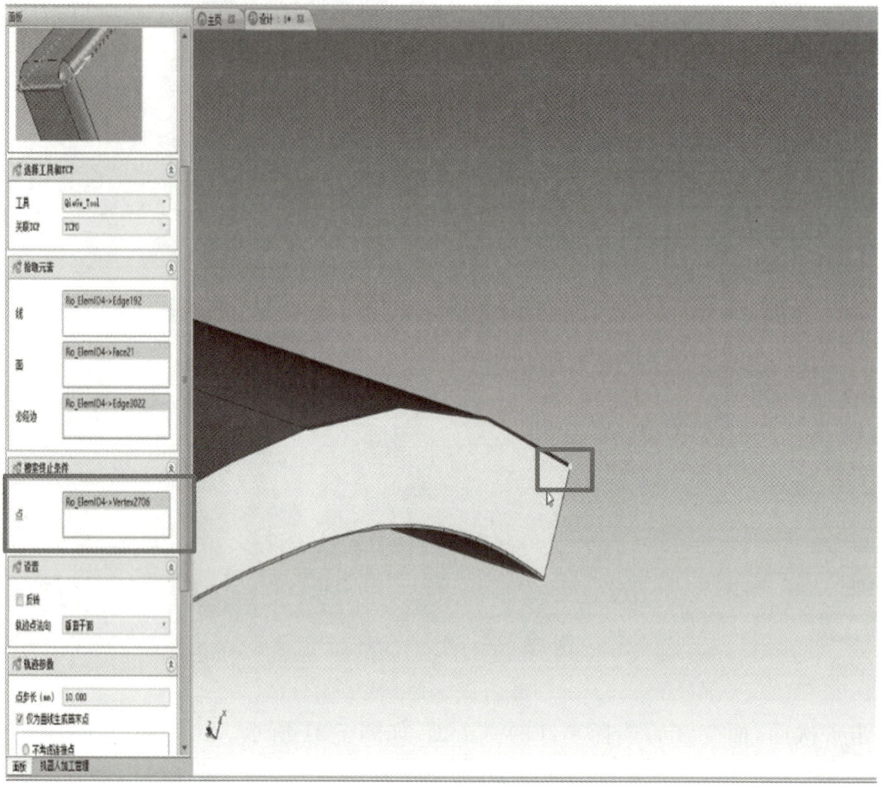

图 7-22　拾取截止点

在设置中选择轨迹点法向垂直于面，单击左上的对号，就会生成轨迹，如图 7-23 所示。

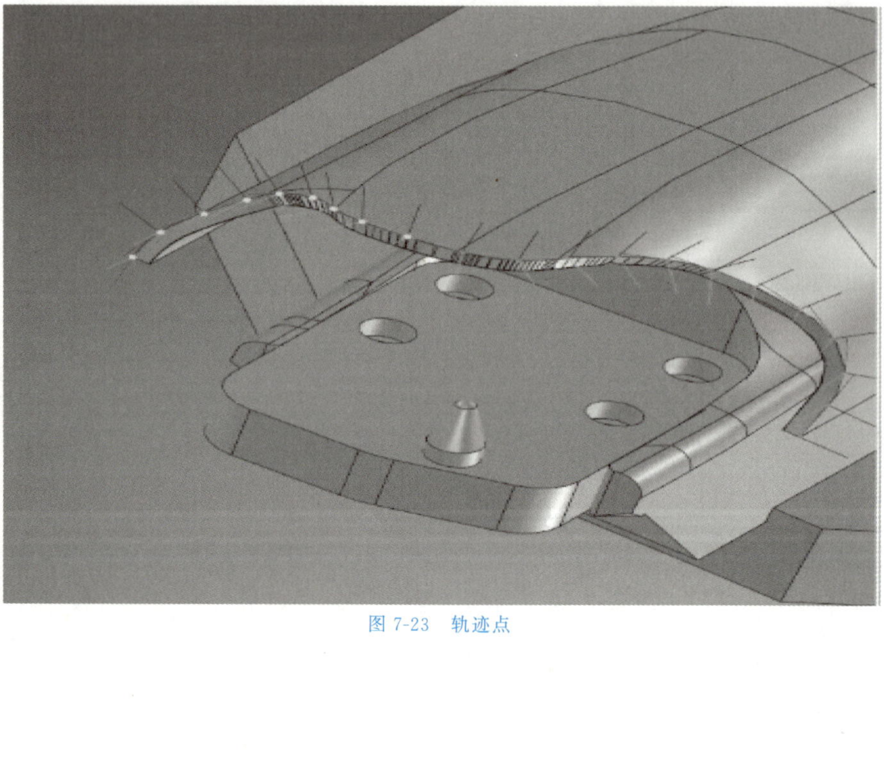

图 7-23　轨迹点

按照上述步骤生成第 2 条轨迹。

③轨迹偏移

激光切割工具的切割头不能与零件接触，接触后会撞坏切割头，将轨迹沿 Z 轴移动 5 mm。Z 轴固定时，让 X，Y 轴指向一个方向，可根据实际情况确定是否勾选。选择"加工轨迹 5"，右击选择"选项"，进行轨迹偏移设置，沿 Z 轴移动 5 mm。如图 7-24 所示。

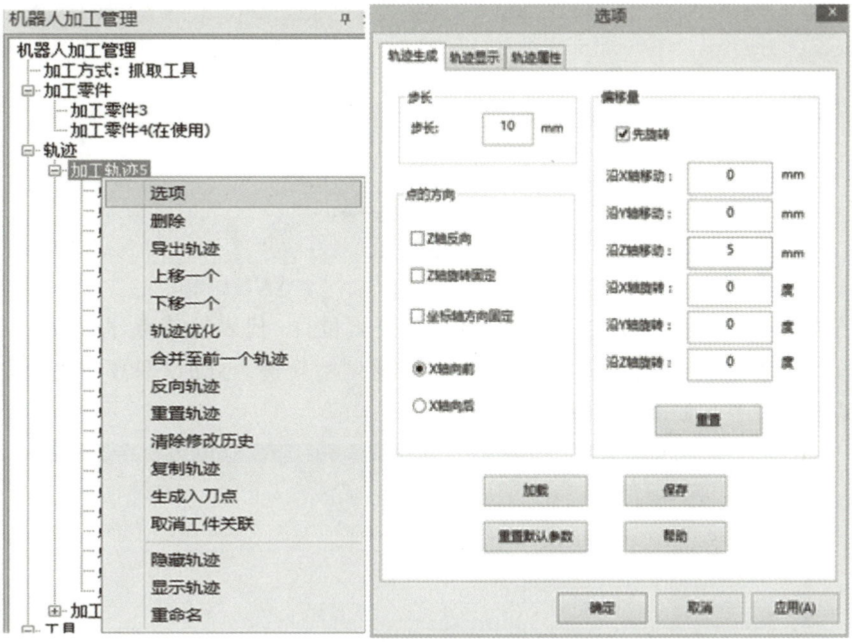

图 7-24 轨迹偏移设置

偏移设置轨迹移动实物，如图 7-25 所示。

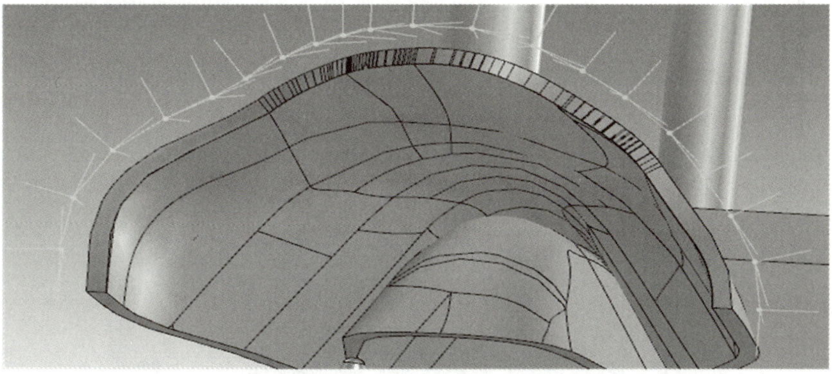

图 7-25 偏移设置轨迹移动实物

④轨迹点姿态调整

轨迹生成后会发现有一些绿点、黄点或者红点。绿点代表正常的点，黄点代表机器人的关节限位，红点代表不可到达，本实例的轨迹中有一些黄点。

如图 7-26 所示，在"机器人加工管理"界面中的"加工轨迹 5"处右击，选择"轨迹优化"选项。然后如图 7-27 所示单击"开始计算"按钮，生成。

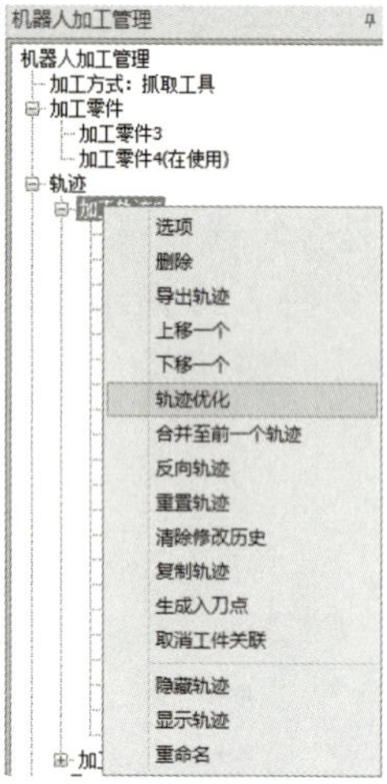

图 7-26　轨迹优化设计界面

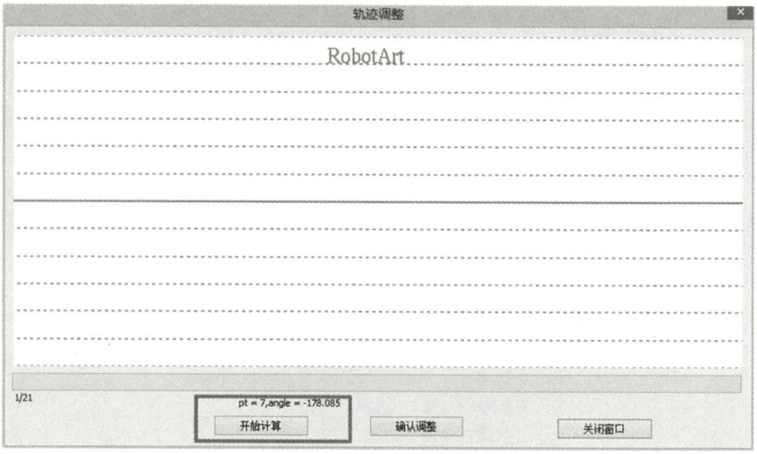

图 7-27　调整前轨迹图示

紫色的线与黄色的线重合，代表着该处轨迹限位，pt 代表轨迹点序号，angle 代表角度。也可以在紫色线上右击，选择增加点，以方便调整轨迹。此时，只要将右侧的轨迹点向上拖动就可以了。如图 7-28 所示。

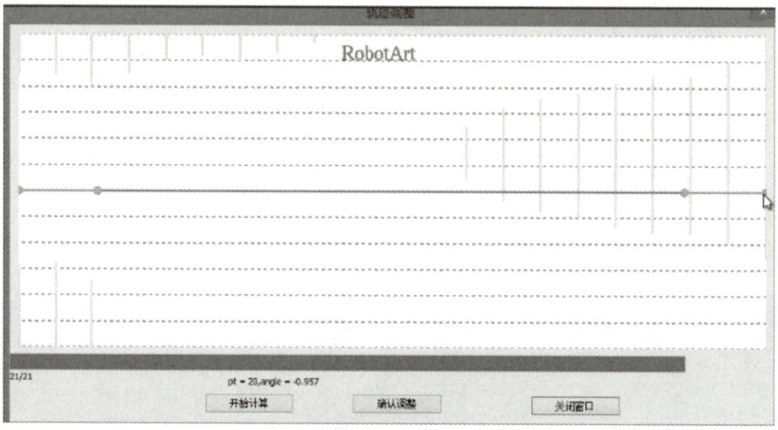

图 7-28　调整轨迹

调整后会发现所有的点都变成了绿色，如图 7-29 所示。

图 7-29　调整轨迹后实物

调整第 2 条轨迹，如图 7-30 所示。

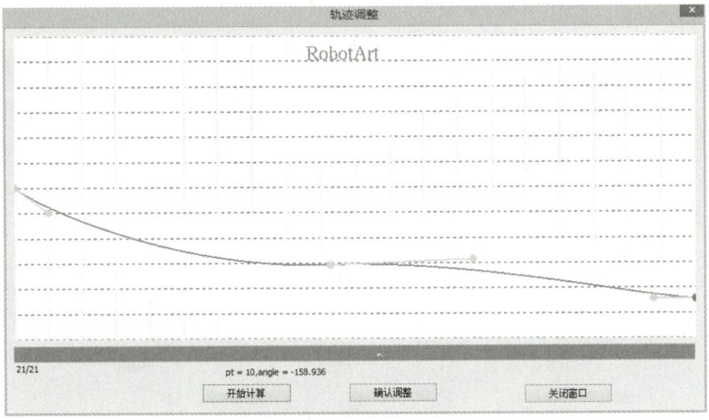

图 7-30 调整第 2 条轨迹

调整后会发现所有的点都变成了绿色，如图 7-31 所示。

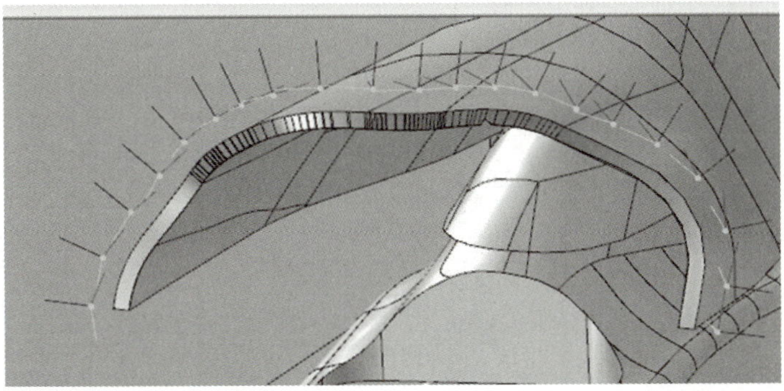

图 7-31 调整第 2 条轨迹后实物

⑤插入过渡点

生成两条轨迹后，会发现这两条轨迹没有联系，每一条轨迹都是单独的工作路径，这就需要加入一些过渡点。POS 点一般距离轨迹端点不远，可以先让机器人运动到端点，再进行调节。

方法：如图 7-32 所示，在“机器人加工管理”界面中的“轨迹”树右击，然后选择“运动到点”选项。插入过渡点，这样工具就在端点的位置，如图 7-33 所示。

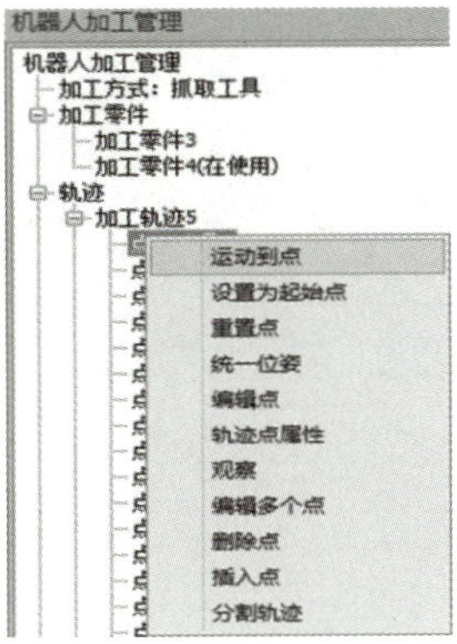

图 7-32 过渡点设置

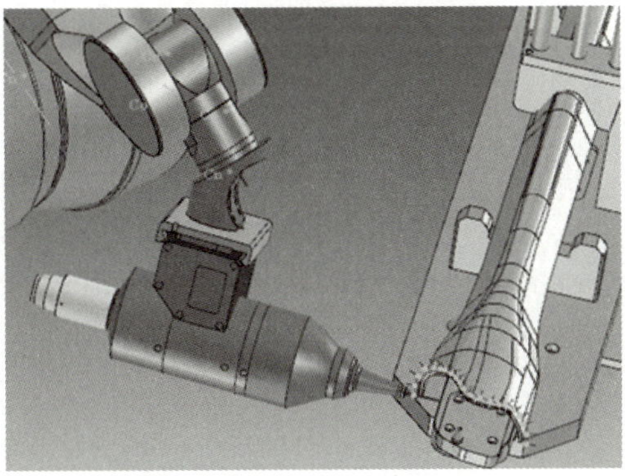

图 7-33 插入过渡点

单击工具，按 F10 键，出现三维球，拖动三维球，将 TCP 移动到要加入 POS 点的位置，如图 7-34 所示。

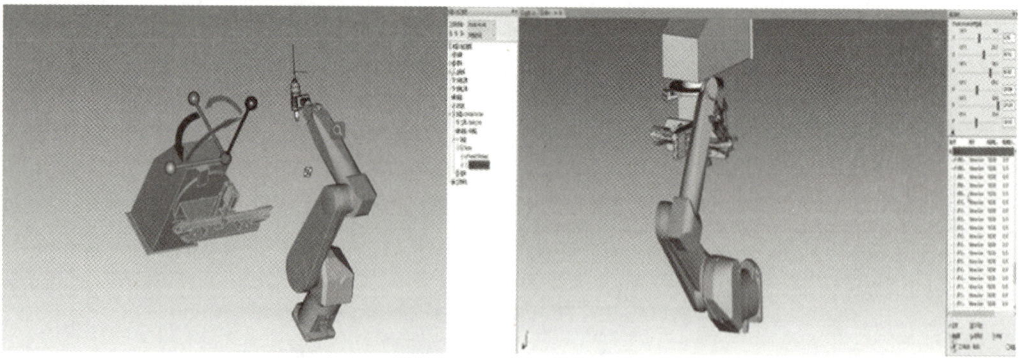

图 7-34　过渡点调整 1

在“工具”树下“工具 2(在使用)”处右击，选择“插入 POS 点”选项。用同样的方法就可以插入多个 POS 点，插入 POS 点后会发现多了一条轨迹。为了方便管理，将它重新命名为趋近点 1。如图 7-35 所示。

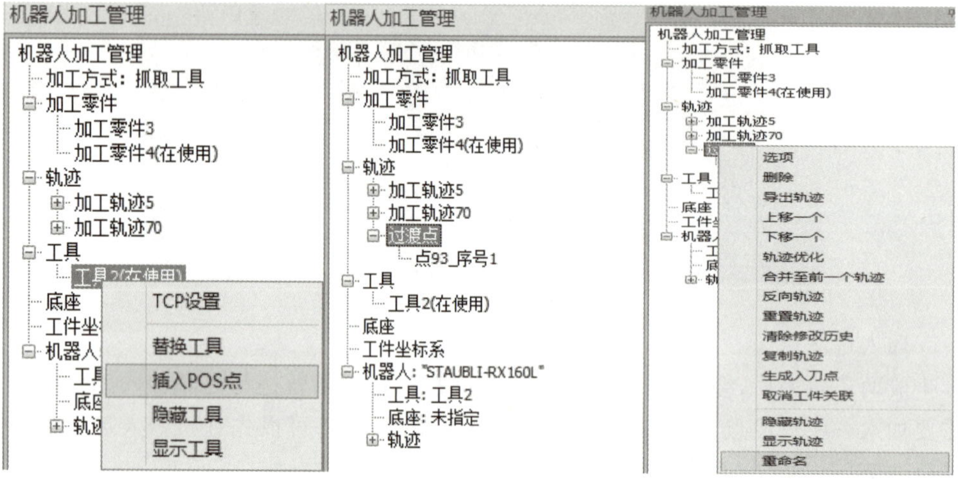

图 7-35　过渡点调整 2

按照上述方法添加多个 POS 点，生成过渡点 1，插入趋近点 2，插入离开点 2，如图 7-36 所示。

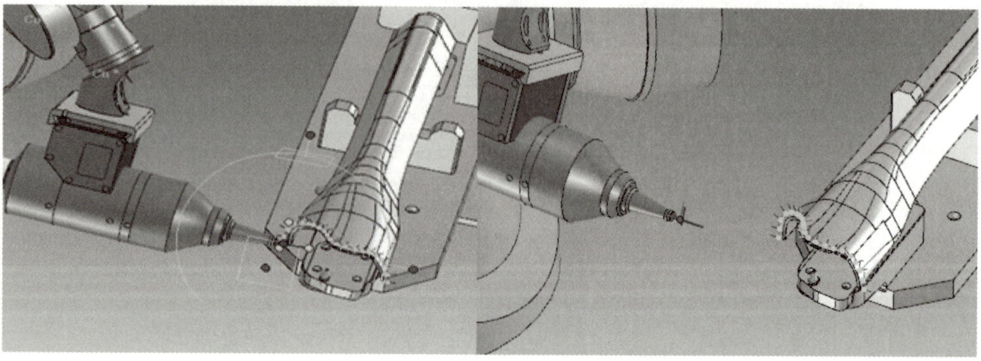

图 7-36　过渡点调整 3

插入 Home 点，Home 点是机器人工作前和工作结束后停留的位置，POS 点的命名可自己确定，如图 7-37 所示。

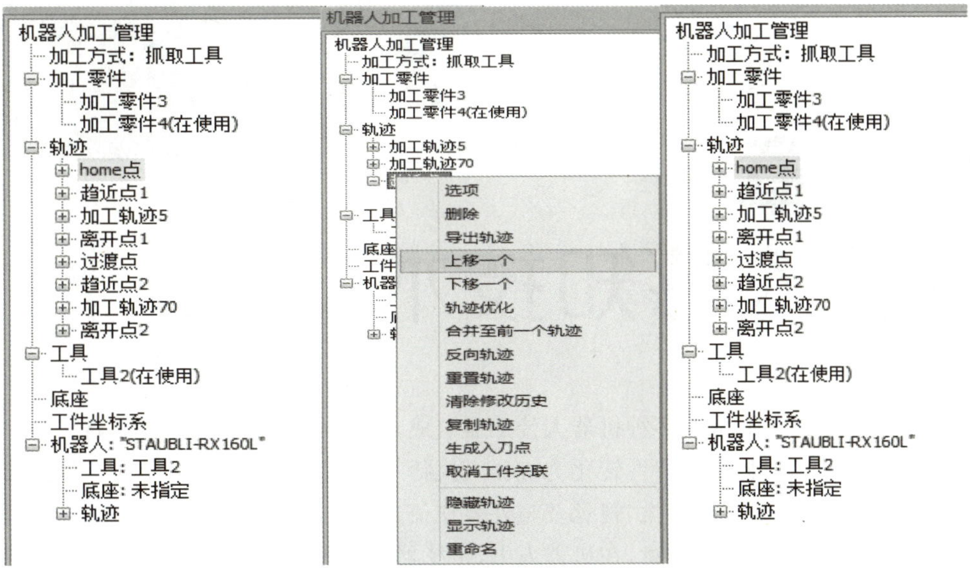

图 7-37　Home 点的插入

机器人在工作时，两点之间走直线，插入 POS 点可以预防机器人及工具碰到零件，对工具有损害，激光切割的工作原理为先在切割工件上穿孔，孔打穿之后再进行正常轨迹的切割，如果穿孔位置直接在切割轨迹上，会影响切割断面的质量。

POS 点插入后，会在最后面生成一条轨迹。注意机器人运动的顺序是从第 1 条轨迹开始至最后 1 条轨迹结束。按照加工轨迹 5→加工轨迹 27→趋近点 1→离开点 1→过渡点 1→趋近点 2→离开点 2→Home 点的顺序进行。轨迹右击后有一个上、下移动的命令，可以进行自行设计，最后调整顺序就生成了完整的轨迹。

思考题

(1)机器人示教控制可以分为哪几类?

(2)简述机器人直接示教法的过程及特点。

(3)对位置和姿态信息进行编辑加工的常见功能有哪些?

(4)机器人语言根据作业描述水平划分有哪几类? 各有什么特点?

(5)简述机器人编程语言系统的组成。

(6)机器人编程语言系统的功能主要包括哪些?

(7)简述机器人离线编程的特点和主要内容。

第 8 章 机器人感知技术

微课8

机器人感知系统通常由多种机器人传感器组成，通过传感器的感知作用，将机器人自身的相关特性或相关物体的特性转化为机器人执行某项功能时所需要的信息。同人类和动物拥有嗅觉、触觉、味觉、听觉、视觉及与外界交流的语言一样，机器人也可以带有类似的传感器，以实现与环境的交流，在机器人中，传感器既用于内部反馈控制，也用于与外部环境的交互。机器人传感器可分为内部传感器和外部传感器。内部传感器是用来确定机器人的自身状态，如用来测量位移、速度、加速度和应力的通用型传感器。而外部传感器则用于检测与机器人相关的环境参数，如力觉、触觉、视觉等传感器。

8.1 机器人内部传感器

8.1.1 位置传感器

机器人各关节的运动定位精度要求、重复精度要求及运动范围要求是选择机器人位置传感器的基本依据。常见的位置传感器由电阻式、电容式、电感式、光电式、磁栅式和机械式等。

电位计是典型的电阻式位置传感器，电位计由一个绕线电阻（或薄膜电阻）和一个滑动触点组成。其中滑动触点通过机械装置受被检测量的控制。当被检测的位置量发生变化时，滑动触点也发生位移，改变了滑动触点与电位器各端之间的电阻值和输出电压值，根据这种输出电压值的变化，可以检测出机器人各关节的位置和位移量。

如图 8-1 所示的角度式电位计由环状电阻器和与其一边电气接触一边旋转的电刷共同组成。当电流沿电阻器流动时，会形成电压分布。如果将这个电压分布制作成与角度成比例的形式，则从电刷上提取出的电压值也与角度成比例。电阻器可以采用两种类型，一种是用导电塑料经成形处理做成的导电塑料型，如图 8-1(a)所示；另一种是在绝缘环上绕上电阻线做成的线圈型，如图 8-1(b)所示。

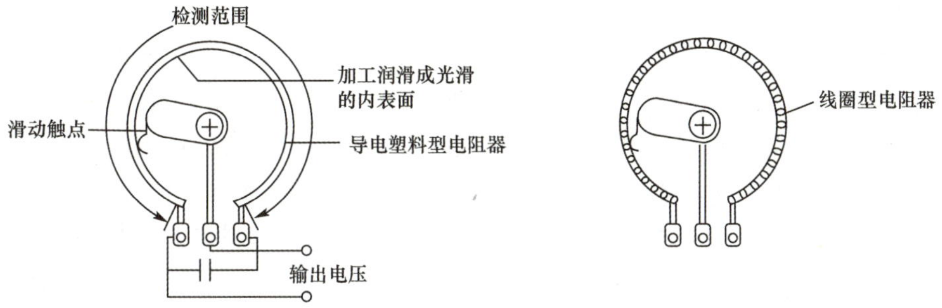

(a)导电塑料型　　(b)线圈型

图 8-1　角度式电位计

8.1.2 角度传感器

(1)编码器

机器人应用最多的角度传感器是旋转编码器,用来检测旋转轴角位移。根据信号的输出形式分为增量式编码器和绝对式编码器。增量式编码器对应每个单位角位移输出一个脉冲,绝对式编码器根据读出的码盘上的编码检测绝对位置。

根据检测原理,编码器可分为光学式、磁式、感应式和电容式。如图 8-2 所示是光学式旋转编码器。如图 8-2(a)所示的增量式编码器,在旋转圆盘上设置一条环带,将环带沿圆周方向等份分割,并用不透明的条纹印制到上面。把圆盘置于光线下照射,透过去的光线用一个光传感器进行判读。圆盘每转过一定角度,光传感器的输出电压在高低电平之间就会交替地进行转换,所以当把这个转换次数用计数器进行统计时,就能知道旋转过的角度。如图 8-2(b)所示的绝对式编码器,在输入轴上的旋转透明圆盘上,设置 n 条同心圆状的环带,对环带上角度实施二进制编码,并将不透明条纹印刷到环带上。将圆盘置于光线的照射下,当透过圆盘的光由 n 个光传感器进行判读时,判读出的数据会转换为二进制码,编码器的分辨率由环带数决定。

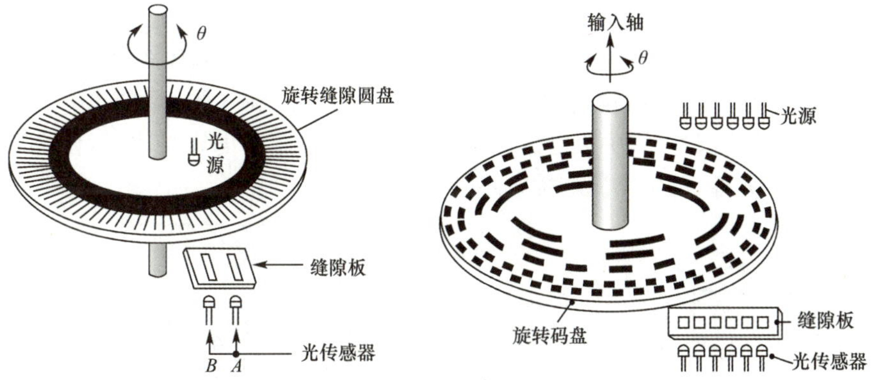

(a)增量式　　(b)绝对式

图 8-2　光学式旋转编码器

磁式编码器与上述光学式的分类方法相同。磁式编码器在强磁性材料表面上记录等间隔的磁化刻度标尺,标尺旁边相对放置磁阻效应元件或霍尔元件,即能检测出磁通的变化。与光电编码器相比,磁式编码器的刻度间隔较大,但它具有耐油污、抗冲击等特点。

(2)分相器

分相器是一种用来检测旋转角度的旋转型感应电动机,输出正弦波的相位随着转子旋转角度的变化做相应地变化。根据这种相位变化,可以检测出旋转角度。

如图 8-3 所示为分相器的工作原理,当在两个相互成直角配置的固定线圈上,施加相位差为 90°的两相正弦波电压 $E\sin\omega t$ 和 $E\cos\omega t$ 时,在内部空间会产生旋转磁场。当在这个磁场中放置两个相互成直角的旋转线圈时,设与固定线圈之间的相对转角为 θ,则在两个旋转线圈上产生的电压分别为 $E\sin(\omega t+\theta)$ 和 $E\cos(\omega t+\theta)$,若用识别电路把这个相位差识别出来,就可以确定旋转角度。

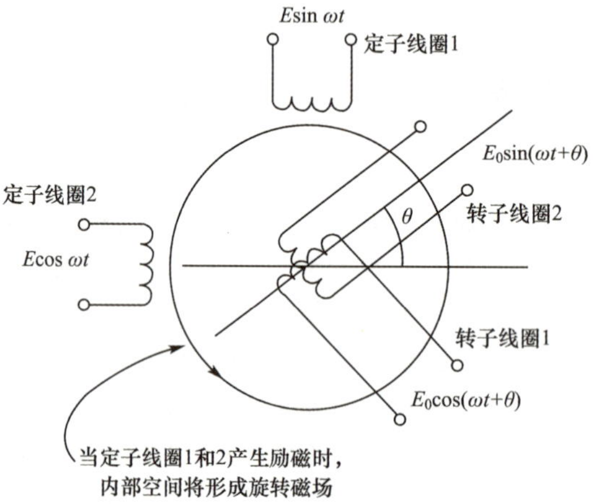

图 8-3 分相器的工作原理

8.1.3 姿态传感器

姿态传感器主要应用于机器人末端执行器或移动机器人的姿态控制中,系统根据姿态传感器测得的倾斜角度来调整机器人的姿态。根据测量原理,可分为液体式、垂直振子式和陀螺式。

液体式姿态传感器分为气泡位移式、电解液式、电容式和磁流体式等。如图 8-4 所示为电解液式姿态传感器的结构,在管状容器内封入电解液和气体,并在其中插入三个电极。容器倾斜时,溶液移动,中央电极和两端电极间的电阻及电容量改变,使容器相当于一个阻抗可变的元件,可用交流电桥电路进行测量。

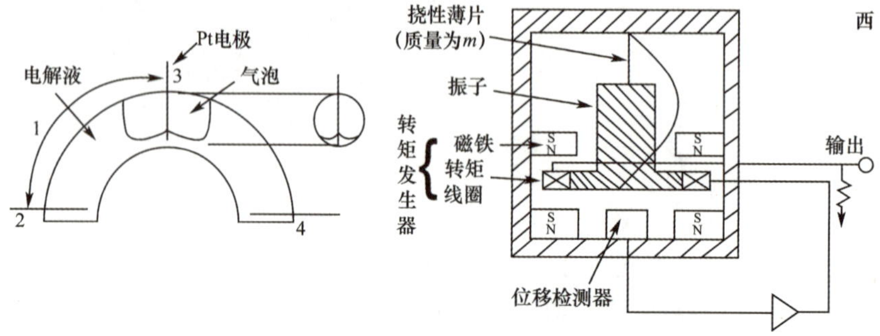

图 8-4 电解液式姿态传感器的结构

垂直振子式传感器的工作原理：传感器的振子由挠性薄片悬起，传感器倾斜时，振子为了保持铅直方向而离开平衡位置。根据振子是否偏离平衡位置及偏移角函数检测出倾斜角度。但是，由于容器限制，测量范围只能在振子自由摆动的允许范围内，不能检测过大的倾斜角度。

陀螺仪是典型的姿态传感器，利用高速旋转的转子经常保持其一定姿态的性质制作而成的，主要有速度陀螺仪、气体陀螺仪、光陀螺仪、振动陀螺仪等，如图 8-5 所示。速度陀螺仪是利用高速旋转的转子经常保持其一定姿态的性质制作而成的。气体陀螺仪利用了姿态变化时气流也发生变化的现象，根据密封腔体内的气流随腔体的姿态变化发生偏转的原理而研制出来的。光陀螺仪则利用了当环路状光径相对于惯性空间旋转时，沿顺时针和逆时针传输的两路光传输一圈后，在时间上产生不同的效果而呈现速度变化的现象。

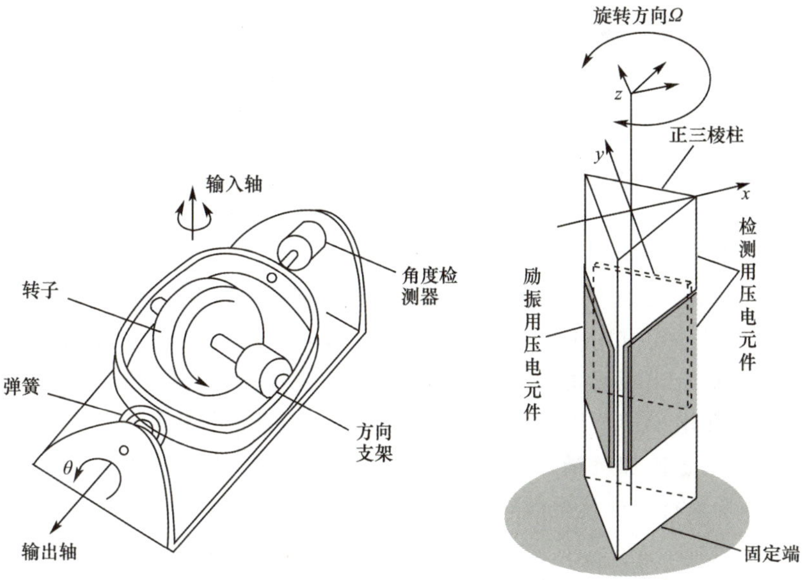

(a)速度陀螺仪　　(b)压电振动式陀螺仪

图 8-5　典型的陀螺仪

8.2 机器人外部传感器

8.2.1 力觉传感器

力觉传感器根据力的检测方式不同，大致可分为应变式、压电式、电容式和压阻式等。

(1)应变式力传感器

应变式力传感器一般选用金属丝或应变片作为压敏元件。在外力的作用下，通过改变金属丝的形状实现其阻值的变化，从而将力/力矩转换为电量输出，也称电阻应变式力传感器。该类传感器是目前国内外应用最多、技术最成熟的力觉传感器之一。典型结构有竖梁、横梁、Stewart 平台式等类型。由美国 Draper 实验室研制的三竖梁六维力传感器——Waston 腕力传感器是竖梁结构的典型代表，如图 8-6(a)所示。该传感器横向效应好、结构简单、承载能力强，但竖向效应差、维间干扰大、灵敏度较低。十字横梁结构是目前耦合型传感器中应用最多的横梁结构类型，由日本大和制衡株式会社林纯一提出的一种整体轮辐式结构，如图 8-6(b)所示，传感器在十字架与轮缘连接处有一个柔性环节，简化了弹性体的受力模型。在四根交叉梁上总共贴有 32 个应变片，组成 8 路全桥输出，通过解耦计算得出六维力。该传感器也存在结构复杂、尺寸大、刚度低、灵敏度低、解耦难等问题。

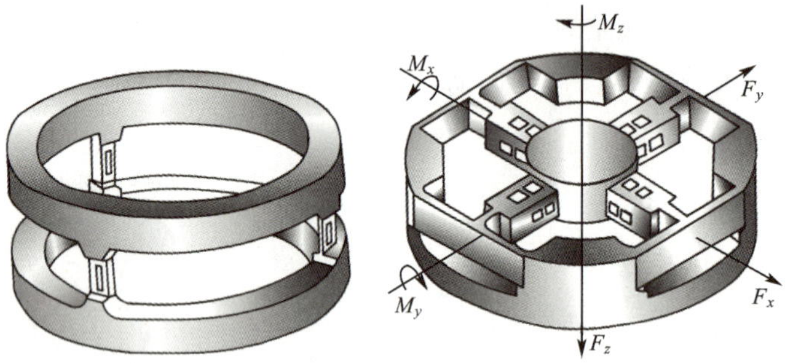

(a)三竖梁式　　(b)十字横梁式

图 8-6　常见电阻应变式力传感器结构类型

(2)压电式力传感器

压电式力传感器是基于压电效应和压电方程实现压电能量的相互转换。压电效应是当某些电介质在沿一定方向上受到外力的作用而变形时，其内部会产生极化现象，同时在它的两个相对表面上出现正负相反的电荷。当外力去掉后，它又会恢复到不带电的状态，这种现象称为正压电效应。当作用力的方向改变时，电荷的极性也随之改变。相反，当在电介质的极化方向上施加电场，这些电介质也会发生变形，电场去掉后，电介质的变形会随之消失，这种现象称为逆压电效应。如图 8-7 所示。

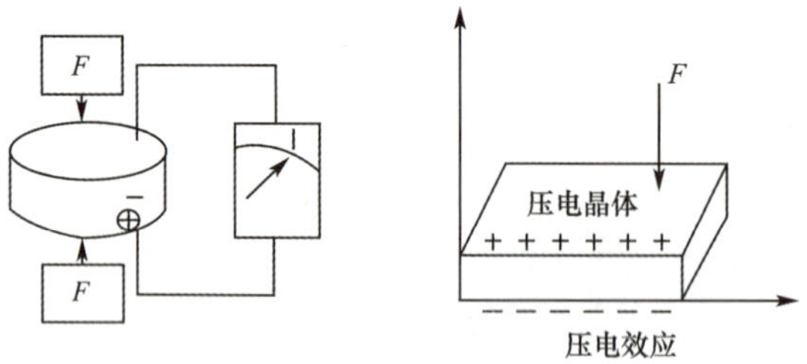

图 8-7　压电效应原理

压电方程描述的是压电材料中电气参量与机械参量之间的关系。一方面，在两个金属极板构成的电容器中，对于绝缘的非压电介质材料，外加力形成应力 T，使弹性体在弹性范围内变形，有胡克定律 $\boldsymbol{S}=s\boldsymbol{T}$，其中 s 称为柔量，$1/s$ 称为杨氏模量。另一方面，作用在极板上的电位差形成电场 $\boldsymbol{E}$，则有 $\boldsymbol{D}=\varepsilon\boldsymbol{E}=\varepsilon_0\boldsymbol{E}+\boldsymbol{P}$，其中 $\boldsymbol{D}$ 是位移矢量(或电通量密度)，ε 是介电常数，$\boldsymbol{P}$ 是极化矢量。如果极板之间是在同一方向上具有场、应力、应变和极化的一维压电材料，根据能量守恒定律，在低频上有

$$\boldsymbol{D}=\mathbf{d}\boldsymbol{T}+\varepsilon^{\mathrm{T}}\boldsymbol{E} \tag{8-1}$$

$$\boldsymbol{S}=\boldsymbol{s}^{E}\boldsymbol{T}+\mathbf{d}'\boldsymbol{E} \tag{8-2}$$

式中，ε^{T} 为恒定应力下的介电常数；s^{E} 为恒定电场下的柔量；d 为压电系数，量纲为 C/N；$\mathbf{d}'$为 $\mathbf{d}$ 的转置。

当外加应力下表面积不变时，$d=d'$，与非压电材料相比，还存在由电场引起的应变和由机械应变引起的电荷。

（3）电容式力传感器

由于电容反比于极板间距，电容器件具有固有的非线性。然而电容式器件具有较低的温度系数、低功耗、高灵敏度、结构坚固等特点，使得此类传感器具有较大的吸引力，在微传感器中具有重要的应用。

电容式压力传感器的基本结构由两个极板组成：一个是固定极板，一般加工在衬底材料上；另一个是可动电极，它是能在压力作用情况下发生挠度形变的弹性膜。压力作用于弹性膜，膜发生形变，使得两个电极间距发生变化，产生相应的电容值变化，电容值随着压力变化而单调变化，电容值与压力值相互对应，形成由压力到电容的传感转换功能。一般可动极板膜可以设计成方形膜或者圆形膜。

一般情况下，膜的形变遵循一定的挠度曲面方程，因此电容值的变化可以在整个膜的区域进行积分，即

$$\Delta C=C_0-\iint\frac{\varepsilon_0\varepsilon_r}{g_0-\omega(x,y)}\mathrm{d}x\,\mathrm{d}y \tag{8-3}$$

式中，C_0 为零压力情况下传感器的电容值；ε_0 和 ε_r 分别为空气的介电常数和极板间介质的相对介电常数；g_0 为极板初始间距；$\omega(x,y)$为挠度曲面方面。

可以用平板电容的公式简单估算电容值变化量，即

$$\Delta C=\frac{\varepsilon_0\varepsilon_r A}{g_0^2}\Delta g \tag{8-4}$$

式中，A 为两极板之间的相对面积。

膜的挠度曲面方程可以通过能量法求解，然后进行积分求得电容变化量，膜的挠度还可以用有限元或其他数值方法求得，同样可以求得电容变化量。

电容式压力传感器有两种工作模式：一种为非接触式方式；另一种为接触式方式。接触式压力传感器可提高电容式压力传感器的线性度，并提供过载保护。非接触式压力传感器在测量范围内其两极板不相互接触，可依靠极板间距的变化来获得电容值的变化量。电容的变化量与极板间距成反比，因此非接触式压力传感器线性度较差；接触式压力传感器采用了不同的传感器原理，两极板在测量范围内相互接触，之间由介质层隔离，通过接触面积的变化获得不同的电容变化量，当极板接触后，电容值随着压力变化成线性变化，通过优化设计，使得传感器的线性度和灵敏度都得到相应提高（图 8-8）。

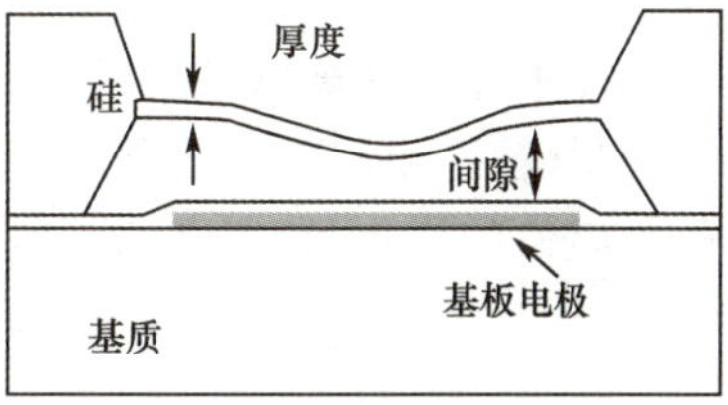

(a)正常工作模式（非接触式）

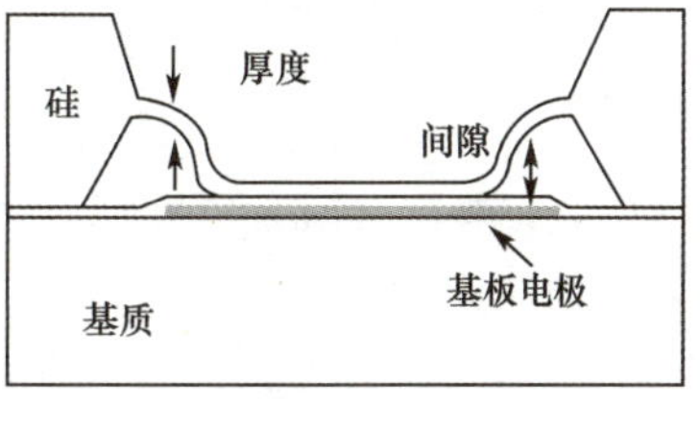

图 8-8 电容式压力传感器的两种工作模式

(4)压阻式力传感器

压阻效应是指固体受到力作用时,电阻率会发生显著的变化。典型的压阻式力传感器结构采用电化学或者选择性掺杂、各向异性腐蚀等加工技术制作成平面薄膜。早期的薄膜为金属薄膜,在其上布置硅应变电阻条。后来金属薄膜被单晶硅材料代替,应变电阻条也被改为硅扩散电阻条。单晶硅材料与金属相比,具有优秀的机械性能。可以采用硅加工技术来设计、加工薄膜,例如硼离子注入,各向异性腐蚀,重掺杂自停止化学腐蚀,PN结自停止腐蚀,硅-玻璃键合以及硅-硅键合等。采用硅加工技术,传感器的尺寸得到了降低,可以批量加工,并且降低了成本。图 8-9 给出了一个采用微加工技术加工而成的压阻式压力传感器的结构。压力差使得硅薄膜产生形变和面内应力,压敏电阻条分布在薄膜的周边应力最大的区域,电阻条电阻的大小随着压力的变化而变化。通常采用 4 个压敏电阻组成惠斯登电桥来测量压力大小。图 8-10 给出了一个典型的电阻条分布情况以及惠斯登电桥的电路配置。

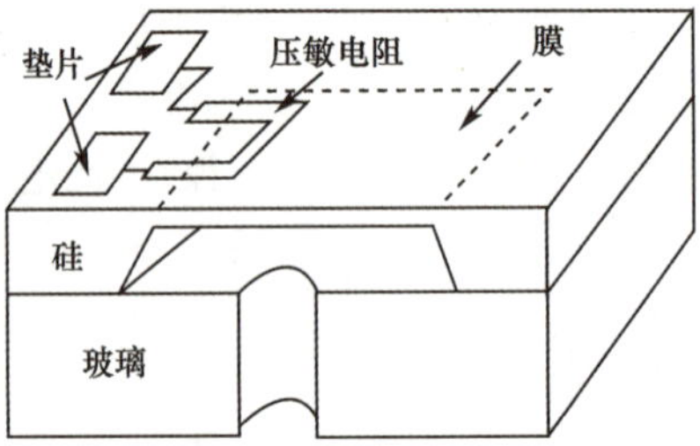

图 8-9　压阻式压力传感器的结构

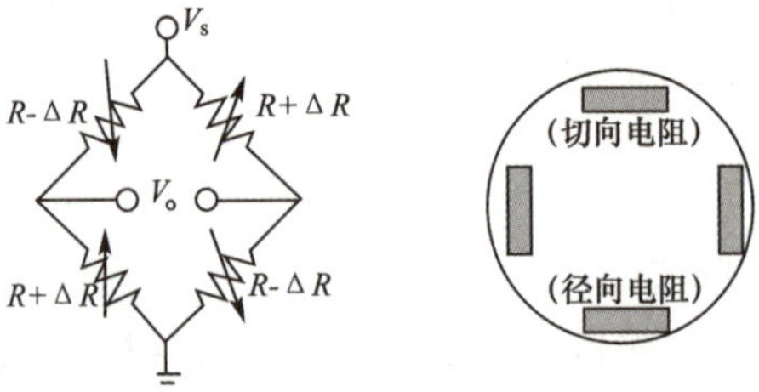

(a)典型惠斯登电桥　　(b)压敏电阻的分布

图 8-10　压阻式压力传感器的电路配置

压力作用在敏感膜上时,膜内出现径向和切向的应力,导致径向电阻和切向电阻的阻值发生变化,电阻的差值可以用惠斯登电路读出。若 R 为零压力时电阻条的阻值,ΔR 为电阻阻值的变化量,当电源电压为 V_S 时,惠斯登电桥的输出信号为

$$\Delta V_0 = V_S \frac{\Delta R}{R} \tag{8-5}$$

基于压阻效应进行推导,式(8-5)中的 $\Delta R/R$ 为

$$\frac{\Delta R}{R} = \pi_L \sigma_L + \pi_T \sigma_T \tag{8-6}$$

式中,π_L 和 π_T 分别为径向和切向的压阻系数,σ_L 和 σ_T 分别为作用在电阻条上的径向和切向的应力大小。

压阻式压力传感器的特点在于加工简单,信号易于测量,但是由于压敏电阻条本身的温度特性,使得传感器产生很大的温度漂移,在较大温度变化范围内工作的传感器必须进行温度补偿。要使得传感器的灵敏度增加或者传感器在进行低压测量时，必须减小薄膜厚度以保证有足够的挠度。

8.2.2　触觉传感器

(1)触觉传感器的原理及分类

触觉是机器人感知外部信息的重要手段，是生物体获取外界信息的最直接、最重要的媒介之一，对于未来智能机器人的发展至关重要。随着机器人的应用领域以及作业范围越来越广，它们的活动在很多情况下都需要依靠触觉感知来完成。没有触觉感知的机器人在实际应用中常常会对物体造成损伤，它们的应用范围也会因此受到很大程度的限制。因此，让机器人具备触觉感知能力，能够对外界环境的变化做出迅速而准确地反应，对于确保其与外部环境之间交互的安全性和有效性至关重要，甚至是必不可少的。

触觉传感器可分为集中式和分布式(或阵列式)。集中式触觉传感器是用单个传感器检测各种信息；分布式(或阵列式)触觉传感器则检测分布在表面上的力或位移，并通过对多个输出信号模式的解释得到各种信息。

触觉信息是通过传感器与目标物体的接触得到的，触觉传感器的输出信号是接触力及位置偏移的函数，最后输出信号被解释成接触面的性质、目标物体的特征以及接触状态。这些信息主要包括：目标物存在与否；接触界面上的力的大小、方向及压力分布；目标物形状、质地、黏弹性等。简单的触觉传感器，如接触开关、限位开关等，其仅传送目标物存在与否一种信息，而复杂的触觉传感器可以在不同负载的情况下提供各类接触信息，并与处理器相连构成触觉传感系统，从而实现信号的获取及解释处理功能。

触觉传感器的组成如图 8-11 所示，接触界面由一个或多个敏感单元按一定方式排列而成，与目标物直接接触。转换媒介是敏感材料或敏感机构，用于把接触界面传送来的力或位置偏移等非电量信息转换成电量信号输出。检测和控制部分按预定方式、次序采集触觉信号，并把它们输出到处理装置，最后通过控制程序对信号进行解释。

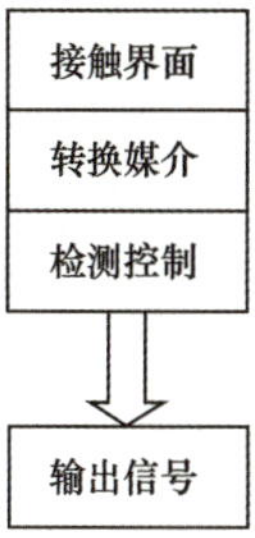

图 8-11　触觉传感器的组成

目前机器人触觉传感器按换能方式分类主要有电容式、压阻式、磁敏导式、光纤式和压电式。压阻式触觉传感器是利用弹性体材料的电阻率随压力大小的变化而变化的性质制成，并把接触面上的压力信号变为电信号。电容式触觉传感器的原理是，在外力作用下使两极板间的相对位置发生变化，从而导致电容变化，通过检测电容变化量来获取受力信息。磁敏导式触觉传感器在外力作用下磁场发生变化，并把磁场的变化通过磁路系统转换为电信号，从而感受接触面上的压力信息。通过把磁场强度参数转换为位移参数，再转换为力的参数，从而达到测力的目的。磁敏导式触觉传感器具有灵敏度高、体积小的优点，但与其他类型的机器人触觉传感器相比实用性较差。光纤式触觉传感器利用光纤外调制机理，将光纤传感器与触觉传感器相结合。当触头发生微小振动时，带动反射镜面一起运动，引起镜面对光纤的端面角度的变化，从而导致接收光纤接收的光强发生变化，因此来检测触觉。压电转换元件是典型的力敏元件，具有自发电和可逆两种重要特性，而且具有体积小、质量轻、结构简单、工作可靠、固有频率高、灵敏度和信噪比高、性能稳定、几乎不存在滞后等优点。因此,压电元件在声学、力学、医学等领域得到了广泛应用。生物压电学研究表明,生物都具有压电特性,人体的各种触觉器官实质上都是压电传感器,压电元件已成为智能结构、机器人技术中最具吸引力和发展前途的材料。

8.2.3 视觉传感器

人是通过视觉、触觉、听觉、嗅觉等感觉器官从外界环境获取信息,其中80%的信息是由人的眼睛,即视觉来获取的。人用视觉从周围收集大量的信息,并且进行处理,然后根据处理结果采取行动。对于机器人来说,视觉也是非常重要的,尤其对智能机器人来说,为了具有人的一部分智能,必须了解周围的环境,获取机器人周围世界的信息。机器人视觉是研究怎样用人工的方法,实现对外部世界的描述和理解。它的输入是外部景物,输出是对所观察到的景物的高度概括性的描述和理解。

人的视觉通常可识别环境对象的位置坐标、物体之间的相对位置、物体的形状颜色等。由于人们生活在一个三维的空间里,所以机器人的视觉也必须能够理解三维空间的信息,但是这个三维世界在人的眼球网膜上成的像是一个二维的图像,人的脑子必须从这个二维图像出发,在脑子里形成一个三维世界的模型。人眼的视觉系统由光电变换(视网膜的一部分)、光学系统(焦点与光圈的调节)、眼球运动系统(水平、垂直、旋转运动)和信息处理系统(从视网膜到大脑的神经系统)等四部分组成。

类似人的视觉系统,机器人视觉系统可通过图像和距离等传感器,获取环境对象的图像、颜色和距离等信息,然后传递给图像处理器,利用计算机从二维的图像中理解和构造出三维世界的真实模型。图8-12是机器人视觉系统的构成及原理框图。

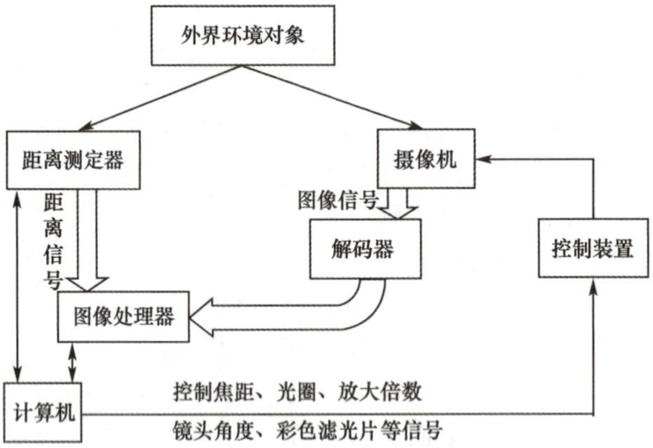

图8-12 机器人视觉系统的构成及原理框图

摄像机通过获取环境对象的图像,或经编码器转换成数字量,进而变成数字化图形,通常一幅图像可划分为672×378、720×480、720×576、1 280×720、1 920×1 080、3 840×2 160、7 680×4 320像素。图像输入以后进行各种各样的处理、识别以及理解,另外通过距离测定器得到距离信息,经过计算机处理得到物体的空间位置和方位,通过彩色滤光片得到颜色信息。上述信息经图像处理器进行处理,提取特征,处理的结果再输出到机器人,以控制其进行动作。另外,作为机器人的眼睛不但要对所得到的图像进行静止地处理,而且要积极扩大视野,根据所观察的对象改变眼睛的焦距和光圈。因此机器人视觉系统还应具有调节焦距、光圈、放大倍数和摄像机角度的装置。

(1)光电转换器件

人工视觉系统中,相当于眼睛视觉细胞的光电转换器件有光电二极管、光电三极管和CCD图像传感器等。过去使用的管球形光电转换器件,工作电压高、耗电量多、体积大,随着半导体技术的发展,它们逐渐被固态器件所取代。

①光电二极管。如图 8-13 所示,半导体 PN 结受光照射时,若光子能量大于半导体材料的禁带宽度,则吸收光子,形成电子空穴对,产生电位差,输出与入射光量相应的电流或电压。光电二极管是利用光生伏特效应的光传感器。光电二极管使用时,一般加反向偏置电压,不加偏压也能使用。零偏置时,PN 结电容变大,频率响应下降,但线性度好。如果加反向偏压,没有载流子的耗尽层增大,响应特性提高,根据电路结构,光检出的响应时间可在 1 ns 以下。为了用激光雷达提高测量距离的分辨率,需要响应特性好的光电转换元件。雪崩光电二极管(APD)是利用在强电场的作用下载流子运动加速,与原子相撞产生电子雪崩的放大原理而研制的。它是检测微弱光的光传感器,其响应特性好。光电二极管作为位置检测元件(PSD),可以连续检测光束的入射位置,也可用于二维平面上的光点位置检测。它的电极不是导体,而是均匀的电阻膜。

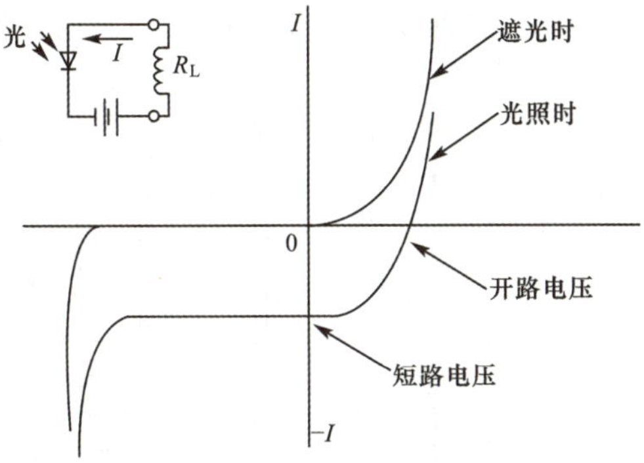

图 8-13 光电二极管特性

②光电三极管。PNP 或 NPN 型光电三极管的集电极 C 和基极 B 之间构成光电二极管。受光照射时,反向偏置的基极和集电极之间产生电流,放大的电流流过集电极和发射极。因为光电三极管具有放大功能,所以产生的光电流是光电二极管的 100～1 000 倍,响应时间为 us 数量级。

(2)图像传感

在所有这些应用中,有两种传感器能够提供数字图像采集的视觉传感能力:CCD(电荷耦合器件)传感器和 CMOS 图像采集传感器。

CCD 是电荷耦合器件(charge coupled device)的简称,是通过势阱进行存储、传输电荷的元件。CCD 图像传感器采用 MOS 结构,内部无 PN 结。如图 8-14 所示,P 型硅衬底上有一层 SiO_2 绝缘层,其上排列着多个金属电极。在电极上加正电压,电极下面产生势阱,势阱的深度随电压变化而变化。如果依次改变加在电极上的电压,势阱则会随着电压的变化而发生移动,于是注入在势阱中的电荷会发生转移。根据电极的配置和驱动电压相位的变化,有二相时钟驱动和三相时钟驱动的传输方式。

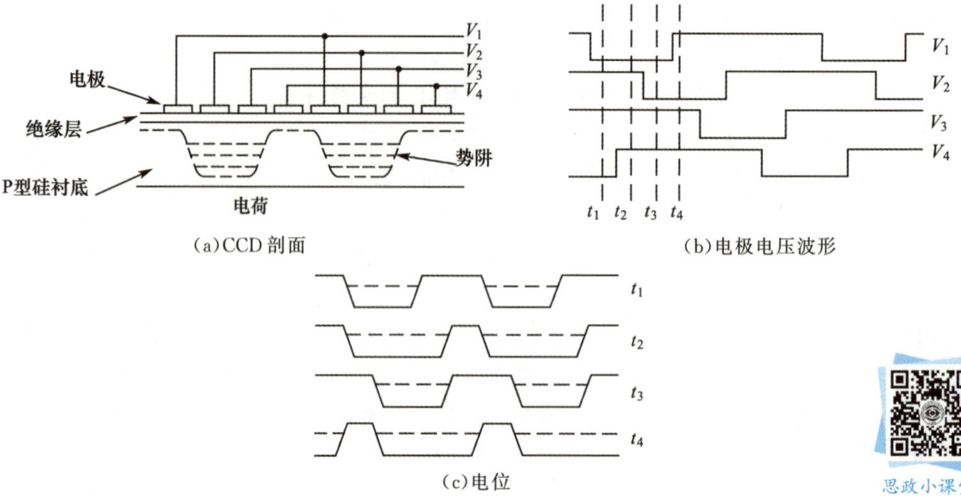

(a)CCD 剖面　(b)电极电压波形

(c)电位

图 8-14　CCD 图像传感器

思政小课堂9

CCD 图像传感器在硅衬底上配置光敏元和电荷转移器件。通过电荷的依次转移，将多个像素的信息分时、顺序地取出来。这种传感器有一维的线型图像传感器和二维的面型图像传感器。二维面型图像传感器需要进行水平、垂直方向扫描，其扫描方式有帧转移式和行间转移式。如图 8-15 所示。

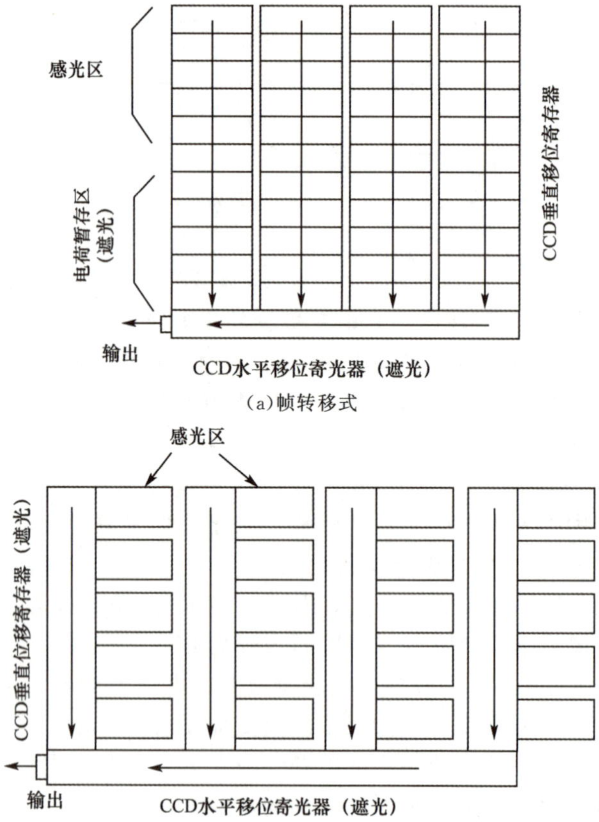

(a)帧转移式

(b)行间转移式

图 8-15　CCD 图像传感器的信号扫描原理

CMOS是互补金属氧化物半导体(Complementary Metal Oxide Semiconductor)的缩写。它是指制造大规模集成电路芯片用的一种技术或用这种技术制造出来的芯片，是计算机主板上的一块可读写的 RAM 芯片。因为可读写的特性，所以在计算机主板上用来保存 BIOS 设置完电脑硬件参数后的数据，这个芯片仅仅是用来存放数据的。

在数字影像领域，CMOS 作为一种低成本的感光元件技术被发展出来，市面上常见的数码产品，其感光元件主要是 CCD 或者 CMOS，尤其是低端摄像头产品，而通常高端摄像头都是采用 CCD 感光元件。

目前，市场销售的数码摄像头中以 CMOS 感光器件为主。在采用 CMOS 为感光元器件的产品中，通过采用影像光源自动增益补强技术，自动亮度、白平衡控制技术、色饱和度、对比度、边缘增强以及伽马矫正等先进的影像控制技术，完全可以达到与 CCD 摄像头相媲美的效果。受市场情况及市场发展等情况的限制，摄像头采用 CCD 图像传感器的厂商为数不多，主要是受到 CCD 图像传感器成本较高的影响。

(3)二维视觉传感器

视觉传感器分为二维视觉和三维视觉传感器两大类。二维视觉传感器是获取景物图形信息的传感器。处理方法有二值图像处理、灰度图像处理和彩色图像处理。它们都是以输入的二维图像为识别对象的。图像由摄像机获取，如果物体在传送带上以一定速度通过固定位置，也可用一维线型传感器获取二维图像的输入信号。对于操作对象限定工作环境可调的生产线，一般使用廉价的、处理时间短的二值图像视觉系统。

在图像处理中，首先要区分作为物体像的图和作为背景像的底两大部分。图形识别中，需要使用图的面积、周长、中心位置等数据。为了减小图像处理的工作量，必须注意以下几点：

①照明方向。环境中不仅有照明光源，还有其他光，因此要使物体的亮度、光照方向的变化尽量小，就要注意物体表面的反射光、物体的阴影等。

②背景的反差。黑色物体放在白色背景中，图和底的反差大，容易区分。有时可把光源放在物体背后，让光线穿过漫射面照射物体，来获取轮廓图像。

③视觉传感器的位置。改变视觉传感器和物体间的距离，成像大小也相应地发生变化。获取立体图像时若改变观察方向，则改变了图像的形状。垂直方向观察物体，可得到稳定的图像。

④物体的放置。物体若重叠放置，进行图像处理则较为困难。将各个物体分开放置，可缩短图像处理的时间。

(4)三维视觉传感器

三维视觉传感器可以获取景物的立体信息或空间信息。立体图像可以根据物体表面的倾斜方向、凹凸高度分布的数据获取，也可根据从观察点到物体的距离分布情况，即距离图像得到。空间信息则依靠距离图像获得。它可分为以下几种：

①单眼观测法。人通过看一张照片就可以了解景物的景深、物体的凹凸状态。可见，物体表面的状态(纹理分析)、反光强度分布、轮廓形状、影子等都是一张图像中存在的立体信息的线索。因此，目前研究的课题之一，便是如何根据一系列假设，利用知识库进行图像处理，以便用一个电视摄像机充当立体视觉传感器。

②莫尔条纹法。莫尔条纹法利用条纹状的光照到物体表面，然后在另一个位置上透过同样形状的遮光条纹进行摄像。物体上的条纹像和遮光像产生偏移，形成等高线图形，即莫尔条纹。根据莫尔条纹的形状得到物体表面凹凸的信息。根据条纹数可测得距离，但有时很难确定条纹数。

③主动立体视觉法。光束照在目标物体表面上，在与基线相隔一定距离的位置上摄取物体的图像，从中检测出光点的位置，然后根据三角测量原理求出光点的距离，这种获得立体信息的方法就是主动立体视觉法。

④被动立体视觉法。被动立体视觉法就像人的两只眼睛一样，从不同视线获取的两幅图像中，找到同一个物点的像的位置，利用三角测量原理得到距离图像。这种方法虽然原理简单，但是在两幅图像中检出同一物点的对应点是非常困难的课题。

8.2.4 激光雷达

(1)概念

激光雷达是一种高精度的测距仪器。它的工作原理是，先从激光头发出激光射线，再等待接收激光射线打到物体上以后的反射激光信号，最后利用发送和接收之间的激光飞行时间来计算测量距离。由于其独特的测量原理，激光雷达具有了快速、准确的特点。这正好满足了移动机器人对于环境感知传感器在实时性和准确性方面的要求，因此激光雷达被广泛地应用在移动机器人的避障、自主定位、地图生成和环境建模等领域中。然而作为一种传感器，激光雷达也不可避免地会存在一定的误差。如果能够深入细致地研究激光雷达的测量特性，针对不同误差的产生原因得出具体的误差表现特征，就可以采用数学方法构造好的数学模型对测量值进行过滤、修正等处理，从而得到更加接近真实距离的测量结果，进而为移动机器人提供更为准确的环境信息。于是，对激光雷达测量特性的研究就成为一个十分重要的课题。

(2)激光雷达机理

目前移动机器人上常用的激光雷达一般都是二维的，即激光雷达的扫描区域是一个平面扇形区域。三维的激光雷达实际上就是可以实现在多个平面内完成扇形扫描区域的激光雷达，也就是由基本的二维激光雷达改进而得到的。因此讨论二维激光扫描仪的机理具有一定的普适性。二维激光雷达的数据表达如图 8-16 所示，每个激光扫描点的数据都是以极坐标形式给出的。完成一次扫描的过程是这样的：由发光点发出的激光射线打到一面快速旋转的镜子上，镜子每转过一定的角度，控制镜子旋转的编码器就读出一个角度值，同时激光雷达完成一次测距。于是距离值和角度值就以极坐标的形式成对出现了。

激光雷达的测距机理大体分为三种：干涉测距法、三角测距法和飞时测距法。大多数激光雷达都采用飞时测距法。飞时测距法又分为脉冲式和连续波相位位移式两种，本文中所涉及的激光雷达大多采用脉冲式。脉冲式飞时测距法的测量原理如图 8-17 所示，从激光射线发出开始，计数器就开始计数，反射光由接收透镜收集并聚焦于光敏元件上，由光敏元件控制停止计数的时机。接收器中的光敏元件对反射光的感应是类似于阀门性质的，即当反射光强度达到一定程度的时候，接收器就认定有反射光到了，可以停止计数了。

有了脉冲计数，就可以计算出测量距离。

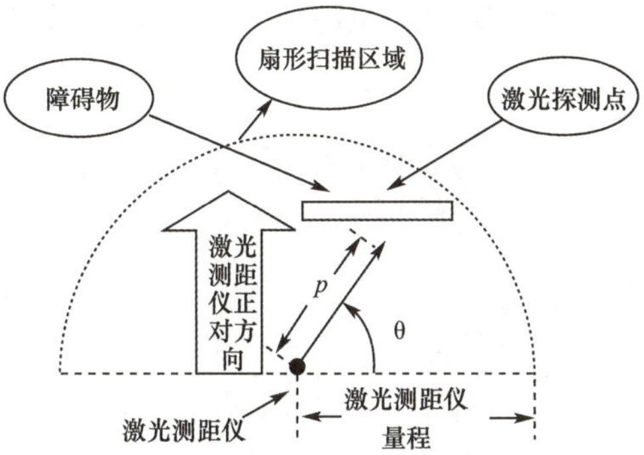

图 8-16 扫描区域和数据表达

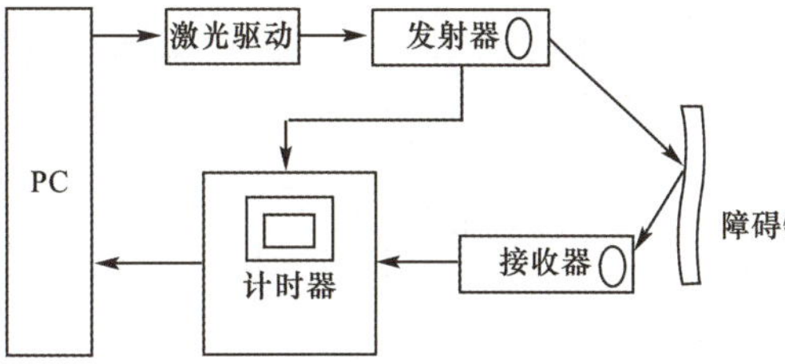

图 8-17 脉冲式飞时测距法的测量原理

8.2.5 惯性导航系统

惯性导航是利用惯性敏感元件陀螺仪和加速度计测量载体相对惯性空间的线运动和旋转运动，并在已知的初始条件下，用计算机推算出载体的速度、位置和姿态等导航参数，为进一步引导载体完成预定的航行任务提供测量数据。

惯性导航系统按 IMU 在载体上的安装方式不同，可分为平台式惯性导航系统和捷联式惯性导航系统两种。平台式惯性导航系统将 IMU 安装于一个稳定平台上，该稳定平台可建立一个不受载体运动影响的参考坐标系，用来测量载体的姿态角和加速度，平台式惯性导航系统的精度较高。平台式惯性导航系统不必对加速度计的量测值进行坐标转换，直接对其进行积分运算，即可求得载体的速度和位置。其基本原理如图 8-18 所示。

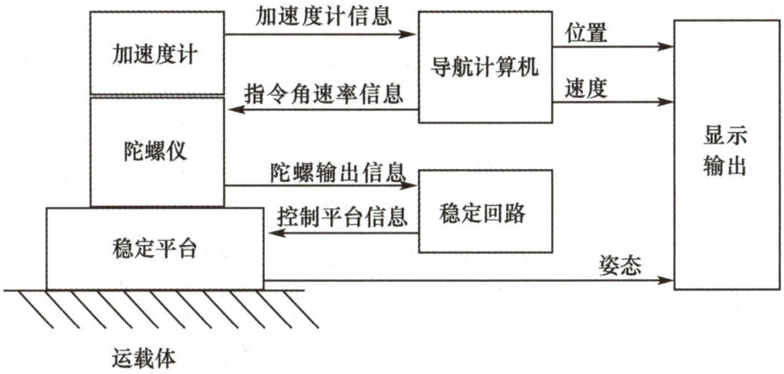

图 8-18 平台式惯性导航系统的基本原理

区别于平台式惯性导航系统，捷联式惯性导航系统就是将惯性测量元件直接安装在载体上，省去了惯性平台的台体，取而代之的是存在计算机中的"数学平台"。该系统的 IMU 不再与载体固连，与载体固连的是转位机构，IMU 置于转位机构之上，转位机构以一定的转位方案带动 IMU 转动，实现 IMU 漂移的自动补偿，其原理如图 8-19 所示。与传统平台系统不同的是，它没有稳定平台，而是在捷联式惯性导航系统的外面加上转位机构和测角装置。该系统依然采用捷联惯性导航算法解算得到的姿态信息是 IMU 的姿态信息，利用转位机构测得的角位置信息，进行 IMU 姿态矩阵到载体姿态矩阵的变换，从而得到载体的姿态信息。由于捷联式惯性导航系统省去了物理平台，因此其结构简单、体积小、维护方便，但是惯性测量元件直接安装在载体上，工作条件不佳，会降低仪表的精度。陀螺和加速度计直接安装在载体上，其输出是沿着载体坐标系的，需要经过计算机转换将其转换到导航坐标系，故计算量很大。

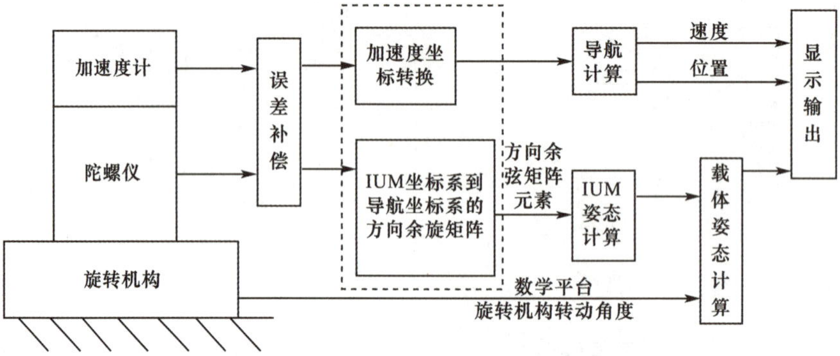

图 8-19　旋转调制型捷联式惯性导航系统原理

8.3　多传感器信息融合

8.3.1　多传感器信息融合分类

机器人从外部采集到的信息是多种多样的，为了使得这些信息得到统一有效的应用，对信息进行分类和处理是必要的。为使信息分类与多传感器信息融合的形式相对应，可将传感器信息分为冗余信息、互补信息和协同信息。

（1）冗余信息

冗余信息是由多个独立传感器提供的关于环境信息中同一特征的多个信息，也可以是某一传感器在一段时间内多次测量得到的信息，这些传感器一般是同质的。由于系统必须根据这些信息形成一个统一的描述，因此这些信息又被称为竞争信息。冗余信息可以用来提高系统的容错能力和可靠性。冗余信息的融合可以消除或减少测量噪声等引起的不确定性，以提高整个系统的精度。由于环境的不确定性，感知环境中同一特征的两个传感器也可能得到彼此差别很大甚至矛盾的信息，冗余信息的融合必须解决传感器间的这种冲突，所以同一特征信息在冗余信息融合前要进行传感数据的一致性检验。

（2）互补信息

在一个多传感器系统中，每个传感器提供的环境特征都是彼此独立的，即感知的是环境各个不同的侧面。将这些特征综合起来就可以构成一个更为完整的环境描述，这些信息称为互补信息。互补信息的融合减少了由于缺少某些环境特征而产生的对环境理解的歧义，提高了系统描述环境的完整性和正确性，增强了系统正确决策的能力。由于互补信息来自异质传感器，它们在测量精度、范围、输出形式等方面有较大的差异，因此融合前先将不同传感器的信息抽象为同一种表达形式极为重要。

（3）协同信息

在多传感器系统中，当一个传感器信息的获得必须依赖另一个传感器的信息，或者一个传感器必须与另一个传感器配合工作才能获得所需要信息时，这两个传感器提供的信息为协同信息。协同信息地融合在很大程度上测与各传感器使用的时间或顺序有关，如在一个配备了超声波传感器的系统中，以超声波测距获得远处目标物体的距离信息，然后根据这一距离信息自动调整摄像机的焦距，使之与物体对焦，从而获得检测环境中物体的清晰图像。

多传感器系统是信息融合的物质基础，传感器信息是信息融合的加工对象，协调优化处理是信息融合的思想核心。为了描述多传感器信息融合的过程，图 8-20 所示为多传感器信息融合的一般结构，在一个信息融合系统中，多传感器信息的协调管理极为重要，往往是系统性能好坏的决定性因素，在具体的系统中它由多信息融合的各种控制方法来实现。

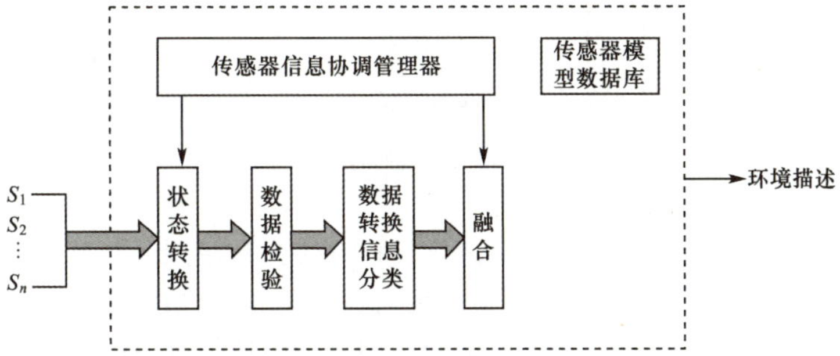

图 8-20　多传感器信息融合的一般结构

多传感器信息融合系统中各主要部分的功能如下：

(1)多传感器信息的协调管理。传感器信息协调管理包括时间因素、空间因素和工作因素的全面管理，它由实际应用的信息需要、目标和任务等多种因素驱动。多传感器信息的协调管理主要通过传感器选择、坐标变换、数据转换和传感器模型数据库来实现。

(2)多传感器信息融合的方法。信息融合通常在一个被称为信息融合处理器或系统中完成，信息融合方法是多传感器信息融合的核心，多种传感信息通过各种融合方法实现融合。目前使用的融合方法有很多，使用哪种融合方法要视具体应用场合而定，但被融合的数据必须是同类或具有一致的表达方式。定量信息融合是将一组同类数据经融合后给出一致的数据，从数据到数据。定性信息融合是将多个单一传感器决策融合为集体一致的决策，是多种不确定表达与相对一致表达之间的转换。

(3)多传感器模型数据库。多传感器信息的协调管理和融合方法都离不开传感器模型数据库的支持，传感器模型数据库是为定量地描述传感器特性以及各种外界条件对传感器特性的影响而提出的，它是分析多传感器信息融合系统的基础之一。

8.3.2 多传感器信息融合控制结构

多传感器信息融合控制结构是在多传感器系统中，根据信息的来源任务目标和环境特点等因素，管理或者控制信息源间的数据流动。它主要解决以下几个问题：信息的选择与转换、信息共享、融合信息的再用。现有的控制方法很多，归纳起来可分为以下三类：

(1)自适应学习方法

自适应学习方法简单地说就是指系统先通过对样本数据的学习,确定系统的输入/输出关系,然后用于具体的应用过程。该方法由两个相互关联的阶段构成:学习阶段和操作阶段。该方法的最大特点是系统不依赖于有关系统的输入/输出关系的先验知识,并与系统的目标无关。

图 8-21 所示为自适应学习控制方法的一般结构,图中双线代表操作阶段信息流动的方向,单线表示学习阶段信息流动的方向,知识库由实际的学习阶段训练形成,并在操作过程中不断修正和补充。正因为该方法有这种特点,它在信息融合的应用中具有较大的吸引力。

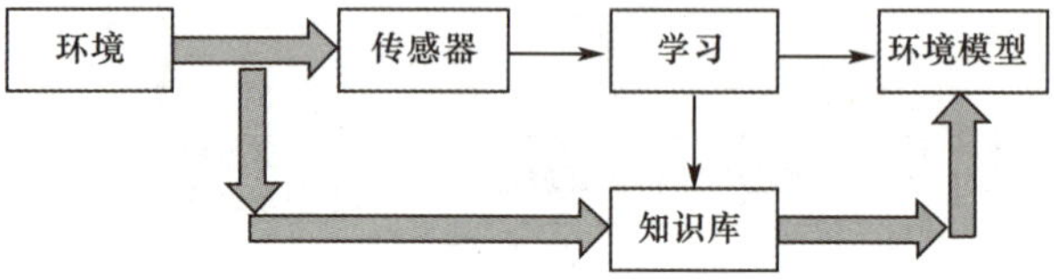

图 8-21　自适应学习控制方法的一般结构

(2)面向目标的方法或目标驱动法

面向目标的方法是将多传感器信息融合目标分解为一系列子目标,通过对子目标的求解完成信息融合。目标驱动法由“期望”“规划”“解释”三个功能模块组成,“期望”模块根据系统掌握的知识做出有关目标模型的假设,并以此对“规划”模块提出信息要求;“规划”模块则确定多传感器系统的最优感觉控制策略,以获得要求的信息;“解释”模块针对期望的目标模型假设对多传感器信息进行分析,选择融合方法,并根据其结果对知识库进行更新。目标驱动的融合控制如图 8-22 所示。

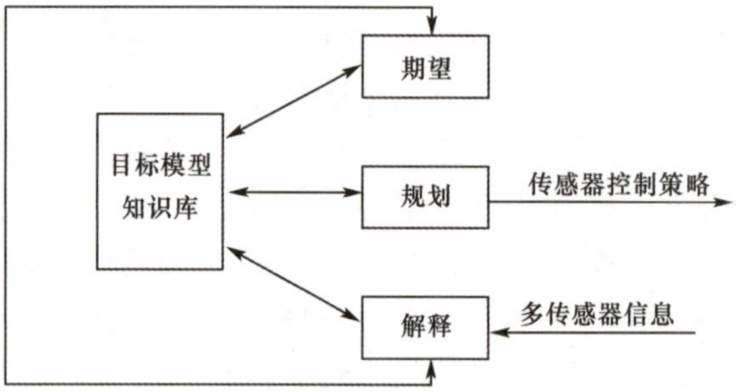

图 8-22　目标驱动的融合控制

(3)分布式黑板系统

黑板结构是人工智能中一种常用的技术,分布式黑板系统实际上是一个链接各分散子系统或信息源的通信系统。各不同类别的传感信息源对应于各子系统,子系统中每个专家根据他所能获得的部分信息独立地做出决策,并将其带有时间标记的信息写到黑板上。专家之间相互独立,但黑板上的信息可以被所有专家共同利用。每个专家根据他从黑板上不断获得的新信息再结合原有的知识,不断地更新其决策,并将更新后的结果再次写在黑板上,这样信息被不断地利用和更新,信息表达的层次和正确性不断地提高,最终得到关于问题的一致解答。

8.3.3 多传感器信息融合常用方法

多传感器信息融合要靠各种具体的融合方法来实现，在一个多传感器系统中，各种信息融合方法将对系统所获得的各类信息进行有效的处理或推理，形成一致的结果。目前尚无一种通用的方法对各种传感器都能进行融合处理，一般要根据具体的应用场合而定。目前主要的融合算法如下：

(1)加权平均法

加权平均法是一种最简单的实时处理信息的融合方法，该方法将来自不同传感器的冗余信息进行加权，得到的加权平均值即融合的结果，应用该方法必须先对系统和传感器进行详细的分析，以获得正确的权值。

(2)基于参数估计的信息融合方法

该方法包括最小二乘法、极大似然估计法、贝叶斯估计法和多贝叶斯估计法等。数理统计是一门成熟的学科，当传感器采用概率模型时，数理统计中的各种技术为传感器的信息融合提供了丰富的内容。极大似然估计法是静态环境中多传感器信息融合的一种常用方法，它将融合信息取为使似然函数达到极值的估计值。贝叶斯估计法同样是静态环境中多传感器信息融合的一种方法，其信息描述为概率分布，适用于具有可加高斯噪声的不确定性信息的处理。多贝叶斯估计法是将系统中的各传感器作为一个决策者队列，通过队列的一致性观察来描述环境，首先把每个传感器作为一个贝叶斯估计，将各单独物体的关联概率分布结合成一个联合的后验概率分布函数，然后通过使联合分布函数的似然函数为最大，提供多传感器信息的最终融合值。基于参数估计的融合法作为多传感器信息的定量融合非常合适。

(3)Shafer-Dempster 证据推理

该方法是贝叶斯估计法的扩展，它将前提严格的条件从仅是条件的可能成立中分离开来，从而使任何涉及先验概率的信息缺乏得以显式化。它用信任区间描述传感器的信息，不但表示了信息的已知性和确定性，而且能够区分未知性和不确定性。多传感器信息融合时，将传感器采集的信息作为证据，在决策目标集上建立一个相应的基本可信度，使得证据推理能在同一决策框架下用 Dempster 合并规则将不同的信息合并成一个统一的信息表示。证据推理的这些优点使其在传感器信息的定性融合中得到广泛应用。

(4)产生式规则

该规则采用符号表示目标特征和相应的传感器信息之间的联系，与每个规则相联系的置信因子表示其不确定性程度，当在同一个逻辑推理过程中的两个或多个规则形成一个联合的规则时，可产生融合。产生式规则存在的问题是每条规则的可行度与系统的其他规则有关，这使得系统的条件改变时，修改会相对困难，如系统需要引入新的传感器，则需要加入相应的附加规则。

(5)模糊理论和神经网络

多传感器系统中，各信息源提供的环境信息都具有一定程度的不确定性，对这些不确定信息的融合过程实质是一个不确定性推理过程。模糊逻辑是一种多值型逻辑，制定一个从 0 到 1 的实数表示其真实度。模糊融合过程直接将不确定性表示在推理过程中，如果采用某种系统的方法对信息融合中的不确定性建模，则可产生一致性模糊推理。

神经网络根据样本的相似性，通过网络权值标书在融合的结构中，首先通过升级网络特定的学习算法来获取知识，得到不确定性推理机制，然后根据这一机制进行融合和再学习。神经网络的结构本质上是并行的，这为神经网络在多传感器信息融合中的应用提供了良好的前景。

(6)卡尔曼滤波

卡尔曼滤波用于动态环境中冗余传感器信息的实时融合。如果系统具有线性动力学模型，且系统和传感器噪声是高斯分布的白噪声，则卡尔曼滤波为融合信息提供一种统计意义下的最优估计。

8.3.4 机器人传感器的选择要求

给机器人装备什么样的传感器，对这些传感器有哪些要求，这是在设计机器人感觉系统时遇到的首要问题。选择机器人传感器应当完全取决于机器人的工作需要和应用特点，对机器人感觉系统的要求是选择机器人传感器的基本依据。尽管某些传感器具有相当高的性能，但是如果它不满足机器人的设计要求或者远远超过设计要求，则也不一定能够入选，因为它或者是不实用的，或者是不经济的。在介绍机器人传感器的选择方法之前，有必要分析一下传感器的使用要求。

(1)机器人对传感器的需求

为了说明机器人对传感器的需求，可以把机器人和人进行工作的情况做一个比较。人具有相当强的对外感觉能力，尽管有时人的动作并不十分准确，但是人可以依靠自己的感觉反馈来调整或补偿自己动作的误差，从而能够完成各种简单的或复杂的工作任务。由此可见，感觉能力能够补偿动作精度的不足。另一方面，人的工作对象有时是很复杂的。例如，当人抓取一个物体时，该物体的大小和软硬程度不可能是绝对相等的，有时差别甚至比较大，但人能依靠自己的感觉能力用恰当的夹持力抓起这个物体并且不损坏它，所以有感觉能力才能适应工作对象的复杂性，才能有效地完成工作任务。过去，由于机器人没有感觉能力，唯一的办法就是提高它的动作精度并限制工作对象不能很复杂。但是，动作精度的提高受到了各方面的限制，不可能无限制的提高，工作对象有时也是很难限制的。所以，要使机器人完成更多的任务或者工作得更好，使机器人具有感觉能力是十分必要的。

机器人也和人一样，必须收集周围环境的大量信息，才能更有效地工作。在捡拾物体时，它们需要知道该物体是否已经被捡起，否则下一步的工作就无法进行。当机器人手臂在空间运动时，它必须避开各种障碍物，并以一定的速度接近工作对象。机器人所要处理的工作对象有时质量很大，有时容易破碎，或者有时温度很高，所有这些特征和环境情况一样，都要机器人进行识别并通过计算机处理确定相应的对策，使机器人更好地完成工作任务。

机器人需要的最重要的感觉能力可分为以下几类：

①简单触觉确定工作对象是否存在。

②复合触觉确定工作对象是否存在以及它的尺寸和形状等。

③简单力觉沿一个方向测量力。

④复合力觉沿一个以上方向测量力。

⑤接近觉对工作对象的非接触探测等。

⑥简单视觉对孔、边、拐角等的检测。

⑦复合视觉识别工作对象的形状等。

除了上述能力以外,机器人有时还需要具有温度、湿度、压力、滑动量、化学性质等的感觉能力。

(2)机器人对传感器的一般要求

①精度高、重复性好。机器人传感器的精度直接影响机器人的工作质量。用于检测和控制机器人运动的传感器是控制机器人定位精度的基础。机器人是否能够准确无误地正常工作往往取决于传感器的测量精度。

②稳定性好、可靠性高。机器人传感器的稳定性和可靠性是保证机器人能够长期稳定可靠工作的必要条件。机器人经常是在无人照管的条件下代替人工操作的,一旦它在工作中出现故障,轻则影响生产的正常进行,重则会造成严重的事故。

③抗干扰能力强。机器人传感器的工作环境往往比较恶劣,机器人传感器应当能够承受强电磁干扰、强振动,并能够在一定的高温、高压、高污染环境中正常工作。

④质量轻、体积小、安装方便可靠。对于安装在机器人手臂等运动部件上的传感器,质量要轻,否则会加大运动部件的惯性,影响机器人的运动性能。对于工作空间受到某种限制的机器人,体积和安装方向的要求也是必不可少的。

⑤价格便宜。

(3)机器人控制对传感器的要求

机器人控制需要采用传感器检测机器人的运动位置、速度、加速度等。除了较简单的开环控制机器人外,多数机器人都采用了位置传感器作为闭环控制中的反馈元件。机器人根据位置传感器反馈的位置信息,对机器人的运动误差进行补偿。不少机器人还装备有速度传感器和加速度传感器。加速度传感器可以检测机器人构件受到的惯性力,使控制能够补偿惯性力引起的变形误差。速度检测可用于预测机器人的运动时间,计算和控制由离心力引起的变形误差。

(4)安全方面对传感器的要求

从安全方面考虑,机器人对传感器的要求包括以下两个方面:

①为了使机器人安全地工作而不受损坏,机器人的各个构件都不能超过其受力极限。为了机器人的安全,也需要监测其各个连杆和各个构件的受力,这就需要采用各种力传感器。现在多数机器人是采用加大构件尺寸的办法来避免其自身损坏的。如果采用上述力监测控制的方法,就能大大改善机器人的运动性能和工作能力,并减小构件尺寸和减少材料的消耗。

机器人自我保护的一个问题是要防止机器人和周围物体的碰撞。这就要求采用各种触觉传感器。目前,有些工业机器人已经采用触觉导线加缓冲器的方法来防止碰撞的发生。一旦机器人的触觉导线和周围物体接触,便立刻向控制系统发出报警信号,在碰撞发生之前,使机器人停止运动。防止机器人和周围物体碰撞也可以采用接近觉传感器。

②从保护机器人使用者的安全出发，也要考虑对机器人传感器的要求。工业环境中的任何自动化设备都必须装有安全传感器，以保护操作者和附近的其他人，这是劳动安全条例所规定的。要检测人的存在可以使用防干扰传感器，它能够自动关闭工作设备或者向接近者发出警告。有时并不需要完全停止机器人的工作，在有人靠近时，可以暂时限制机器人的运动速度。在对机器人进行示教时，操作者需要站在机器人旁边和机器人一起工作，这时操作者必须按下安全开关，机器人才能工作。即使在这种情况下，也应当尽可能设法保护操作者的安全。例如，可以采用设置安全导线的办法限制机器人不能超出特定的工作区域。另外，在任何情况下，都需要安排一定的传感器检测控制系统是否正常工作，以防止由于控制系统失灵而造成意外事故。

8.3.5 传感器的评价和选择

传感器的评价和选择包括两个方面：一方面是不同类型传感器的评价和选择，如结构型传感器和物理型传感器、接触型传感器和非接触型传感器之间的选择；位移传感器、速度传感器、加速度传感器、力传感器、力矩传感器、触觉传感器（又分简单触觉传感器和复合触觉传感器）、接近觉传感器等的选择。它主要取决于机器人的工作需要，同时又要考虑不同类型传感器的特点。另一方面是对某种传感器性能的评价和选择，包括对传感器的灵敏度、线性度、工作范围、分辨力、精度、响应时间、重要性、可靠性以及质量、体积、可插接性等参数指标的评价和选择。

(1)传感器评价

①结构型传感器和物理型传感器利用运动定律、电磁定律以及气体压力、体积、温度等物理量间的关系制成的传感器都属于结构型传感器。这种传感器的特点是，传感器原理明确，不易受环境影响，且传感器的性能受其结构材料的影响不大，但是结构比较复杂。常用的结构型传感器有电子开关、电容式传感器、电感式传感器、测速码盘等。物理型传感器是利用物质本身的某种客观性质制成的传感器。这类传感器的性能受材料性质和使用环境的影响较大。物理型传感器的优点是结构简单，灵敏度高。光电传感器、压电传感器、压阻传感器、电阻应变传感器等都是机器人常用的物理型传感器。

②接触型传感器和非接触型传感器。接触型传感器在正常工作时需要和被检测对象接触，如开关、探针和触点等。非接触型传感器则必须离被检测对象有一段距离，通过某种中间传递介质进行工作。磁场、光波、声波、红外线、X 射线等是常见的中间传递介质。接触型传感器主要是将被测量对象的机械运动量转变成电量输出，在实际使用中，经常需要把这些输出电量转换成电子计算机所要求的数字信号，然后输入电子计算机进行分析计算，以实现对机器人的感觉反馈控制。接触型传感器常见的工作方式有电子开关的关闭、电位计触点的移动、压电材料的电压变化、压阻材料的电阻变化等。接触型传感器工作比较稳定可靠，受周围环境的干扰较小。

对电磁信号或声波信号进行检测是非接触型传感器的主要工作方式。磁场、电场、可见光、红外线、紫外线和 X 射线都属于电磁现象，通过检测这些电磁波的存在状态及其变化情况就是非接触型传感器工作的基本原理。声波传感器则是靠发射某种频率的声波信号，检测周围物体的反射回波和声波的传播时间来获得某种感觉能力的传感器。由于非接触型传感器不和被测物体接触，因此，它不会影响被测物体的状态，这是非接触型传感器的主要优点。

(2)传感器的常用性能指标

选择机器人传感器时，最重要的是确定机器人需要传感器做些什么事情，达到什么样的性能要求。根据机器人对传感器的工作类型要求，选择传感器的类型。根据这些工作要求和机器人需要某种传感器达到的性能要求，选择具体的传感器。同时还要根据具体的传感器性能参数来选择，下面就介绍一下传感器的常用参数。

①灵敏度。灵敏度是指传感器的输出信号达到稳态时，输出信号变化与传感器输入信号变化的比值。假如传感器的输出和输入成线性关系，其灵敏度可表示为

$$S=\Delta_y/\Delta_x \tag{8-7}$$

式中，S 为传感器的灵敏度；Δ_y 为传感器输出信号增量；Δ_x 为传感器输入信号增量。

假如传感器的输出和输入成曲线关系，其灵敏度就是该曲线的导数，即

$$S=d_y/d_x \tag{8-8}$$

传感器输出的量纲和输入的量纲不一定相同。若输出和输入具有相同的量纲，则传感器的灵敏度也称为放大倍数。一般来说，传感器的灵敏度越大越好，这样可以使传感器的输出信号精确度更高，线性程度更好。但是，过高的灵敏度有时会导致传感器输出的稳定性下降，所以应该根据机器人的要求选择适中的传感器灵敏度。

②线性度。线性度是衡量传感器的输出信号和输入信号的比值是否保持常数的指标。假设传感器的输出信号为 y，输入信号为 x，y 和 x 之间的关系为

$$y=bx \tag{8-9}$$

如果 b 是一个常数，或者接近于一个常数，则传感器的线性度较高；如果 b 是一个变化较大的量，则传感器的线性度较差。机器人控制系统应该采用线性度较高的传感器。实际上，只有在少数理想情况下，传感器的输出和输入才成直线关系。大多数情况下，b 都是 x 的函数，即

$$b=f(x)=a_0+a_1x+a_2x+\cdots\cdots \tag{8-10}$$

如果传感器的输入量变化不大，且 a_1，a_2，a_3，…都远小于 a_0，那么可以取 $b=a_0$，近似地把传感器的输出和输入关系看成线性关系。这种使传感器的输出/输入关系近似化的过程称为传感器的线性化，它对于机器人控制方案的简化具有重要的意义。常用的线性化方法有割线法、最小二乘法、最小误差法等。

③测量范围。测量范围是指传感器被测量的最大允许值和最小允许值之差。一般要求传感器的测量范围必须覆盖机器人有关被测量的工作范围。如果无法达到这一要求，则可以设法选用某种转换装置。但是，这样会引入某种误差，传感器的测量精度将受到一定影响。

④精度。精度是指传感器的测量输出值与实际被测值之间的误差。应该根据机器人的工作精度要求，选择合适的传感器精度。假如传感器的精度不能满足检测机器人工作精度的要求，机器人则不可能完成预定的工作任务。但是如果对传感器的精度要求过高，不但制造比较困难，而且成本也较高。如不同温度、湿度，不同的运动速度、加速度及在可

能范围内的各种负载作用等。用于检测传感器精度的测试仪器必须具有高一级的精度，精度的测试也要考虑最坏的工作条件。

⑤重复性。重复性是指传感器在其输入信号按同一方向进行全量程连续多次测量时，相应测试结果的变化程度。测试结果的变化越小，传感器的测量误差就越小，重复性越好。对于多数传感器来说，重复性指标都优于精度指标。这些传感器的精度不一定很高，但是只要它的温度、湿度、受力条件和其他使用参数不变，传感器的测量结果也没有多大变化。同样，传感器重复性也应当考虑适用条件和测试方法的问题。对于示教再现型机器人，传感器的重复性是至关重要性的，它直接关系机器人能否准确地再现其示教轨迹。

⑥分辨力。分辨力是指传感器在整个测量范围内所能辨别的被测量的最小变化量，或者所能辨别的不同被测量的个数。如果它辨别的被测量最小、变化量越小，或被测量个数越多，则它的分辨力越高；反之，分辨力越低。无论是示教再现型机器人，还是可编程型机器人，都对传感器的分辨力有一定的要求。传感器的分辨力直接影响机器人的可控程度和控制质量。一般需要根据机器人的工作任务规定传感器分辨力的最低限度要求。

⑦响应时间。响应时间是一个动态特性指标，指传感器的输入信号变化以后，其输出信号变化到一个稳态值所需要的时间。在某些传感器中，输出信号在到达某一稳定值以前会发生短时间的振荡。传感器输出信号的振荡，对于机器人的控制来说是非常不利的，它有时会造成一个虚设位置，影响机器人的控制精度和工作精度。所以总是希望传感器的响应时间越短越好。响应时间的计算应当以输入信号开始变化的时刻为始点，以输出信号达到稳态值的时刻为终止点。事实上，还需要规定一个稳定值范围，只要输出信号的变化不再超出该范围，即可认为它已经达到了稳态值。对于具体的机器人传感器应规定响应时间的允许上限。

⑧可靠性。可靠性对于所有机器人来说，都是十分重要的。在工业应用领域，人们要求在98%～99%的工作时间里，机器人系统都能够正常工作。由于一个复杂的机器人系统通常是由上百个元件组成的，每个元件的可靠性要求就应当更高。必须对机器人传感器进行例行试验和老化筛选，凡是不能经受工作环境考验的传感器都必须尽早剔除，否则将给机器人可靠的工作留下隐患。可靠性的要求还应当考虑维修的难易程度，对于安装在机器人内部不易更换的传感器，应当提出更高的可靠性要求。

(3)传感器的选择

①尺寸和质量是机器人传感器的重要物理参数。机器人传感器通常需要装在机器人手臂上或手腕上，随机器人手臂一起运动，它也是机器人手臂驱动器负载的一部分。所以，它的尺寸和质量将直接影响机器人的运动性能和工作性能。

②输出形式。传感器的输出可以是某种机械运动，也可以是电压和电流，还可以是压力、液面高度或量度等。传感器的输出形式一般是由传感器本身的工作原理所决定的。由于目前机器人的控制大多是由计算机完成的，一般希望传感器的输出最好是计算机可以直接接收的数字式电压信号，所以应该优先选用这一输出形式的传感器。

③可插接性。传感器的可插接能力不但影响传感器使用的方便程度，而且影响机器人结构的复杂程度。如果传感器没有通用外插口，或者需要采用特殊的电压或电流供电，

在使用时不可避免地需要增加一些辅助性设备和工件，机器人系统的成本也会因此而提高。另外，传感器输出信号的大小和形式也应当尽可能地和其他相邻设备的要求相匹配。

思考题

(1)比较常见的机器人传感器有哪些？在选择传感器时应该考虑传感器的哪些特性？

(2)常用的非接触式位置传感器有哪些？

(3)分别说明增量式和绝对量式光电码盘的工作原理。

(4)在不更换码盘的前提下，如何提高光电码盘的分辨率？

(5)说明测速发电机的原理和使用注意事项。

(6)常用的倾斜传感器有哪些，各自的工作原理是什么。

(7)常用的力传感器有哪些，各自的工作原理是什么？

(8)触觉传感器的类型有哪些，各自的工作原理是什么？

(9)机器人的内部传感器有哪些？试说明光学式旋转编码器的工作原理。

(10)机器人的外部传感器有哪些？

第 9 章 机器人典型应用

思政小课堂10

9.1 工业机器人

工业机器人是面向工业领域的多关节机器人或多自由度的机器人。它是一种靠自身动力和控制能力来执行工作任务的自动化机械装备，具有可自动控制性、再编程性及柔性大等特点。自第一台工业机器人面世以来，工业机器人技术及其产品已成为制造业中重要的自动化工具，极大地提高了人类及一般机械的工作能力，为实现生产、生活的全面自动化起着重要的推动作用。作为先进制造业中不可替代的重要装备，工业机器人已经成为衡量一个国家制造水平和科技水平的重要标志。

在发达国家中，工业机器人自动化生产线已经成为自动化装备的主流和未来的发展方向。国外很多汽车行业、电子电器行业、工程机械、建筑、煤业化工等行业已经大量装备工业机器人自动化生产线，来保证产品质量，提高生产效率。全球众多国家近半个世纪使用工业机器人的生产实践表明，工业机器人的普及是实现自动化生产、提高社会生产效率、推动企业和社会生产力发展的有效手段。

由于工业机器人的可编程性和通用性较好，能满足工业产品多样化、小批量的生产要求，因此，工业机器人的应用领域也得到了极大的扩展。在工业生产中，搬运机器人、焊接机器人、涂装机器人及装配机器人等工业机器人都已经被大量采用。为此，本章着重介绍这几类工业机器人的应用情况。

9.1.1 搬运机器人

搬运机器人是经历人工搬运、机器人搬运两个阶段而出现的自动化搬运作业设备。搬运机器人的出现，不仅可提高产品的质量与产量，而且对保障人身安全、改善劳动环境、减轻劳动强度、提高劳动生产率、节约原材料消耗以及降低生产成本有着十分重要的意义。机器人搬运物料将变成自动化生产制造的必备环节，搬运行业也将因搬运机器人的出现而开启“新纪元”。

搬运机器人作为先进自动化设备，具有通用性强、工作稳定的优点，并且操作简便、功能丰富。归纳起来，搬运机器人的主要优点如下：

(1)提高生产率,可连续无间断地工作。

(2)改善工人劳动条件,可在危险环境下工作。

(3)降低工人劳动强度,减少人工成本。

(4)缩短了产品改型换代的准备周期,减少相应的设备投资。

(5)可实现工厂自动化、无人化生产。

搬运机器人结构形式多和其他类型机器人相似,只是在实际制造生产当中逐渐演变出多机型,以适应不同场合。从结构形式上看,搬运机器人可分为龙门式搬运机器人、悬臂式搬运机器人、侧臂式搬运机器人、摆臂式搬运机器人、关节式搬运机器人和 AGV 搬运车。

1.龙门式搬运机器人

龙门式搬运机器人坐标系主要由 X 轴、Y 轴和 Z 轴组成。其多采用模块化结构,可依据负载位置、大小等选择对应直线运动单元及组合结构形式(在移动轴上添加旋转轴便可成为 4 轴或 5 轴搬运机器人)。其结构形式决定其负载能力,可实现大物料、重吨位搬运,采用直角坐标系,编程方便快捷,广泛应用于生产线转运及机床上、下料等大批量生产过程,如图 9-1 所示。

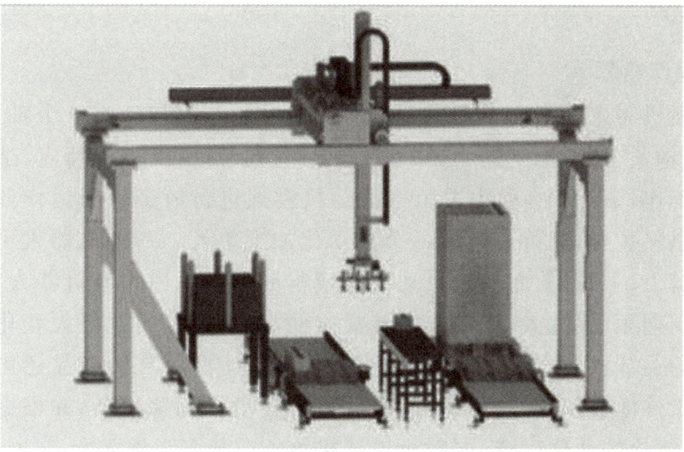

图 9-1 龙门式搬运机器人

2.悬臂式搬运机器人

悬臂式搬运机器人坐标系主要由 X 轴、Y 轴和 Z 轴组成。其也可随不同的应用采取相应的结构形式(在 Z 轴的下端添加旋转或摆动就可以延伸成为 4 轴或 5 轴机器人)。此类机器人,多数结构为 Z 轴随 Y 轴移动,但是针对特定的场合,Y 轴也可在 Z 轴下方,方便进入设备内部进行搬运作业,广泛应用于卧式机床、立式机床及特定机床内部和冲压机热处理机床的自动上、下料,如图 9-2 所示。

3.侧臂式搬运机器人

侧臂式搬运机器人坐标系主要由 X 轴、Y 轴和 Z 轴组成。其也可随不同的应用采取相应的结构形式(在 Z 轴的下端添加旋转或摆动就可以延伸成为 4 轴或 5 轴机器人)。专用性强,主要应用于立体库类,如档案自动存取、全自动银行保管箱存取系统等,图 9-3 所示为侧臂式搬运机器人。

图 9-2　悬臂式搬运机器人

图 9-3　侧臂式搬运机器人

4.摆臂式搬运机器人

摆臂式搬运机器人坐标系主要由 X 轴、Y 轴和 Z 轴组成。Z 轴主要是升降，也称为主轴。Y 轴的移动主要通过外加滑轨，X 轴末端连接控制器，其绕 X 轴的转动，实现 4 轴联动。此类器人具有较高的强度和稳定性，广泛应用于国内外生产厂家，是关节式机器人的理想替代品，但其负载程度相对于关节式搬运机器人小，图 9-4 所示为摆臂式搬运机器人进行箱体搬运。

5.关节式搬运机器人

关节式搬运机器人是当今工业中常见的机型之一，其拥有 5～6 个轴，行动类似于人的手臂，具有结构紧凑、占地空间小、相对工作空间大、自由度高等特点，适合于几乎任何轨迹或角度的工作，图 9-5 所示为关节式搬运机器人进行钣金件搬运作业。采用标准关节机器人配合供料装置，就可以组成一个自动化加工单元。一个机器人可以服务于多种类型加工设备的上、下料，从而节省自动化的成本。由于采用关节机器人单元，自动化单元的设计制造周期短、柔性大，产品换型转换方便，甚至可以实现较大变化的产品形状的换型要求。有的关节机器人可以内置视觉系统，对于一些特殊的产品还可以通过增加视觉识别装置对工件地放位置、相位、正反面等进行自动识别和判断，并根据结果进行相应的动作，实现智能化的动化生产，同时可以让机器人在装卡工件之余，进行工件的清洗、吹干、检验和去毛刺等作业，大大提高了机器人的利用率。关节机器人可以落地安装、天吊安装或者安装在轨道上服务更多的加工设备。

图 9-4　摆臂式搬运机器人进行箱体搬运

图 9-5　关节式搬运机器人进行钣金件搬运作业

6.AGV 搬运车

AGV 搬运车是一种无人搬运车(Automated Guided Vehicle),是指装备有电磁或光学等自动导引装置,能够沿规定的导引路径行驶,具有安全保护以及各种移载功能的运输车,工业应用中无须驾驶员的搬运车,通常可通过计算机程序或电磁轨道信息控制其移动,属于轮式移动搬运机器人范畴。广泛应用于汽车底盘合装、汽车零部件装配、烟草、电力、医药、化工等的生产物料运输、柔性装配线、加工线,具有行动快捷,工作效率高,结构简单,有效摆脱场地、道路、空间限制等优势,充分体现出其自动性和柔性,可实现高效、经济、灵活的无人化生产。通常 AGV 搬运车可分为列车型、平板车型、带移载装置型、货叉型及带升降工作台型。

(1)列车型

列车型 AGV 是最早开发的产品,由牵引车和拖车组成,一辆牵引车可带若干节拖车,适合成批量小件物品长距离运输,在仓库离生产车间较远时应用广泛,如图 9-6 所示。

(2)平板车型

平板车型 AGV 多需人工卸载,载质量为 500 kg 以下的轻型车。其主要用于小件物品搬运,适用于电子行业、家电行业、食品行业等场所,如图 9-7 所示。

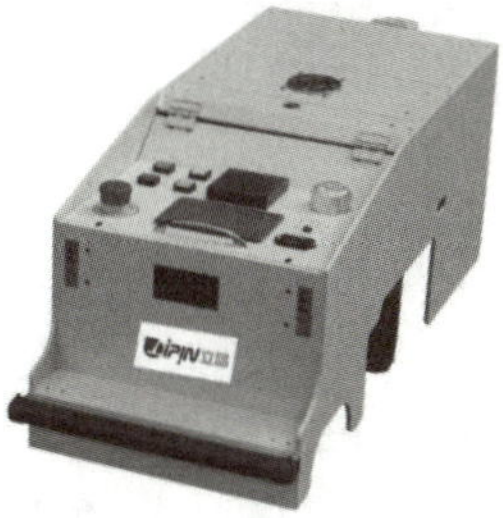

图 9-6 列车型 AGV

图 9-7 平板车型 AGV

(3)带移载装置型

带移载装置型 AGV 装有输送带或辊子输送机等类型移载装置,通常和地面板式输送机或辊子机配合使用,以实现无人化自动搬运作业,如图 9-8 所示。

(4)货叉型

货叉型 AGV 类似于人工驾驶的叉车起重机,本身具有自动装卸载能力,主要用于物料自动搬运作业以及在组装线上做组装移动工作台使用,如图 9-9 所示。

图 9-8 带移载装置型 AGV

图 9-9 货叉型 AGV

(5)带升降工作台型

带升降工作台型 AGV 主要应用于机器制造业和汽车制造业的组装作业,因带有升降工作台可使操作者在最佳高度下作业,提高工作质量和效率,如图 9-10 所示。

图 9-10　带升降工作台型 AGV

9.1.2　焊接机器人

众所周知,焊接加工一方面要求焊工具有熟练的操作技能、丰富的实践经验和稳定的焊接水平;另一方面,焊接又是一种劳动条件差、烟尘多、热辐射大、危险性高的工作。工业机器人的出现使人们自然而然地想到用它替代人的手工焊接,这样不仅可以减轻焊工的劳动强度,同时也可以保证焊接质量和提高生产效率。据不完全统计,全世界在役的工业机器人约有一半用于各种形式的焊接加工领域。随着先进制造技术的发展,焊接产品制造的自动化、柔性化与智能化已成为必然趋势。在焊接生产中,采用机器人焊接则是焊接自动化技术现代化的主要标志。

焊接机器人作为当前广泛使用的先进自动化焊接设备,具有通用性强、工作稳定的优点,并且操作简便、功能丰富,越来越受到人们的重视。使用机器人完成一项焊接任务 只需要操作者对它进行一次示教,机器人即可精确地再现示教的每一步操作。如果让机器人去做另一项工作,无须改变任何硬件,只要对它再做一次示教即可。归纳起来,焊接机器人的主要优点如下:

(1)可以稳定提高焊件的焊接质量。

(2)提高企业的劳动生产率。

(3)改善工人的劳动强度,可替代人类在恶劣环境下工作。

(4)降低对工人操作技术的要求。

(5)缩短产品改型换代的准备周期,减少了设备投资。

焊接机器人其实就是在焊接生产领域代替焊工从事焊接任务的工业机器人。在这些焊接机器人中，有的是为某种焊接方式专门设计的，而大多数的焊接机器人其实就是通用的工业机器人装上某种焊接工具构成的。世界各国生产的焊接用机器人基本上都属关节型机器人，绝大部分有 6 个轴。其中，1、2、3 轴可将末端工具（焊接工具，如焊枪、焊钳等）送到相同的空间位置，而 4、5、6 轴解决末端工具姿态的不同要求。目前焊接机器人应用中比较普遍的主要有点焊机器人、弧焊机器人和激光焊接机器人 3 种，如图 9-11 所示。

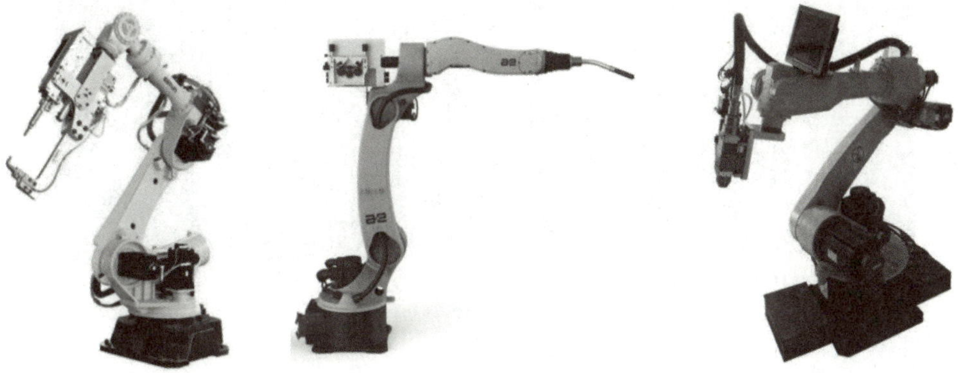

(a)点焊机器人　(b)弧焊机器人　(c)激光焊接机器人

图 9-11　焊接机器人分类

1.点焊机器人

点焊机器人是用于点焊自动作业的工业机器人，其末端持握的作业工具是焊钳。实际上，工业机器人在焊接领域应用最早的是从汽车装配生产线上的电阻点焊开始的，如图 9-12 所示。这主要在于点焊过程比较简单，只需点位控制，至于焊钳在点与点之间的移动轨迹则没有严格要求，对机器人的精度和重复精度的控制要求比较低。

图 9-12　汽车车身的机器人点焊作业

一般来说，装配一台汽车车体需完成 3 000～5 000 个焊点，而其中约 60%的焊点是由机器人完成的。最初，点焊机器人只用于增强焊作业，即在已拼接好的工件上增加焊点。后来，为了保证拼接精度，又让机器人完成定位焊作业，如图 9-13 所示。如今，点焊机器人已经成为汽车生产行业的支柱。如此，点焊机器人逐渐被要求有更全面的作业性能，点焊用机器人不仅要有足够的负载能力，而且在点与点之间移位时速度要快捷，动作要平稳，定位要准确，以减少移位的时间，提高工作效率。具体要求如下：

(1)安装面积小，工作空间大。

(2)快速完成小节距的多点定位(如每 0.3～0.4 s 移动 30～50 mm 节距后定位)。

(3)定位精度高(±0.25 mm),以确保焊接质量。

(4)持重大(50～150 kg),以方便携带内装变压器的焊钳。

(5)内存容量大,示教简单,节省工时。

(6)点焊速度与生产线速度相匹配,且安全可靠性好。

(a)车门框架定位焊　　(b)车门框架增强焊

图 9-13　汽车车门的机器人点焊作业

2.弧焊机器人

弧焊机器人是用于弧焊(主要有熔化极气体保护焊和非熔化极气体保护焊,见图 9-14)自动作业的工业机器人,其末端持握的工具是弧焊作业用的各种焊枪。事实上,弧焊过程比点焊过程要复杂得多,被焊工件由于局部加热熔化和冷却而产生变形,焊缝轨迹会发生变化。手工焊时,有经验的焊工可以根据眼睛所观察到的实际焊缝位置适时调整焊枪位置、姿态和行走速度,以适应焊缝轨迹的变化。然而,机器人要适应这种变化,必须首先像人一样要"看"到这种变化,然后采取相应的措施调整焊枪位置和姿态,以实现对焊缝的实时跟踪。由于弧焊过程伴有强烈弧光、烟尘、熔滴过渡不稳定从而引起焊丝短路、大电流强磁场等复杂环境因素,机器人要检测和识别焊缝所需要的特征信号的提取并不像其他加工制造过程那么容易。因此,焊接机器人的应用并不是一开始就用于电弧焊作业,而是伴随焊接传感器的开发及其在焊接机器人中的应用,使机器人弧焊作业的焊缝跟踪与控制问题得到有效解决。焊接机器人在汽车制造中的应用也相继从原来比较单一的汽车装配点焊很快地发展为汽车零部件及其装配过程中的电弧焊,如图 9-15 所示。由于弧焊工艺早已在诸多行业中得到普及,使得弧焊机器人在通用机械、金属结构等行业中得到广泛应用,如图 9-16 所示,在数量上大有超过点焊机器人之势。

(a)熔化极气体保护焊机器人　　(b)非熔化极气体保护焊机器人

图 9-14　弧焊机器人

(a)座椅支架焊接

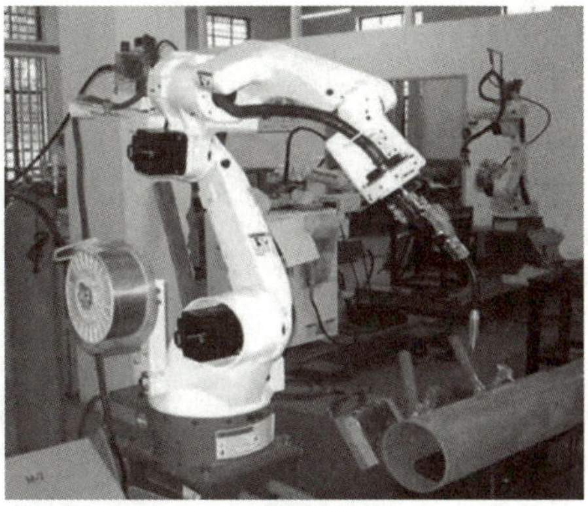

(b)消音器

图 9-15　汽车零部件的机器人弧焊作业

图 9-16　工程机械的机器人弧焊作业

为适应弧焊作业，对弧焊机器人的性能有着特殊的要求。在弧焊作业过程中，焊枪应跟踪工件的焊道运动，并不断填充金属形成焊缝。因此运动过程中速度的稳定性和轨迹精度是两项重要指标。一般情况下，焊接速度为 5～50 mm/s，轨迹精度为±0.2～±0.5 mm。由于焊枪的姿态对焊缝质量也有一定的影响，所以希望在跟踪焊道的同时，焊枪姿态的可调范围尽量大。其他一些基本性能要求如下：

(1)能够通过示教器设定焊接条件(电流、电压、速度等)。

(2)摆动功能。

(3)坡口填充功能。

(4)焊接异常功能检测。

(5)焊接传感器(焊接起始点检测、焊缝跟踪)的接口功能。

3.激光焊接机器人

激光焊接机器人是用于激光焊自动作业的工业机器人，通过高精度工业机器人来实现更加柔性的激光加工作业，其末端持握的工具是激光加工头。现代金属加工对焊接强度和外观效果等质量的要求越来越高，传统的焊接手段由于极大的热输入，不可避免地会带来工件扭曲变形等问题。为弥补工件变形，需要大量的后续加工手段，从而导致费用上升。而采用全自动的激光焊接技术，具有最小的热输入量，产生极小的热影响区，在显著提高焊接产品品质的同时，降低了后续工作的时间。另外，由于焊接速度快和焊缝深宽比大，能够极大地提高焊接效率和稳定性。近年来激光技术飞速发展，涌现出可与机器人柔性耦合的、采用光纤传输的高功率工业型激光器，促进了机器人技术与激光技术的结合，而汽车产业的发展需求带动了激光加工机器人产业的形成与发展。从20世纪90年代开始，德国、美国、日本等发达国家投入大量的人力、物力研发激光加工机器人。进入2000年，德国的KUKA、瑞典的ABB、日本的FANUC等机器人公司相继研制出激光焊接、切割机器人的系列产品，如图9-17所示。目前在国内外汽车产业中，激光焊接、激光切割机器人已成为最先进的制造技术，获得了广泛应用(图9-18)。德国大众汽车、美国通用汽车、日本丰田汽车等汽车装配生产线上，已大量采用激光焊接机器人代替传统的电阻点焊设备，不仅提高了产品质量和档次，而且减轻了汽车车身质量，节约了大量材料，使企业获得了很高的经济效益，提高了企业市场竞争能力。在中国，一汽大众、上海大众等汽车公司也引进了激光焊接机器人生产线。

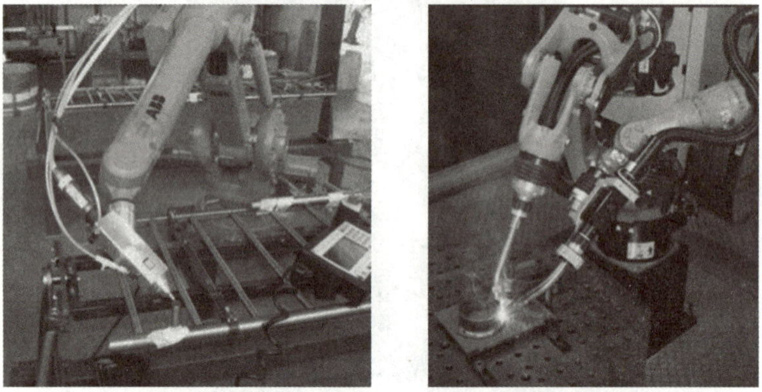

(a)激光焊接机器人　　(b)激光切割机器人

图 9-17　激光加工机器人

图 9-18　汽车车身的激光焊接作业

激光焊接成为一种成熟、无接触的焊接方式已有多年，极高的能量密度使得高速加工和低热输入量成为可能。与机器人电弧焊相比，机器人激光焊的焊缝跟踪精度要求更高。其他一些基本性能要求如下：

(1)高精度轨迹(≤0.1 mm)。

(2)持重大(30～50 kg)，以便携带激光加工头。

(3)可与激光器进行高速通信。

(4)机械臂刚性好,工作范围大。

(5)具备良好的振动抑制和控制修正功能。

9.1.3 涂装机器人

古老的涂装行业,施工技术从涂刷、揩涂、发展到气压涂装、浸涂、辊涂、淋涂及最近兴起的高压空气涂装、电泳涂装、静电粉末涂装等,涂装企业已经进入一个新的竞争格局,即更环保、更高效、更低成本,才更有竞争力。加之涂装领域对从业工人健康的争议和顾虑,机器人涂装正成为一个在尝试中不断迈进的新领域,前景非常广阔。

涂装机器人作为一种典型的涂装自动化装备,具有工件涂层均匀,重复精度好,通用性强、工作效率高,能够将工人从有毒、易燃、易爆的工作环境中解放出来的优点,已在汽车、工程机械制造、3C 产品及家具建材等领域得到广泛应用。归纳起来,涂装机器人与传统的机械涂装相比,具有以下优点:

(1)最大限度提高涂料的利用率、降低涂装过程中的 VOC(有害挥发性有机物)排放量。

(2)显著提高喷枪的运动速度,缩短生产节拍,效率显著高于传统的机械涂装。

(3)柔性强,能够适应多品种、小批量的涂装任务。

(4)能够精确保证涂装工艺的一致性,获得较高质量的涂装产品。

(5)与高速旋杯经典涂装站相比,可以减少 30%~40%的喷枪数量,降低系统故障率和维护成本。

目前,国内外的涂装机器人从结构上大多数仍采取与通用工业机器人相似的 5 或 6 自由度串联关节式机器人,在其末端加装自动喷枪。按照手腕结构划分,涂装机器人应用中较为普遍的主要有两种:球形手腕涂装机器人和非球形手腕涂装机器人,如图 9-19 所示。

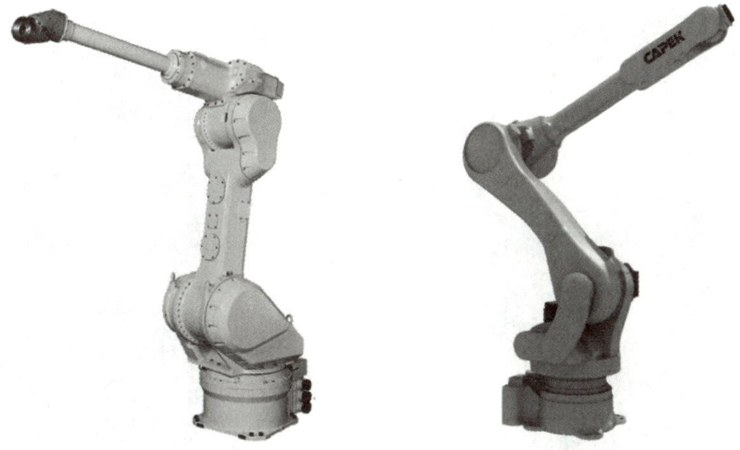

(a)球形手腕涂装机器人　　(b)非球形手腕涂装机器人

图 9-19　涂装机器人

1.球形手腕涂装机器人

球形手腕涂装机器人与通用工业机器人手腕结构类似,手腕三个关节轴线相交于一点，即目前绝大多数商用机器人所采用的 Bendix 手腕，如图 9-20 所示。该手腕结构能够保证机器人运动学逆解具有析解，便于离线编程的控制，但是由于其腕部第二关节不能实现 360°旋转，故工作空间相对较小。采用球形手腕的涂装机器人多为紧凑型结构，其工作半径多在 0.7～1.2 m，多用于小型工件的涂装。

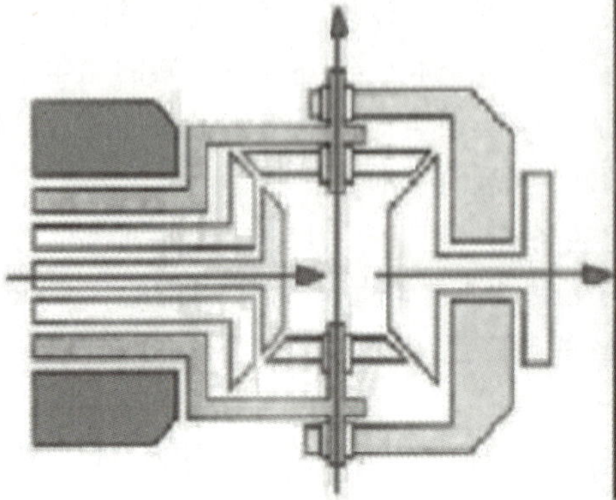

(a) Bendix 手腕结构

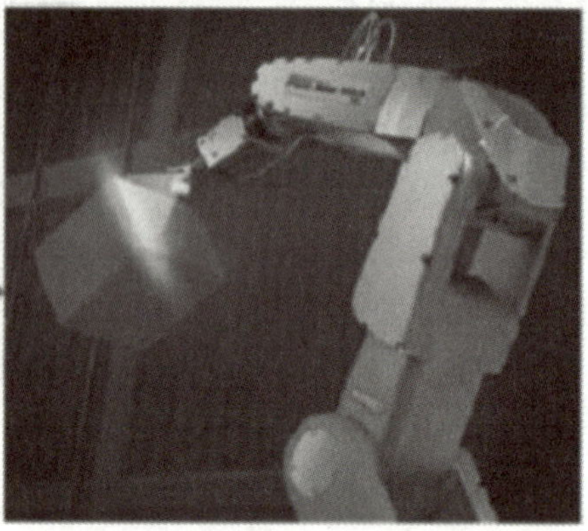

(b)采用 Bendix 手腕构型的涂装机器人

图 9-20　Bendix 手腕结构及涂装机器人

2.非球形手腕涂装机器人

非球形手腕涂装机器人，其手腕的 3 个轴线并非如球形手腕机器人一样相交于一点，而是相交于两点，如图 9-21 所示。非球形手腕机器人相对于球形手腕机器人来说更适合涂装作业。该型涂装机器人每个腕关节转动角度都能在 360°以上，手腕灵活性强，机器人工作空间较大，特别适用复杂曲面及狭小空间内的涂装作业，但由于非球形手腕运动学逆解没有解析解，增大了机器人控制的难度，难于实现离线编程控制。

(a)正交非球形手腕

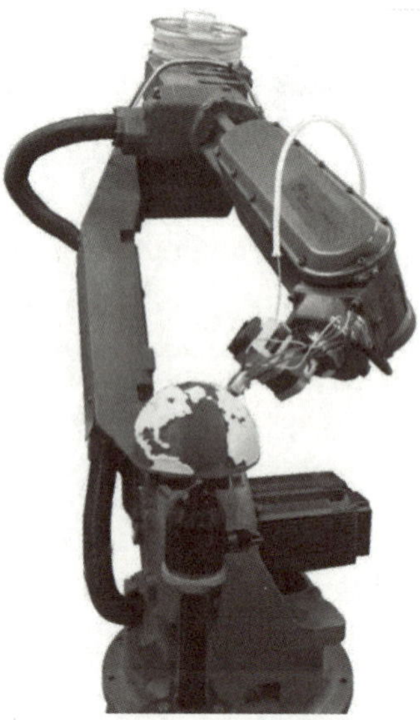

(b)斜交非球形手腕

图 9-21　非球形手腕涂装机器人

非球形手腕涂装机器人根据相邻轴线的位置关系又可分为正交非球形手腕和斜交非球形手腕两种形式，如图 9-21 所示。图 9-21(a)所示 Comau SMART－3S 型机器人所采用的即正交非球形手腕，其相邻轴线夹角为 90°；而 FANUC P-250iA 型机器人的手腕相邻两轴线不垂直，而是呈一定的角度，即斜交非球形手腕，如图 9-21(b)所示。

现今应用的涂装机器人中很少采用正交非球型手腕，主要是其在结构上相邻腕关节彼此垂直，容易造成从手腕中穿过的管路出现较大的弯折、堵塞甚至折断管路。相反，斜交非球型手腕若做成中空的，各管线从中穿过，直接连接到末端高转速旋杯喷枪上，在作业过程中内部管线较为柔顺，故被各大厂商所采用。

涂装作业环境中充满了易燃、易爆的有害挥发性有机物，除了要求涂装机器人具有出色的重复定位精度和循径能力及较高的防爆性能，仍有特殊的要求。在涂装作业过程中，高速旋杯喷枪的轴线要与工件表面法线在一条直线上，且高速旋杯喷枪的端面要与工件表面始终保持一个恒定的距离，并完成往复蛇形轨迹，这就要求涂装机器人要有足够大的工作空间和尽可能紧凑灵活的手腕，即手腕关节要尽可能短。其他的一些基本性能要求如下：

(1)能够通过示教器方便的设定流量、雾化气压、喷幅气压及静电量等涂装参数。

(2)具有供漆系统，能够方便地进行换色、混色，确保高质量、高精度的工艺调节。

(3)具有多种安装方式，如落地、倒置、角度安装和壁挂。

(4)能够与转台、滑台、输送链等一系列的工艺辅助设备轻松集成。

(5)结构紧凑，减少密闭涂装室尺寸，降低通风要求。

9.1.4 装配机器人

随着社会高新技术的不断发展，影响生产制造的瓶颈日益凸显，为解放生产力、提高生产效率、解决“用工荒”问题，各大生产制造企业为更好地谋求发展而绞尽脑汁。装配机器人的出现，可大幅度提高生产效率，保证装配精度，减轻劳作者生产强度，目前装配机器人在工业机器人应用领域中占有量相对较少，其主要原因是装配机器人本体要比搬运、涂装、焊接机器人本体复杂，且机器人装配技术目前仍有一些亟待解决的问题，如缺乏感知和自适应控制能力，难以完成变动环境中的复杂装配等。尽管装配机器人存在一定局限，但是对装配所具有的重要意义不可磨灭，装配领域成为机器人的难点，也成为未来机器人技术发展的焦点之一。

装配机器人是工业生产中用于装配生产线上对零件或部件进行装配的一类工业机器人。作为柔性自动化装配的核心设备，具有精度高、工作稳定、柔顺性好、动作迅速等优点。归纳起来，装配机器人的主要优点如下：

(1)操作速度快，加速性能好，缩短工作循环时间。

(2)精度高，具有极高的重复定位精度，保证装配精度。

(3)提高生产效率，解放单一繁重体力劳动。

(4)改善工人劳作条件，摆脱有毒、有辐射装配环境。

(5)可靠性好、适应性强，稳定性高。

装配机器人在不同装配生产线上发挥着强大的装配作用，大多由 4～6 轴组成，目前市场上常见的装配机器人，按臂部运动形式可分为直角式装配机器人和关节式装配机器人，关节式装配机器人又可分为水平串联关节式、垂直串联关节式和并联关节式装配机器人，如图 9-22 所示。

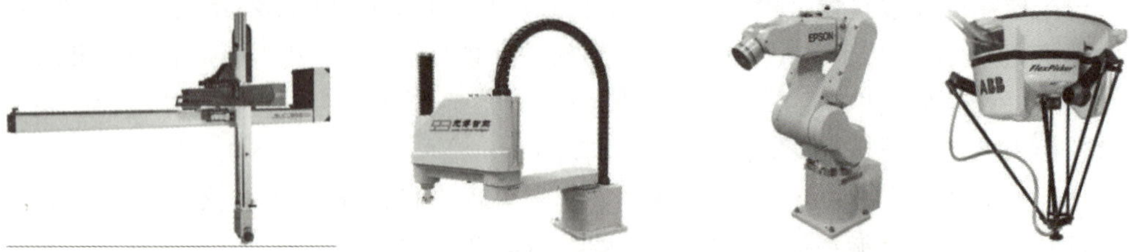

(a)直角式　(b)水平串联关节式　(c)垂直串联关节式　(d)并联关节式

图 9-22　装配机器人分类

1.直角式装配机器人

直角式装配机器人又称单轴机械臂，以 X、Y、Z 直角坐标系统为基本数学模型，整体结构模块化设计。直角式是目前工业机器人中最简单的一类，具有操作、编程简单等优点，可用于零部件移送、简单插入、旋拧等作业，机构上多装备球形螺钉和伺服电动机，具有速度快、精度高等特点，装配机器人多为龙门式和悬臂式。现已广泛应用于节能灯装配、电子类产品装配和液晶屏装配等场合，如图 9-23 所示。

图 9-23　直角式装配机器人装配缸体

2.关节式装配机器人

关节式装配机器人是目前装配生产线上应用最广泛的一类机器人，具有结构紧凑、占地空间小、相对工作空间大、自由度高等特点，适合几乎任何轨迹或角度工作，编程自由，动作灵活，易实现自动化生产。

(1)水平串联式装配机器人

水平串联式装配机器人也称为平面关节型装配机器人或 SCARA 机器人，是目前装配生产线上应用数量最多的一类装配机器人，它属于精密型装配机器人，具有速度快、精度高、柔性好等特点，驱动多为交流伺服电动机，保证其较高的重复定位精度，可广泛应用于电子、机械和轻工业等产品的装配，适合工厂柔性化生产需求，如图 9-24 所示。

（2）垂直串联式装配机器人

垂直串联式装配机器人垂直串联式装配机器人多为 6 个自由度，可在空间任意位置确定任意位姿，面向对象多为三维空间的任意位置和姿势的作业。图 9-25 所示是采用 FANUC LR，Mate200iC 垂直串联式装配机器人进行水冷板装配作业。

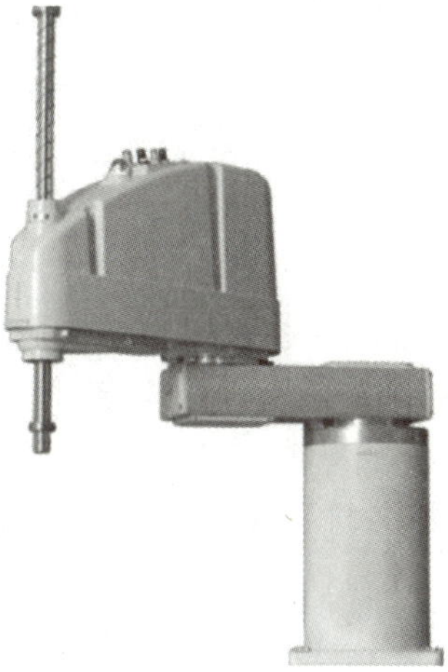
图 9-24 水平串联式装配机器人

图 9-25 垂直串联式装配机器人

（3）并联关节式装配机器人

并联关节式装配机器人是一种轻型的、结构紧凑的高速装配机器人，可安装在任意倾斜角度上，独特的并联机构可实现快速、敏捷动作且减少了非累积定位误差。目前在装配领域，并联式装配机器人有两种形式可供选择，即三轴手腕（合计六轴）和一轴手腕（合计四轴），具有小巧高效、安装方便、精准灵敏等优点，广泛应用于 IT、电子装配等领域。图 9-26所示是采用两套 FANUC MliA 并联式装配机器人进行键盘装配作业的场景。

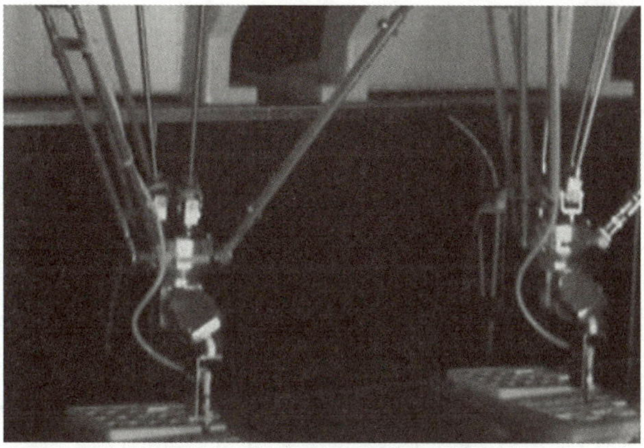
图 9-26 并联式装配机器人组装键盘

通常装配机器人本体与搬运、焊接、涂装机器人本体精度制造上有一定的差别，原因在于机器人在完成焊接、涂装作业时，没有与作业对象接触，只需示教机器人运动轨迹即可，而装配机器人需与作业对象直接接触，并进行相应动作；搬运机器人在移动物料时运动轨迹多为开放性，而装配作业是一种约束运动类操作，即装配机器人精度要高于搬运、焊接和涂装机器人。尽管装配机器人在本体上较其他类型机器人有所区别，但在实际应用中无论是直角式装配机器人还是关节式装配机器人都有如下特性：

①能够实时调节生产节拍和末端执行器动作状态。

②可更换不同末端执行器以适应装配任务的变化，方便、快捷。

③能够与零件供给器、输送装置等辅助设备集成，实现柔性化生产。

④多带有传感器，如视觉传感器、触觉传感器、力传感器等，以保证装配任务的精准性。

9.2 服务机器人

服务机器人与人们生活密切相关，在服务行业，机器人已经担当起了医护助理、导览导盲、礼仪接待、问诊咨询等许多工作；在娱乐方面，各种音乐机器人、舞蹈机器人等应运而生，极大丰富了人们的文化生活；在医疗领域，各种智能药丸、口腔修复机器人、血管机器人、手术机器人、康复机器人等保障着人类的健康，服务机器人的应用将不断改善人们的生活质量。

服务机器人是一种以自主或半自主方式运行，能为人类健康提供服务的机器人，或者是能对设备运行进行维护的一类机器人。由于服务机器人经常与人在同一工作空间内，服务机器人比工业机器人要有更强的感知能力、决策能力和与人的交互能力。服务机器人涉及的关键技术主要包括以下几个方面：

(1)环境的表示服务

机器人通常在非结构化环境中以自主方式运行，因此要求对环境有较为准确的描述。如何针对特定的工作环境，寻找实用的、易于实现的提取、表示以及学习环境特征的方法是服务机器人的关键技术之一。

(2)环境感知传感器和信号处理方法

服务机器人的环境传感器包括机器人与环境相互关系的传感器和环境特征传感器。前者包括定位传感器和姿态传感器，后者是与任务相关的专门类型传感器，它随机器人的工作环境变更，这类传感器可以是直接的或间接的，通常需要借助多传感器信息融合技术将原始信号再加工。

(3)控制系统与体系结构

目前主要集中在开放式控制器体系结构、分布式并行算法融合等方面。对于服务机器人控制器而言，更加注重控制器的专用化、系列化和功能化。

(4)复杂任务和服务的实时规划机器

运动规划是机器人智能的核心。运动规划主要分为完全规划和随机规划。完全规划是机器人按照环境一行为的完全序列集合进行动作决策，环境的微小变化都将使机器人采取不同的动作行为。随机规划则是机器人按照环境一行为的部分序列计划进行动作决策。

(5)适应于作业环境的机械本体结构设计

在非结构环境下工作的服务机器人是一项富有挑战性的工作。灵巧可靠、结构可重构的移动载体是这类机器人设计成功的关键。服务机器人作为人的助手，经常与人进行接触，所以服务机器人的安全性、友善性应首先考虑。因此，服务机器人的机械本体设计指导思想与工业机器人或其他自动化机械有较大变化。在满足功能的前提下，功能与造型一体化的结构设计也要充分考虑。如柔韧性、平滑的曲线过渡、美观的造型、与人的亲近感等。

(6)人-机器人接口

人-机器人接口包含了通用交互式人机界面的开发和友善的人机关系两个方面。

9.2.1　无人机配送机器人

美国 TRC 公司于 1985 年开始研制医院用的“护士助手”机器人(图 9-27)，1990 年开始出售，目前已在世界许多国家的几十家医院投入使用。“护士助手”是自主式机器人，它不需要通过导线控制，也不需要事先做计划，一旦编好程序，它可以完成的任务包括：①运送医疗器材和设备；②为病人送饭；③送病历、报表及信件；④运送药品；⑤运送试验样品及试验结果；⑥在医院内部送邮件及包裹。

“护士助手”由行走部分、行驶控制器及大量的传感器组成。机器人质量约 16 kg，可载质量为 45.4 kg，速度为 0.7 m/s 左右。机器人中装有医院的建筑物地图，在确定目的地后，机器人利用航位推算法自主地沿走廊导航，由结构光视觉传感器及全方位超声波传感器探测突然出现的静止或运动物体，并对航线进行修正。它的全方位触觉传感器保证机器人不会与人和物相碰，车轮上的编码器测量它行驶过的距离。在走廊中，机器人利用墙角确定自己的位置，而在病房等较大的空间时，它可利用天花板上的反射带，通过向上观察的传感器帮助定位，需要时它还可以开门。在多层建筑物中，它可以给载人电梯打电话，并进入电梯到所要去的楼层。通过“护士助手”上的菜单可以选择多个目的地，机器人有较大的荧光屏及较好的音响装置，用户使用起来迅捷方便。由于设计有冗余的传感器及系统，操作中不会出现故障，到达目的地后，机器人停下来等候主人的指示。它的保险机构能够防止未经允许的人从它的后柜中拿走东西。

近些年，国内也出现了一些用于餐饮、酒店、会场、展馆等室内场景辅助运送的无人送餐机器人、配送机器人等，如图 9-28 所示。

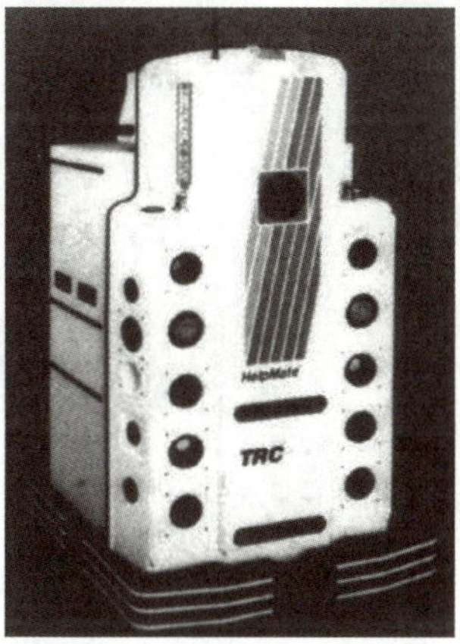

图 9-27　“护士助手”机器人

图 9-28　无人送餐机器人

9.2.2 讲解导览机器人

哈尔滨工业大学机器人研究所于 1996 年研制开发出第一台导游机器人“萝卜头号”(图 9-29),可实现的功能包括:

①实现避障和路径自主规划。

②识别障碍物的种类并做出相应的反应。

③具有一定的语音功能。

④具有遥控功能。

导游机器人是自主式机器人,能够依据传感器信息自主规划路径。该机器人由行走部分、行驶控制器、显示器、语音识别系统和大量的传感器组成。行走部分由 3 个小轮组成,前两轮是主动轮,采用差动驱动方式,后轮随动,使导游机器人行走平衡、转弯灵活。显示器既可用来在线即显示导游机器人行走的路径及某个时刻导游机器人所在的位置,又可以用来显示所编制的控制程序。语音识别系统可以实现导游机器人和人之间进行简单的对话。导游机器人的胸部装有 3 个超声波传感器,分别用来探测前方、左方和右方的障碍物离机器人的距离,胸部还装有一个红外传感器,头部装有一对光电开关,用来探测障碍物离机器人的距离并辨别障碍物是人还是物。如果是人,则机器人发出“请让开”的声音,并开始检测人是否让开。若人让开,机器人说“谢谢”继续往前走;若人不让开,则机器人开始自主避障。机器人还装有遥控装置,以实现人对机器人的遥控操纵。

近些年,国内也出现了一些用于政务大厅、展馆展厅、商场、楼宇会所、机场车站等室内场景的迎宾导览机器人、智能咨询机器人、智能讲解机器人等,具有自主问候、语音交互、远程遥控、人脸识别、智能避障、定时返航等多个功能,通过打破人员、时间、空间的限制,为用户提供迎宾互动、讲解引领、防疫测温等功能,如图 9-30 所示。

图 9-29 “萝卜头Ⅲ号”导游机器人

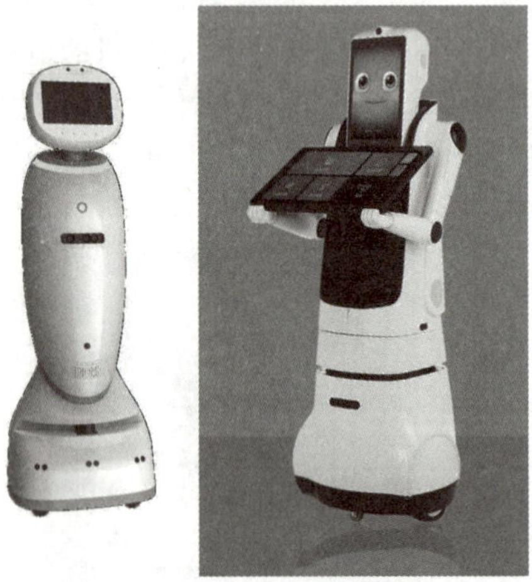

图 9-30 迎宾导览机器人

9.2.3 医疗机器人

医疗机器人是目前国内外机器人研究领域中最活跃、投资最多的方向之一,其发展前景非常看好,研究工作蓬勃开展。医疗机器人中最广为人知的是达·芬奇(DaVinci)机器人手术系统,如图 9-31 所示。达·芬奇机器人手术系统是在麻省理工学院研发的机器人外科手术技术基础上研发的高级机器人平台,其设计的理念是通过使用微创的方法,实施复杂的外科手术。达·芬奇机器人手术系统已经用于成人和儿童的普通外科、胸外科、泌尿外科、妇产科、头颈外科以及心脏手术。目前,我国已经配置近百台达·芬奇机器人,主要分布在一线城市和大型医院。可以想象,随着机器人技术的不断进步,在不久的将来,那些高难度的复杂手术都将会由机器人完成,医生只需要用一个操纵杆遥控就能获得高度稳定和精确的结果。

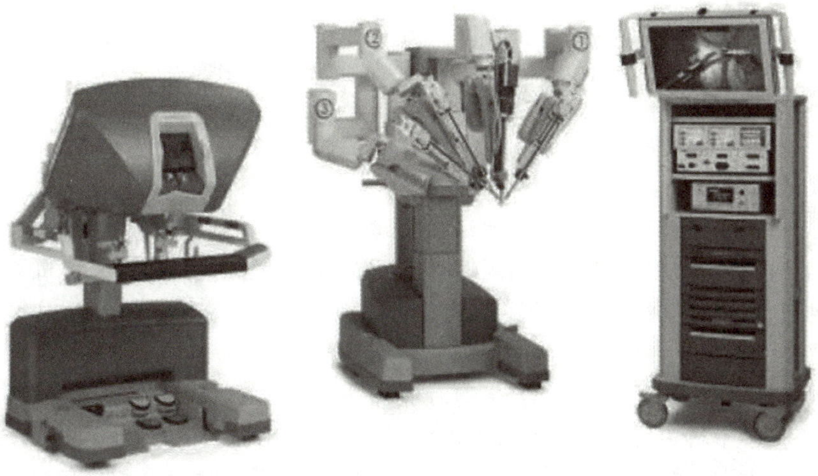

图 9-31 达·芬奇机器人手术系统

机器人在应用上有两个突出的特点:一是它能够代替人类工作,比如代替人进行简单的重复劳动,代替人在脏乱环境和危险环境下工作,或者代替人进行劳动强度极大的工种作业;二是扩展人类的能力,它可以做人很难进行的高细微精密及超高速作业等。医疗机器人正是运用了机器人的这两个特点。

医疗机器人的作业对象是患者,除了具备一般机器人的基本特点外,其自身还需具备选位准确、动作精细、避免患者感染等特点:

(1)具有高准确性、高可靠性和高精确性,提高了手术的成功率。目前,手术机器人不仅可以完成普外科手术,还能进行脑神经外科、心脏修复、人工关节置换、泌尿科和整形外科等方面的手术。

(2)定位和操作精确、手术微创化、可靠性高,而且能够突破手术禁区。从而减轻医生的劳动强度,避免医生接触放射线或者烈性传染病病原。

(3)在计算机层面扫描图像或核磁共振图像基础上构成的三维医疗模型,用于医疗外科手术规划和虚拟操作,以期最终实现多传感器机器人的辅助手术定位和操作。

(4)医疗机器人和计算机辅助定位导航系统配合可以满足临床应用中远程遥控操作进行手术,减少了术中 X 射线透视时间,远程遥控操作可靠方便,系统结构简单,易于掌握。

医疗机器人是将机器人技术应用在医疗领域,根据医疗领域的特殊应用环境和医患之间的实际需求,编制特定流程、执行特定动作,然后把特定动作转换为操作机构运动的设备。医疗机器人按功能主要分为医疗外科机器人、口腔修复机器人和康复机器人,每一类别下又可细分为若干子系统,如图 9-32 所示。

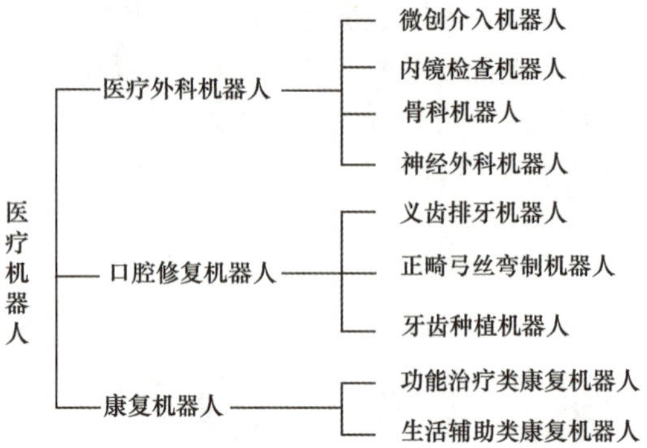

图 9-32　医疗机器人的分类

1.医疗外科机器人

传统外科手术定位精度不高,术者易疲劳、动作颤抖,受空间及环境约束大,缺乏三维医学图像导航,手术器械操作具有局限性,位姿受手术环境影响。医疗外科机器人定位准确,动作灵巧、稳定,可减轻术者疲劳,信息反馈直观(三维图像),术前快速手术设计可避免辐射、感染的影响,灭菌简单。

医疗外科机器人是集临床医学、生物力学、机械学、材料学、计算机科学、微电子学、机电一体化等诸多学科为一体的新型医疗器械,是当前医疗器械信息化、程控化、智能化的一个重要发展方向,在临床微创手术以及战地救护、地震海啸救灾等方面有着广泛的应用前景。医疗外科机器人分为微创介入机器人、内镜检查机器人、骨科机器人和神经外科机器人。

(1)微创介入机器人

早期微创外科手术给患者带来了巨大福音,但给医生实施手术增加了困难。首先,由于医生无法直接获得手术部位的图像信息,仅能通过二维监视器来获取手术场景图像,手术部位没有深度感觉;其次,手术工具是通过体表的微小切口到达手术部位,工具的自由度减少,造成了灵活性的降低;再次,由于杠杆作用的影响,医生手部的颤抖及一些失误操作会被放大,增加手术风险;最后,感觉的缺乏也影响了手术效果。这些缺点增加了医生的操作难度,医生往往需要较长时间的术前培训才能胜任微创手术,限制了微创外科手术的应用范围。为了解决早期微创手术的种种限制,在机器人技术的基础上,产生了以机器人辅助微创外科手术为重要特点的现代微创手术技术。微创介入机器人有很多类型,如宙斯机器人手术系统(Zeus Robotic Surgical System)、“妙手 A”系统、达·芬奇机器人手术系统(daVinci Si HD Surgical System)等综合性的手术系统。由于这类综合性的手术系统价格昂贵,很难普及,于是人们开始研发专科类的微创介入手术系统,如专门针对前列腺、乳腺、肺等单独器官的微创介入机器人,研发费用远远低于综合性的手术系统,功能更加具有针对性,治疗效果更好。

(2)内镜检查机器人

内镜检查机器人分为微创内镜检查机器人和无创内镜检查机器人。微创内镜检查机器人主要用于微创手术中。1994年,美国Computer Motion公司研制的AESOP-1000型医疗机器人是第一套通过美国FDA认证的医疗机器人系统,这是早期的腹腔镜机器人系统,用脚踏板控制的方式对机器人进行控制,只是在手术过程中内镜的调整需要辅助人员协助使得镜头运动更精确,并具有更加稳定的手术视野。在此之后,Computer Motion公司推出了世界上第一台基于语音控制的AESOP 2000微创外科手术机器人系统,世界上第一台具备七个自由度的AESOP-3000微创外科手术机器人系统,如图9-33所示。AESOP型医疗机器人将机器人辅助手术带入了新的高度,具有划时代意义。它使得医生摆脱了对助手手持内镜的依赖,去除了人手持内镜的弊端后,技术娴熟的医师可单独完成某些腹腔镜手术。

图9-33　AESOP 3000微创外科手术机器人系统

(3)骨科手术机器人

目前骨科手术机器人可分为半主动型、主动型及被动型三种类型。

半主动型机器人系统为触觉反馈系统,典型方法是将切割体积限制在一定范围内,将切割运动加以约束,此系统依然需要外科医师来操作仪器,对外科医师控制工具的能力要求较高。主动型机器人不需术者加以限制或干预,也不需术者操作机械臂,机器人可自行完成手术过程;被动型机器人系统是在术者直接或间接控制下参与手术过程中的一部分,例如在术中,机器人在预定位置把持夹具或导板,术者运用手动工具显露骨骼表面。

主动型机器人的典型代表为用于人工关节置换的Robodoc手术机器人,如图9-34所示。其操作原理是在规划好手术路径后,连接机器人本体设备,随后机器人便可自行进行切割磨削工作。术中无须医师操作,但需要医师全程监控,以便在出现意外时及时干预。

被动型机器人的主要代表是美国的Stryker-Nav和德国的Brain-Lab手术机器人,即计算机辅助影像导航手术设备。通过红外线追踪影像导航方式,采用被动式光电导航手术系统辅助徒手操作手术,可应用于任何术中借助导航图像定位的骨科手术,但只能完成特定的定位操作步骤,故临床应用较为局限。

骨科手术机器人的主要优势为微创、精确、安全和可重复性高,合理应用机器人辅助手术，不仅可以提供 3D 手术视野，而且可避免人手操作时产生的震颤，同时可大大缩短年轻医师的培养年限。

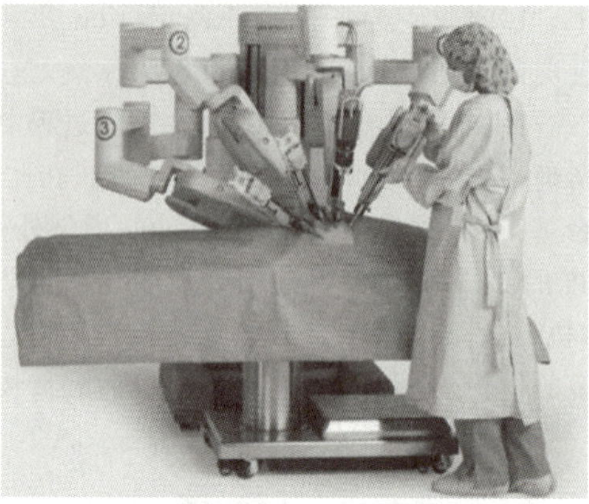

图 9-34　Robodoc 手术机器人

（4）神经外科机器人

颅内手术需要精确定位与精细操作，而颅面部有相对固定的解剖标志，这使神经外科成为机器人外科最早涉及的领域之一。20 世纪 80 年代中期，PUMA 机器人最先用于神经外科，外科医师根据颅内病变的术前影像，将病变的坐标输入机器人，应用机器人引导穿刺针进行活检等操作。Motionscalers 技术和震颤过滤技术的发展使机器人操作手术器械变得十分精确。目前，神经外科手术机器人系统已从立体定向手术发展到显微外科手术，甚至远程手术。

Remebot 机器人是我国研发的具有自主知识产权的一款立体定位多功能神经外科机器人，如图 9-35 所示，是目前世界上最先进的神经外科辅助定位系统，多应用于癫痫外科等精确度要求极高的手术。Remebot 机器人立体定向辅助系统将手术计划系统、导航功能及机器人辅助器械定位和操作系统（可提供触觉反馈即高级的可视化功能）整合于一体，树立了立体定位技术的里程碑。在癫痫外科，SEEG 深部电极植入术中功能展现尤为突出，克服了传统的框架式立体定向仪和导航系统应用的局限性，有效提升了癫痫手术的准确性、安全性。

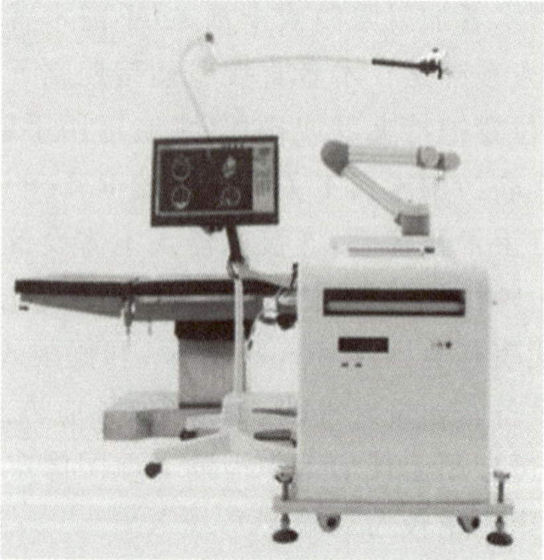

图 9-35　Remebot 神经外科机器人

2.口腔修复机器人

(1)义齿排牙机器人

在实际应用的过程中,以视觉效果的评价和手工操作为基础的传统口腔修复医学存在局限性和不确定性,也很大程度阻碍了口腔修复学的发展,造成口腔修复医学的发展缓慢。口腔修复机器人作为近年来迅速发展的新兴学科,其操作的规范化、标准化和自动化等优点,是现代口腔修复学发展的必然趋势。

义齿排牙机器人经历了两次技术飞跃。第一次技术飞跃:北京理工大学利用 CRS-450 6 自由度机器人使被抓取的物体实现任意位置和姿态,研制可调式排牙器。用三维激光扫描测量系统获取无牙颌骨形态的几何参数。根据高级口腔修复专家排牙经验建立的数学模型,用 VC+和 RAPL 机器人语言编制了专家排牙、三维牙列模拟显示和机器人排牙控制程序。当排牙方案确定后,数据传给机器人,由机器人完成排牙器的定位工作,最终完成全口义齿人工牙列的制作。哈尔滨理工大学设计了单操作机和多操作机的义齿排牙机器人,提高了排牙的效率和精度。第二次技术飞跃:3D 打印的问世颠覆了许多技术,也包括义齿排牙机器人,3D 打印出的义齿更加精确,效率更高。

(2)正畸弓丝弯制机器人

错颌畸形是口腔科的常见疾病,被世界卫生组织(WHO)列为三大口腔疾患之一。随着人们生活水平的提高,人们对口腔正畸的认识与需求也日渐提高。然而,长期以来,传统的口腔正畸治疗用的弓丝完全依赖于医师的经验手工弯制。由于手工弯制不可避免的劳作误差,弯制出来的弓丝不确定性高、精度较低;对于一些复杂而治疗效果好的作用曲,经常由于医师的个人技能不足或者制作效率低而被舍弃,使得整个治疗过程难以控制、治疗周期变长,易给患者带来不必要的痛苦,很难达到精准治疗等,越来越不能满足现有临床需求。

机器人在口腔正畸学方面的应用正处于探索的初级阶段,正畸弓丝弯制机器人作为其中的一个方向,具有十分重大的应用意义。Butscher 等利用 6 自由度机器人实现弓丝和其他可弯制医疗器械的弯制,机器人系统由固定在基座上的机器人和分别装在基座、机器人上两个手爪组成,以完成任意角度的第二序列曲及第三序列曲。国内的哈尔滨理工大学研制了直角坐标式的正畸弓丝弯制机器人,术前通过数学建模的方法规划出患者所需成形矫正弓丝弯制过程中的控制节点位置信息和角度信息;国外的 Ora Metrix 公司开发的商业化系统 Suresmile 集成了 CAD 正畸规划辅助治疗系统与弓丝弯制机器人系统,如图 9-36 所示,系统利用激光扫描仪或 CT 成像技术获取患者口腔图像,生成患者牙齿三维模型,通过在三维可视化系统中规划正畸方案,给出正畸弓丝的弯制参数,最后由计算机控制 6 自由度的机器人来完成弓丝的弯制过程。

(3)牙齿种植机器人

2013 年,空军军医大学口腔医院与北京航空航天大学机器人研究所开始共同研发牙齿种植机器人,如图 9-37 所示。在此期间,他们突破了多项瓶颈,首创机械臂空间融合定位方法,同时与 3D 打印技术结合,设计出集精准、高效、微创、安全为一体的自主式牙齿种植手术机器人,可实现术后即刻修复,弥补传统方法的不足。2017 年,我国自主研发的世界上首台自主式牙齿种植手术机器人终于问世。在一例牙种植即刻修复手术中,成功为一名女性的缺牙窝洞植入两颗种植体，误差仅为 0.2～0.3 mm，远高于手工种植的精准度。

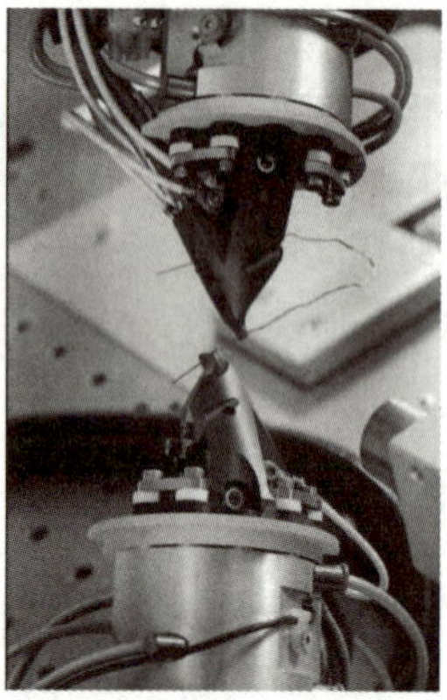
图 9-36　正畸弓丝弯制机器人

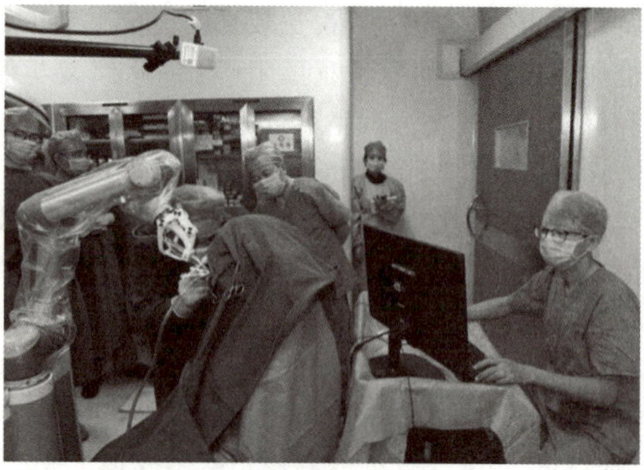
图 9-37　牙齿种植机器人

3.康复机器人

康复机器人分为功能治疗类康复机器人和生活辅助类康复机器人 2 个主类。再按功能的不同分为 4 个次类，并将 4 个次类进一步分为若干支类，其详细分类情况如图 9-38 所示。

康复机器人是工业机器人和医用机器人的结合。20 世纪 80 年代是康复机器人研究的起步阶段，美国、英国和加拿大在康复机器人方面的研究处于世界领先地位。目前，康复机器人的研究主要集中在康复机器人、医院机器人系统、智能轮椅、假肢和康复治疗机器人等几个方面。

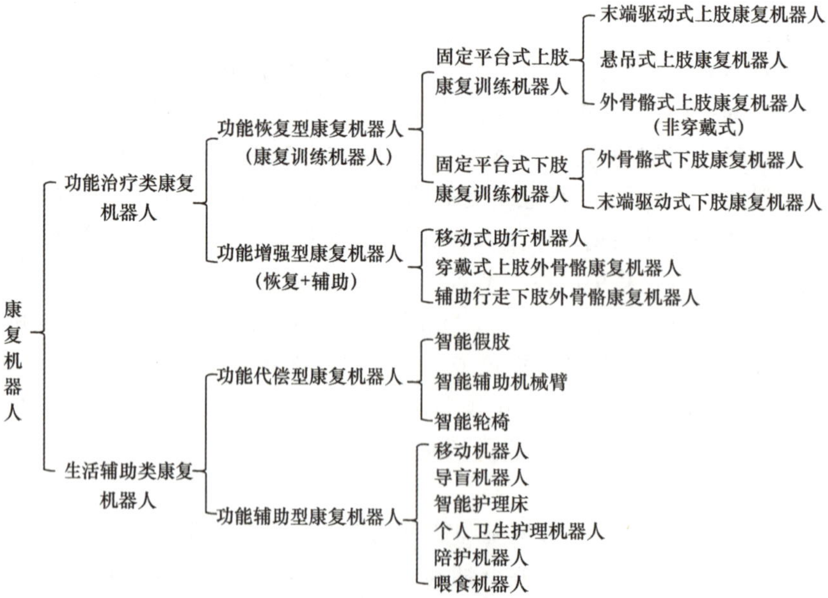

图 9-38　康复机器人分类

瑞士 Balgrist 医学院与 HOCOMA 公司合作研制的 Lokomat 是目前最先进的主动减重康复机器人，如图 9-39 所示。Lokomat 机器人由步态矫形器、减重系统和跑步机组成，步态矫形器的两条外骨骼机械腿均有髋、膝关节两个自由度，分别由独立的带滚珠丝杠的驱动机构实现下肢关节在矢状面内的转动，踝关节的背屈运动由弹性装置被动实现。同时安装在机械腿关节处的传感器能够测量机械腿关节的角度和关节力矩等信息，作为康复评估的标准。随后，又在原有机器人的基础上增加了平行四杆机构实现步行训练时骨盆的横向和旋转运动控制，保持训练时患者身体重心平衡。目前，HOCOMA 公司已将 Lokomat 全新升级并全球推广，而且开发了如图 9-39(b)所示儿童款康复训练机器人。

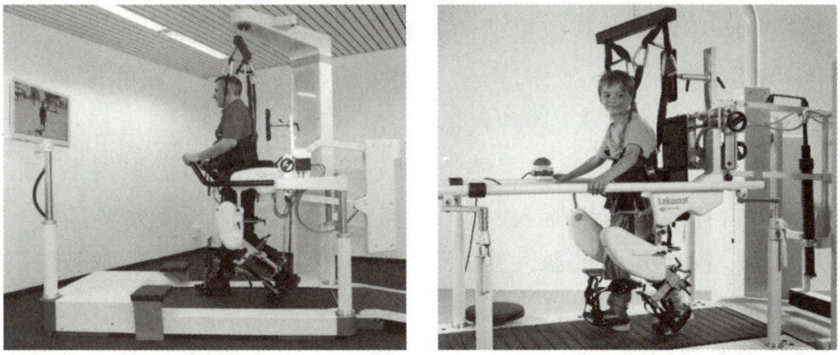

(a)成人款　　(b)儿童款

图 9-39　Lokomat 康复机器人

Handy1 康复机器人是目前世界上最成功的一种低价的康复机器人系统，第一代样机由英国 Mike Topping 公司在 1987 年开始开发，用以完成身体部分功能障碍患者的日常护理，例如进餐，饮水，刮胡须，刷牙等。Handy1 具有通话功能，可以在操作过程中为护理人员及用户提供有用的信息，同时有助于突破语言障碍。它配备了三种不同的托盘：吃喝托盘，洗脸托盘，化妆托盘。此外该机器人还能够实现在启动后进的动比较，位置上的信息反馈并且做到实时纠正用户在操作中的错误，能够为患者或护理人员提供语音帮助和提示。图 9-40 为 Handy 1 机器人正在喂食和刷牙，同时机器人还具有洗脸、化妆、绘画等功能。Handy 1 机器人的简单性以及多功能性提高了它对所有残疾人群体以及护理人员的吸引力。该系统为有特殊需求的人们提供了较大的自主性，使他们增加了融入“正常”环境中的机会。

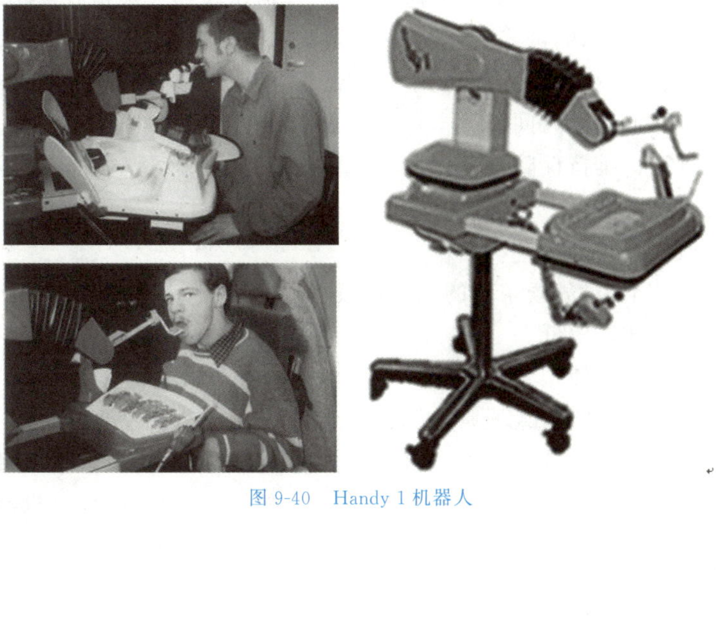

图 9-40　Handy 1 机器人

9.3 特种机器人

目前,国际上对非制造领域机器人(我国称为特种机器人)的研究和开发非常活跃。特种机器人是替代人在危险、恶劣环境下作业必不可少的工具,可以辅助完成人类无法完成的工作,如空间与深海作业、精密操作、管道内作业等。在军事领域,由美国地面自主车辆(ALV)计划发展的军用机器人已经研制成功;在宇航领域,“月球车”“火星探测器”等空间机器人历来都是人类探索其他星球的开路先锋;在能源领域,机器蛇、喷浆机器人等被广泛应用于核电厂、煤矿井下工作,产生了较大的经济效益;在农林方面,各种水果采摘机器人、嫁接机器人、伐根机器人、播种机器人、温室灌溉机器人等已经形成了新兴产业;在服务行业,特种机器人已经担当起了楼道、地铁清洁工、医护助理、导盲、礼仪接待等许多工作;在娱乐方面,各种音乐机器人、舞蹈机器人等应运而生,极大丰富了人们的文化生活;在防灾救援领域,各种灭火机器人、蛇形机器人、废墟搜救机器人等正在保卫着人们的生命安全;在反恐防暴领域,侦察机器人、排爆机器人等保护着人类安全;在医疗领域,各种智能药丸、口腔修复机器人、血管机器人、遥控操作手术机器人等保障着人类的健康。特种机器人已经渗透到人类生产、生活的各个方面。

9.3.1 水下机器人

水下机器人诞生于 20 世纪 50 年代初,由于所涉及的技术在当时还不够成熟,同时电子设备的故障率高、通信的匹配以及起吊回收等问题也未能很好解决,因此发展不快,没有受到人们的重视。到了 20 世纪 60 年代,国际上兴起两大开发技术,即宇宙开发技术和海洋开发技术,促使远距离操纵型机器人得到了很快的发展。在近几十年,由于海洋开发与军事上的需要,同时水下机器人本体所需的各种材料及技术问题也已得到了较好的解决,因而水下机器人得到了很大发展,开发出了一批能工作在不同深度,并进行多种作业的机器人。这些水下机器人可用于石油开采、海底矿藏调查、海洋科学考察、打捞救助作业、管道铺设和检查、电缆铺设和检查、海上养殖、江河水库的大坝检查及军事等领域。随着开发海洋的需要及技术的进步,适应各种需要的水下机器人将会得到更大的发展。

与载人水下机器人相比,无人遥控水下机器人具有以下优点:

(1)水下连续作业持续时间长。

(2)由于无须生命维持保障设备,可以小型化。

(3)对人没有危险性。

(4)机动性较大。

(5)在许多场合下,对气候条件的依赖性较小。

(6)制造和使用成本较低。

(7)能在非专用船上使用。

在海洋工程界,水下机器人通常称为潜水器(Underwater Vehicles)。《机器人学国际百科全书》将水下机器人分成 6 类:有缆浮游式水下机器人、拖曳式水下机器人、海底爬行式水下机器人、附着结构式水下机器人、无缆水下机器人、混合型水下机器人。

水下机器人也可分为有人水下机器人和无人水下机器人。此外，按使用的目的分，有水下调查机器人(观测、测量、试验材料的收集等)和水下作业机器人(水下焊接、拧管子、水下建筑、水下切割等作业)；按活动场所分，有海底机器人和水中机器人；按其在水中运动的方式，可分为浮游式水下机器人、步行式水下机器人、移动式水下机器人。

大多数水下机器人都是浮游式的，具有较大的机动性，但要求它具有近似中性的浮力，因此设计时应把机器人各系统部件质量最小的标准作为主要条件，并需要对机器人接受的试样和物体质量的变化进行补偿。目前，步行式水下机器人还没有达到实用的程度，尚处于研制阶段。其优点是在复杂的海底地形条件下有较好的通行能力和机动性，并具有较高的稳定性；缺点是在海底移动时，会使水层和海底严重扰动。移动式水下机器人可以采用履带式和车轮式行进机构，但其通行能力和机动性比步行式机器人要差些，会更严重地引起海底水层和泥土扰动。

按供电方式可分为有缆水下机器人和无缆水下机器人。有缆水下机器人有用动力电缆作为供电通道，供电不受限制，可长期在水下工作，并具有十分可靠的通信通道，但电缆在水下会受到水动力干扰，且电缆长度有限，因而作业空间受到限制。无缆水下机器人装有机载电源，一般是蓄电池，由于没有电缆，活动空间大，并可沿任意给定轨迹运动。目前，得到广泛应用的主要有拖曳式、有缆式(ROV)和无缆自治式(AUV)水下机器人。

1934 年，美国研制出下潜 934 m 的载人水下机器人；1953 年，又研制出无人有缆遥控水下机器人。其后的发展大致经历了三个阶段。

(1)第一阶段：1953—1974 年，主要进行水下机器人的研制和早期开发工作，先后研制出 20 多个水下机器人。

(2)第二阶段：1975—1985 年，是遥控水下机器人大发展时期。随着海洋石油和天然气开发的需要，推动了水下机器人理论和应用的研究，水下机器人的数量和种类都有显著的增长。载人水下机器人和无人遥控水下机器人(包括有缆遥控水下机器人、水底爬行水下机器人、拖航水下机器人、无缆水下机器人)在海洋调查、海洋石油开发、打捞救助等方面发挥了较大的作用。

(3)第三阶段：1985 年后，水下机器人进入一个新的发展时期。中国也开展了水下机器人的研究和开发，研制出“海人”1 号(HR-1)水下机器人，并成功地进行了水下试验。

1.水下机器人结构

水下机器人由 3 个主要系统组成：执行系统、传感系统和计算机控制系统。执行系统包括机器人主动作用于周围介质的各种装置，如在水中运动的装置、作业执行装置——机械臂、岩心采样器和水样采样器等。传感系统是用来搜集有关外界和系统工作全面信息的“感觉器官”，机器人通过传感系统，在与周围环境进行信息交互的过程中，便可建立外部世界的内部模型。计算机控制系统是处理和分析内部和外部各种信息的设备综合系统，根据这些信息形成对执行系统的控制功能。水下机器人在工作时，不管其独立性如何，都必须与操作者保持通信联系。

(1)水下机器人载体外形特点和形状的选择

水下机器人的大小各不相同，最小的只有几千克，最大的则有几十吨(用于海底管线和通信电缆埋设的爬行式水下机器人)。大多数水下机器人具有长方体外形的开放式金属框架，框架大多采用铝型材，如图 9-41 所示。这种框架可以起围护、支承和保护水下机器人部件（推进器、接线盒、摄像机、照明灯等）的作用。框架的构件通常采用矩形型材，以便于安装。与开放式金属框架不同的另一种结构形式是载体框架完全用玻璃纤维或金属蒙皮所包围组成流线体，这种水下机器人载体有鱼雷形（图 9-42）、盘形或球形。

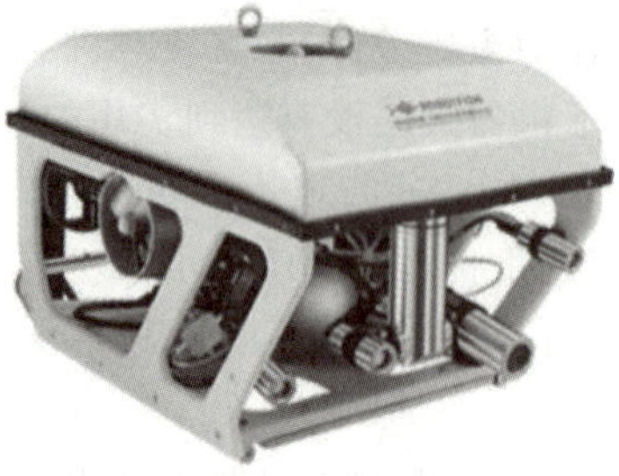

图 9-41　框架式外形水下机器人

图 9-42　鱼雷形水下机器人

（2）推进模式

除个别水下机器人采用喷水推进外，大多浮游式水下机器人采用螺旋桨推进（图 9-43），一般在螺旋桨外还加导管，以保证在高滑脱情况下提高推力。推进器驱动方式一般有电动机驱动和液压驱动两种，小型有缆式水下机器人和无缆自治式水下机器人多采用电动机驱动，大功率、作业型水下机器人推进器通常采用液压驱动。水下机器人要实现水下空间的 6 自由度运动，即 3 个平移运动（推进、升沉、横移）和 3 个回转运动（转首、纵倾、横摇）。

图 9-43　采用螺旋桨推进的水下机器人

（3）密封及耐压壳体结构

水下机器人密闭容器如电子舱通常采用常压封装，相对于环境压力的密封通常采用 O 形圈密封。与陆地密封条件不同的是水下密封为外压密封，在设计中要特殊考虑。压力补偿技术是水下机器人常用的耐压密封技术。水下机器人设备（如液压系统、分线盒）内部充满介质（液压油、变压器油、硅脂等），另设一个带有弹簧的补偿器与设备舱体用一个管路连接。补偿器的外部与水连通，内部压力始终高于外部压力，可使水下容器的密封和耐压变得简单可靠，且质量轻。浮游式水下机器人采用浮力材料来为载体提供浮力，以保证水下的灵活运动。浮力材料通常采用高分子复合材料（树脂发泡或玻璃微珠）。浮力材料要求密度小、耐压强度高、变形小、吸水率小。

考虑流体运动的阻力、质量与排水量的比例等因素，水下机器人耐压壳体的形状大致有以下几种：球形、椭圆形和圆筒形。其各自的优缺点见表 9-1。

表9-1 各种水下机器人耐压壳体的优缺点

耐压壳体形状	优点	缺点
球形	具有最佳的质量—排水量比 容易进行应力分析而且较正确	不便于内部布置 流体运动阻力大
椭圆形	具有较好的质量—排水量比 能较好地利用内部空间 容易安装客体贯穿体	制造费用高 结构应力分析较困难
圆筒形	最容易加工制造 内部空间利用率最高 流体运动阻力小	质量—排水量比值最高 内部需要用加强肋加强

由于在遥控水下机器人中需要放置摄像仪器及其传动装置、深度计、罗盘、电路板等仪器,并综合考虑流体阻力等因素,选取圆筒形的耐压壳体作为整体的结构最为合理。为了加强在水下的抗压能力,在轴向和径向均有数道加强肋。

(4)水下机器人观测、照明布置

摄像仪器及照明设备是整个设备的核心,是作业人员获取信息与控制水下机器人的重要依据。照明是辅助摄像的设备,照明质量的好坏直接影响摄像的质量,因此采用发光强度高、穿透能力强的卤素灯作为高质量摄像的保障。摄像装置一般放在整个装置的最前端,一是便于观察,能够及时对勘探现场进行实时控制;二是便于整体结构的平衡,由于推进电动机在整个装置的尾部,需要有一定的重力使其在水中平衡。

2.水下机器人的驱动

(1)电动机

尽管在水下普通电动机的使用受到限制,但采取一定的保护措施,经过改装或专门的设计,电动机仍广泛应用于水下机器人。事实上,绝大多数水下机器人(载人的或无人的,带缆的或无缆的)推进都是以电动机作为动力源的。电动机与推进装置的连接可以直接通过回转轴,也可以间接通过液压泵、磁性连接轴等。

可供选择的电动机电流形式有直流和交流两种。一般情况下,大多数以蓄电池组为电源的自治水下机器人采用直流电动机。置于舷外海水中的推进(推力)器用的电动机有三种基本形式:敞开式、压力补偿式和封闭式。

(2)供电系统

水下机器人的电能供给方法,在很大程度上取决于水下机器人的类型。

目前,水下机器人有以下三种供电方式:独立的机载电源、电缆远程供电、综合供电。

①独立的机载电源用于无缆水下装置,有时也用于拖曳式水下装置。通常都采用蓄电池(酸性电池、银锌电池、碱性电池)作电源。

②通过电缆远程供电用于拖曳式和遥控式水下作业装置,一般都是沿电缆的动力芯线将电能输送给水下作业装置。根据电缆的长度选择母船供给的电压值。通常采用交流电源,经过变压、整流再送到水下机器人里。

③采用综合供电方式时,母船通过同轴电缆与水下机器人联系。在母船和水下机器人之间,直接靠近机器人处,安装有一个特殊的动力锚。通过这种装置,可在海底定点,消

除海面波浪对水下机器人的影响，消除主电缆对水下机器人的影响。此外，还可以在动力锚上安装蓄电池或者其他所需功率的电源，这样可以大大减少电缆传输的电功率。

3.水下机器人的导航与定位系统

由于目前的水下机器人活动大多依赖于母船，同时受水下机器人自身尺寸和质量的限制，因此可以把水下机器人的导航分为水面导航和水下导航两部分。前者通常由水面母船来完成，即确定母船相对于地球坐标的位置，而后者则往往是相对于水面母船而言，将母船作为一个水面方位点来确定水下机器人的水下相对位置。水下机器人的水下导航概念又大致可以分解为大面积搜索和小面积定位两个方面。

对于深海导航，几种常规导航方法基本上都不理想。电磁波在海水中的衰减十分迅速，10 kHz 的电磁波每米衰减达 3 dB，这使所有无线电导航和雷达都无法在深海使用。因此，通常水下机器人有效的定位方法是航位推算法和声学方法。

航位推算法是根据已知的航位以及水下机器人的航向、速度、时间和漂移来推算出新的航位。它根据水中某些静止的固定目标来进行推算的，需要测得水下机器人的航向和速度。由于目前水下机器人测定航向的装置主要是方向陀螺和电罗经，而且测定速度的仪器有较大的误差，并受到水流等因索的影响，所以航位的推算不可能非常精确，实际上这是一种近似的方法，应随时加以修正。为了在海底精确导航，最好的方法是以海底作为基准面来测量航速。实现这点的最简单而经济的方法是拖轮里程表法。另外，多普勒声呐是目前水下机器人最有效的一种测速方法。如图 9-44 所示为水下机器人用的多普勒导航声呐原理。

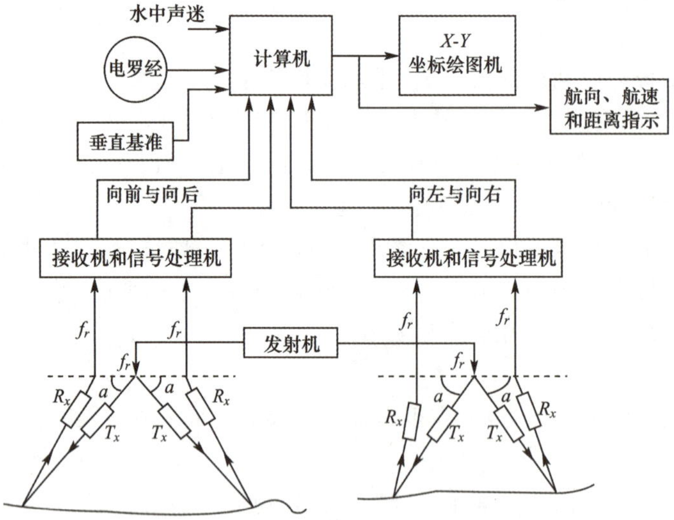

图 9-44　水下机器人用的多普勒导航声呐原理

水下机器人的导航定位最常见的是利用水声设备来完成。过去作战潜艇用的“主动式声呐”可以利用目标的反射来确定它相对于主动式声呐的方位和距离。由于水下机器人实际上是一只金属的耐压球，因此它是一个很好的声波反射器。如果利用母船上安装的“主动式声呐”也可以测到水下机器人的相对位置，并对水下机器人进行跟踪。这种“主动式声呐”中性能比较好的都往往由军事部门控制，并没有在水下机器人导航上获得更多的应用。

短基线系统是确定水下机器人相对于辅助母船位置的最精确的系统。在精确水面定位系统的配合下，该系统可提供相当精确的地理坐标和很高的再现性。短基线系统的原理如图 9-45 所示。

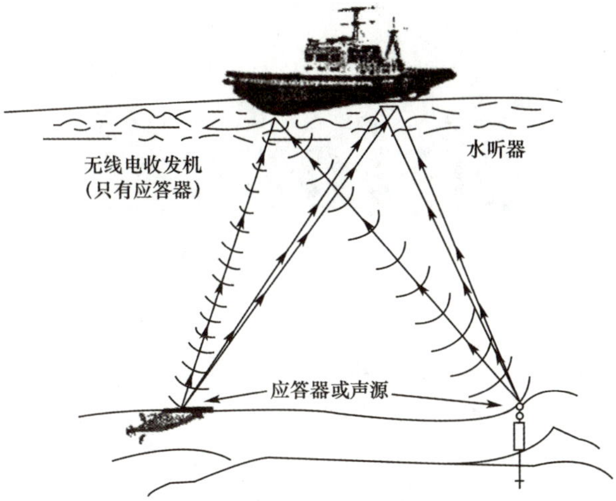

图 9-45 短基线系统的原理

4.水下机器人的终端导航装备

水下机器人执行各种各样的任务，必须要以某种方式去触及目标。在这之前，水下机器人的导航系统只能把水下机器人引导到目标附近，而这两者之间还需要有一个桥梁，这就是终端导航。水下机器人目前最常用的终端导航设备是声成像声呐、水下电视和带水下照明的观察窗。如图 9-46 所示为英国 Tritech 公司推出的 Ge mini 多束海底成像声呐。

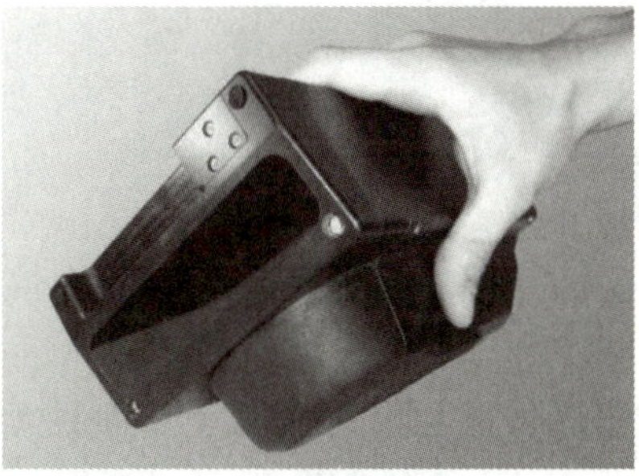

图 9-46 Ge mini 多束海底成像声呐

5.水下机器人的作业执行系统

近年来，随着海洋事业的发展，水下机器人得到了广泛的应用。但水下机器人本身仅是一种运载工具，如进行水下作业，则必须携带水下作业工具。可以说，水下作业系统是水下机器人工作系统的核心，没有它，水下机器人充其量只是个观察台架而已。因此，水下机器人的作业系统从 20 世纪 50 年代末期第一次应用于 CURV-1 水下机器人时起，便与水下机器人一起得以迅速发展。特别是近 10 年来军事方面的用途和海洋石油开发，进一步促进了作业系统的发展。携带水下作业系统使水下机器人扩大了使用范围，增强了实用性。现有水下机器人的作业系统包括1～2个多功能遥控机械臂和各种水下作业工具包。如英国石油公司利用机械臂切割海底石油管，用以堵住海平面下1 000多米深处的漏油管道，如图9-47所示。

图9-47 英国石油公司利用机械臂切割海底石油管

6.水下机器人实例

(1)国外水下机器人

美国SeaBotix公司研制的LBV系列多功能小型水下机器人，包括9个型号，作业水深从50 m到950 m，如图9-48所示的LBV150-4型有缆式水下机器人最大工作水深为150 m，具有4个高动力无刷直流推进器：前后方向2个、垂直方向1个、横向1个，水下部分仅重11 kg，能够由主机控制水下运动，可选配机械臂、多波束声呐等，并且具有自动定向、自动定深、自动平衡等先进功能。另一种相似的LBV300-5型有缆式水下机器人(图9-49)最大工作水深为300 m，双垂直推进器能够提供极佳的推力，可搭载更大、更多的传感器。该系列水下机器人能在各种水下环境工作，包括海洋、湖泊、河流、水库、水电站、极地等。目前，SeaBotix公司的多个水下机器人产品已进入我国国内市场。

图9-48 LBV150-4型有缆式水下机器人

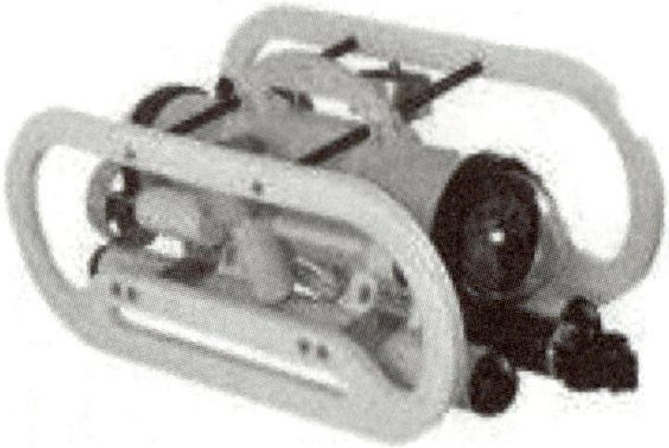

图9-49 LBV300-5型有缆式水下机器人

(2)我国水下机器人

我国从20世纪70年代开始较大规模地开展水下机器人研制工作，先后研制成功以援潜救生为主的7103艇(有缆有人)、I型救生艇(有缆有人)、QSZ单人常压水下机器人(有缆有人)、8A4遥控水下机器人(有缆无人)和军民两用的HR-01遥控水下机器人、RECON IV遥控水下机器人及CR-01自治水下机器人(图9-50)等，使我国水下机器人研制达到国际先进水平。

如图9-51所示，我国首台自主设计、自主集成研制的作业型深海载人潜水器“蛟龙号”最大下潜深度达到了7 020 m。该水下机器人由特殊的钛合金材料制成，在7 000 m的深海能承受710 t的重压；运用了当前世界上最先进的高新技术，实现载体性能和作业要求的一体化；与世界上现有的载人水下机器人相比，具有7 000 m的最大工作深度和悬停定位能力，可到达世界 99.8% 的海底。

图 9-50　CR-01 自治水下机器人

图 9-51　“蛟龙号”深海载人潜水器

沈阳自动化研究所在国内首次提出深海潜水机器人（ARV）概念。深海潜水机器人是一种集自治水下机器人（AUV）和遥控水下机器人（ROV）技术特点于一身的新概念水下机器人（图 9-52）。它具有开放式、模块化、可重构的体系结构和多种控制方式（自主/半自主/遥控），自带能源并携带光纤微缆，既可以通过预编程方式自主作业（AUV 模式），进行大范围的水下调查，也可以遥控操作（ROV 模式），进行小范围精确调查和作业。

“北极深海潜水机器人”由航行控制系统、导航系统、推进系统等构成，是一个可以搭载科学考察所需要的冰下声学、光学等测量仪器的水下运动平台，以获取冰底形态、海冰厚度及不同深度的海水盐度、温度等水文参数。机器人自带能源，可通过微光缆与水面支持系统相连接。由于采用了“鱼雷体”和“框架体”相结合的流线式外形，它不仅可以发挥“框架体”遥控水下机器人的优势，在海中悬停并进行定点精确观测，也可以发挥“鱼雷体”自主水下机器人的特长，灵活方便地在一定范围水域里进行测量，获取更为全面的实时观测数据。

哈尔滨工程大学科研团队研发的“悟空号”全海深无人潜水器 AUV（图 9-53）于 2021 年先后完成 4 次超万米深度下潜：10 009 m、10 888 m、10 872 m 和 10 896 m，超过国外无人无缆潜水器 AUV 于 2020 年 5 月创造的 10 028 m 的 AUV 潜深世界纪录，并顺利完成海试验收。“悟空号”AUV 装有高速水声通信系统，在万米海底畅游期间，在与母船直线距离超过 15 千米的深海中，仍可准确传输状态信息给母船上的科研团队，实测上行峰值通信速率 2 003 kbps，数据包接收正确率超过 93%。

图 9-52　北极深海潜水机器人

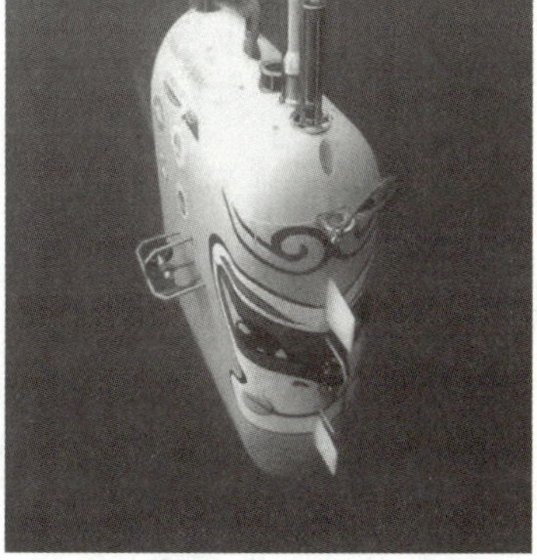

图 9-53　“悟空号”全海深无人潜水器

思政小课堂11

9.3.2 空中机器人

1990年,美国佐治亚理工大学罗伯特·迈克森教授提出了空中机器人(Aerial Robotics)的概念。他认为,无人机本质上是各种能在空中自主飞行的飞行器,它本身就是一种特殊的机器人。和地面机器人相比,它会飞,却不具人形;而与无人飞机相比,它又和机器人一样,有自己的眼和脑,能自主控制自己的行动。所以,空中机器人是指具有较高自主水平,能够在空中自主飞行并执行任务的飞行器,包括固定翼无人飞行器、旋翼无人飞行器和无人飞艇等。空中机器人可以在地面站的监控下自主完成多种飞行任务,在搜索救援、环境检测、交通监察、空中拍摄和电力巡查等领域有广泛的用途。空中机器人拓展了无人机的概念,在一定意义上可将其看作是无人机的别称。

无人机是具有自主程序控制、可进行无线遥控飞行的空中飞行器,可与遥控人员协作完成半自主控制,也可在无人驾驶、控制的状态下自主操作。无人机设计灵巧、空间利用率高、可重复使用,实际用途十分广泛。

1.无人机系统组成

无人机主要包括飞机机体、飞控系统、数据链系统、发射回收系统、电源系统等。飞控系统又称为飞行管理与控制系统,相当于无人机系统的"心脏"部分,对无人机的稳定性、数据传输的可靠性、精确度、实时性等都有重要影响,对其飞行性能起决定性的作用;数据链系统可以保证对遥控指令的准确传输,以及无人机接收、发送信息的实时性和可靠性,以保证信息反馈的及时有效性和顺利、准确地完成任务;发射回收系统保证无人机顺利升空以达到安全的高度和速度飞行,并在执行完任务后安全回落到地面。无人机系统的组成框图如图9-54所示。

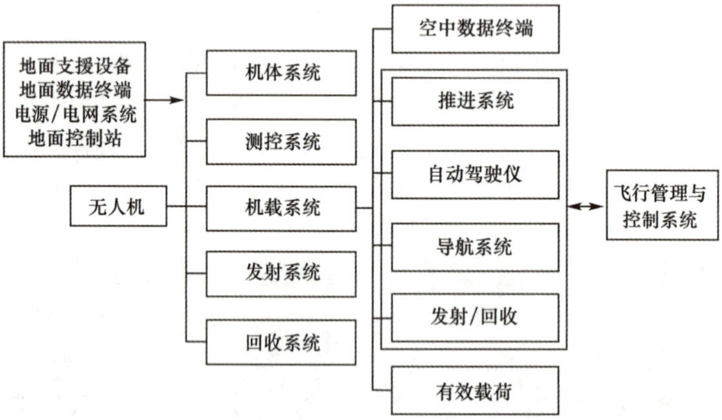

图9-54 无人机系统的组成框图

2.无人机系统特点

(1)机体灵活性好,体积小、质量轻。由于无人机的设计不用考虑驾驶员的部分,机身可以设计得很小,同时使用较轻的材料以减轻机身质量,提高生存能力和飞行速度。

(2)可担负多载荷任务并进行远距离、长时间续航。与相同体积和质量的有人机相比,无人机有更多的空间和载质量来承载燃料、武器和设备等,提高了工作效率,延长了续航时间;同时,不用考虑飞行员自身的承受极限和飞行加速度的影响,可执行更复杂的飞行任务。

(3)隐身性能好,生存能力强,费用低廉。与载质量相当的有人机相比,无人机造型小巧,机体灵活,可采用雷达反射特征不敏感的材料制造,以达到较好的隐身效果,从而躲避探测。目前,大部分中、小型无人机的价格已降至有人机的 1/10 左右,而小型无人机更是价格低廉。

(4)安全系数高,自主控制能力强。无人机最大的特点就是机上无人驾驶,使其可以担负许多有人机无法执行的特殊、危险且艰巨的任务,如核污染区的勘测、生化危险区的工作以及新武器试验等,既扩大了执行任务范围,又减少了不必要的人员伤亡,增强了安全可靠性。无人机具有极强的自主控制能力,可以在地面站的操作人员控制下进行遥控飞行,也可根据预编程序进行自主控制飞行,同时能与指挥中心进行实时通信。

9.3.3 空间机器人

自古以来,人类便对神秘的宇宙充满着遐想。但是,由于太空环境具有微重力、高真空、温差大、强辐射、照明差等特点,就目前的技术水平来看,宇航员在空间的作业具有较大的危险性,而且耗资也非常巨大。随着空间技术的应用和发展以及空间机器人技术的日益完善,机器人化是实现空间使命安全、低消耗的有效途径。美国国家航空航天局(NASA)指出,到 2004 年,已超过 50%的在轨和行星表面工作通过空间机器人实现。因此,充分发展和利用作为特种机器人技术重要分支的空间机器人,在 21 世纪人类和平探测和利用太空方面有着广泛而深远的意义。空间机器人设计要求主要有以下几点:

(1)空间环境对空间机器人设计的要求

空间机器人因其工作环境的特殊性,其设计要求在很多方面与特种机器人的其他分支,如地面机器人、水下机器人、飞行机器人等有很大不同。

(2)高真空对空间机器人设计的要求。

空间的真空度高,在近地轨道(LEO)空间的压力为 3～10 Pa,而在同步轨道(GEQ)空间的压力为 5～10 Pa。这样的高真空只有特殊挑选的材料才可用,且需要特殊的润滑方式,如干润滑等;更适宜无刷直流电动机进行电交换;一些特定的传感原理失效,如超声波探测等。

(3)微重力或无重力对空间机器人设计的要求。

微重力的环境要求所有的物体都需要固定,动力学效应改变,加速度平滑,运动速度极低,起动平滑,机器人关节脆弱,传动效率要求极高。

(4)极强辐射对空间机器人设计的要求。

在空间站内的辐射总剂量为 104 Gy/a,并存在质子和重粒子。强辐射使得材料使用寿命缩短,电子器件需要保护及特殊的硬化技术。

(5)距离遥远对空间机器人设计的要求。

空间机器人离地面控制站的距离遥远,传输控制指令的通信将发生延迟(称为时延),随着空间机器人离地球的远近不同,延迟时间也不相同。地球低轨道卫星服务的通信延迟时间为 4～20 s，地球低轨道舱内作业的通信延迟时间为 10～20 s，月球勘探的通信延迟时间为 4～8 s，火星距地球 1.92 亿 km，无线电信号由火星传到地球需要 19.5 min。通信延迟包括遥控指令的延迟和遥测信号的延迟，主要由光传播速度造成。时延对空间机器人最大的影响是使连续遥控操作闭环反馈控制系统变得不稳定(在指令反馈控制系统中，由于指令发送的间断性，所以时延不会造成闭环系统的不稳定)。同时在存在时延的情况下，即使操作者完成简单工作，也需要比无时延情况下长得多的时间，这是由于操作者为避免系统不稳定，必须采取“运动—等待”的阶段工作方式。

(6)真空温差大对空间机器人设计的要求。

在热真空环境下不能利用对流散热，空间站内部的温差为－120～600 ℃，在月球环境中的温差为－230～1 300 ℃，在火星环境中的温差为－130～200 ℃。在这样的温差环境中工作的空间机器人，需要多层隔热、带热管的散热器、分布式电加热器、放射性同位素加热单元等技术。

除了以上空间环境对空间机器人设计所提出的要求外，空间机器人还具有以下特点：

(1)可靠性和安全性要求高。空间机器人产品质量保证体系要求高，需符合空间系统工程学标准，有内在的、独立于软件和操作程序的安全设计，需要非确定性控制方法，要求内嵌分析器，产品容错性好，重要部件要有冗余度。空间机器人中的无人系统可靠性大于 80%，与人协作系统可靠性大于 95%。

(2)机载质量有限且成本昂贵。空间机器人的成本大于每千克 20 000 美元，有的甚至成倍增加。空间机器人的高成本要求应用复合材料的超轻结构设计，有明显弹性的细薄设计，需要极高的机载质量/机器人质量比等。

(3)机载电源和能量有限。空间机器人需要耗电极低的、高效率电子元器件，计算机相关配置有限，如处理器、内存等的限制。

9.3.4 地面侦察机器人

地面侦察机器人是军用机器人中发展最早、应用最广泛的一类机器人，也是从军事领域转到警用领域应用最广泛、最成熟的类型。它们往往被要求工作在诸如丘陵、山地、丛林等开阔地形的野外环境中，所以必须具有比较强的地形适应能力及通过能力。

1.轻型地面侦察机器人

背包侦察机器人由美国著名的 IRobot 军用及特种机器人公司开发，其大小同一个鞋盒差不多，高度不足 20 cm，自身质量为 18 kg，如图 9-55 所示。该机器人装备了远距离光学和红外摄像机，还可以接装延长杆、安装摄像头，以得到更高的观察点。此外，也可加装传声器、声波定位仪、红外线传感器、罗盘、激光扫描仪、微波雷达等传感设备。对应不同的应用环境，背包侦察机器人所独有的支臂结构是其具有较强越野能力的基础。在面对较高障碍时，前支臂可以充当一个杠杆的角色，将机器人整体长度延长，并且可以将机器人撑起，以越过障碍。

图 9-55 背包侦察机器人

背包侦察机器人的可变形履带结构及模块化的设计都成为移动机器人设计中的经典，很多国内外研究单位和公司都参照背包机器人的样式开发了类似平台。背包机器人目前有 3 种型号：侦察型、探险型和处理爆炸装置型，如图 9-56 所示。

(a) 侦察型

(b)探险型

(c)处理爆炸装置型

图 9-56 背包机器人

IRobot 公司及美国国防高级研究计划局在背包机器人的基础上，又开始了下一代小型无人操作陆地机器人(Small Unmanned Ground Vehicle ,SUGV)的研究，如图 9-57 所示。新机器人更加小型化，具有更轻的重量，但是保持了原有的机动性和通过能力。

图 9-57 小型无人操作陆地机器人

2.布控式地面侦察机器人

美国卡内基・梅隆大学机器人技术研究所联合弗吉尼亚海军研究实验室共同研制了一款"Dragon Runner"微小型四轮地面侦察机器人，如图 9-58 所示。它实际上是一种新型的便携式地面传感器，通过建立侦察、监测、搜索及目标信息获取的传感器网络，来提供视野之外的现场情况信息。机器人由地面移动传感器小车、操作控制器和用户界面组成，包括音频、视频和运动传感器，具有全天候目标搜集功能，整个系统重 7.45 kg，外形尺寸为 39.4 cm×28.6 cm×12.7 cm。

2003 年，由德国 ROBOWATCH 公司研制的具有室外安全检查功能的 OFRO 地面侦察机器人投入使用，如图 9-59 所示。机器人外形尺寸为 104 cm×70 cm×140 cm，重为 54 kg，负载为 20 kg，爬坡角度为 30°，连续工作时间可达 12 h，最大移动速度为 0.7 m/s。该机器人拥有一个红外摄像机、一个 CCD 摄像机和一个传声器，可以在白天、夜间进行不间断侦察，可在各种军事基地、仓库、机场、公交、港口及大型活动场所执行排爆、侦察、检测等任务。

图 9-58 "Dragon Runner"微小型四轮地面侦察机器人

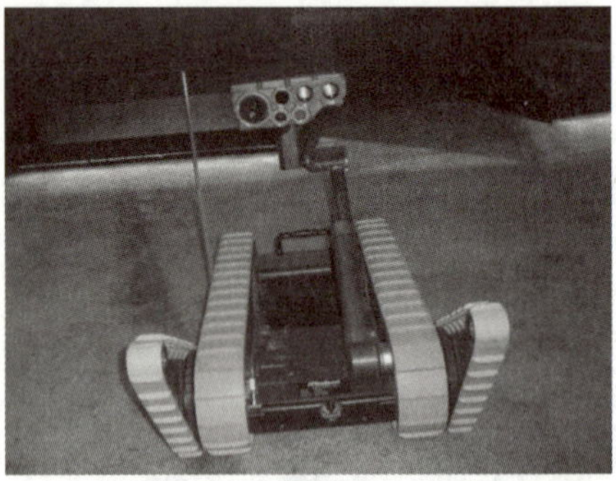

图 9-59 OFRO 地面侦察机器人

3.地面武装侦察车辆

美国机器人防务系统公司设计了首辆军用地面武装侦察机器人 PROWLER (Programmable Robot Observer with Logical Enemy Response)，即具有逻辑响应能力的可编程机器人观察车，如图 9-60 所示。该车作为一种全地形轮式车辆，主要用于执行重要区域边界上的巡逻任务。该机器人采用一种 6×6 轮式全地形车辆，用柴油机作为动力，装在车辆后部，能在最高速度 27 km/h 的情况下载重 907 kg。它采用低压轮胎，具有轮式车辆的优点，车速高、造价低，且维修较少，6 个车轮均采用液压闭锁装置和制动防滑系统。

SARGE 侦察机器人是美国 Sandia 国家实验室在 20 世纪 90 年代中期研制的监视与侦察地面装备，是迪克斯(DIXIE)车辆的变型车，如图 9-61 所示。以雅马哈 6×6 全地形车平台为基础，可以遥控或手动驾驶，其传感器包括昼/夜摄像机、前视红外仪、激光测距仪和声音传感器组件。

图 9-60 PROWLER 地面武装侦察机器人

图 9-61 SARGE 侦察机器人

9.3.5 排爆机器人

排爆机器人(Explosive Disposal Robot)是专门用于搜索、探测、处理各种爆炸危险品的机器人。目前,排爆机器人移动载体主要有履带式、轮式以及两者的组合等几种方式。

1.MR-5 型排爆机器人

MR-5 型排爆机器人具有卓越的灵巧性与敏捷度,可以用于监测、勘察及处理危险品(如土制爆炸品危险性化学品放射线物质)等。如图 9-62 所示,MR-5 型排爆机器人由 1 个坚固耐用的平台、1 个灵巧的机械臂、10 个操作控制台和多种操作工具及配件所组成,配备 6 个车轮和 1 套活动履带。具有可快速移动的履带,前后均有可快速移动、与关节相连的车轮。这种结构使其通过楼梯、斜坡及崎岖不平的地形时更加稳定。

图 9-62 MR-5 型排爆机器人

2.Andros F6A 型排爆机器人

Andros F6A 型排爆机器人采用活节式履带,能够跨越各种障碍,在复杂的地形上行走。其速度为 0～5.6 km/h、无级可调,完全伸展时的最大抓取质量为 11 kg,配有 3 个低照度 CCD 摄像机,可配置 X 射线机组件、放射/化学物品探测器、霰弹枪等,如图 9-63 所示。可用于排爆、核放射及生化场所的检查及清理,处理有毒、有害物品及机场保安等。

3.“灵蜥”排爆机器人

“灵蜥”排爆机器人是我国自主研发的具有探测、排爆等多种作业功能的系列排爆机器人,已推出 A 型、B 型、H 型、HW 型等具有不同的任务针对性的型号。它由履带复合移动部分、多功能作业机械臂、机械控制部分及有线(无线)图像数据传输部分组成。

该机器人具有一只 4 自由度机械臂,最大伸展时抓取质量为 8 kg,作业的最大高度达 2 m,如图 9-64 所示。另外,该机器人装有两台摄像机,用于观察环境和控制作业;照明系统采用硅晶体作为照明材料,体积小、质量轻、功耗低、亮度高,安全可靠。

“灵蜥”系列排爆机器人具有极强的地面适应能力,可以在不同路面下前、后、左、右移动和原地转弯;在爬坡、爬楼梯、越障碍时,机器人采用履带移动方式;在平整人工地面时,机器人采用轮子移动方式,充分发挥了两者的优点;而且可以根据使用要求装备爆炸物销毁器、连发霰弹枪、催泪弹等,完成相应的特种功能。

图 9-63 Andros F6A 型排爆机器人

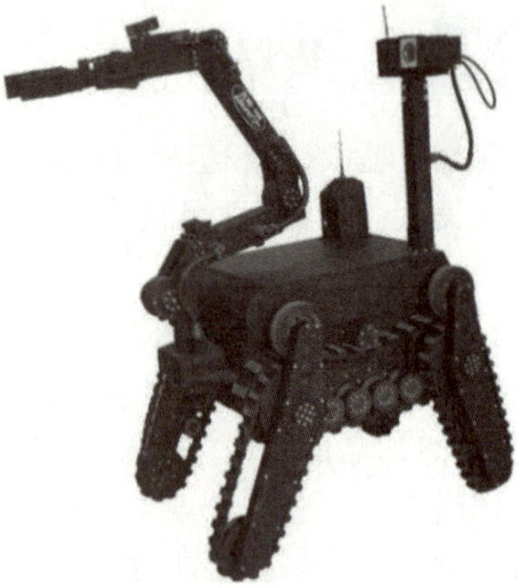

图 9-64 “灵蜥”排爆机器人

9.3.6 消防救援机器人

消防机器人作为特种消防设备，可代替消防队员接近火场，实施有效的灭火救援、化学检验和火场侦察。它的应用将提高消防部队扑灭特大恶性火灾的实战能力，对减少国家财产损失和人员伤亡产生重要的作用。

1.LUF60 灭火水雾机器人

德国研发的履带式遥控 LUF60 灭火水雾机器人（图 9-65），集排烟、稀释、冷却等功能于一体，可在 300 m 距离内进行遥控操作，主要用于隧道、地下仓库等封闭环境内的抢险救援。这台灭火水雾机器人共有 360 个喷嘴，从这些喷嘴中喷出的水雾射程可达 60 m，喷雾的覆盖面积相当于普通水枪的 3～5 倍。在处理危险化学品事故时，它比普通水枪喷出的水柱具有更好的稀释和冷却效果，同时还能有效减少用水量和水渍损失。

图 9-65 LUF60 灭火水雾机器人

2.FFR-1 消防机器人

美国 InRob Tech 公司生产的 FFR-1 消防机器人，在高温环境中具有顽强的生命力，该机器人外形尺寸为 162 cm×114 cm×380 cm，质量为 940 kg。它由无线控制，自带推进电池，有两个 CCD 视频摄像机，行驶速度为 3～4 km/h，可 30°爬坡，能跨越障碍物高度为 20 cm，如图 9-66 所示。

3.“安娜·康达”蛇形机器人

挪威 SINTEF 研究基金会研制成功了一种形似蟒蛇的消防机器人——“安娜·康达”蛇形机器人，长度为 3 m，质量约为 70 kg，如图 9-67 所示。它可以与标准的消防水龙带相接，并牵着它们进入消防队员无法到达的区域进行灭火。机器人的行动非常灵活，可以非常迅速地穿过倒塌的墙壁，代替消防队员进入高温和充满有毒气体的危险火灾现场。

该机器人的能量供给方式也非常奇特，它能够直接从消防水龙带中获取前进的动力。机器人全身共安装有 20 个靠水驱动的液压传动装置。由于每一个传动装置的开关都由计算机进行精确控制，因此机器人能够像蛇一样灵活地移动，不但可沿楼梯爬行，还能砸穿墙壁，可以在隧洞事故中发挥重要作用。

图 9-66　FFR-1 消防机器人

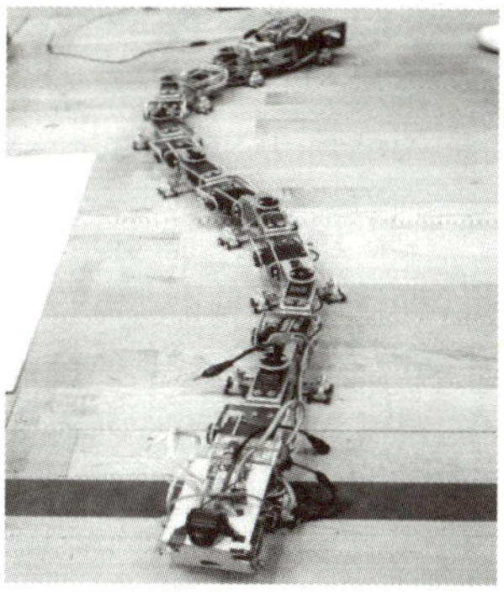

图 9-67　“安娜·康达”蛇形机器人

4.消防救援机器人

消防救援机器人的研究开发及应用，日本最为领先，其次是美国、英国和俄罗斯等国家。1994 年，日本研制的救援机器人第一次投入使用，机器人外形尺寸为 400 cm×174 cm×1 89 cm，质量为 3 860 kg，装有橡胶履带，最高速度为 4 km/h，有电视摄像机、易燃气体检测仪、超声波探测器等信息收集装置，具有两只机械臂，最大抓举质量为 90 kg。机器人能够将受伤人员举起送到救护平台上，并转移到安全地带，如图 9-68 所示。

日本 Tmsuk 株式会社与日本防灾机器人开发委员会共同研制的 T-53 Enryu 救援机器人(图 9-69)曾加入福岛第一核电站的救援战斗。T-53 Enryu 救援机器人是一台履带式双机械臂机器人，实际尺寸为 140 cm×232 cm×280 cm，总质量约为 2.95 t。该机器人共有 18 个自由活动关节，单臂能举起 100 kg 的质量。

图 9-68　消防救援机器人

图 9-69　T-53 Enryu 救援机器人

9.3.7 农业机器人

农业机器人是一种以农产品为操作对象、兼有人类部分信息感知和四肢行动功能、可重复编程的柔性自动化或半自动化设备。能够部分模拟人类智能的农业机器人则称为智能型农业机器人。农业机器人可分为移动型和定位型，也可以将农业机器人分为室内型和室外型。农业机器人比工业机器人简单、确定和已知的工作环境和工作对象相比，将面临非结构、不确定、不宜预估的复杂环境和工作对象。农业机器人关键技术主要包括以下几个方面：

(1)自动在特定空间行走或移动。

在果园或田野中自动运动的机器人，其移动和精确定位技术比工业机器人要复杂得多，涉及地面的凹凸不平、意外的障碍、大面积范围的定位精度、机器人的平稳和振动、恶劣的自然环境等问题。

(2)对目标的随机位置准确感知和机器人的准确定位。

由于作业对象是果实、苗、家畜等离散个体，它们的形状和生长位置是随机性的，又多数在室外工作，易受光线变化、风力变化等不稳定因素的影响，因此，农业机器人必须具有敏感和准确的对象识别功能，能对抓取对象的位置及时感知，并基于位置信息对机器人进行位置闭环控制系统。

(3)机器人抓取力度和形态控制技术。

对于像桃、蘑菇之类的娇嫩对象或蛋类等脆弱产品，机器人抓取力度必须进行合理控制，需要具有柔软装置，能适应对象物的各种形状，保证在传送和搬运过程中不能有损伤现象发生，并保持对象物的新鲜度。

(4)对复杂目标的分类技术和学习能力。

农产品的采摘、分选，往往需要对同类产品进行成熟程度或品质进行分类，例如依据颜色、形状、尺寸、纹理、结实程度等特征，挑选符合采摘条件的果实进行采摘。由于农产品特征的复杂性，进行数学建模比较困难，因此农业机器人应具有不断进行学习、并记忆学习结果、形成自身处理复杂情况的知识库。

(5)恶劣环境条件的适应技术

农业机器人的工作环境较工业机器人要复杂和恶劣得多，其感知、执行以及信息处理各部件和系统必须适应环境照明、阳光、树叶遮挡、脏、热、潮湿、振动的影响，保持高可靠性的工作。为尽量多采集监测数据，需要开发新型传感器或按照一定融合策略构造传感器阵列，以弥补单个传感器的缺陷以及提出新的融合方法来提高传感器的灵敏度和反应速度以完善探测结果，这些都是重要的研究方向。

1.林木球果采集机器人

在林业生产中，林木球果的采集一直是个难题。目前，在林区仍主要采用人工上树手持专用工具来采摘林木球果，这样不仅工人劳动强度大、作业安全性差、生产效率低，而且对母树损坏较大。为了解决这个问题，东北林业大学在国家 863 计划的支持下研制出了林木球果采集机器人，如图 9-70 所示。

林木球果采集机器人主要由机械臂、行走机构、液压驱动系统和单片机控制系统等组成。机器人的质量为 8 750 kg，外形尺寸为 712 cm×200 cm×313 cm，机器人最大行走速度为 10.3 km/h，最大工作坡度为 12°。机械臂由回转盘、立柱、大臂、小臂和采集爪等组成，机械臂最大回转速度为 0.55 r/m，采集高度为 3～14 m，最大采集半径为 6.8 m。机械臂共有 5 个自由度，采集爪可以实现相对于小臂的俯仰和旋转，采集爪最大采集速度为 0.65 m/s，采集爪最大采集力为 2 500 N。在采集林木球果时，将机器人停放在距母树 3～5 m的远处，操纵机械臂回转电动机使手部对准某一棵母树。然后，单片机系统控制机械臂大、小臂同时柔性升起到达一定高度，采集爪张开并摆动，对准要采集的树枝，大、小臂同时运动，使采集爪沿着树枝生长方向趋近 1.5～2.0 m，然后采集爪按原路向后撸回，梳下枝上的球果，完成一次采摘。连撸数枝后，在单片机控制下将球果倒入拖拉机后部的集果箱中。该机器人基本不损伤母树和幼果，采集效率高，使用安全方便，可以整枝采集球果。

2.瓜果自动采摘机器人

机器人用于农产品采摘，可以充分利用机器人的信息感知功能，对被采摘对象的成熟程度进行识别，从而保证采摘到的果实的质量，机器人采摘的工作效率将大大高于人工。由法国开发的瓜果自动采摘机器人如图 9-71 所示，其机械臂是 3 自由度圆柱坐标型，可以收获苹果或柑橘，利用 CCD 摄像机和光电传感器识别果实，识别苹果时从树冠外部的识别率可以达到 85%，速度达 2～4 s/个。机器人既可以应用于番茄、洋葱、马铃薯等蔬菜的采摘，也可用于樱桃、枣、柑橘和西瓜等水果的采摘，甚至花生和蘑菇等经济作物也可利用机器人进行采摘。英国已开发出蘑菇采摘机器人，用 CCD 黑白摄像机识别作业对象，识别率达 84%，使用直角坐标机械臂进行采摘。为了防止损伤蘑菇，执行器部分装有衬垫，吸附后用捻的动作进行收获，收获率达 60%，完整率达 57%。

图 9-70 林木球果采集机器人

图 9-71 瓜果自动采摘机器人

9.4 仿生机器人

1.运动机理仿生

运动机理仿生是仿生机器人研发的前提，而进行运动机理仿生的关键在于对运动机理的建模。在具体研究过程中，应首先根据研究对象的具体技术需求，有选择地研究某些生物的结构与运动机理；然后借助于高速摄影或录像设备，结合解剖学、生理学和力学等学科的相关知识，建立所需运动的生物模型，并在此基础上进行数学分析和抽象，提取出内部的关联函数，建立仿生数学模型；最后利用各种机械、电子、化学等方法与手段，根据抽象出的数学模型加工出仿生的软、硬件模型。

生物原型是仿生机器人的研究基础，软、硬件模型则是仿生机器人的研究目的，而数学模型则是两者之间必不可少的桥梁。只有借助于数学模型，才能从本质上深刻地认识生物的运动机理，从而不仅模仿自然界中已经存在的两足、四足、六足以及多足行走方式，同时还可以创造出自然界中所不存在的一足、三足等行走模式以及足式与轮式配合运动等。

(1)无肢生物爬行仿生。无肢运动是一种不同于传统的轮式或有足行走的独特的运动方式。目前，所实现的无肢运动主要是仿蛇机器人，它具有结构合理、控制灵活、性能可靠、可扩展性强等优点。美国的蛇形机器人则代表了当今世界的先进水平。2000 年 10 月美国开发了一种由简单的、低自由度组件组成的、高柔性的、高冗余性的蛇形机器人，其外形类似眼镜蛇，长而细，能够收缩、侧行、跳过低障碍物，这是以轮子为基础的火星车无法做到的。我国第一台蛇形机器人在 2001 年由国防科技大学研制成功，长 1.2 m，直径 6 cm，重 1.8 kg，可蜿蜒前进、后退、拐弯和加速，如图 9-72 所示。其最大前进速度为 20 m/min，换上“蛇皮”可在水中游动，可根据头部的视频监视器传回的图像发出具体的控制指令。

图 9-72　国防科技大学研制的蛇形机器人

(2)两足生物行走仿生。两足行走是步行方式中自动化程度最高、最复杂的动态系统。世界上第一台两足步行机器人是日本在 1971 年试制的 Wap3，最大步幅为 15 mm，周期为 45 s。但直到 1996 年，日本本田技术研究所才制造出世界上第一台仿人步行机器人 P2。1997 年，本田推出 P3 行走机器人，2000 年推出 ASIMO 行走机器人，索尼也相继推出机器人 SDR-3X 和 SDR-4X。本田公司的 P2 行走机器人高为 1.82 m，质量为 210 kg，能够行走，转弯，上、下楼梯和跨越 15 cm 高、15 cm 长的障碍。P2 行走机器人的改进型 P3 行走机器人身高为 1.6 m，质量为 130 kg，与人类更加接近。而 ASIMO 行走机器人身高为 1.2 m，质量为 43 kg，可实时预测以后动作，并且以事先移动重心来改变步行的形式，可连续地从直行改为转弯，可实现螃蟹的行走模式，可在斜坡上行走、单足站立。索尼的 SDR-4X 行走机器人身高 58 cm，质量为 6.5 kg，在水平、平坦路面上最快每分钟行走 20 m，在不平坦地面上最快每分钟行走 6 m，如图 9-73 所示。SDR-4X 行走机器人可以在 10 mm 凹凸的路面上以及接近 10°的斜坡上行走而不会跌倒，并能顺着挤压、牵引等外力作用做出适当的姿势防止跌倒，在跌倒后也可自己站起来；还可以通过CCD相机来识别障碍，并自行设计避障路线前进。

(3)四足等多足生物行走仿生。与两足步行机器人相比，四足、六足等多足机器人静态稳定性好，又容易实现动态步行，因而特别受到包括中国在内的近二十多个国家的学者的青睐。日本Tmsuk公司开发的四足机器人Rodem首次实现了可移动重心的行走方式，如图9-74所示。

图9-73 SDR-4X行走机器人

图9-74 Tmsuk公司开发的四足机器人Rodem

(4)跳跃运动仿生。跳跃运动仿生主要是模仿袋鼠和青蛙。美国卡内基·梅隆大学研制出了模仿袋鼠的弓腿跳跃机器人，质量为2.5 kg，腿长为25 cm，采用1 000 N·m/g的单向玻璃纤维合成物作弓腿，被动跳越时能量损失只有20%～30%，最高奔跑速度略高于1 m/s。日本Tamiya公司开发了一种袋鼠机器人，全长为18 cm，低速时借助前后腿步行，高速时借助后腿和尾部保持平衡，可通过改变尾部转向。明尼苏达大学的微型机器人可跳跃、滚动，可登楼梯，跳过小的障碍，两个独立的轮子可帮助机器人在需要时滚到一定的位置。美国太空总署和加州理工大学研制的机械青蛙质量约为1.3 kg，有一条腿，装有弹弓，一跃达1.8 m，可自行前进及修正路线，适合执行行星、彗星及小行星的探索任务。

(5)地下生物运动仿生。江西南方冶金学院袁胜发等人模仿蚯蚓研制了气动潜地机器人。它由冲击钻头和一系列充气气囊节环构成，潜行深度为10 m，速度为5 m/min，配以先进的无线测控系统，具有较好的柔软性和导向性，能在大部分土壤里潜行，但还不能穿透坚硬的岩石，如图9-75所示。

图9-75 蚯蚓气动潜地机器人

(6)水中生物运动(游泳)仿生。海洋动物的推进方式具有高效率、低噪声、高速度、高机动性等优点,成为人们研制新型高速、低噪声、机动灵活的柔体潜水器的模仿对象。其突出的代表有美国麻省理工学院的机器金枪鱼和日本的鱼形机器人。机器金枪鱼由振动的金属箔驱动外壳的变形,模仿金枪鱼摆动推进,如图 9-76 所示。继机器金枪鱼之后,他们还研制出机器梭子鱼和一种涡流控制的无人驾驶水下机器人。日本东海大学的机器鱼利用人工前鳍来达到前进及转弯等相关动作,相对于机器金枪鱼而言摆动较小。北京航空航天大学的机器鱼质量为 800 g,在水中的最大速度为 0.6 m/s,能耗效率为 70%~90%。上海交通大学模仿水蛭节状结构研制出了水下蠕虫机器人。

(7)空中生物运动(飞行)仿生。目前,对飞行运动进行仿生研究的国家主要是美国,剑桥大学和多伦多大学也在开展相关方面的研究工作。加州大学伯克利分校制造了机器人苍蝇,翼展为 3 cm,质量为 300 mg,依靠 3 套不同的复杂机械装置来进行拍打翅膀、旋转操作,每秒振翅 200 次。佐治亚州理工学院与剑桥大学合作研制了类似飞蛾的昆虫机器人 Entomopter,体宽为 1 cm,每秒振翅 30 次,靠化学"肌肉"驱动,如图 9-77 所示。

图 9-76　麻省理工学院研制的机器金枪鱼

图 9-77　昆虫机器人 Entomopter

2.控制机理仿生

控制机理仿生是仿生机器人研发的基础。要适应复杂多变的工作环境,仿生机器人必须具备强大的导航、定位、控制等能力;要实现多个机器人间的无隙配合,仿生机器人必须具备良好的群体协调控制能力;要解决复杂的任务,完成自身的协调、完善以及进化,仿生机器人必须具备精确的、开放的系统控制能力。如何设计核心控制模块与网络,以完成自适应、群控制、类进化等一系列问题,已经成为仿生机器人研发过程中的首要难题。

自主控制系统主要用于在未知环境中,系统的有限人为介入或根本无人介入操作的情况下。它应具有与人类相似的感知功能和完善的信息结构,以便能处理知识学习,并能与基于知识的控制系统进行通信。嵌套式分组控制系统有助于知识的组织、基于知识的感知与控制的实现。

自主控制系统作为人类操作者的替代者,可用于许多对人类操作者有危害的场合下,还可以用于比人类操作者性能更高的智能系统中。自主控制系统的结构包括传感器、感知、知识库、控制和驱动回路,通过通信连接与外部联系。这种通信联系用来指定或修正任务,接收事先考察的结果,启动、中止或修正所需要的自主控制系统动作,还可以提供将几个自主控制系统单元作为一个整体的通信。处理冗余、空间约束和加权约束以及实时运行都是自主控制系统非常重要的特性。

3.信息感知仿生

信息感知仿生是仿生机器人研发的核心。为了适应未知的工作环境，代替人完成危险、单调和困难的工作任务，机器人必须具备包括视觉、听觉、嗅觉、接近觉、触觉、力觉等多种感觉在内的强大的感知能力。单纯地感测信号并不复杂，重要的是理解信号所包含的有价值的信息。因此，必须全面运用各时域、频域的分析方法和智能处理工具，充分融合各传感器的信息，相互补充，才能从复杂的环境噪声中迅速地提取出所关心的正确的敏感信息，并克服信息冗余与冲突，提高反应的迅速性和确保决策的科学性。

实现机器人的信息感知，就必须依靠仿生系统感知器。仿生系统感知器（传感器）分为内部感知器和外部感知器。所谓内部感知器是完成仿生系统运动所必需的那些传感器，如位置、速度传感器等，它们是构成系统不可缺少的基本元件；外部感知器取决于仿生系统所要完成的任务。常用的外部传感器有力觉传感器、触觉传感器、接近觉传感器、视觉传感器等。对于需要与环境有接触的作业，如抓取、装配等就需要有力（腕力）觉传感器；对于需要在狭窄的空间作业，又不碰上其他运动物体，需要有接近觉传感器。一方面，人类有相当强的对外感受能力，尽管有时人的动作并不十分准确，但人可以依靠自己的感觉反馈来调整或补偿自己动作的误差，从而能够完成各种简单的或复杂的工作任务。由此可见，感觉能力能够补偿动作精度的不足。另一方面，人们的工作对象有时是很复杂的，例如当人抓取一个物体时，尽管物体的大小和软硬程度通常不一样，但人能依靠自己的感觉能力用恰当的夹持力抓起这个物体，并且不会损坏它。因此，有了感觉能力，才能适应工作对象的复杂需要，才能有效地完成工作任务。过去，由于仿生系统（机器人）没有感觉能力，唯一的办法就是提高它的动作精度，并限制工作对象不能很复杂。但是，动作精度的提高受各个方面的限制，不可能无限制地提高；并且工作对象有时也是很难加以限制。因此，要使仿生系统具有更好的任务适应性，使其具有感知能力是十分重要的。

仿生系统需要的最重要的感觉能力可分为以下几类：

(1)简单触觉：确定工作对象是否存在。

(2)复合触觉：确定工作对象是否存在以及它的尺寸和形状。

(3)简单力觉：沿一个方向测量力。

(4)复合力觉：沿一个以上方向测量力。

(5)接近觉：工作对象的非接触检测。

(6)简单视觉：孔、边、摄角等的检测。

(7)复合视觉：识别工作对象的形状等。

除了上述能力外，仿生系统（机器人）有时还需要具有温度、压力、滑动量、化学性质等感觉能力。

仿生系统对传感器的一般要求如下：

(1)精度高、重复性好。传感器的精度往往直接影响仿生系统（机器人）的工作质量，机器人系统能否准确无误地工作取决于传感器的测量精度。

(2)稳定性好、可靠性高。机器人传感器的稳定性和可靠性是保证机器人能够长期稳定工作的必要条件。机器人经常是在无人看管的条件下代替人工进行操作，万一它在工作中出现事故，轻者影响工作的正常进行，重者造成严重的事故。

(3)抗干扰能力强。机器人传感器的工作环境往往比较恶劣,因此需要传感器能够承受强电磁干扰、强振动,并能够在一定的高温、高压、高污染环境下正常工作。

(4)质量轻、体积小、安装方便可靠。对于安装在机器人手臂等运动部件上的传感器,质量要轻,否则会加大运动部件的惯性,影响机器人的运动性能。对于工作空间受到某种限制的机器人,对体积和安装方向的要求也是必不可少的。

4.能量代谢仿生

能量代谢仿生是仿生机器人研发的关键。生物的能量转换效率最高可达 100%,肌肉把化学能转变为机械能的效率也接近 50%,这远远超过了目前使用的各种工程机械;另外,肌肉还可自我维护、长期使用。因此,要缩短能量转换过程,提高能量转换效率,建立易于维护的代谢系统,就必须重新回到生物原型,研究模仿生物直接把化学能转换成机械能的能量转换过程。

5.材料合成仿生

材料合成仿生是仿生机器人研发的重要部分。许多仿生材料具有无机材料所不可比拟的特性,如良好的生物相容性和力学相容性,并且生物合成材料时技能高超、方法简单,所以,其研究目的一方面在于学习生物的合成材料方法,生产出高性能的材料;另一方面是为了制造有机元器件。因此,仿生机器人的建立与最终实现并不仅仅依赖于机、电、液、光等无机元器件,还应结合和利用仿生材料所制造的有机元器件。

9.5 仿人机器人

仿人机器人是一种外观与人相似,具有移动功能、感知功能、操作功能、学习能力、自治能力、联想记忆、情感交流的智能机器人。它具有灵活的行走机构,可以随时走到需要的地方,包括一些对普通人来说不易到达的角落,完成人指定或预先设置的工作。仿人机器人具有人类的外观,可以适应人类的生活和工作环境。例如,在机械制造、化工生产、核电维修、包装运输、设备安装等工业生产领域,以及在军事战斗、医疗手术、科学教育、办公事务、家务劳动等社会生活领域中,代替或者帮助人类完成各种工作,并且可以在许多方面扩展人的能力。

仿人机器人的研究开始于 20 世纪 60 年代末,至今已有六十多年的历史。如今,仿人机器人已经成为机器人技术领域里的主要研究方向之一。1968 年,美国通用电气公司的研究人员试制了一台名叫 Rig 的操纵型二足步行机构,从而揭开了仿人机器人研究的序幕。1973 年,日本的加藤一郎从工程角度研制出世界上第一台真正意义上的仿人机器人 WABOT-1,如图 9-78 所示。WABOT-1 可用日语与人交流,实现静态行走,并可依据命令移动身体去抓取物体。1984 年,加藤实验室又研制出了采用踝关节力矩控制的 WL-10RD 型仿人机器人,如图 9-79 所示。该机器人实现了步幅 40 cm,每步 1.5 s 的平稳动态步行。1986 年,加藤实验室再次研制成功了 WL 12(R)型步行机器人,该机器人通过躯体运动来补偿下肢的任意运动,在躯体的平衡作用下,实现了步行周期 1.3 s,步幅 30 cm 的平地动态步行。

图 9-78 WABOT-1 仿人机器人

图 9-79 WL-10RD 型仿人机器人

日本还有许多著名的大公司如本田、索尼、松下电工、富士通、川琦重工、法那科、日立等也正在从事仿人机器人的研究与开发，并取得了突破性的成就。本田公司从 1986 年至今，已经推出了 3 种 P 系列仿人机器人。P1 是本田公司最初研制的步行机器人，主要是对二足步行机器人进行基础性的研究工作。P2 是 1996 年 12 月推出的步行机器人，相对于 P1 而言，P2 更加类人化。P2 的问世将二足步行机器人的研究推向了高潮，使本田公司在此领域里处于世界绝对领先地位。1997 年 12 月，本田公司又推出了 P3，如图 9-80 所示。P3 使用了新型的镁材料，实现了小型轻量化。2000 年 11 月，本田公司又推出了新型双脚步行机器人 ASIMO，如图 9-81 所示。ASIMO 与 P3 相比，其形体更容易适应人类的生活空间，通过提高双脚步行技术，其步态更接近人类的步行方式。ASIMO 使用个人计算机和便携式设备控制步行方向、关节及手的动作，二足步行采用了新开发的技术，可以更加自由地步行。P3 和 ASIMO 的推出，将仿人机器人的研究工作推上了一个新的台阶，使仿人机器人的研制和生产正式走向实用化、工程化和市场化。

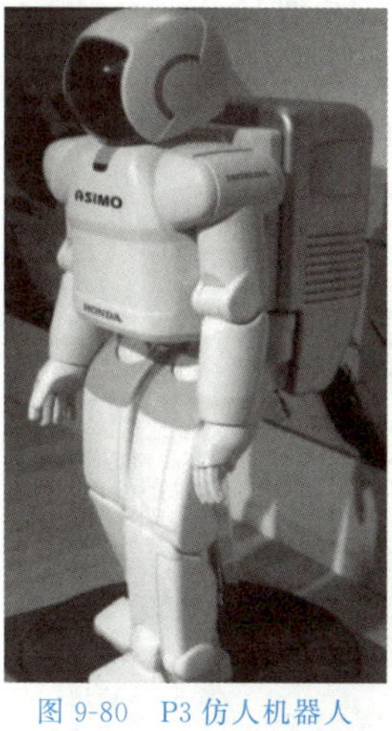

图 9-80 P3 仿人机器人

图 9-81 ASIMO 仿人机器人

思政小课堂12

索尼公司于 2000 年 11 月也推出了娱乐型仿人机器人 SDR－3X，如图 9-82 所示。它可以按照音乐节拍翩翩起舞，并且进行较高速度的自律运动。SDR－3X 还配备有声音识别和图像识别功能。索尼公司于 2003 年 11 月又推出世界上首台会跑的仿人机器人 QRIO，如图 9-83 所示，实现了搭载控制系统和电源系统的跑动。QRIO 共配置 24 个驱动装置，通过两个 64 位 RISC 微处理器对它们进行实时控制。

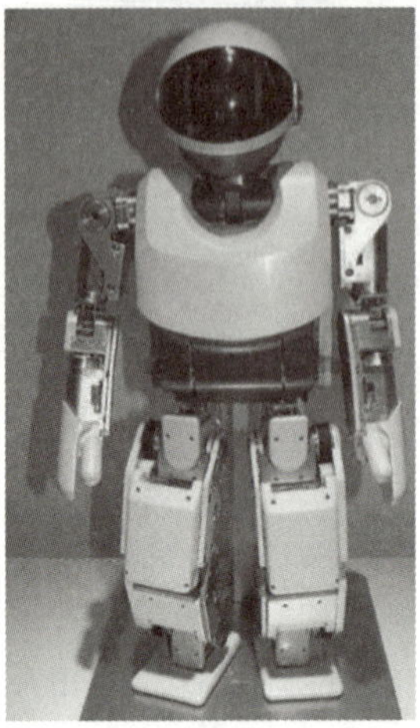

图 9-82　SDR－3X 仿人机器人

图 9-83　QRIO 仿人机器人

1990 年，美国俄亥俄州大学提出用神经网络来实现双足步行机器人的动态步行，并在 SD－1 型二足步行机器人中得以实现。麻省理工学院在 Spring Turkey 和 Spring Flamingo 仿人机器人的控制中提出了虚模型控制策略。从本质上说，虚模型控制实际上是一种运动控制语言，即假想将诸如弹簧振子、阻尼器等元件固连在仿人机器人的系统中，用来产生假想的驱动力矩。采用虚模型控制，可以有效地避免烦琐的机器人逆运动学和动力学的计算。美国麻省理工学院开发的 Cog 机器人只有上身，没有下肢，主要作为研究机器人的头脑智能、认知与感知、手臂的灵活性及柔顺性等的平台，如图 9-84 所示。美国佛罗里达大学的机器智能实验室开发了仿人机器人 Pneuman，作为人工认知、自然语言处理、轨迹规划、自动导航、人与机器人交互的研究平台。Sabourin 等在无参考轨迹的条件下，使用数学方程的分析方法来描述和预测仿人机器人 Rabbit 的运动，仅仅通过控制施加在二足步行机器人摆动腿髋部的力矩脉冲，实现了主动行走和被动行走交替进行的连续过程。2005 年 4 月 20 日，二足步行机器人 Rabbit 向世人展示了它的奔跑能力。

图 9-84　麻省理工学院设计的 Cog 仿人机器人

相比国外而言，我国从 20 世纪 80 年代中期才开始研究双足步行机器人。国防科技大学在 1988～1995 年间，先后研制成功平面型六自由度双足机器人 KDW-I、空间运动型机器人 KDW-Ⅱ和 KDW-I。KDW-Ⅰ下肢有 12 个自由度，最大步距为 40 cm，步速为 4 s/步，可实现前进/后退和上/下台阶的静/动态步行和转弯运动。2000 年 11 月 29 日，国防科技大学又研制出我国第一台类人型双足步行机器人“先行者”（图 9-85），高为 1.4 m，质量为 20 kg，可实现前进/后退、左/右侧行、左/右转弯和手臂前后摆动等各种基本步态，行走频率为 2 步/s，能平地静态步行和动态步行。

上海交通大学于 1999 年研制的仿人形机器人 SFHR，腿部和手臂分别有 12 个自由度和 10 个自由度，身上有 2 个自由度，共 24 个自由度，实现了周期为 3.5 s，步长为 10 cm 的步行运动。该机器人本体上装有两个单轴陀螺和一个三轴倾斜计，用于检测机器人的姿态信息，并配备了富士通公司的主动视觉系统，是研究通用机器人学、多传感器集成以及控制算法良好的试验平台。哈尔滨工业大学于 1985—2000 年研制出二足步行机器人 HIT-Ⅰ、HIT-Ⅱ和 HIT-Ⅲ。其中，HIT-Ⅲ实现了步距为 200 mm 的静态/动态步行，能够完成前/后、侧行、转弯、上下台阶及上斜坡等动作。

北京理工大学及其合作单位在“十五”期间两次承担了 863 计划重点项目，自主创新设计、研制出“汇童”1 型和“汇童”2 型仿人机器人，“汇童”仿人机器人具有视觉、语音对话、力觉、平衡觉等功能。“汇童”1 型仿人机器人的技术指标：①身高为 1.65 m；②质量为 65 kg；③自由度 32 个；④能够无外接电缆行走，工作时间不小于 20 min，最快速度超过 1.2 km/h，步幅不小于 0.3 m；⑤能够完成机器人太极拳和刀术动作表演。“汇童”仿人机器人的诞生，标志着我国仿人机器人研究已经跨入世界先进行列，系统综合性能和功能达到了国内领先、国际先进水平。“十一五”期间，“汇童”系列机器人继续发展，先后推出了“汇童”4 仿人机器人和“汇童”5 仿人机器人。“汇童”4 仿人机器人以真人为蓝本，其 1.7 m 的身高、65 kg 的体重与真人相仿，该机器人不仅可完成自主行走、打招呼、打太极拳、跳舞等动作，还可以逼真呈现人类面部喜、怒、哀、乐等表情动作。“汇童”5 仿人机器人如图 9-86 所示，身高为 1.62 m，质量为 63 kg，略显瘦小，全身 32 个自由度，除了能进行乒乓球人机对打外，还能进行两台机器人之间的对打，可进行 200 多个回合。该机器人突破了基于高速视觉的灵巧动作控制、全身协调自主反应等关键技术，采用自主研发的核心部件。

图 9-85 “先行者”双足步行机器人

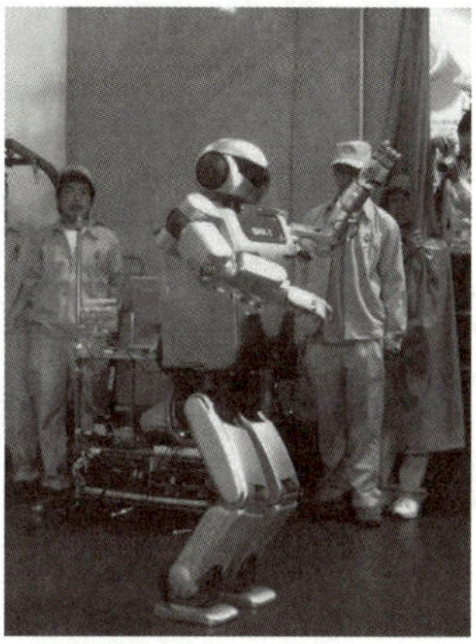

图 9-86 “汇童”5 仿人机器人

在 2016 年中央电视台春节联欢晚会上，540 个仿人形机器人同时登台表演，博得了全场观众的喝彩。该机器人是深圳优必选科技有限公司的一代产品 AlphaIS（图 9-87），拥有 16 个自由活动的关节，所以模仿起人类的骨骼肢体动作来活灵活现。从 Alpha IS 的外观设计到核心部件，都属于原创，处于国内领先水平，并获得了多项专利。在国际的服务型人形智能机器人领域，AlphaIS 也能媲美甚至超越国外其他同类型机器人，不仅在国内备受关注，在海外市场也享有不错的知名度，在美国 CES 消费电子展、德国纽伦堡玩具展、日本 IREX 展等国际知名展会上，都曾引起过广泛关注。

在 2016 年元宵晚会上，Alpha2（图 9-88）以“小红”“小蓝”的角色与主持人互动，并以对话式衔接串场花海、花船、闹元宵、猜灯谜、舞狮子、舞麒麟等所有元宵节目，成了与观众共同展开一番元宵晚会体验传统之旅的可爱伙伴。Alpha2 的关节增至 20 个，模拟人类动作犹如瑜伽大师一样灵活，在智能化程度上也更胜一筹。

图 9-87　AlphaIS 仿人机器人

图 9-88　Alpha2 仿人机器人

PETMAN 人形机器人是波士顿动力公司早期的开发的用于检测化学防护衣的，能模拟士兵如何在现实条件下对防护服的作用。不同于以往的化学防护衣测试机械有限的运动姿势，PETMAN 不仅能平衡自身和自由行走，弯曲身体，而且还能暴露在化学战剂的操作车间里面中做各种对化学防护衣有压力作用的健美体操。PETMAN 还通过模拟防护服内人体生理学来控制温度，湿度和出汗来模仿实际的测试条件。后来在 PETMAN 基础上，波士顿动力发展出了 Atlas 人形机器人，来实现运动能力的提升，如图 9-89 所示。

2017 年 10 月，软银 Pepper 机器人（图 9-90）亮相首尔中区友利银行总店营业网点。在医院里 Pepper 机器人也可以依靠其拥有的大数据收集及处理能力为患者提供智能化导诊及康复训练服务，辅助病患数据以及处理医疗报告，并跟踪后续治疗情况。相较一些无法移动、没有“四肢”的竞争对手而言，Pepper 的功能更为复杂。在倾听或说话时，它的眼睛会变换颜色；在交谈时，它会挥动自己的手臂，手臂的动作极富表现力，这一点让它极具亲和力。

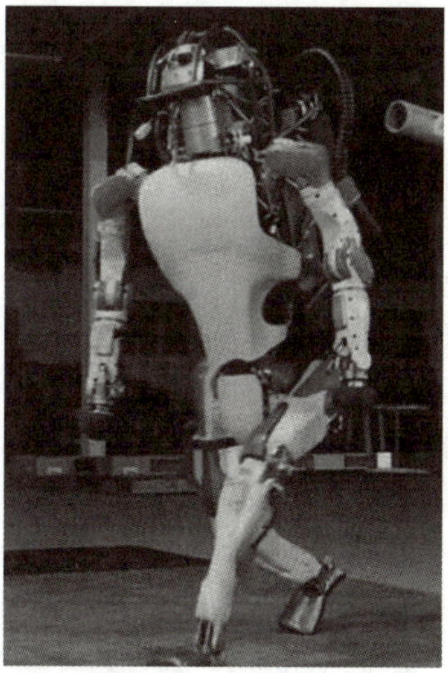

图 9-89　Atlas 人形机器人

图 9-90　Pepper 机器人

尽管仿人机器人的研究取得了巨大的成就，但是，目前仿人机器人距离人们的期望仍然很远，仿人机器人的研究还有巨大的潜力。

参考文献

[1]朱世强，王宣银.机器人技术及其应用[M].杭州：浙江大学出版社，2019

[2]张宪民.机器人技术及其应用(第2版)[M].北京：机械工业出版社，2019

[3]刘军，郑喜贵.工业机器人技术及应用[M].北京：电子工业出版社，2017

[4]李瑞峰，葛连.工业机器人技术[M].北京：清华大学出版社，2019

[5]陈白帆，宋德臻.移动机器人[M].北京：清华大学出版社，2021

[6]郭彤颖，安冬.机器人技术基础及应用[M].北京：清华大学出版社，2018

[7]张明文，于霜.工业机器人运动控制技术[M].北京：机械工业出版社，2021

[8]李云江，司文慧.机器人概论[M].北京：机械工业出版社，2021

[9]程丽，王仲民.工业机器人结构与机构学[M].北京：机械工业出版社，2021

[10]Robin R.Murphy.人工智能机器人学导论[M].北京：电子工业出版社，2019

[11]蔡自兴.机器人学(第3版)[M].北京：清华大学出版社，2015

[12]张明辉，丁瑞昕，黎书文.机器人技术基础[M].西安：西北工业大学出版社，2015

[13]蒋志宏.机器人学基础[M].北京：北京理工大学出版社，2018

[14]战强.机器人学：机构、运动学、动力学及运动规划[M].北京：清华大学出版社，2019

[15]熊有伦，李文龙，陈文斌，等.机器人学：建模、控制与视觉(第2版)[M].武汉：华中科技大学出版社，2020